Fundamental Nutrition

개정판 기초영양학

머리말

최근 식생활에 대한 관심이 어느 때보다 높습니다. 현대인은 매일 '무엇을 어떻게, 그리고 얼마큼 먹어야 하나?'를 고민하고 답을 찾으면서 더 나은 식생활을 하고자 노력하고 있습니다. 식생활은 단순히 배고픔을 해결하거나 먹는 즐거움을 주는 역할에만 머무는 것이 아니라, 건강과 수명을 뒷받침하는 영양적 역할을 하고 있습니다. 100세 시대에 삶의 질이 중시됨에 따라 식생활의 영양적 역할은 더욱 중요시되고 있습니다. 현대인의 주요 질환인 비만, 암, 심혈관계질환 등은 평소 특정 영양소를 과다하게 섭취하거나 부족하게 섭취하는 영양불균형 식생활을 지속적으로 할 때 발생 위험이 높아져 건강수명을 위협하기 때문입니다.

따라서 건강한 삶을 위해 영양학의 기본 내용을 이해하고 적용하는 바른 식생활을 실천하는 것이 무엇보다도 필요합니다. 영양학의 기본 내용에는 영양소별 세부 분류, 소화와 흡수, 대사, 기능, 섭취실태와 섭취기준, 급원식품, 건강과의 관련성 등이 포함됩니다. 이들을 익히려면 체계적이고 이해 위주의 학습이 이루어져야 합니다. 저자들은 오랜 강의와 연구 경험을 살려《기초영양학》교재에 맞도록 영양학을 처음 접하는 학습자들이 기초를 탄탄하게 쌓고 나아가 심화과목 학습이나 삶의 맥락 속에서 마주하게 되는 식생활 문제를 해결할 수 있는 능력을 갖추도록 하는 데 목표를 두고 집필하였습니다. 이를 위해 핵심 내용 위주로 뽑아서 쉽고 간결하게 설명하였으며, 장별로 최신 학술 동향을 '심화학습자료' 란에 소개하였습니다.

이 책은 12장으로 구성하였으며, 건강과 영양에 대한 개괄, 건강한 식생활, 영양소별 기본내용, 삶의 활력소가 되나 과도하게 섭취하면 해로운 기호식품과 영양, 건강관리를 위해 꼭 알아야 하는 운동과 영양에 대해 담았습니다. 각 장에는 도입글을 두어 학습내용을 파악할 수 있게 하였으며, 학습목표, ○× 문제의 Check up 출발점, 주요 내용을 시각화한 그림, 용어 설명, 알아두기, 심화학습자료, 단원정리, 객관식 문제의 Check up 도착점을 담았습니다. 그래서 교수자 입장에서 편하게 가르칠 수 있고, 학습자 입장에서 차근차근 익히며 다질 수 있도록 하였습니다. 또한, 이번 판은 그사이 독자들이 주신 의견을 반영하며 부족한 부분을 보완하였고, 2020 한국인 영양소 섭취기준, 최근의 통계자료, 제도 및 학문 동향을 반영하여 전면 개정하여 새롭게 출간하였습니다.

막상 출판하려니 미흡한 점이 많습니다. 이러한 점은 독자들의 고견을 겸허하게 받아들여 개정작업을 거듭하면서 발전시키도록 노력할 것을 약속드립니다. 끝으로 책이 출판되기까지 묵묵하게 지원해 주신 파워북 유제구 사장님을 비롯한 직원 여러분께 심심한 감사를 드리며, 독자들의 아낌과 선후배님들의 애정어린 조언을 부탁드립니다.

저자 일동

차례

CHAPTER 3

소화와 흡수

CHAPTER 4

탄수화물

CHAPTER 5
지질

CHAPTER 6
단백질

CHAPTER 1

건강과 영양

1. 건강과 영양의 관계 / 2. 한국인의 식생활 실태 / 3. 영양판정

영양학은 인체가 영양소를 섭취해 소화, 흡수 및 대사 과정을 거쳐 에너지를 생산하고 영양소 간의 상호작용을 통해 생명 유지, 성장 발달 등 체내 기능을 수행하는 과정을 탐구하는 학문이다. 과거에는 영양결핍으로 인한 질환을 예방하기 위해, 최근에는 영양 불균형으로 인한 만성퇴행성질환을 예방하고 건강수명을 늘리기 위해 영양의 중요성이 강조되고 있다. 이처럼 영양학은 인류가 건강한 삶을 살도록 돕고 있으며, 삶의 질을 중시하는 현대사회에서 그 역할이 더 커지고 있다.

이 장에서는 건강과 영양이 밀접한 관계를 가진다는 점을 이해하는 데 필요한 기본 개념을 다루고자 한다. 이러한 지식은 이 책의 다른 장을 학습하며, 더 나아가 식생활 변화 속에서 균형 잡힌 식생활을 유지하게 하는 기초가 될 것이다.

학/습/목/표

1. 건강과 영양의 관계를 설명할 수 있다.
2. 한국인의 식생활 변화 흐름을 설명할 수 있다.
3. 영양판정 방법을 이해하고 실생활에 적용할 수 있다.

CHECK UP 출발점!

※다음 문제에 O, X로 답하시오.

1. 현대인의 건강에 영향을 미치는 주요 요인은 생물학적 요인이다.

2. 체내에서 합성되는 영양소라도 합성량이 부족하면 식품으로 먹어야 한다.

3. 피토케미컬은 영양소이다.

4. 영양소는 많이 섭취하는 것이 좋다.

5. 최근 한국인의 식품 섭취량 중 동물성식품이 차지하는 비율이 과거보다 증가하였다.

6. 최근 한국인이 가장 부족하게 섭취하는 영양소는 단백질이다.

7. 신체 계측방법으로 영양상태를 민감하게 판정할 수 있다.

8. 혈액의 영양소 농도 측정과 같은 생화학적 방법으로 영양상태를 판정할 수 있다.

9. 식습관 조사를 통해 대상자의 영양 섭취와 질병과의 관계를 파악할 수 있다.

10. 영양소 적정섭취비율은 어떤 영양소를 영양소 섭취기준에 대해 얼마큼 먹고 있는가를 나타낸 값이다.

정답 및 해설

1. ×(현대인의 건강에 영향을 미치는 주요 요인은 생활습관 요인이다.) 2. ○ 3. ×(피토케미컬은 영양소는 아니며 건강에 이로운 작용을 하는 식물유래물질이다.) 4. ×(영양소를 과다하게 섭취하면 체내에서 독성을 유발해 해로울 수 있으므로 적정 수준으로 섭취해야 한다.) 5. ○ 6. ×(최근 한국인이 가장 부족하게 섭취하는 영양소는 칼슘이다.) 7. ×(영양 섭취 정도가 체위에 영향을 미치기까지는 상당한 시간이 걸리므로 신체 계측방법으로 영양상태를 민감하게 판정할 수 없다.) 8. ○ 9. ○ 10. ○

1. 건강과 영양의 관계

1) 건강

세계보건기구WHO는 건강을 단순히 질병이 없거나 허약하지 않은 상태가 아니라, 신체적·정신적 그리고 사회적으로 완전히 양호한 상태라고 정의하였다. 신체적으로 건강할 때 삶의 활력이 높아져 정신적으로 건강하게 되고 인간관계를 원만하게 하기 쉬우므로 신체적, 정신적, 사회적 건강은 상호 관련을 가진다.

개인의 건강은 유전·성별·연령 등의 생물학적 요인, 식사·운동·휴식·흡연·음주·스트레스 등의 생활습관 요인, 진료시설과 의료체계 등의 보건의료 요인, 사회경제적 여건·교육·주거 상태 등의 환경 요인의 영향을 받는다 그림 1-1. 이 중 생활습관 요인에 의한 영향이 50% 정도로 가장 크다. 현대인의 주요 질환인 암, 심혈관계 질환, 당뇨병, 비만, 골다공증 등은 식습관 문제와 신체활동 부족과 같은 잘못된 생활습관과 관련이 높으므로, 건강을 위해 무엇보다도 바른 생활습관을 가져야 한다.

심혈관계질환
심혈관계질환은 심장과 혈관에 발생하는 질환이며 고혈압, 심장질환, 뇌졸중, 동맥경화 등을 포함한다.

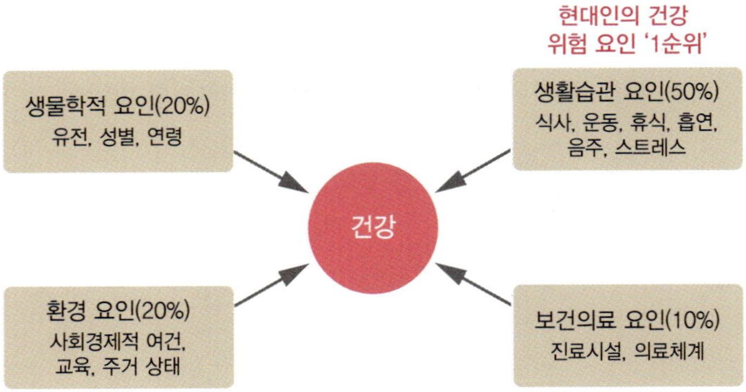

그림 1-1 현대인의 건강에 영향을 미치는 요인

2) 영양과 영양소

영양은 외부로부터 식품을 섭취하여 소화·흡수시킨 후 이용함으로써 생명 유지,

신체활동 및 성장이 이루어지게 하는 것이다. 이를 다루는 학문을 영양학이라고 하며, 영양학은 영양소의 특성, 소화·흡수·대사 작용, 결핍증, 과잉증, 급원식품, 영양소 섭취기준 및 식생활지침 등을 탐구 대상으로 삼는다.

에너지 영양소 및 알코올의 에너지 함량(열량)

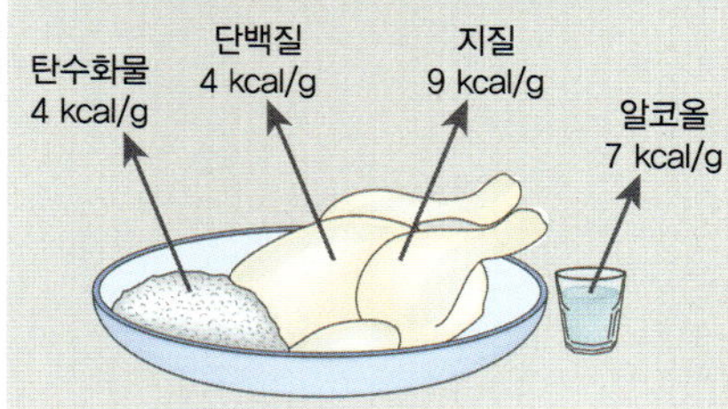

영양소는 총 50여 종이 있으며 식품으로 섭취한다. 영양소는 크게 탄수화물·지질·단백질·비타민·무기질·수분의 6대 영양소로 나누며, 에너지 공급, 신체 구성, 체내 대사 조절의 기능을 한다. 에너지 공급에 탄수화물·지질·단백질이 관여하며, 신체 구성에 지질·단백질·무기질·수분이, 체내 대사 조절에 단백질·비타민·무기질·수분이 관여한다 표 1-1. 신체 구성 영양소의 체중당 함량 비율은 수분 65%, 단백질 16%, 지질 15%, 무기질 4% 정도이다 그림 1-2. 이들 영양소는 구체적으로 신체의 수분·근육·골격·지방을 구성하는 성분이며, 결국 체중을 이룬다 그림 1-3. 체내 대사 조절을 위해 단백질은 효소와 호르몬을 구성하는 성분으로서, 비타민과 무기질은 효소의 조효소로서, 수분은 체내에서 이루어지는 각종 화학반응의 매개체로서 작용한다.

표 1-1 영양소의 종류와 기능

종류	구분	기능		
		에너지 공급	신체 구성	체내 대사 조절
탄수화물	단당류, 이당류, 올리고당류, 다당류			
지질	중성지방, 인지질, 지방산, 콜레스테롤			
단백질	아미노산, 단백질			
비타민	지용성 비타민(비타민 A, D, E, K), 수용성 비타민(비타민 B군, C)			
무기질	다량 무기질(칼슘, 인, 칼륨, 나트륨, 염소, 마그네슘, 황), 미량 무기질(철, 아연, 구리, 불소, 망간, 요오드, 셀레늄, 몰리브덴, 크롬 등)			
수분	음식 수분, 액체 수분(물, 음료 중 수분)			

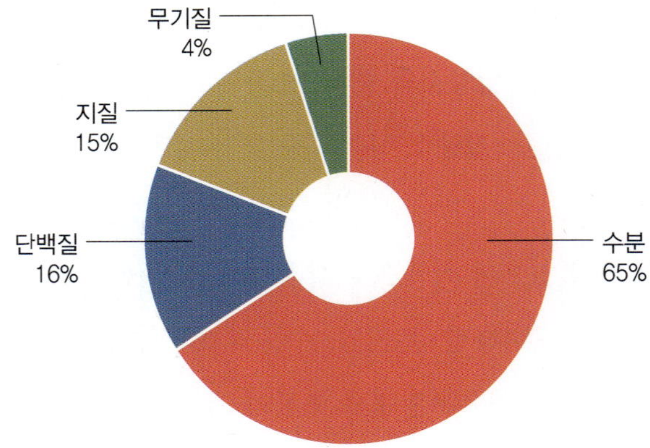

그림 1-2 신체 구성 영양소와 함유율

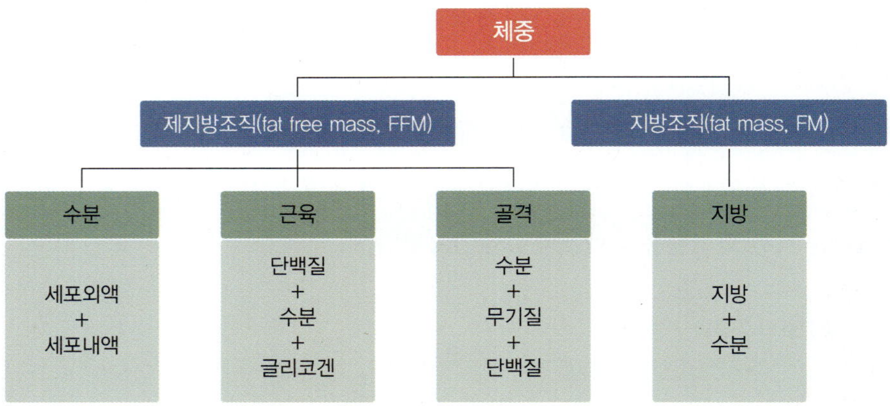

그림 1-3 체중 구성 요소와 영양소

대부분의 영양소는 체내에서 합성되지 않으므로 식품으로 섭취해야 한다. 일부 영양소인 비타민 D·비타민 K·콜레스테롤 등은 체내에서 합성되나, 필요량을 충족시킬 정도는 아니므로 식품으로도 섭취해야 한다. 영양소 외에 식품에 들어 있는 색소, 맛 성분, 냄새 성분, 항산화 물질 등에는 건강에 이로운 작용을 하는 비영양성분이 많은데, 식물에 들어 있는 것을 피토케미컬phytochemical, 동물에 들어 있는 것을 주케미컬zoochemical이라고 한다. 최근 피토케미컬과 주케미컬의 건강유익작용 및 식품소재가 상세하게 밝혀지면서 식품의 영양성분뿐만 아니라 비영양성분에 대한 관심

알아두기

피토케미컬

피토케미컬은 그리스어의 식물을 뜻하는 '피토(phyto)'와 '케미컬(chemical)'이 결합된 합성어이며, 식물에 들어 있는 건강에 이로운 물질이다. 피토케미컬은 식물을 질병, 해충, 가뭄, 과도한 햇빛, 자외선, 공기와 토양에서 유래되는 오염으로부터 보호해 주는 방어물질이다. 피토케미컬은 사람이 먹었을 때 여러 가지로 건강에 이로운 기능을 하므로 '제7의 영양소'라고 부르기도 한다. 식물마다 가지고 있는 피토케미컬의 종류와 함량이 다르므로, 이를 충분히 섭취하려면 채소, 해조류, 과일, 전곡, 콩을 다양한 색깔과 제철식품, 그리고 자연식품 상태로 섭취하는 것이 좋다.

피토케미컬의 건강기능	• 항산화작용 • 해독작용 • 면역기능강화작용	• 항암작용 • 노화억제작용 • 식물성호르몬작용

이 높아졌으며 이를 섭취하고자 하는 노력이 활발히 이루어지고 있다.

3) 건강과 영양 섭취의 관계

영양소는 성장과 발달에 필수적일 뿐만 아니라, 성인이 된 후에도 신체 조직을 유지하고 기능을 수행하는 데 필수적이다. 영양소는 적정 수준으로 섭취해야 하며, 이보다 부족하게 섭취하면 신체기능이 감소하고, 이보다 많이 섭취하면 독성이 유발된다. 영양소를 '적정 수준'보다 약간 적게 섭취하면 '경계 부족', 그보다 더 적게 섭취하면 '결핍', 약간 많게 섭취하면 '경계 과다', 그보다 더 많게 섭취하면 '독성' 수준이라고 한다 그림 1-4. 한국인의 주요 사망 원인 질환인 암, 뇌심혈관계질환, 당뇨병 등은 에너지, 당류, 지질, 나트륨의 섭취 과다와 함께 식이섬유, 비타민, 무기질의 섭취 부족과 관련이 있으므로 건강과 영양 섭취는 밀접한 관계를 가진다 표 1-2.

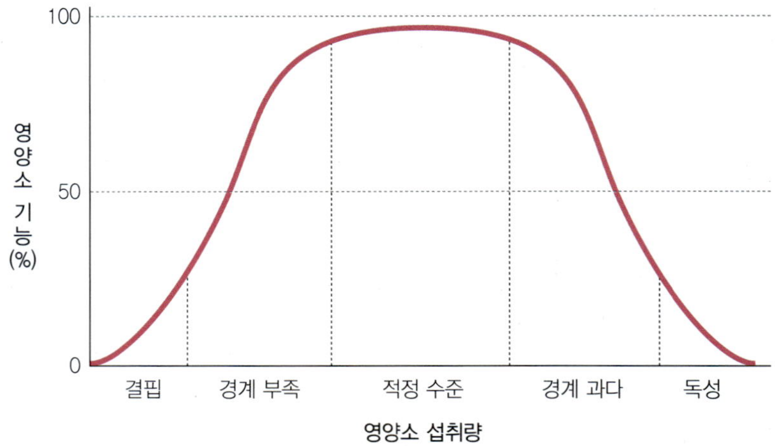

그림 1-4 영양소 섭취 수준과 체내 기능

표 1-2 한국인의 주요 사망 원인 질환과 영양 위험 요인

순위	주요 사망 원인 질환		영양 위험 요인	
			섭취 과다	섭취 부족
1위	암	폐암, 간암, 대장암, 위암	에너지, 지질, 나트륨, 알코올	식이섬유, 비타민, 칼슘 등 무기질
2위	순환기계질환	뇌혈관질환, 심장질환, 허혈성 심장질환	에너지, 당류, 지질, 나트륨, 알코올	식이섬유, 비타민, 칼슘 등 무기질
3위	내분비, 영양 및 대사 질환	당뇨병	에너지, 당류, 지질	식이섬유

자료 : 통계청, 2020

알아두기

영양소 섭취 수준

- 적정 수준 : 개인의 생리적인 필요량만큼 영양소를 섭취한 상태
- 영양불균형 : 식사로 섭취한 영양소의 양과 질이 신체 요구량과 균형을 이루지 못하고 부족 또는 과다해서 발생하는 영양불량
- 영양부족 : 신체가 필요로 하는 영양소를 장기간에 걸쳐 공급받지 못했거나 체내에서 이용하지 못하여 발생하는 영양불량
- 영양결핍 : 특정 영양소의 공급 부족 및 체내 이용률 감소로 인해 발생하는 증상. 영양결핍 정도에 따라 가벼운 준임상적 증세(효소 활성 감소 등 생화학적 기능 이상)에서 심각한 임상적 증세(피부, 머리카락, 손톱, 입 등에 나타나는 신체적 징후)까지 나타남
- 영양과다 : 장기간 영양소를 과다 섭취하여 나타나는 영양불량
- 영양독성 : 영양소 과다 섭취로 인한 위해 또는 독성 증상

2. 한국인의 식생활 실태

1) 한국인의 식품 섭취 실태

국민영양조사에 따르면 한국인의 식물성식품과 동물성식품 섭취량은 최근 수십 년 사이(1975~2019년)에 크게 변하였다. 이 기간에 1인 1일당 총 식품 섭취량 중 동물성식품이 차지하는 비율은 약 14% 증가한 반면, 식물성식품이 차지하는 비율은 약 14% 감소하였다 그림 1-5.

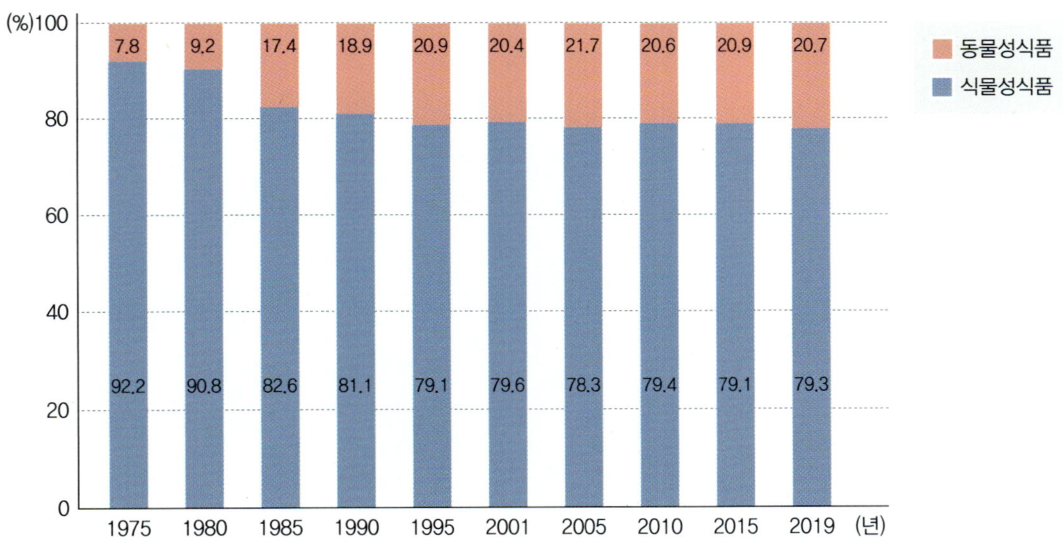

그림 1-5 한국인의 식물성식품과 동물성식품 섭취비율 변화 추이(1인 1일당 평균)

자료: 보건복지부, 질병관리청, 2020

1인 1일당 식품군별 섭취량은 동물성식품의 경우 2019년에 육류 > 우유류 > 어패류 > 난류의 순으로 많았다 그림 1-6. 육류와 우유류는 각각 1975년에 14.3 g, 4.7 g에서 2019년에 126.2 g, 100.5 g으로 8.8배와 21.4배 증가하였다. 식물성식품 섭취량은 2019년에 채소류 > 곡류 > 음료류 > 과일류 등의 순으로 많았다. 채소류 섭취량은 1975년 246.0 g, 2019년 270.5 g으로 증가하였으며, 곡류 섭취량은 1975

년 474.0 g에서 2019년 269.9 g으로 43.1% 감소하였다. 음료류 섭취량은 2001년 59.5 g에서 2019년 206.7 g으로 약 20년 동안 3.5배 증가하였다.

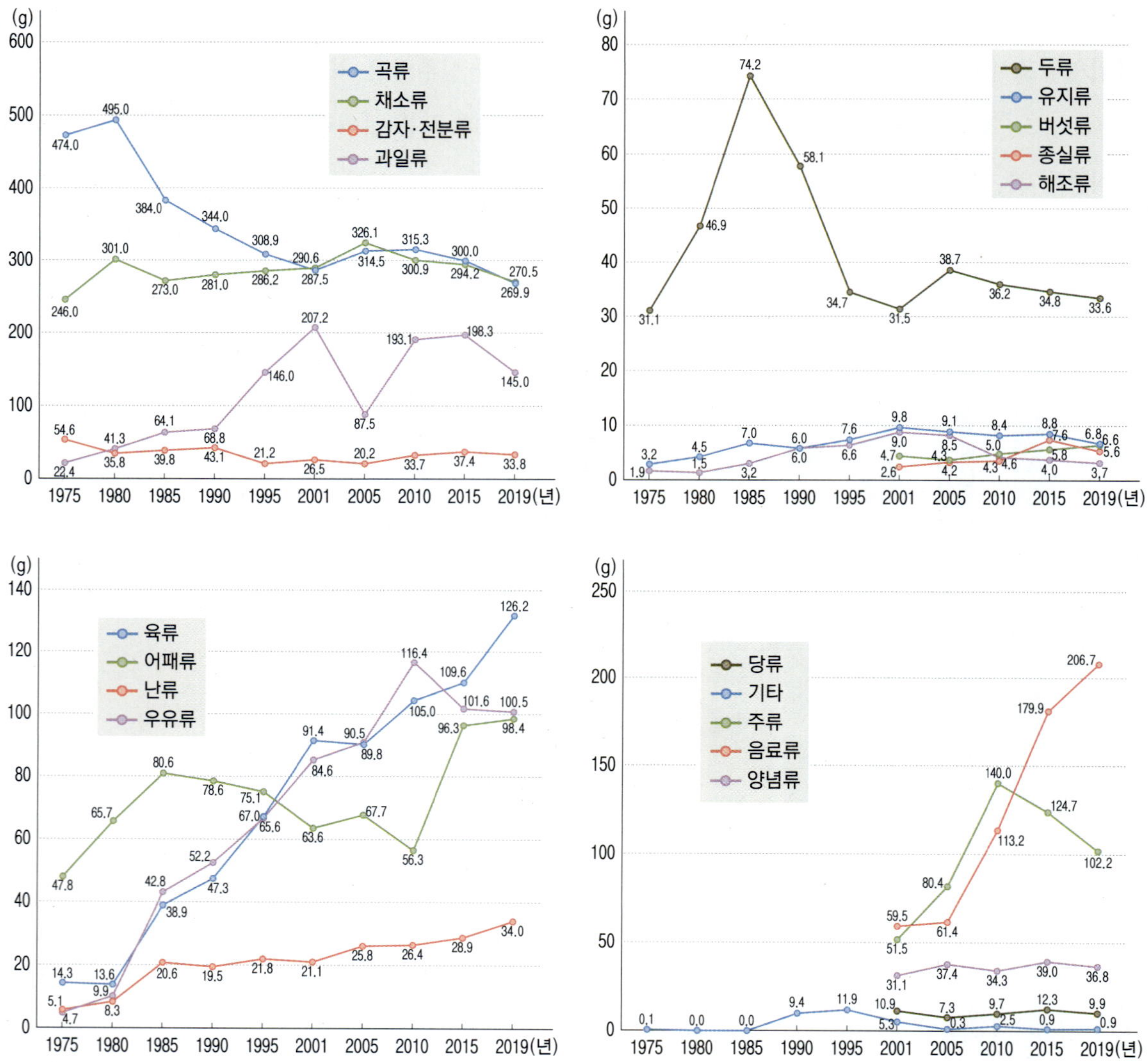

그림 1-6 한국인의 식품군별 섭취량 변화 추이(1인 1일당 평균)

자료: 보건복지부, 질병관리청, 2020

2) 한국인의 영양 섭취 실태

2019년 한국인의 1일 에너지 섭취량 중 탄수화물 : 단백질 : 지질이 차지하는 비율은 60.8 : 15.6 : 23.6%로 나타나 한국인 영양소 섭취기준의 에너지적정비율을 충족하였다 그림 1-7. 그러나 1975~2019년에 탄수화물 비율은 감소하였고, 지질 비율은 증가해 앞으로 이런 추세가 이어진다면 에너지적정비율보다 탄수화물 비율이 낮고 지질 비율이 높을 우려가 있었다. 이와 같은 변화는 같은 기간 동안 탄수화물의 주요 급원인 곡류 섭취량은 감소한 반면에, 지질의 주요 급원인 육류, 우유류 섭취량은 증가했기 때문이다. 한편 에너지 영양소의 섭취 수준은 개인차가 커서 에너지 섭취량이 필요추정량의 125% 이상이면서 지질 섭취량이 지질 에너지적정비율의 상한선인 30%(3세 이상에 해당)를 초과한 '에너지·지질과잉섭취자' 비율은 2019년 전체 6.9%, 남자 8.4%, 여자 5.4%이었다. 이를 연령별로 보면 2019년에 30~39세가 10.3%로 가장 높았으며, 그 다음이 19~29세(9.0%) > 10~18세(7.8%) > 1~9세(6.2%)의 순으로 높았다.

에너지적정비율
에너지적정비율은 비만, 고지혈증, 고혈압 등을 예방해 건강을 유지할 수 있는 에너지 영양소별 비율을 나타낸 것이다. 3세 이상의 경우 에너지적정비율은 탄수화물 : 단백질 : 지질이 55~65 : 7~20 : 15~30%이다(2020 한국인 영양소 섭취기준).

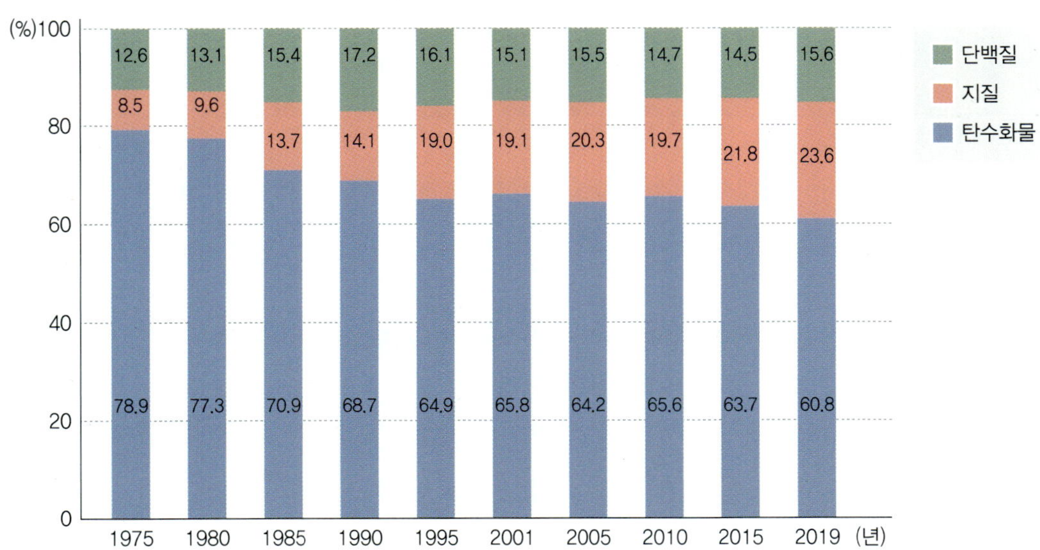

그림 1-7 한국인의 에너지 영양소 섭취비율 변화 추이(1인 1일당 평균)

자료: 보건복지부, 질병관리청, 2020

2019년 칼슘, 칼륨, 비타민 A, 엽산, 비타민 C 섭취량은 한국인 영양소 섭취기준의 80% 이하로 낮았으며, 에너지, 단백질, 식이섬유, 인, 철, 티아민, 리보플라빈, 니아신 섭취량은 이를 충족하였다 그림 1-8. 칼슘 섭취량은 권장섭취량의 66.4%, 비타민 A 섭취량은 57.8% 수준이어서 이들의 섭취량을 늘릴 필요가 있었다. 나트륨은 목표섭취량의 172.7%를 섭취해 과다한 수준이어서 낮추는 것이 시급하였다. 한편 영양소 섭취량은 개인차가 커서 에너지 섭취량이 필요추정량의 75% 미만이면서 칼슘, 철, 비타민 A, 리보플라빈의 섭취량이 모두 평균필요량 미만인 '영양섭취부족자' 비율은 2019년에 전체 13.5%, 남자 10.4%, 여자 16.8%로 나타났다.

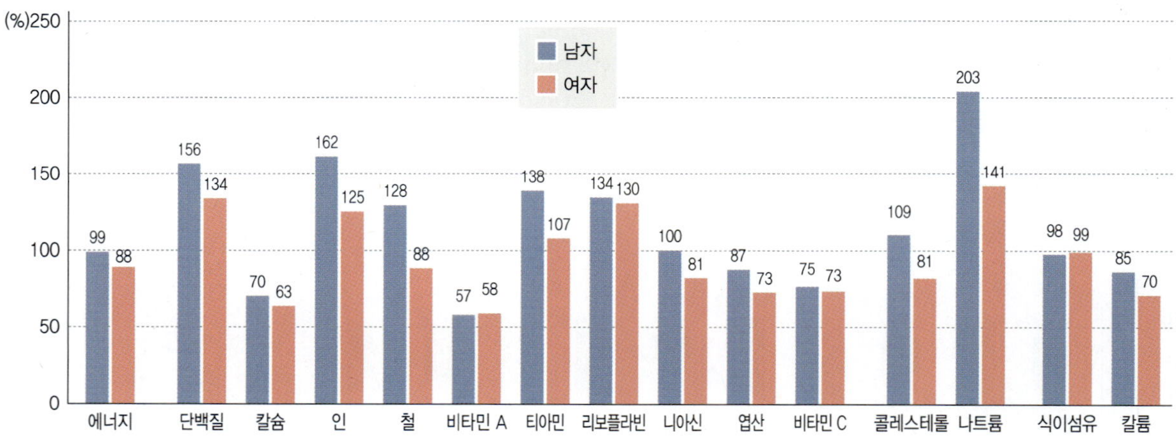

* 영양소 섭취기준에 대한 영양소 섭취비율: 영양소 섭취기준에 대한 개인별 영양소 섭취량 백분율의 평균값. 만 1세 이상(나트륨 만 9세 이상, 콜레스테롤 만 19세 이상)

*영양소 섭취기준: 2015 한국인 영양소 섭취기준(보건복지부, 한국영양학회, 2015), 에너지, 필요추정량; 식이섬유, 칼륨, 충분섭취량; 콜레스테롤, 나트륨, 목표섭취량; 그 외 영양소, 권장섭취량

그림 1-8 한국인의 영양소 섭취기준에 대한 영양소 섭취비율(만 1세 이상)

자료: 보건복지부, 질병관리청, 2020

3) 한국인의 식습관

2019 국민영양조사에 따르면 한국인의 아침 결식률은 전체 31.3%, 남자 32.2%, 여자 30.4%로 높았다. 연령별로 19~29세가 54.0%로 가장 높았으며, 그 다음이

30~39세 43.8%, 10~18세 33.9%, 40~49세 32.6% 순으로 높았고, 70세 이상이 5.4%로 가장 낮았다. 지방, 나트륨, 과일 및 채소를 각각 적정량 섭취하는지, 가공식품 선택 시 영양표시를 읽는지의 4개 지표 중 2개 이상을 만족하는 비율인 '건강식생활실천율'은 전체 44.5%, 남자 39.0%, 여자 50.4%로 낮은 수준이어서, 영양지식을 실생활에 실천하도록 노력할 필요가 있었다. 식이보충제를 최근 1년간 2주 이상 지속적으로 섭취한 비율은 전체 56.3%, 남자 52.4%, 여자 60.2%로 높았으며, 매년 증가하는 추세이다. 식이보충제의 무분별한 섭취에 따른 부작용이 발생할 우려가 있는 만큼 바르게 섭취하도록 유의할 필요가 있다(2장 심화학습 참조).

3. 영양판정

영양판정이란 개인이나 집단을 대상으로 영양상태와 관련이 있는 항목인 체위, 생화학적 지표, 임상 증상, 식사 영양소 섭취량 등을 분석하고, 이들을 서로 연관시켜 해석하여 영양상태를 평가하는 과정이다. 영양판정 방법에는 신체 계측방법 anthropometric method, A, 생화학적 방법biochemical method, B, 임상적 방법clinical method, C, 식사조사 방법dietary survey, D의 4가지가 있으며, 이들 영문 첫 자를 따라서 '영양판정 방법의 ABCD'라고 부른다 그림 1-9. 영양판정을 통하여 영양문제나 건강문제를 가진 사람을 선별하고 이들에게 영양상담과 영양교육을 실시함으로써 질병을 예방하고 건강을 유지하도록 할 수 있다. 영양결핍 정도에 따라 어떤 영양판정 방법을 적용해야 하는지가 달라지므로 영양결핍 단계에 맞는 영양판정 방법을 적용하며, 한 가지보다는 여러 가지 방법을 동시에 적용해서 영양상태를 정확하게 판정하도록 해야 한다.

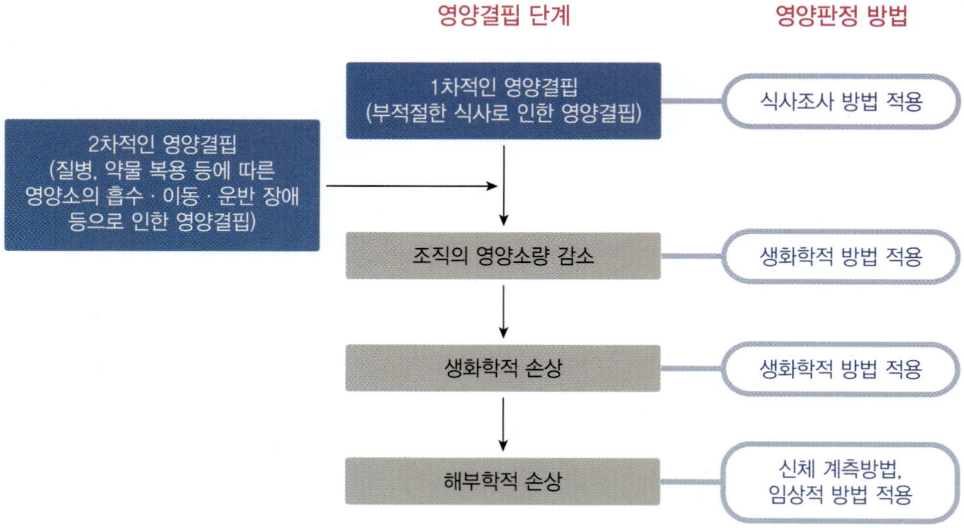

그림 1-9 영양결핍 단계에 따른 영양판정 방법

1) 신체 계측방법

표준치
표준치는 신체 계측으로 얻어진 실측치에 통계적인 방법을 적용해 표준화시킨 것이며, 영유아, 소아·청소년의 신체 크기 및 성장 정도를 평가하는 기준값으로 사용한다.

소아·청소년 성장도표
질병관리청 홈페이지 참조

신체 계측방법은 체위 및 체구성성분을 측정하고 신체지수를 산출하여 표준치와 비교·평가함으로써 대상자의 영양상태를 쉽게 판정하는 방법이다. 식사 영양소 섭취는 신장, 체중 등의 체위, 체지방, 근육, 뼈 등의 체구성성분에 영향을 미치므로 신체 계측방법으로 영양상태를 평가할 수 있다. 그러나 영양 섭취 결과가 신체에 영향을 미치기까지는 상당한 시간이 걸리며, 영양불량이 심해야 체위 등에 변화가 나타나므로 이 방법은 영양결핍에 대한 예민도가 낮다. 신체 계측방법에는 성장 정도 측정방법, 신체 구성성분 측정방법이 있다.

(1) 성장 정도 측정

성장 정도를 측정하기 위해 주로 사용되는 항목은 신장과 체중이며, 이밖에 머리둘레, 가슴둘레, 허리둘레, 상완둘레 등이 사용된다. 이들은 영유아와 어린이의 성장 정도를 나타내며, 각각의 표준치와 비교해 성장 정도를 평가한다. 표준치로 질병

알아두기

체중/신장 비와 체중 판정의 예

Broca법에 의한 이상체중 계산 및 체중 판정

- 160 cm 이상 : 이상체중(kg) = [신장(cm) − 100] × 0.9
- 150~160 cm 미만 : 이상체중(kg) = [신장(cm) − 150] × 0.5 + 50
- 150 cm 미만 : 이상체중(kg) = 신장(cm) − 100

$$상대체중(\%) = \frac{실제체중(kg)}{이상체중(kg)} \times 100$$

90% 미만 : 저체중, 90~110% 미만 : 정상체중, 110~120% 미만 : 과체중, 120% 이상 : 비만

관리청의 소아·청소년 성장도표가 주로 적용된다. 성장기뿐만 아니라 성인의 경우도 환자나 일반인의 단백질·에너지 영양결핍 여부, 비만, 영양처방 후의 변화를 파악하기 위해 체중, 체중/신장 비 등의 신체 계측방법(7장 참조)을 사용한다.

(2) 신체 구성성분 측정

신체 구성성분 중 체지방량과 근육량은 비만, 심혈관계질환 등 만성퇴행성질환과 관련이 높아 영양조사에서 영양상태 파악을 위해 많이 측정한다. 체지방량과 근육량을 측정하기 위해 생체전기저항분석법을 주로 이용하고 있다. 또한 체지방량을 간접적으로 추정하기 위해 피부두겹두께, 상완위둘레, 체질량지수, 허리둘레를 이용하고 있다(7장 참조). 체질량지수는 체지방량과 관련성이 높으며, 허리둘레는 복부비만과 관련성이 높아 자주 사용하고 있다.

2) 생화학적 방법

생화학적 방법은 혈액, 소변, 대변 및 조직 내 영양소 또는 그 대사물의 농도를 측정하거나, 체내 영양상태에 의해 영향 받는 효소의 활성 등을 측정하고 기준치와 비교하여 영양상태를 판정하는 방법이다. 식사 섭취 부족이나 흡수, 이용 결함으로 인한 체내 영양소 부족은 체내 영양소 농도에 변화를 초래하고, 이러한 영양소에 의존

표 1-3 생화학적 검사의 판정 기준치

영양소	측정항목	기준치	설명
탄수화물	혈청 포도당(mg/dL)	• 정상: 공복혈당 < 100, 75 g 경구당부하 후 2시간 혈당 < 140 • 당뇨: 당화혈색소 ≥6.5% 또는 공복혈당 ≥126 또는 75 g 경구당부하 후 2시간 혈당 ≥200 • 공복혈당장애: 공복혈당 100~125 • 내당능장애: 75 g 경구당부하 후 2시간 혈당 140~199 • 저혈당: < 70	• 공복혈당이 높으면 내당능장애나 당뇨 발생 위험 증가. 내당능장애는 체내 세포가 당을 받아들이는 능력이 떨어져 있는 것이며 내당능장애가 더 진행되면 당뇨가 됨 • 장기간 영양불량 시 저혈당 유발
지질	혈청 총콜레스테롤(mg/dL)	• 높음: ≥240 • 경계: 200~239 • 적정: < 200	• 혈청 총콜레스테롤, LDL-콜레스테롤, 중성지방 농도가 높고, HDL-콜레스테롤 농도가 낮으면 동맥경화증 등 심혈관계질환 발생 위험 증가
	혈청 LDL-콜레스테롤(mg/dL)	• 매우 높음: ≥190 • 높음: 160~189 • 경계: 130~159 • 정상: 100~129 • 적정: < 100	
	혈청 HDL-콜레스테롤(mg/dL)	• 낮음: < 40 • 높음: ≥60	
	혈청 중성지방(mg/dL)	• 매우 높음: ≥500 • 높음: 200~499 • 경계: 150~199 • 적정: < 150	
단백질	혈청 총단백질(g/dL)	• 정상: ≥ 6.5 • 부족: 6.0~6.4 • 결핍: < 6.0	• 영양불량 시 혈청 단백질, 알부민 농도 감소
	혈청 알부민(g/dL)	• 정상: 3.5~5.0 • 부족: 2.4~3.4 • 결핍: < 2.4	
칼슘	혈청 칼슘(mg/dL)	• 정상: 9~11	• 칼슘 영양상태 불량 시 혈청 칼슘 농도 감소
철	헤마토크릿(%)	• 빈혈: 성인 남자 < 39, 성인 여자 < 36	• 철 영양상태 불량 시 헤마토크릿, 혈청 헤모글로빈, 페리틴 농도 감소
	헤모글로빈(g/dL)	• 빈혈: 성인 남자 < 13, 성인 여자 < 12	
	혈청 페리틴(μg/L)	• 빈혈: < 12	

자료 : 대한당뇨병학회, 2019; 한국지질·동맥경화학회, 2018; 이미숙 외, 2016

하는 효소나 호르몬 양에도 변화를 주어 궁극적으로 신체기능을 저하시킨다. 생화학적 변화는 체위가 변하거나 임상 증상이 나타나기 전에 특정 영양소의 부족을 예민하게 반영해 주므로, 이 방법은 예민도가 높고 객관적이며 정량적이다. 그러나 시료 채취와 분석의 어려움 때문에 광범위하게 사용하기 어렵다. 주요 영양소별 생화학적 검사의 판정 기준치는 표 1-3과 같다.

혈장(plasma)
혈장은 채취한 혈액에 항혈액응고제(헤파린, EDTA 등)를 넣은 상태에서 원심분리한 후 혈구성분을 제거하고 남은 액체 성분이다.

혈청(serum)
혈청은 채취한 혈액에 항혈액응고제를 넣지 않은 상태에서 원심분리한 후 혈구성분을 제거하고 남은 액체성분이며 피브리노겐 등 응고인자가 제거된 것이다.

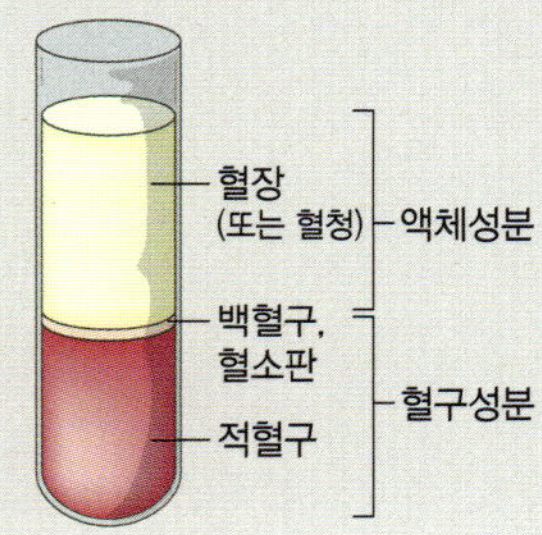

3) 임상적 방법

임상적 방법은 영양불량과 관련하여 나타나는 머리카락, 안색, 눈, 입, 피부 등에 나타난 신체 징후를 시각적으로 평가하여 영양상태를 판정하는 방법이다. 영양결핍은 궁극적으로 겉으로 드러나는 결핍 증세를 유발하므로 신체 징후로 영양상태를 평가할 수 있다. 그러나 이러한 신체 징후는 영양결핍이 상당히 진전된 경우에 발현되고 특이성이 낮으므로, 영양판정 시 임상적 방법만 적용하기보다 다른 방법을 함께 적용해야 한다.

알아두기

영양결핍 시 신체 징후

- 단백질 · 에너지 결핍증 : 머리카락 숱이 적어지고 가늘어짐, 부종, 마라스무스
- 비타민 A 결핍증 : 각막 · 결막건조증, 비톳점, 피부건조증
- 비타민 B_2 결핍증 : 구각염, 구순염, 설염
- 니아신 결핍증 : 펠라그라(피부염, 설사, 치매, 죽음)
- 비타민 C 결핍증 : 괴혈병
- 칼슘과 비타민 D 결핍증 : 골다공증, 골연화증
- 철 결핍증 : 빈혈, 숟가락 모양의 손톱
- 요오드 결핍증 : 갑상샘 비대

4) 식사조사 방법

식사조사 방법은 대상자가 섭취한 식사내용이나 평소 식습관을 조사하여 영양 섭취실태를 분석하고 이에 따른 영양상태를 판정하거나 질병 발생 위험을 파악하는 방법이다. 식사조사 방법은 두 가지로 나눌 수 있는데, 첫째, 짧은 기간에 식품 섭취를 양적으로 조사하는 24시간 회상법과 식사기록법이 있으며, 둘째, 장기간의 일상적인 식품 섭취상태에 대해 질적으로 조사하는 식품섭취빈도조사법, 식습관조사법이 있다 표 1-4.

식사조사에서 조사한 식품 섭취량은 식품성분표를 이용해 영양소 섭취량으로 환산해 준다. 영양소 섭취량의 적절성을 평가하기 위해 영양밀도지수index of nutritional quality, INQ, 영양소 적정섭취비율nutrient adequacy ratio, NAR, 평균 영양소 적정섭취비율mean adequacy ratio, MAR 등을 적용하고 있다.

영양밀도지수(INQ)
1,000 kcal에 해당하는 식사 내 영양소 함량을 1,000 kcal당 해당 영양소의 섭취기준(권장섭취량이나 충분섭취량)으로 나눈 비율이다. INQ는 에너지가 충족될 때 영양소 섭취 가능 정도를 나타내는 것으로 1 이상이면 식사의 질이 좋음을 의미한다.

$$\text{INQ} = \frac{\text{1,000 kcal에 포함된 영양소 양}}{\text{1,000 kcal당 해당 영양소의 섭취기준}}$$

영양소 적정섭취비율(NAR)
영양소 섭취량을 해당 영양소의 섭취기준(권장섭취량이나 충분섭취량)으로 나눈 비율이다. NAR이 1 이상이면 해당 영양소를 섭취기준(권장섭취량이나 충분섭취량) 이상으로 섭취하는 것을 의미한다.

$$\text{NAR} = \frac{\text{대상자의 해당 영양소 1일 섭취량}}{\text{해당 영양소의 섭취기준}}$$

평균 영양소 적정섭취비율(MAR)
영양소별 NAR에 대한 평균값으로 식사의 전반적인 질을 나타낸다.

$$\text{MAR} = \frac{\text{n개의 영양소에 대한 NAR 합}}{\text{영양소의 수(n)}}$$

표 1-4 식사조사 방법

종류	개요
24시간 회상법	• 지난 하루 동안 섭취한 식품의 종류와 양을 기억하도록 하여 조사하는 방법이다. • 간단하고 쉬우나 기억력에 의존하므로 섭취한 식품을 빠뜨리기 쉽다.
식사기록법	• 보통 주중 2일과 주말 1일을 포함해 3일간 섭취하는 식품의 종류와 양을 먹을 때마다 스스로 기록하도록 하는 방법이다. • 식사기록법에는 눈대중으로 추정하여 기록하는 추정량 기록법, 음식의 양을 측정하여 기록하는 실측량 기록법이 있다. • 식사 현장에서 섭취량을 기록하고 양을 추정할 때 저울, 계량컵 등을 사용할 수 있어 정확하게 조사할 수 있으나, 조사기간이 길수록 협조를 받기 어렵고 정확도가 감소한다.
식품섭취빈도조사법	• 자주 섭취하는 식품을 식품군별로 골고루 포함시킨 목록에 섭취빈도를 함께 제시하여 조사하는 방법이다. • 양적 조사라기보다 평소 식품 섭취 패턴을 알아보아 장기간에 걸친 식습관과 질병과의 관계를 파악하는 역학조사에 유용하다.
식습관조사법	• 비교적 장기간(지난 한 달이나 지난 일 년간)에 걸친 개인의 평소 식사 형태나 식품 섭취실태를 자세하고 광범위한 면접을 통해 조사하는 방법이다. 오랜 기간에 걸친 식습관을 파악해 영양문제를 추정할 수 있으므로 질병과의 관계를 파악하거나 영양상담이나 교육의 방향을 설정할 수 있다. • 조사대상자가 비교적 가까운 과거만을 회상하고 조사자가 주관적인 판단을 해야 하는 경우가 많으므로 정확하게 조사하기 어렵다.

심화학습

고열량 · 저영양식품

고열량 · 저영양식품이란 식품의약품안전처장이 정한 기준보다 열량이 높고 영양가가 낮은 식품으로서 비만이나 영양불균형을 초래할 우려가 있는 어린이 기호식품을 말한다. 어린이 기호식품을 간식용(가공식품, 조리식품), 식사대용(가공식품, 조리식품)으로 나누어 고열량 · 저영양식품 기준을 제시하고 있다.

평소 섭취 빈도가 높은 간식용에 대해 살펴보면, 가공식품 대상에는 과자류 중 과자(한과류는 제외함)/캔디류/빙과류, 빵류, 초콜릿류, 유가공품 중 가공유류/발효유류(발효버터유 및 발효유분말은 제외함)/아이스크림류, 어육가공품 중 어육소시지, 음료류 중 과 · 채음료/탄산음료/유산균음료/혼합음료가 포함되어 있다. 간식용의 조리식품 대상에는 제과 · 제빵류 및 아이스크림류가 포함되어 있다. 간식용의 경우 1회 섭취참고량당 열량(250 kcal), 포화지방(4 g), 당류(17 g) 중 하나가 기준치를 초과하면서 단백질 2 g 미만인 식품을 '고열량 · 저영양식품'으로 판별한다. 또한 앞의 기준 어느 하나에 해당하지 않아도 1회 섭취참고량당 열량 500 kcal를 초과하거나 포화지방 8 g을 초과하거나 당류 34 g을 초과하는 식품도 '고열량 · 저영양식품'으로 판별한다. 고열량 · 저영양식품 여부는 식품의약품안전처의 어린이 기호식품(고열량저영양, 품질인증) 알림e 서비스(https://www.foodsafetykorea.go.kr/hilow/index.do)에서 제품 포장지에 표시된 제품명으로 검색하거나 영양성분을 입력하면 바로 확인할 수 있다.

위에서처럼 고열량 · 저영양식품은 영양밀도를 기준으로 정하고 있다. 영양밀도란 특정 식품에서 1,000 kcal를 섭취할 때 동시에 섭취하게 되는 영양소의 함량이다. 열량은 적지만 여러 가지 영양소가 골고루 들어 있는 우유, 달걀, 살코기, 전곡, 콩 등은 '고영양밀도 식품'이며, 열량은 많지만 영양소가 적게 들어 있는 탄산음료, 사탕, 과자, 단빵 등은 '저영양밀도 식품'이다. 저영양밀도 식품 중 열량은 많으나 영양소는 거의 없는 음료, 사탕, 술 등을 '빈 열량 식품(empty calorie foods)'이라고 한다. 성장과 건강을 위해 어린이와 성인 모두 고영양밀도 식품 위주로 섭취하고 저영양밀도 식품, 즉 고열량 · 저영양식품의 섭취를 줄여야 한다.

고영양밀도 식품의 예	저영양밀도 식품의 예

1회 제공량
1회 제공량은 주요 소비계층이 1회 섭취하기에 적당한 양이다.
예) 과자류 30 g,
피자 제외 빵류 70 g,
과일 · 채소류 음료/탄산음료/두유류 200 mL

단원정리

건강

건강은 신체적·정신적 그리고 사회적으로 완전히 양호한 상태이다. 건강은 생물학적 요인, 생활습관 요인, 보건의료 요인, 환경 요인의 영향을 받으며 이 중 생활습관 요인에 의한 영향이 가장 크다.

영양과 영양소

영양은 외부로부터 식품을 섭취하여 소화·흡수시킨 후 이용함으로써 생명 유지, 신체활동 및 성장이 이루어지게 하는 것이다. 영양소에는 탄수화물, 지질, 단백질, 비타민, 무기질, 수분이 있으며, 에너지 공급, 신체 구성, 체내 대사 조절 기능을 한다.

건강과 영양 섭취의 관계

암, 뇌심혈관계질환, 당뇨병 등의 질환은 에너지, 당류, 지질, 나트륨의 섭취 과다와 함께 식이섬유, 비타민, 무기질의 섭취 부족과 관련이 있으므로, 건강과 영양 섭취는 밀접한 관계를 갖는다.

한국인의 식생활 실태

최근 수십 년간 한국인의 동물성식품 섭취비율은 증가하였고, 식물성식품 섭취비율은 감소하였다. 식품군별로는 육류, 우유류, 음료류 섭취량이 크게 증가하였고, 곡류 섭취량이 크게 감소하였다. 탄수화물 : 단백질 : 지질의 섭취비율은 한국인 영양소 섭취기준에서 정한 에너지적정비율 내에 있었으나, 탄수화물 섭취비율은 감소하였고 지질 섭취비율은 증가하는 추세여서 앞으로 에너지적정비율에서 벗어날 우려가 있었다. 영양소 섭취량은 칼슘, 비타민 A 등을 제외하고 대부분의 영양소가 한국인 영양소 섭취기준을 충족하고 있었다.

영양판정

영양판정은 영양상태와 관련된 체위, 생화학적 지표, 임상증상, 식사 영양소 섭취량 등을 분석하고, 서로 연관시켜 해석하여 영양상태를 평가하는 과정이다. 영양판정 방법에는 신체 계측방법, 생화학적 방법, 임상적 방법, 식사조사 방법이 있다.

CHECK UP 도착점!

1. 영양소에 대한 설명으로 옳지 않은 것은?
   ① 비타민은 체내 대사를 조절한다. ② 글리코겐은 체지방조직에 들어 있다.
   ③ 수분은 신체를 구성하는 주요 성분이다. ④ 탄수화물, 지질, 단백질은 에너지를 공급한다.

2. 체내에서 영양소 기능을 가장 잘 발휘하게 하는 섭취 수준은?
   ① 독성 ② 경계 부족 ③ 경계 과다 ④ 적정 수준

3. 한국인의 주요 사망 원인 질환은 암, 뇌심혈관계질환이다. 이들 질환의 발생 위험을 높이는 영양 요인은?
   ① 당류 섭취 부족 ② 지질 섭취 과다 ③ 단백질 섭취 부족 ④ 식이섬유 섭취 과다

4. 최근 수십 년간 한국인의 식생활 변화에 대한 설명으로 옳은 것은?
   ① 곡류 섭취량은 크게 증가하였다.
   ② 육류 섭취량은 크게 감소하였다.
   ③ 단백질 섭취 증가로 에너지적정비율에서 벗어나고 있다.
   ④ 우유류 섭취량은 크게 증가하였으나 칼슘 섭취량은 부족하다.

5. 영양판정을 위한 신체 계측에서 측정하는 항목은?
   ① 혈압 ② 발 크기 ③ 체지방량 ④ 효소 활성

6. 객관적인 영양판정 방법이지만 시료 채취와 분석이 어려워 적용하는 데 어려움이 있는 것은?
   ① 임상적 방법 ② 생화학적 방법 ③ 신체 계측방법 ④ 식사조사 방법

7. 식사조사 방법 중 정확도가 가장 높은 방법은?
   ① 식사기록법 ② 식습관조사법 ③ 24시간 회상법 ④ 식품섭취빈도조사법

정답

1. ② 2. ④ 3. ② 4. ④ 5. ③ 6. ② 7. ①

CHAPTER

2 건강한 식생활

건강을 위해 인류는 어떤 식품을 어떻게 먹어야 하는지를 늘 고민해 왔으며, 삶의 질을 추구하는 현대인은 더욱 그렇다. 현대인을 괴롭히는 주요 질환인 암, 심혈관계질환, 당뇨, 비만 등은 잘못된 식생활과 관련이 높으므로, 국가마다 국민이 건강한 식생활을 하도록 돕고자 영양소 섭취기준, 식생활지침, 식품표시 등을 제정하고 있다. 생애주기별 체위, 활동 정도, 식생활 양상, 질병 양상 등이 해마다 달라지므로 이 점을 반영하고자 이들 기준과 지표를 주기적으로 개정하고 있다.

이 장에서는 건강한 식생활을 위한 관련 이론과 적용방법을 알아본다.

학/습/목/표

1. 건강한 식생활의 원칙을 설명할 수 있다.
2. 한국인 영양소 섭취기준의 개념을 설명할 수 있다.
3. 식사구성안과 식품표시를 식사관리에 적용할 수 있다.

CHECK UP 출발점!

※다음 문제에 O, X로 답하시오.

1. 건강한 식생활은 영양소 함량이 높은 식품 위주로 먹는 것이다.
2. 당류, 포화지방산, 나트륨 등은 절제해서 먹어야 한다.
3. 영양소 섭취기준은 종전의 영양권장량이 가진 문제점을 보완한 것이다.
4. 평균필요량을 설정한 영양소는 충분섭취량이 설정되어 있다.
5. 영양소는 권장섭취량 이하로 섭취할 때 영양적으로 안전하다.
6. 우리나라의 식생활지침은 한국인을 위한 식생활지침으로 제정되어 있다.
7. 식사구성안에서 단백질을 주로 공급하는 식품군은 고기 · 생선 · 달걀 · 콩류이다.
8. 식사구성안의 권장식사패턴 A 타입과 B 타입의 주된 차이는 채소류 섭취횟수이다.
9. 식품구성자전거는 균형 잡힌 영양 섭취, 수분 섭취, 활기찬 신체활동을 강조하고 있다.
10. 영양성분표시는 영양소별 함량과 영양소 섭취기준에 대한 비율을 담고 있다.

정답 및 해설

1. ×(건강한 식생활은 다양한 식품을 적당한 양으로 섭취하여 영양균형을 이루도록 섭취하는 것이다.) 2. ○ 3. ○ 4. ×(평균필요량을 설정한 영양소는 권장섭취량이 설정되어 있다.) 5. ×(영양소는 권장섭취량과 상한섭취량 사이로 섭취할 때 영양적으로 안전하다.) 6. ○ 7. ○ 8. ×(권장식사패턴 A 타입과 B 타입의 주된 차이는 우유 · 유제품류 섭취횟수이다.) 9. ○ 10. ×(영양성분표시는 영양소별 함량과 영양성분표시에 적용하기 위해 정한 1일 영양성분 기준치에 대한 비율을 담고 있다.)

1. 건강한 식생활의 원칙

건강한 식생활이란 매끼 다양한 식품을 적당한 양으로 구성하여 영양균형을 이루는 식사를 하는 것을 말한다. 따라서 건강한 식생활을 하려면 세 가지 원칙인 다양성, 적당한 양, 균형을 지켜야 한다 그림 2-1.

1) 다양성

> **여섯 가지 식품군**
> 여섯 가지 식품군에는 곡류, 고기·생선·달걀·콩류, 채소류, 과일류, 우유·유제품류, 유지·당류가 있다.

다양성variety이란 영양적으로 균형 잡힌 식사가 되도록 다양한 식품으로 구성하는 것이다. 다양한 식품으로 구성하려면 여섯 가지 식품군을 모두 포함시키며, 동일 식품군 내에서도 다양한 식품을 포함시켜야 한다. 어떤 식품도 우리 몸에 필요한 모든 영양소를 필요한 양만큼 가지고 있지 않으므로 다양한 식품을 섭취할 때만 영양소를 골고루 섭취할 수 있다.

2) 적당한 양

적당한 양moderation이란 건강체중을 유지하고 신체 대사과정이 정상적으로 이루어지도록 알맞은 양으로 구성하는 것이다. 다양한 식품으로 구성하고 영양적으로 균형 잡힌 식사라 해도 전체 식사량이 영양소 필요량을 충족시키기에는 부족하거나 과다한 상태가 계속되면 건강이 위협을 받기 때문이다. 적당한 양에는 과다 섭취 시 건강에 해로운 당류, 포화지방산, 콜레스테롤, 나트륨 등을 절제해서 구성한 식사를 하는 것도 포함된다.

3) 균형

균형balance이란 건강과 성장을 이룰 수 있는 적절한 양의 에너지와 영양소로 구성하는 것이다. 이를 위해 자신의 성별과 연령에 맞춰 영양소 섭취가 부족하거나 과다

그림 2-1 건강한 식생활

하지 않도록 모든 영양소를 골고루 그리고 필요한 양만큼 구성한 식사를 하도록 해야 한다.

2. 한국인 영양소 섭취기준

1) 한국인 영양소 섭취기준의 정의

한국인 영양소 섭취기준은 건강한 한국인의 건강을 유지·증진하고 식사와 관련된 만성질환의 위험을 감소시켜 건강수명을 증진하는 데 도움이 되도록 에너지 및 영양소의 적정 섭취량을 제시한 것이다. 안전하고 충분한 영양을 확보하는 기준치(평균필요량, 권장섭취량, 충분섭취량, 상한섭취량)와 식사와 관련된 만성질환 위험 감소를 고려한 기준치(에너지적정비율, 만성질환위험감소섭취량)를 제시하였다 그림 2-2 표 2-1.

그림 2-3은 영양소 섭취 수준에 따른 부족이나 과다 위험을 나타낸 것이다. 영양소 섭취량이 적을수록 영양부족 위험도가 증가하며, 영양소 섭취량이 많을수록 영양과다 위험도가 증가한다. 권장섭취량과 상한섭취량 사이가 영양부족이나 영양과다의 위험도가 낮은 안전한 섭취 범위이다.

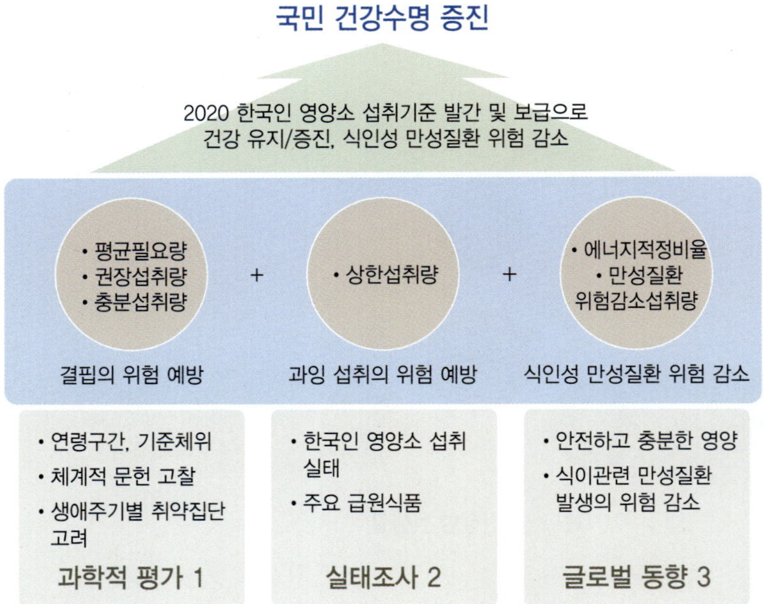

그림 2-2 2020 한국인 영양소 섭취기준의 제·개정 방향

자료: 보건복지부, 한국영양학회, 2020

표 2-1 영양소 섭취기준 지표의 개념

지표	개념
평균필요량 (Estimated Average Requirement, EAR)	대상 집단을 구성하는 건강한 사람들의 절반에 해당하는 사람들의 1일 필요량을 충족시키는 값이며, 대상 집단의 필요량 분포치 중앙값에서 산출된 수치
권장섭취량 (Recommended Nutrient Intake, RNI)	평균필요량에 2배의 표준편차를 더해 산출한 값으로 대부분 사람(97~98%)의 필요량을 충족시킬 수 있는 양. 따라서 상당수의 사람에게는 필요량보다 높은 수치가 됨
충분섭취량 (Adequate Intake, AI)	평균필요량을 구할 수 없어 권장섭취량을 설정할 수 없는 영양소에 대해 제시한 값. 주로 역학조사에서 관찰된 건강한 사람들이 섭취한 영양소 섭취량의 중앙값을 기준으로 정하며 권장섭취량과 상한섭취량 사이로 설정함
상한섭취량 (Tolerable Upper Intake Levels, UL)	인체 건강에 유해영향이 나타나지 않는 영양소의 최대 섭취값. 과다 섭취 시 체내에서 독성을 일으킬 수 있는 영양소를 대상으로 설정하며, 영양소 섭취의 목표값이 아니라 그 미만으로 섭취해야 하는 값임
에너지필요추정량 (Estimated Energy Requirements, EER)	건강하면서 적절한 신체활동을 하는 정상 체격인 사람의 에너지 평형 유지에 필요한 에너지 양. 에너지 섭취량과 에너지 소비량이 평형을 이루지 못할 때 체중 증가나 감소가 나타나므로 체중관리를 위해 에너지는 다른 영양소와 달리 에너지필요추정량으로 정함
에너지적정비율 (Acceptable Macronutrient Distribution Range, AMDR)	무기질과 비타민 등 다른 영양소를 충분히 공급하면서 만성질환 및 영양불균형을 예방할 수 있는 탄수화물, 단백질, 지질로 섭취하는 에너지가 전체 에너지 섭취량에 대해 차지하는 적정한 비율. 에너지 영양소인 탄수화물, 단백질, 지질은 질병 예방을 위해 이들 간의 비율이 중요하므로 에너지적정비율로 제시함
만성질환위험감소섭취량 (Chronic Disease Risk Reduction Intake, CDRR)	건강한 인구집단에서 만성질환의 위험을 감소시킬 수 있는 영양소의 최저 수준의 섭취량임. 나트륨 섭취량 감소 시 심혈관질환과 고혈압 발생 위험 감소에 대한 근거 수준 중 최저 수준을 적용해 나트륨에 대해서만 설정되어 있음

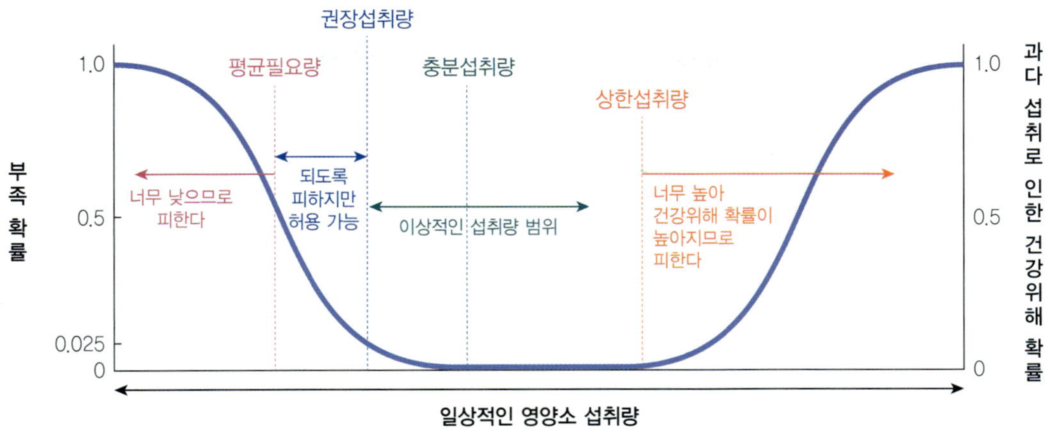

그림 2-3 이상적인 영양소 섭취량의 범위

자료: 보건복지부, 한국영양학회, 2015

알아두기

영양소 섭취기준 설정 체계

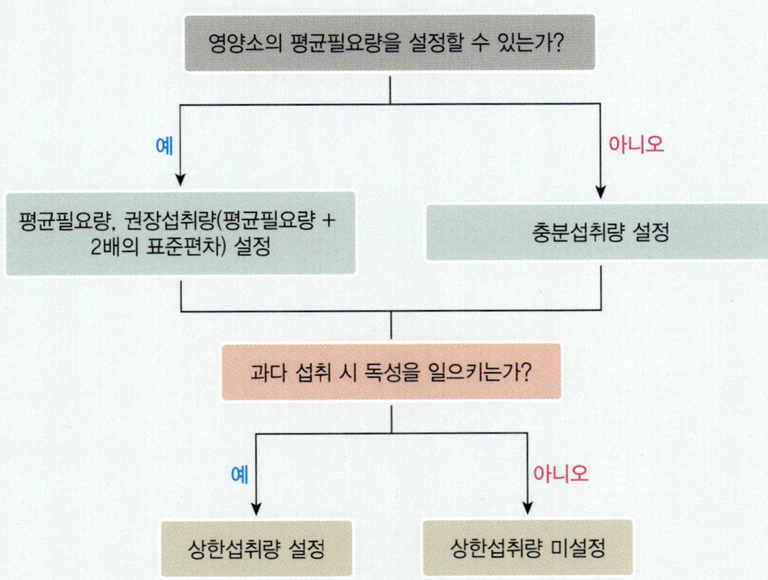

알아두기

영양소 섭취기준의 제정과 주기적 개정

한국인 영양소 섭취기준은 2005년에 처음 제정되었고 2010년에 1차 개정, 2015년에 2차 개정, 2020년에 3차 개정이 이루어졌다. 영양소 섭취기준 제정 시 근거로 삼는 생애주기별 체위, 활동 정도, 식생활 양상, 질병 양상 등이 지속적으로 달라지므로 이 점을 반영하고자 국민영양관리법에 따라 5년마다 개정하고 있다. 영양소 섭취기준 제정 이전에는 1962년에 최초로 영양권장량을 제정하고 2004년까지 7차례 개정하면서 적용하였다.

영양권장량은 영양결핍증을 예방하기에 충분한 양으로 제정하였으나, 최근에는 영양결핍으로 인한 건강문제와 함께 일부 영양소의 과다 섭취 또는 불균형으로 인한 만성질환이 주요 건강문제로 대두되면서, 영양소의 결핍과 과잉으로 인한 건강문제를 모두 예방하기 위해 영양소 섭취기준을 제정하고 있다.

2) 한국인 영양소 섭취기준의 내용

한국인 영양소 섭취기준은 6대 영양소에 대해 연령별, 성별, 임신부와 수유부로 구분하여 제시되어 있다. 대상자의 연령, 성별 등에 해당하는 에너지와 영양소의 섭취기준을 찾아 식생활에 적용하면 된다 표 2-2.

표 2-2 한국인 1일 영양소 섭취기준

성별	연령	에너지 (kcal)	탄수화물 (g)	단백질 (g)	비타민 A (μg RAE)	비타민 D (μg)	비타민 E (mg α-TE)	티아민 (mg)	리보플라빈 (mg)	니아신 (mg NE)	비타민 B_6 (mg)	비타민 C (mg)	칼슘 (mg)	철 (mg)	아연 (mg)	수분[1] (mL)
		필요추정량	권장섭취량	권장섭취량	권장섭취량	충분섭취량	충문섭취량	권장섭취량	권장섭취량	권장섭취량	권장섭취량	권장섭취량	권장섭취량	권장섭취량	권장섭취량	충분섭취량
영아 (개월)	0~5	500		10[2]	350[2]	5	3	0.2[2]	0.3[2]	2[2]	0.1[2]	40[2]	250[2]	0.3[2]	2[2]	700
	6~11	600		15	450[2]	5	4	0.3[2]	0.4[2]	3[2]	0.3[2]	55[2]	300[2]	6	3	800
유아 (세)	1~2	900	130	20	250	5	5	0.4	0.5	6	0.6	40	500	6	3	1,000
	3~5	1,400	130	25	300	5	6	0.5	0.6	7	0.7	45	600	7	4	1,500
남자 (세)	6~8	1,700	130	35	450	5	7	0.7	0.9	9	0.9	50	700	9	5	1,700
	9~11	2,000	130	50	600	5	9	0.9	1.1	11	1.1	70	800	11	8	2,000
	12~14	2,500	130	60	750	10	11	1.1	1.5	15	1.5	90	1,000	14	8	2,400
	15~18	2,700	130	65	850	10	12	1.3	1.7	17	1.5	100	900	14	10	2,600
	19~29	2,600	130	65	800	10	12	1.2	1.5	16	1.5	100	800	10	10	2,600
	30~49	2,500	130	65	800	10	12	1.2	1.5	16	1.5	100	800	10	10	2,500
	50~64	2,200	130	60	750	10	12	1.2	1.5	16	1.5	100	750	10	10	2,200
	65~74	2,000	130	60	700	15	12	1.1	1.4	14	1.5	100	700	9	9	2,100
	75 이상	1,900	130	60	700	15	12	1.1	1.3	13	1.5	100	700	9	9	2,100
여자 (세)	6~8	1,500	130	35	400	5	7	0.7	0.8	9	0.9	50	700	9	5	1,600
	9~11	1,800	130	45	550	5	9	0.9	1.0	12	1.1	70	800	10	8	1,900
	12~14	2,000	130	55	650	10	11	1.1	1.2	15	1.4	90	900	16	8	2,000
	15~18	2,000	130	55	650	10	12	1.1	1.2	14	1.4	100	800	14	9	2,000
	19~29	2,000	130	55	650	10	12	1.1	1.2	14	1.4	100	700	14	8	2,100
	30~49	1,900	130	50	650	10	12	1.1	1.2	14	1.4	100	700	14	8	2,000
	50~64	1,700	130	50	600	10	12	1.1	1.2	14	1.4	100	800	8	8	1,900
	65~74	1,600	130	50	600	15	12	1.0	1.1	13	1.4	100	800	8	7	1,800
	75 이상	1,500	130	50	600	15	12	0.8	1.0	12	1.4	100	800	7	7	1,800
임신부[3]		+0	+45	+15	+70	+0	+0	+0.4	+0.4	+4	+0.8	+10	+0	+10	+2.5	+200
		+340														
		+450		+30												
수유부		+340	80	+25	+490	+0	+3	+0.4	+0.5	+3	+0.8	+40	+0	+0	+5.0	+700

1) 총 수분 섭취기준임. 총 수분 섭취기준(mL/일) = [음식 수분 섭취량(mL/일) + 액체(물+음료) 수분 섭취량(mL/일)], 2) 충분섭취량, 3) 임신부 1, 2, 3분기별 부가량

자료: 보건복지부, 한국영양학회, 2020

3. 식사구성안

식사구성안은 일반인이 복잡한 영양가 계산을 하지 않고도 한국인 영양소 섭취기준을 충족할 수 있도록 식품군별 대표식품과 섭취횟수를 이용하여 식사의 기본 구성을 제안한 것이다. 식사구성안을 통해 섭취할 수 있는 영양적 목표는 한국인 영양소 섭취기준을 바탕으로 설정하였다. 그 목표는 첫째, 에너지, 비타민, 무기질, 식이섬유를 자신에게 필요한 양의 100% 섭취하며, 둘째, 한국인 영양소 섭취기준의 에너지적정비율인 탄수화물은 55~65%, 단백질은 7~20%, 지질은 15~30%(1~2세의 경우 20~35%)로 섭취하고, 셋째, 소금은 하루 5.75 g 이하(나트륨으로 환산하면 2.3 g 또는 2,300 mg), 설탕이나 물엿과 같은 첨가당은 되도록 적게 섭취하는 것이다 표 2-3. 식사구성안에는 식품군, 식품군별 대표식품의 1인 1회 분량과 함께 식사구성안의 영양목표를 충족시키는 1일 식사구성을 보여주기 위한 권장식사패턴이 제시되어 있다.

표 2-3 식사구성안의 영양목표

섭취 허용		섭취 주의	
에너지	• 100% 에너지필요추정량	지질	• 1~2세 : 총 에너지의 20~35% • 3세 이상 : 총 에너지의 15~30%
단백질	• 총 에너지의 약 7~20%		
비타민, 무기질	• 100% 권장섭취량 또는 충분섭취량 • 상한섭취량 미만	당류	• 설탕, 물엿 등의 첨가당을 최소한으로 섭취
식이섬유	• 100% 충분섭취량		

자료: 보건복지부, 한국영양학회, 2021

1) 식품군

식품군은 주요 영양소가 비슷하여 기능이 비슷한 식품을 모아 분류한 것으로, 한국인 영양소 섭취기준의 식사구성안에서는 곡류, 고기·생선·달걀·콩류, 채소류,

표 2-4 식품군의 분류, 해당 식품 및 주요 영양소

식품군	해당 식품	기준 영양소
곡류	곡류, 면류, 떡류, 빵류, 시리얼류, 감자류, 기타(묵, 밤, 밀가루 등), 과자류	탄수화물, 식이섬유
고기·생선·달걀·콩류	육류, 어패류, 난류, 콩류, 견과류	단백질, 지질, 비타민, 무기질
채소류	채소류, 해조류, 버섯류	식이섬유, 비타민, 무기질
과일류	과일류	
우유·유제품류	우유, 유제품	단백질, 비타민, 칼슘
유지·당류	유지류, 당류	지질, 당류

과일류, 우유·유제품류, 유지·당류의 여섯 가지로 구분해 놓았다. 식품군별 해당 식품과 기준 영양소는 표 2-4에 제시되어 있다.

2) 대표식품의 1인 1회 분량

대표식품의 1인 1회 분량은 우리나라 사람들이 주로 섭취하는 해당 식품에 대해 보통 한 사람이 한 번에 섭취하는 분량이며 에너지 기준으로 정한다. 식품군별 에너지 기준과 대표식품의 1인 1회 분량은 그림 2-4와 같다. 식품군별 이용방법은 표 2-5에 제시되어 있다.

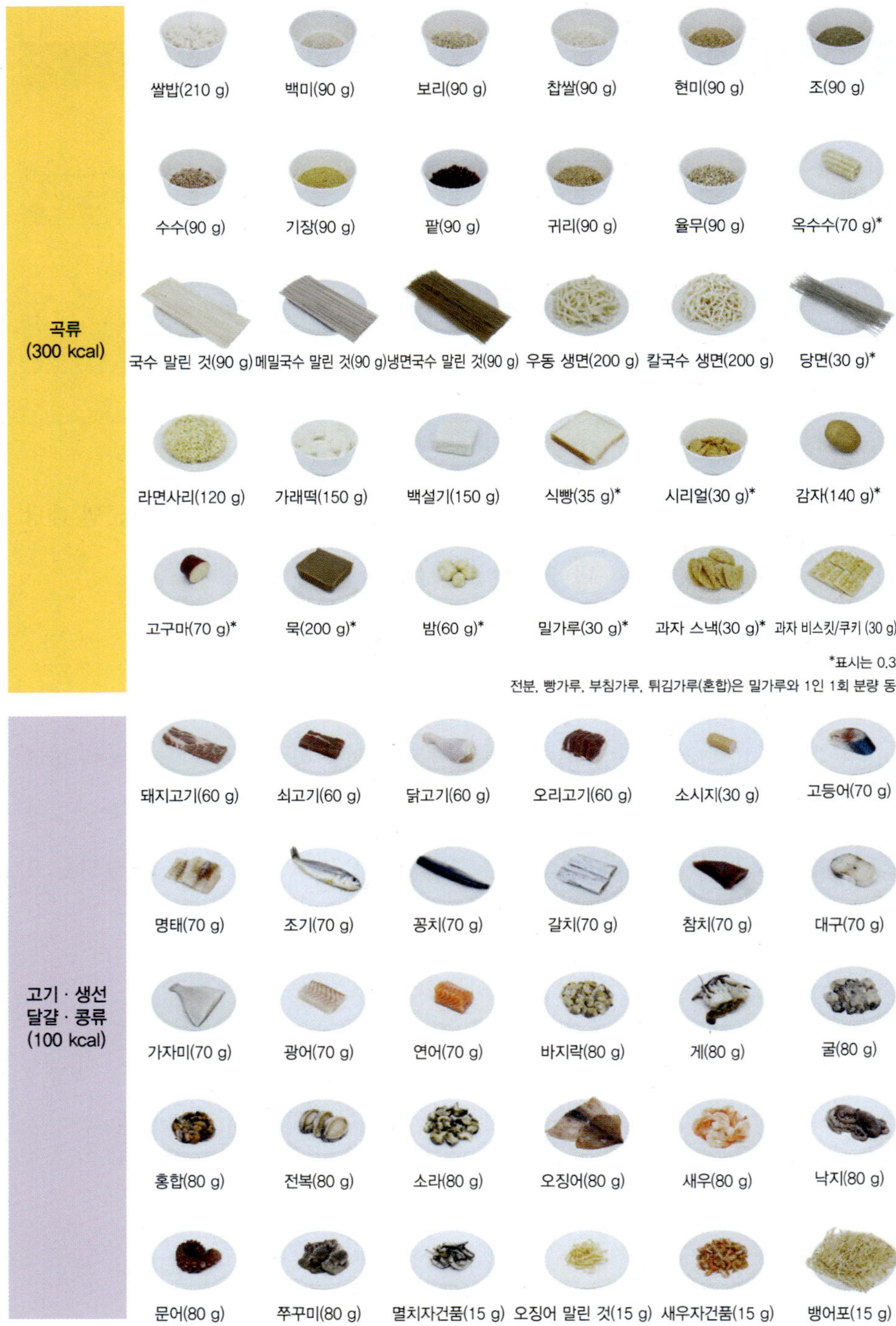

그림 2-4 각 식품군의 대표식품 및 1인 1회 분량 (계속)

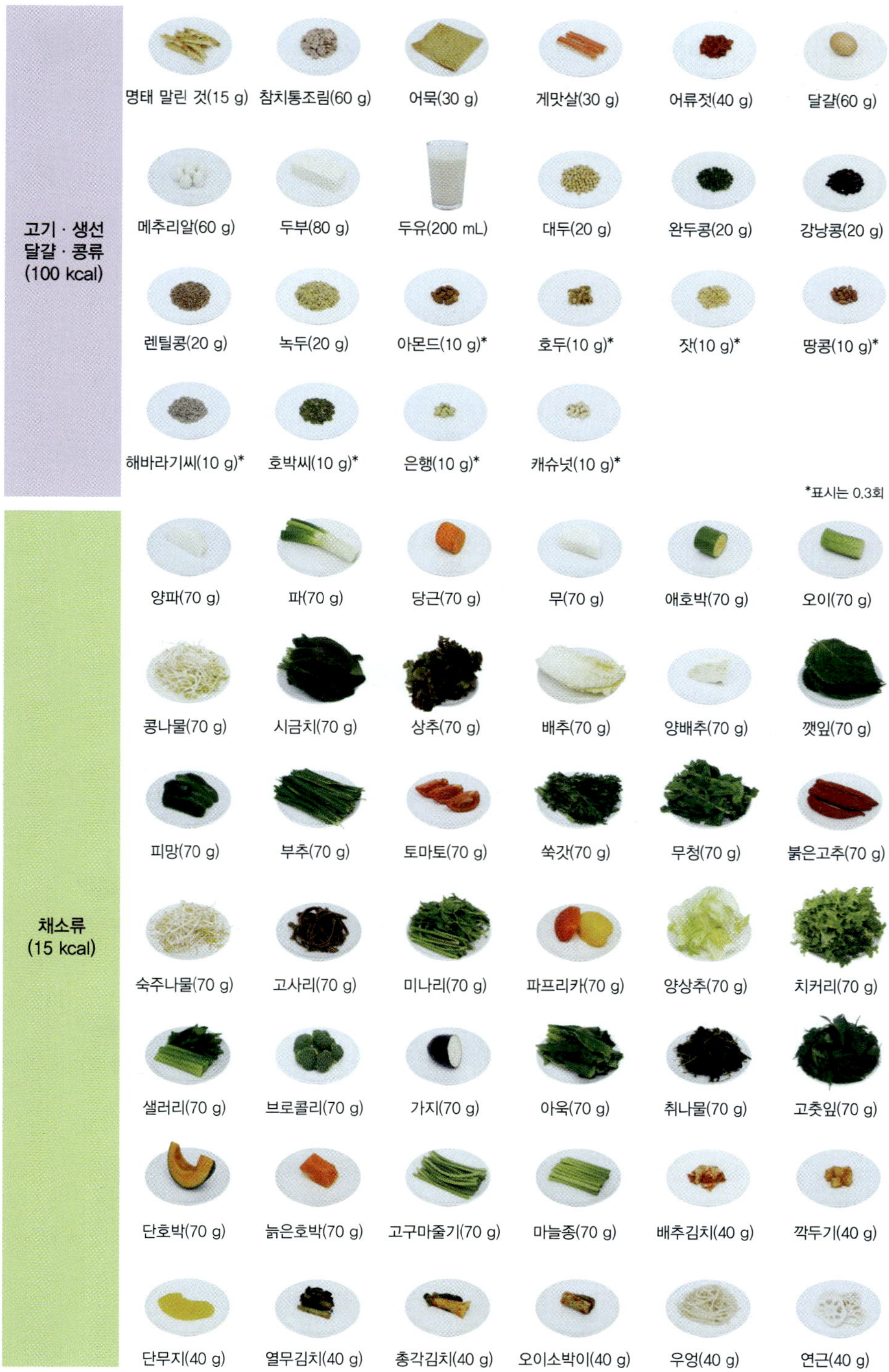

그림 2-4 각 식품군의 대표식품 및 1인 1회 분량 (계속)

그림 2-4 각 식품군의 대표식품 및 1인 1회 분량

자료: 보건복지부, 한국영양학회, 2021

표 2-5 식품군별 이용방법

식품군	이용방법
곡류	• 탄수화물의 주공급원인 밥, 국수, 떡, 빵, 시리얼, 감자 등을 주재료로 하는 음식들을 포함함 • 1인 1회 분량은 300 kcal에 해당하는 분량이며, 쌀밥 210 g(1공기), 백미 90 g, 국수/메밀국수/냉면국수(말린 것) 90 g, 가래떡/백설기 150 g, 식빵 35 g(1쪽), 시리얼 30 g 등임 • 단, 옥수수, 당면, 식빵, 시리얼, 감자, 고구마, 묵, 밤, 밀가루, 과자류(비스킷, 쿠키, 스낵) 등의 1인 1회 분량 에너지는 다른 곡류 1인 1회 분량 에너지의 1/3이므로 식단 작성 시 0.3회로 간주함 • 식이섬유 섭취를 늘리기 위해 잡곡류 사용을 권장함
고기·생선·달걀·콩류	• 단백질 공급원인 고기, 생선, 달걀, 콩, 견과류를 주재료로 하는 음식들을 포함함 • 1인 1회 분량은 100 kcal에 해당하는 분량이며, 쇠고기/돼지고기/닭고기 60 g, 돼지고기가공품(햄, 소시지, 베이컨) 30 g, 고등어 70 g, 달걀 60 g, 대두 20 g, 두부 80 g, 두유 200 mL, 견과류 10 g 등임 • 단, 견과류의 1인 1회 분량 에너지는 다른 단백질 식품 1인 1회 분량 에너지의 1/3이므로 식단 작성 시 0.3회로 간주함 • 고기의 경우 살코기 기준, 지방 함량이 높은 식품을 이용할 경우에는 유지류를 추가 사용하는 것으로 간주해야 함
채소류	• 비타민, 무기질, 식이섬유의 주요 공급원으로서 채소, 버섯, 해조류 등을 주재료로 하는 음식을 포함함 • 1인 1회 분량은 15 kcal에 해당하는 분량이며, 생채소로 70 g(나물 1작은 접시)임. 단 김치(배추김치, 깍두기, 단무지, 열무김치, 총각김치, 오이소박이), 우엉, 마늘/생강, 미역/다시마(마른 것), 김, 버섯류는 단위무게당 에너지가 높아 1인 1회 분량이 각각 40 g, 40g, 10 g, 10 g, 2 g, 30 g임 • 소금의 영양목표인 하루 5.75 g 이하(나트륨으로 환산하면 2.3 g 또는 2,300 mg)를 달성하기 위해 가능한 싱겁게 조리하도록 함
과일류	• 비타민 C, 칼륨 등을 포함함 • 1인 1회 분량은 50 kcal에 해당하는 분량이며, 사과 1/2개(100 g), 과일주스 100 mL(1/2컵)임 • 식이섬유 섭취를 높이기 위해 주스보다는 생과일 섭취를 권장함
우유·유제품류	• 칼슘의 주공급원임 • 1인 1회 분량은 125 kcal에 해당하는 분량이며, 우유 1컵(200 mL), 치즈 1장(20 g), 호상요구르트 100 g, 액상요구르트 150 g 등임 • 단, 치즈의 1인 1회 분량 에너지는 다른 우유·유제품류 1인 1회 분량에너지의 1/2이므로 식단 작성 시 0.5회로 간주함 • 단순당이 적게 함유된 제품을 권장함
유지·당류	• 1인 1회 분량은 45 kcal에 해당하는 분량이며, 식용유/버터/마요네즈 1작은술(5 g), 설탕/물엿/꿀 1큰술(10 g), 커피믹스 1봉(12 g) 등임 • 조리 시 사용되는 양도 섭취횟수 범위 내에서 사용함

3) 권장식사패턴

권장식사패턴은 식사구성안의 영양목표를 충족시킬 수 있는 식사구성의 예로서, 성별, 연령별 1일 기준 에너지에 맞춰 식품군별 권장섭취횟수를 제안한 것이다. 즉 권장식사패턴은 식품구성자전거 그림 2-5와 함께 식품을 쉽게 이해하고 식단을 작성할 수 있도록 고안된 방법이다. 권장식사패턴은 성장기의 특징을 반영하여 성장기인 유아 및 청소년 대상 A 타입, 성인 대상 B 타입으로 구분되어 있다. A, B 타입의 주요 차이점은 1일 우유·유제품류의 권장섭취횟수로서, A 타입은 유아 및 청소년은 성장기인 점을 고려하여 2회, B 타입은 성인은 칼슘 섭취가 부족한 점을 고려하여 1회로 제시하여 칼슘 필요량을 충족시키도록 하였다.

권장식사패턴은 이런 정도의 식사구성을 하면 한국인 영양소 섭취기준을 충족시킬 수 있다는 예이므로, 이를 기본으로 하여 자신에게 맞게 식품군별 섭취횟수를 조정하여 다양하게 사용하면 된다. 식단 작성 시 권장식사패턴에 제시된 식품군별 섭취횟수를 충족시키되 같은 식품군 내에서는 식품을 다양하게 선택하는 것이 좋다. 같은 식품군 내에 있는 식품이라도 식품마다 주요 영양소표 2-4 이외에 다른 영양소 및 건강기능성분 함량이 다르므로 골고루 선택하는 것이 영양 섭취와 건강에 도움이 되기 때문이다.

성인을 위한 권장식사패턴 B 타입은 1,000~2,700 kcal까지 100 kcal 단위별로 식품군별 권장섭취횟수를 제시하고 있다 표 2-6. 권장식사패턴에서 각자의 에너지 필요량에 따라 식품군별 섭취횟수를 계산하여 제시하였기 때문에 개인이 필요한 에너지를 안다면 자신에게 필요한 식품군별 섭취횟수를 확인할 수 있다.

4) 식품구성자전거

식품구성자전거는 권장식사패턴을 반영한 균형 잡힌 식단과 규칙적인 운동이 건강을 유지하는 데에 중요함을 알려주기 위해 개발된 우리나라 식품모형이다 그림

표 2-6 성인용 권장식사패턴 B(우유 · 유제품류 1회 권장)

에너지(kcal)	곡류	고기 · 생선 · 달걀 · 콩류	채소류	과일류	우유 · 유제품류	유지 · 당류
1,000	1.5	1.5	5	1	1	2
1,100	1.5	2	5	1	1	3
1,200	2	2	5	1	1	3
1,300	2	2	6	1	1	4
1,400	2.5	2	6	1	1	4
1,500	2.5	2.5	6	1	1	4
1,600	3	2.5	6	1	1	4
1,700	3	3.5	6	1	1	4
1,800	3	3.5	7	2	1	4
1,900	3	4	8	2	1	4
2,000	3.5	4	8	2	1	4
2,100	3.5	4.5	8	2	1	5
2,200	3.5	5	8	2	1	6
2,300	4	5	8	2	1	6
2,400	4	5	8	3	1	6
2,500	4	5	8	4	1	7
2,600	4	6	9	4	1	7
2,700	4	6.5	9	4	1	8

자료: 보건복지부, 한국영양학회, 2021

2-5. 뒷바퀴에는 6가지 식품군의 권장식사패턴에 맞게 섭취횟수와 분량에 따라 면적을 배분하는 방식으로 제시해 매일 골고루 필요한 만큼 먹어 균형 잡힌 식사를 해야 한다는 의미를 전달하고 있다. 뒷바퀴의 식품군별 면적 비율은 곡류(37.8%) > 채소류(29.0%) > 고기 · 생선 · 달걀 · 콩류(12.4%) > 과일류(11.1%)〉우유 · 유제품류(8.3%) > 유지 · 당류(1.4%)의 순이며, 하루 식사의 식품군 구성이 이 순서에 맞도록 해야 하고 유지 · 당류는 조리 시 조금씩 사용하도록 해야 한다. 앞바퀴에는 물컵을 배치하여 충분한 수분 섭취의 중요성을 강조하고 있다. 그리고 자전거 모양으로 만

그림 2-5 식품구성자전거

자료: 보건복지부, 한국영양학회, 2021

들어 활기찬 신체활동을 통한 비만 예방이라는 기본 개념도 강조하고 있다.

5) 식사구성안을 활용한 식단 작성

권장식사패턴 중 성장기는 A 타입, 성인기는 B 타입을 선택한 후 자신의 에너지 필요량에 맞는 에너지를 선택하고 이 패턴에 제시된 식품군별 권장섭취횟수표 2-6를 세끼 식사와 간식에 배분하여 식단을 작성한다. 19~64세 남성의 경우 에너지필요추정량은 1일 2,400 kcal로 성인에 해당하므로 B 타입 권장식사패턴을 적용하여, 곡류 4회, 고기·생선·달걀·콩류 5회, 채소류 8회, 과일류 3회, 우유·유제품류 1회를 제공한다. 19~64세 여성의 경우 에너지필요추정량은 1일 1,900 kcal로 성인에 해당하므로 B 타입 권장식사패턴을 적용하여, 곡류 3회, 고기·생선·달걀·콩류 4회, 채소류 8회, 과일류 2회, 우유·유제품류 1회를 제공한다. 권장식사패턴을 적

알아두기

다른 나라의 식품모형

- 일본의 '식사 밸런스 가이드' : 운동 및 충분한 수분 섭취를 기본으로 하여 팽이 모양으로 하루에 무엇을 얼마만큼 먹으면 좋은가를 알기 쉽게 제시하고 있다.
- 미국의 '마이 플레이트(my plate)' : 접시 모양으로 한 끼 식사의 식품 구성비율을 쉽게 이해하고 실천할 수 있도록 제시하고 있다. 접시를 반으로 갈라 오른쪽에 곡류를 60%, 단백질 식품을 40%, 왼쪽에 과일을 30%, 채소를 70% 정도 담아 먹으면서 우유 1컵을 곁들여 먹을 것을 권장하고 있다.

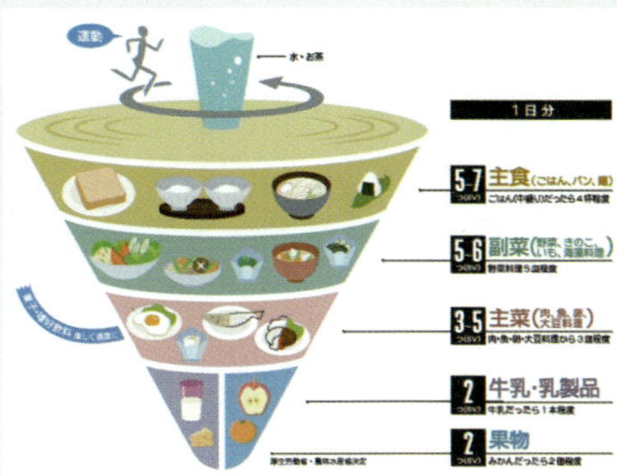

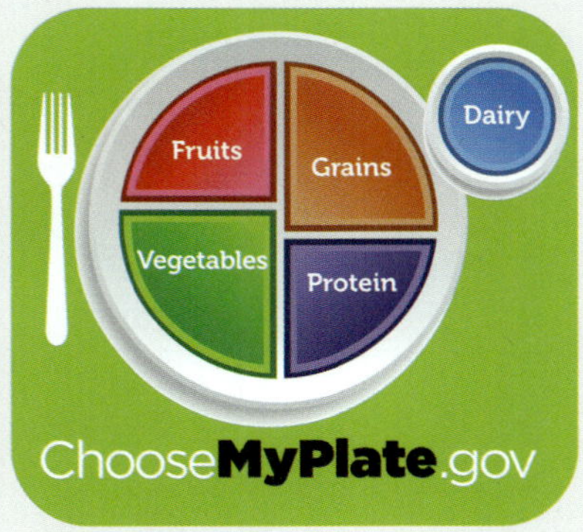

용한 19~64세 남성(2,400 kcal, B 타입)과 여성(1,900 kcal, B 타입)의 끼니와 간식별 각 식품군의 제공횟수 배분 및 음식 구성(메뉴) 등에 관한 식단작성 방법은 표 2-7, 표 2-8에서 구체적으로 살펴볼 수 있다.

식단 작성 시 권장식사패턴을 적용해 영양면을 충족시킬 뿐만 아니라, 이외에도 경제면, 시간·노력면, 기호면도 충족시켜야 만족스런 식단이 될 수 있다. 경제면은 식비 예산에 맞게, 시간·노력면은 식생활 관리에 소요되는 시간과 노력이 적절하게, 기호면은 대상자의 기호에 맞게 식단을 작성하는 것이다.

표 2-7 19~64세 남자 권장 식단(2,400 kcal, B 타입)

분량(회)

메뉴	분량	아침	점심	저녁	간식
		쌀밥 아욱된장국 조기구이 도토리묵&양념장 풋마늘무침 배추김치	바지락칼국수 미니주먹밥 감자채소전 깍두기 사과	잡곡밥 육개장 달걀말이 도라지나물 배추김치	파인애플 키위 두유 호상요구르트

곡류	4회	쌀밥 210 g (1) 도토리묵 70 g (0.1)	칼국수 200 g (1) 쌀밥 147 g (0.7) 감자 93 g (0.2)	잡곡밥 210 g (1)	
고기·생선· 달걀·콩류	5회	조기 60 g (1)	바지락 80 g (1)	쇠고기 60 g (1) 달걀 60 g (1)	두유 200 mL (1)
채소류	8회	아욱 35 g (0.5) 풋마늘 35 g (0.5) 배추김치 40 g (1)	당근 28 g (0.4) 애호박 28 g (0.4) 부추 28 g (0.4) 김 2 g (1) 양파 35 g (0.5) 깍두기 40 g (1)	무 7 g (0.1) 고사리 7 g (0.1) 숙주나물 7 g (0.1) 도라지 70 g (1) 배추김치 40 g (1)	
과일류	3회		사과 100 g (1)	사과 100 g (1)	파인애플 100 g (1) 키위 100 g (1)
우유·유제품류	1회				요구르트(호상) 100 g (1)
유지·당류	6회	유지·당류는 조리 시 가급적 적게 사용할 것을 권장함			

총 에너지(kcal): 2,384.4 kcal; 탄수화물, 단백질, 지질 섭취비율(%): 탄수화물(60.5%), 단백질(14.6%), 지질(25.0%)

자료: 보건복지부, 한국영양학회, 2021

표 2-8 19~64세 여자 권장 식단(1,900 kcal, B 타입)

분량(회)

메뉴	분량	아침	점심	저녁	간식
		쌀밥 닭곰탕 돼지고기브로콜리볶음 미역줄기나물 깍두기	열무비빔국수 삶은달걀 채소튀김 동치미 오렌지	잡곡밥 대구탕 두부조림 숙주나물 배추김치	방울토마토 키위 우유

곡류	3회	쌀밥 210 g (1)	소면 90 g (1)	잡곡밥 210 g (1)	
고기·생선·달걀·콩류	4회	닭고기 60 g (1) 돼지고기 30 g (0.5)	달걀 60 g (1)	대구 70 g (1) 두부 40 g (0.5)	
채소류	8회	파 35 g (0.5) 브로콜리 35 g (0.5) 미역줄기 35 g (0.5) 깍두기 40 g (1)	열무김치 20 g (0.5) 당근 35 g (0.5) 양파 35 g (0.5) 동치미 40 g (1)	무 35 g (0.5) 숙주나물 35 g (0.5) 배추김치 40 g (1)	방울토마토 70 g (1)
과일류	2회		오렌지 100 g (1)		키위 100 g (1)
우유·유제품류	1회				우유 200 mL (1)
유지·당류	4회	유지·당류는 조리 시 가급적 적게 사용할 것을 권장함			

총 에너지(kcal): 1,882.3 kcal; 탄수화물, 단백질, 지질 섭취비율(%): 탄수화물(55.3%), 단백질(19.2%), 지질(25.5%)
자료: 보건복지부, 한국영양학회, 2021

4. 한국인을 위한 식생활지침

한국인을 위한 식생활지침은 보건복지부, 농림축산식품부, 식품의약품안전처가 공동으로 국민의 건강하고 균형잡힌 식생활 수칙을 제시한 것이다. 본 지침은 2016년 국민 공통 식생활 지침을 발표한 후 5년 만에 마련되었으며, 식품 및 영양 섭취, 식생활 습관, 식생활 문화 분야를 포함시켜 제정되었다. 한국인을 위한 식생활지침의 구체적인 내용은 표 2-9와 같다.

표 2-9 한국인을 위한 식생활지침

1. 매일 신선한 채소, 과일과 함께 곡류, 고기·생선·달걀·콩류, 우유·유제품을 균형 있게 먹자.
2. 덜 짜게, 덜 달게, 덜 기름지게 먹자.
3. 물을 충분히 마시자.
4. 과식을 피하고, 활동량을 늘려서 건강체중을 유지하자.
5. 아침식사를 꼭 하자.
6. 음식은 위생적으로, 필요한 만큼만 마련하자.
7. 음식을 먹을 땐 각자 덜어 먹기를 실천하자.
8. 술은 절제하자.
9. 우리 지역 식재료와 환경을 생각하는 식생활을 즐기자.

자료: 보건복지부, 농림축산식품부, 식품의약품안전처, 2021

5. 식품표시

1) 식품표시의 정의

식품표시는 식품에 관한 정보를 제품의 포장이나 용기에 표시하는 것이다 그림 2-6. 식품표시를 통해 생산자는 소비자가 건전한 식생활을 할 수 있도록 정보를 제공하며, 소비자는 자신의 요구에 부합하는 식품을 선택하고 위생적이며 안전하게 취급·보관할 수 있다. 가공식품의 식품표시는 주표시면과 정보표시면으로 나뉜다.

주표시면에는 제품명, 내용량 및 내용량에 해당하는 열량이 표시되며, 정보표시

식품의 종류를 알려준다.

• 식품유형 : 과자 • 중량 : 48.2 g×18봉지=867.6 g(4,320 kcal) • 원재료명 : 밀가루, 식물성유지(팜핵유, 팜유, 옥수수유, 경화팜유), 유청(우유), 말토덱스트린, 변성전분, 설탕, 정제소금, 팽창제(베이킹소다, 산성피로인산나트륨), 체다치즈 0.85%, 포도당, 고과당콘시럽, 레시틴(대두), 합성착색료(식용색소황색 4호 알루미늄레이크), 천연착향료(치즈), 가수분해옥수수글루텐, 젖산, 자가분해효모추출물, 유당, 버터밀크, 구연산 • 원산지 및 제조사 : 미국 Mars Chocolate NA LLC., Hackettstown, NJ, 07840-1503 USA • 수입/판매업소명 : 한국다즈(유) 서울 강남구 신사동 637 • 유통기한 : 제품측면 별도표시(읽는법 : 월/년(00/0000)을 의미하며, 해당월의 1일까지) • 포장재질 : 폴리프로필렌 • 직사광선을 피하여 온도, 습도가 낮은 곳에 보관하시고 개봉후 가능한 빨리 드십시오 • 반품 및 교환처 : 수입/판매업소 • 유통과정 중 파손된 제품은 공정거래위원회 고시 소비자분쟁해결기준에 의거 교환 • 소비자상담실 : 수신자부담 080-567-9898 • 부정불량식품 신고는 국번없이 1399 ※본 제품은 수입제품으로 포장지에 수출국의 언어(영문)로 표기된 소비자 이벤트, 경품 관련 등의 내용은 국내에서 적용되지 않습니다.

사용된 식품과 식품첨가물을 알려준다.

식품이 제조된 날부터 판매할 수 있는 기간을 말한다.

'보관방법' 표시에 따라 보관하면 제품의 변질을 막을 수 있다.

영양정보	총 내용량 90 g 440 kcal
총 내용당량	1일 영양성분 기준치에 대한 비율
나트륨 450 mg	27%
탄수화물 57 g	17%
당류 3 g	3%
지방 21 g	41%
트랜스지방 0 g	
포화지방 6.9 g	46%
콜레스테롤 0 mg	0%
단백질 6 g	11%

1일 영양성분 기준치에 대한 비율(%)은 2,000 kcal 기준이므로 개인 필요 열량에 따라 다를 수 있습니다.

식품에 들어 있는 영양소 함량을 알려준다.

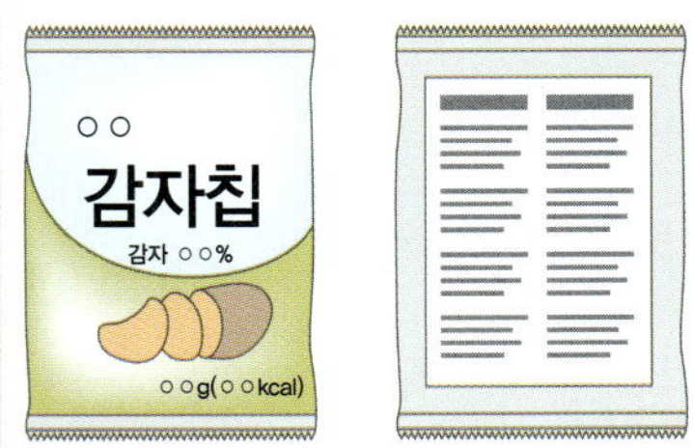

주표시면(앞면) 정보표시면(뒷면)

그림 2-6 식품표시

면에는 식품유형, 업소명 및 소재지, 유통기한(제조연월일 또는 품질유지기한), 원재료명, 영양정보, 주의사항 등의 표시사항이 표시된다.

주표시면
용기·포장의 표시면 중 상표, 로고 등이 인쇄되어 있어 소비자가 식품 또는 식품첨가물을 구매할 때 통상적으로 소비자에게 보여지는 면이다.

정보표시면
용기·포장의 표시면 중 소비자가 쉽게 알아 볼 수 있도록 표시사항을 모아서 표시하는 면이다.

유통기한(Expiration date, Sell by date, EXP, E)
제품의 제조일로부터 소비자에게 판매가 허용되는 기한으로 소비자가 안심하고 식품을 구입할 수 있도록 제조업체가 제품의 품질과 안전성을 보장하는 기간이다.

품질유지기한(Best before date, Date of Minimum Durability, Best before, BBE, BE)
식품의 특성에 맞는 적절한 보존방법이나 기준에 따라 보관할 경우 해당 식품 고유의 품질이 유지될 수 있는 기한을 말한다. 일부 식품은 유통기한이나 품질유지기한이 지나도 일정기간 소비가 가능하다.

> **영양성분**
> 식품에 함유된 성분으로서 에너지를 공급하거나 신체의 성장, 발달, 유지에 필요한 것 또는 결핍 시 특별한 생화학적, 생리적 변화가 일어나게 하는 것을 말한다.
>
> **1일 영양성분 기준치**
> 소비자가 하루의 식사 중 해당 식품이 차지하는 영양적 가치를 보다 잘 이해하고, 식품 간의 영양성분을 쉽게 비교할 수 있도록 식품표시에서 사용하는 영양성분의 평균적인 1일 섭취 기준량을 말한다.
>
> **1회 섭취참고량**
> 만 3세 이상 소비계층이 통상적으로 소비하는 식품별 1회 섭취량과 시장조사 결과 등을 바탕으로 설정한 값을 말한다.

2) 영양표시

식품표시 항목 중 해당 식품의 영양정보에 대한 표시를 영양표시라고 한다. 영양표시는 소비자에게 제품이 가지고 있는 영양성분과 함량을 정확하게 알려줌으로써 소비자가 영양적으로 적절한 제품을 선택할 수 있게 해주는 것이다. 영양표시에는 영양성분표시와 영양강조표시가 있다.

① 영양성분표시

제품의 일정량에 들어 있는 영양성분의 함량을 표시하는 것이다. 반드시 표시해야 하는 영양성분은 9가지로, 열량, 나트륨, 탄수화물, 당류, 지방, 트랜스지방, 포화지방, 콜레스테롤, 단백질이다. 그밖에 1일 영양성분 기준치에 명시된 영양성분 중 강조표시하고자 하는 영양성분도 반드시 표시해야 한다. 총 내용량(1포장)당이나, 단위내용량(개, 조각, 포, 병 등)당이나, 100 g(또는 mL)당이나, 1회 섭취 참고량당에 함유된 영양성분 함량과 1일 영양성분 기준치에 대한 비율%을 표시한다. 단, 열량, 트랜스지방은 1일 영양성분 기준치에 대한 비율% 표시가 제외되어 있다 그림 2-7.

제품의 영양정보는 총 내용량당!

제품에 함유된 영양성분의 명칭과 함량 확인!

영양정보	총 내용량 200 g 497 kcal
총 내용당량	1일 영양성분 기준치에 대한 비율
나트륨 860 mg	43%
탄수화물 70 g	22%
당류 12 g	12%
지방 13 g	24%
트랜스지방 0 g	
포화지방 7 g	47%
콜레스테롤 55 mg	18%
단백질 25 g	45%

1일 영양성분 기준치에 대한 비율(%)은 2,000 kcal 기준이므로 개인 필요 열량에 따라 다를 수 있습니다.

제품의 총 내용량은 200 g, 모두 섭취하면 열량은 497 kcal

제품을 다 섭취하면 나트륨 기준치(2,000 mg)의 43%를 섭취하게 됨

% 1일 영양성분 기준치는 식품에 함유된 영양성분의 함량이 높은지, 낮은지를 알려줄 뿐만 아니라 하루 식사에서 얼마나 많이 기여하는지도 확인할 수 있음

그림 2-7 영양성분표시와 체크 포인트

자료: 식품안전나라 홈페이지

② 영양강조표시

제품에 함유된 영양성분의 함유 사실 또는 함유 정도를 '무', '저', '고', '강화', '첨가', '감소' 등의 특정한 용어를 사용하여 표시하는 것으로, 일일이 영양표시된 수치를 읽지 않고도 제품의 영양적 특성을 금방 알 수 있도록 한 표시이다. 영양강조표시에는 영양성분 함량강조표시, 영양성분 비교강조표시가 있다.

- 영양성분 함량강조표시 : 영양성분의 함유 사실 또는 함유 정도를 '무○○', '저○○', '고○○', '○○함유' 등과 같은 표현으로 그 영양성분의 함량을 강조하여 표시하는 것이다.
- 영양성분 비교강조표시 : 영양성분의 함유 사실 또는 함유 정도를 '덜', '더', '강화', '첨가' 등과 같은 표현으로 같은 유형의 제품과 비교하여 표시하는 것이다.

알아두기

외식업체의 조리식품 영양표시(외식 영양표시)

우리의 식생활에서 외식이 차지하는 비중이 늘고 있다. 판매하는 음식은 가정식에 비해 대개 열량이나 나트륨 함량이 높기 때문에 외식할 때 건강에 더 나은 메뉴를 선택하는 일은 건강을 유지하는 데 중요하다. 이에 따라 어린이식생활안전관리특별법은 주로 어린이를 대상으로 하는 일부 외식 메뉴에 영양성분 함량을 표시할 것을 권고하고 있다. 그 외에도, 영양표시의 중요성을 인식하거나 소비자의 요청에 따라 일부 업체를 중심으로 자율적으로 영양표시를 하는 사례도 늘고 있다.

제과 · 제빵류, 아이스크림류, 햄버거 및 피자를 주로 판매하고, 동일한 명칭으로 전국에 100개 이상의 점포를 운영하는 휴게음식점, 일반음식점 및 제과점이 조리 · 판매하는 식품은 영양표시를 하여야 한다. 표시하는 영양성분은 열량, 당류, 단백질, 포화지방, 나트륨, 그 밖에 강조표시한 영양성분이다.

한우불고기세트

100% 우리 한우로 만든 두툼한 패티와 부드럽고 촉촉한 포테이토번이 만나 더 맛있어진 프리미엄 버거 세트

원산지
쇠고기 : 국내산 한우

967 Kcal ₩8,900

영양성분

총중량 g	열량 Kcal	단백질 g(%)	나트륨 mg(%)	당류 g	포화지방 g(%)	카페인 mg
772	967	27 (50)	1134 (57)	46	15 (102)	0
알레르기 유발 물질						
세트(팩) 제품의 알레르기 유발성분은 각 단품별 소개 페이지에서 확인 가능합니다						

( )안의 숫자는 권장 영양소 기준치에 대한 %비율을 나타냅니다.

외식 영양표시

자료: 식품안전나라 홈페이지, 롯데리아 홈페이지

심화학습자료

비타민 · 무기질 과다 섭취와 상한섭취량 설정

한국인 영양소 섭취기준에서는 과다 섭취 시 독성을 유발한다는 과학적 근거가 있으며 한국인이 독성 수준 이상으로 과다 섭취하고 있는 영양소에 대해 상한섭취량을 설정하고 있다. 2020 한국인 영양소 섭취기준에서 상한섭취량이 설정된 영양소는 비타민과 무기질 18종이며, 비타민 A · D · E · C, 니아신, B_6, 엽산, 칼슘, 인, 마그네슘, 철, 아연, 구리, 불소, 망간, 요오드, 셀레늄, 몰리브덴이다. 과다 섭취 시 비타민 A는 지방간 등의 간 손상, 기형아 출산, 뼈와 연골의 손상 등을, 비타민 C는 삼투성 설사 등의 위장관장애, 신장결석을, 칼슘은 신장결석, 다른 무기질의 대사 이상 등을 유발할 수 있다.

현대 사회에서 비타민과 무기질을 다량 함유한 영양강화식품 및 보충제의 무분별한 섭취가 만연됨에 따라 비타민과 무기질의 과다 섭취를 중요한 영양문제로 다루고 있다. 영양강화식품은 가공과정 중에 손실된 영양소를 보충해 주거나, 원래 식품에 들어 있지 않은 영양소를 넣어 주거나, 영양소 밀도를 조정하고자 영양소를 더 넣어 주는 방식으로 제조된 식품이다. 국내 조사에서 어린이와 어른 모두가 영양소를 강화시킨 다양한 영양강화식품을 자주 섭취했으며, 특히 어린이는 영양이 식품 선택의 중요한 기준이 되기 때문에 섭취율이 높은 것으로 나타났다. 비타민 · 무기질 보충제는 제품에 따라 비타민이나 무기질을 섭취기준의 수 배~수십 배 함유하고 있는 것도 있으며 함유하는 영양소의 종류도 다양하다. 대부분의 비타민 · 무기질 보충제는 일반의약품이나 건강기능식품으로 판매되고 있어 의사의 처방없이 구입할 수 있으며, 고용량의 비타민 · 무기질 보충제를 선호하고 있는 경향이어서 비타민과 무기질의 과다 섭취 문제를 유발하고 있다.

국내 조사에 따르면 전체 생애주기에서 식사 이외에 영양강화식품, 비타민 · 무기질 보충제를 섭취하는 사람에서 비타민이나 무기질을 상한섭취량 이상으로 섭취한 사례가 다수 있었다. 그러나 식사만으로 비타민과 무기질을 섭취하는 사람은 이들을 상한섭취량 이상으로 섭취한 사례는 없었다. 이렇게 볼 때 다양한 식품을 적당한 양으로 구성해 영양균형을 이루는 건강한 식사는 영양소를 골고루 섭취하게 해줄 뿐만 아니라 영양소 과다 섭취까지 막아 주므로 여러모로 건강에 유익하다고 할 수 있다. 따라서 평소 건강한 식사로 영양소를 섭취하도록 하며, 식욕부진, 다이어트, 임신 · 수유기, 대사장애 등 식사만으로 영양소 필요량을 충족시키기 어려운 경우에만 부족한 영양소를 부족한 양만큼 보충해 줄 수 있는 영양강화식품이나 비타민 · 무기질 보충제를 적정량 섭취하는 것이 바람직하다.

칼슘 강화 오렌지주스

비타민 B_1, 니아신, 칼슘 강화 과자

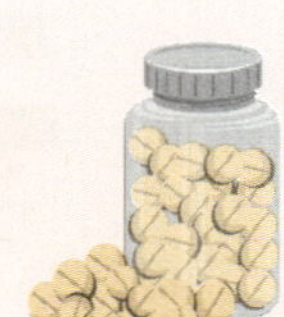
비타민 C제

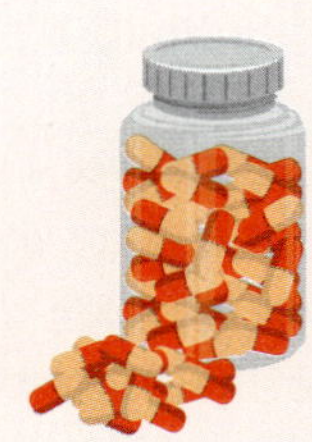
종합비타민 무기질제

단원정리

건강한 식생활

건강한 식생활은 매끼 다양한 식품을 적당한 양으로 구성하여 영양균형을 이루는 식사로서, 다양성, 적당한 양, 균형의 3가지 원칙을 지키는 식생활이다.

한국인 영양소 섭취기준

한국인 영양소 섭취기준은 건강한 한국인의 건강을 유지·증진하고 식사와 관련된 만성질환의 위험을 감소시켜 건강수명을 증진하는 데 도움이 되도록 에너지 및 영양소의 적정 섭취량을 제시한 것이다. 안전하고 충분한 영양을 확보하는 기준치(평균필요량, 권장섭취량, 충분섭취량, 상한섭취량)와 식사와 관련된 만성질환 위험 감소를 고려한 기준치(에너지적정비율, 만성질환위험감소섭취량)를 제시하였다.

식사구성안

식사구성안은 일반인이 복잡한 영양가 계산을 하지 않고도 한국인 영양소 섭취기준을 충족할 수 있도록 식품군별 대표식품과 섭취횟수를 이용하여 식사의 기본구성을 제안한 것으로, 식품군, 대표식품의 1인 1회 분량, 권장식사패턴으로 되어 있다. 식품군은 함유된 주요 영양소를 중심으로 곡류, 고기·생선·달걀·콩류, 채소류, 과일류, 우유·유제품류, 유지·당류의 여섯 가지 군으로 분류되어 있다. 대표식품의 1인 1회 분량은 우리나라 사람들이 주로 섭취하는 해당 식품에 대해 보통 한 사람이 한 번에 섭취하는 분량이며 에너지 기준으로 정한다. 권장식사패턴을 통하여 연령별, 성별 1일 기준 에너지에 대해 식품군별 권장섭취횟수를 제안하였으며, 성장기 특성을 반영해 A 타입(유아 및 청소년 대상), B 타입(성인 대상)으로 되어 있다.

식품구성자전거

식품구성자전거는 권장식사패턴을 반영한 균형 잡힌 식단과 규칙적인 운동이 건강을 유지하는 데에 중요함을 알려주기 위해 개발된 우리나라 식품모형이다. 다양한 식품 섭취를 통한 균형 잡힌 식사와 수분 섭취의 중요성, 그리고 활기찬 신체활동을 통한 비만 예방이라는 기본 개념을 나타내고 있다.

한국인을 위한 식생활지침

한국인을 위한 식생활지침은 보건복지부, 농림축산식품부, 식품의약품안전처가 공동으로 국민의 건강하고 균형 잡힌 식생활 수칙을 제시한 것이다. 식품 및 영양 섭취, 식생활 습관, 식생활 문화 분야를 포함시켜 9가지 지침으로 제정되었다.

식품표시

식품표시는 식품에 관한 정보를 제품의 포장이나 용기에 표시하는 것이다. 가공식품의 식품표시는 주표시면과 정보표시면으로 나뉜다. 주표시면에는 제품명, 내용량 및 내용량에 해당하는 열량이 표시되며, 정보표시면에는 식품유형, 업소명 및 소재지, 유통기한(제조연월일 또는 품질유지기한), 원재료명, 영양정보, 주의사항 등의 표시사항이 표시된다.

영양표시

식품표시 항목 중 해당 식품의 영양정보에 대한 표시를 영양표시라고 한다. 영양표시에는 영양성분표시와 영양강조표시가 있으며, 반드시 표시해야 하는 영양성분은 열량, 나트륨, 탄수화물, 당류, 지방, 트랜스지방, 포화지방, 콜레스테롤, 단백질의 9가지이다. 그밖에 1일 영양성분 기준치에 명시된 영양성분 중 강조표시하고자 하는 영양성분도 반드시 표시해야 한다.

CHECK UP 도착점!

1. 건강한 식생활의 원칙이 아닌 것은?
① 균형 ② 다양성 ③ 저열량 ④ 적당한 양

2. 상한섭취량을 적용하는 분야는?
① 하루 영양소 섭취량 산출
② 영양소 섭취의 다양성 평가
③ 영양소 섭취 부족 여부 평가
④ 영양소 섭취 과다 여부 평가

3. 건강한 사람의 영양소 섭취량을 추정하거나 관찰해서 정하는 영양소 섭취기준은?
① 충분섭취량 ② 권장섭취량 ③ 평균필요량 ④ 에너지필요추정량

4. 영양소 섭취기준에 맞는 식단을 간편하게 구성하도록 돕기 위한 것은?
① 식품표시 ② 식사구성안 ③ 식생활지침 ④ 영양소 기준치

5. 다음 설명 중 옳은 것은?
① 곡류 1인 1회 분량의 열량은 100 kcal이다.
② 견과류는 고기 · 생선 · 달걀 · 콩류에 속한다.
③ 채소류는 종류와 관계없이 1인 1회 분량이 생채소로 70 g이다.
④ 치즈는 우유처럼 1인 1회 분량을 식단 작성 시 1회로 간주한다.

6. 식품구성자전거의 뒷바퀴에서 가장 넓은 면적을 차지하는 식품군은?
① 곡류 ② 채소류 ③ 과일류 ④ 우유 · 유제품류

7. 영양표시에서 의무표시대상 영양소끼리 묶인 것은?
① 단백질, 지방, 칼슘
② 열량, 콜레스테롤, 수분
③ 탄수화물, 포화지방, 나트륨
④ 트랜스지방, 콜레스테롤, 비타민 C

정답
1. ③ 2. ④ 3. ① 4. ② 5. ② 6. ① 7. ③

CHAPTER 3

소화와 흡수

1. 소화계 / 2. 소화관 운동 및 소화호르몬 / 3. 소화과정 / 4. 영양소의 흡수와 운반

식품 중의 탄수화물, 지질, 단백질은 각각을 구성하는 기본단위인 단당류, 지방산과 글리세롤, 아미노산으로 분해되어야 체내에서 이용될 수 있으며 이런 과정을 소화라고 한다. 소화는 구강, 식도, 위, 소장, 대장으로 구성된 소화기관과 침샘, 간, 담낭, 췌장의 부속기관이 분비하는 소화호르몬, 소화효소 등과 함께 운동기능에 의해 수행된다. 소화를 마친 작은 분자들은 소장의 점막세포로 들어가는데 이런 과정을 흡수라고 하며, 그 후 문맥이나 림프관을 거쳐 필요한 세포로 운반된다.

이 장에서는 영양소의 소화 · 흡수에 대해 전반적으로 알아보며 다른 장에서 공부할 영양소별 소화 · 흡수를 이해할 수 있는 기초를 마련하도록 한다.

학 / 습 / 목 / 표

1. 소화계의 구조와 기능을 설명할 수 있다.
2. 소화기관별 소화과정과 흡수기전을 설명할 수 있다.
3. 소화와 흡수에 대한 지식을 소화기계 건강과 건강한 식생활을 위해 적용할 수 있다.

CHECK UP 출발점!

※다음 문제에 O, X로 답하시오.

1. 음식물은 소화관의 연동운동에 의해 소화관을 따라 아래로 내려간다.

2. 침은 소화작용을 하지 못한다.

3. 세크레틴은 췌액 분비를 촉진시키는 호르몬이다.

4. 위액은 약산성이므로 위를 손상시키지 않는다.

5. 영양소의 소화와 흡수는 주로 소장에서 일어난다.

6. 췌액에는 소화효소가 들어 있지 않다.

7. 대장에서는 영양소의 흡수가 일어나지 않는다.

8. 소장은 겉보기보다 표면적이 수백 배 넓어 영양소를 효율적으로 흡수한다.

9. 단순확산은 농도 기울기를 따라 영양소가 흡수되는 것이다.

10. 수용성 영양소는 림프관순환을 한다.

정답 및 해설

1. ○ 2. ×(침은 음식물을 적셔 부드러운 상태로 만들어 주며, 침 중 아밀라아제가 전분을 덱스트린으로 분해하므로 소화작용을 한다.) 3. ○ 4. ×(위액은 강산성이지만 위벽에서 분비되는 점액이 방어벽을 만들어 보호해 주므로 위가 손상되지 않는다.) 5. ○ 6. ×(췌액에는 탄수화물, 지질, 단백질을 소화시키는 효소가 들어 있다.) 7. ×(대장에서 영양소의 흡수가 거의 일어나지 않으나 수분, 전해질, 일부 비타민과 지방산의 흡수는 일어난다.) 8. ○ 9. ○ 10. ×(수용성 영양소는 문맥순환을 한다.)

인체의 구성체계와 소화계
인체는 세포 – 조직(상피조직, 근육조직 등) – 기관(위, 간, 소장 등) – 기관계(내분비계, 순환계, 소화계 등) – 개체(인체)의 구성체계를 가지며 소화계는 이 중 기관계에 해당한다.

소화
소화는 음식물 속에 있는 거대분자를 물리·화학적으로 분해시켜 흡수될 수 있는 단순하고 작은 형태로 만들어 주는 과정이다.

통과시간
통과시간은 음식물을 섭취한 후 변으로 배설되기까지 걸리는 시간이며 약 24～72시간이 걸린다. 식사의 구성성분, 신체활동, 약물, 질병, 기분 등이 통과시간에 영향을 미친다.

1. 소화계

소화계는 인체 기관계 중 하나로 음식의 소화가 이루어지는 곳이며 소화기관과 부속기관으로 구성되어 있다. 소화기관(소화관)은 구강에서 항문에 이르는 총 7～8 m의 빈 튜브 형태로, 탄력성 있는 근육층으로 이루어져 있으며 구강(입과 인두), 식도, 위, 소장, 대장으로 되어 있다 그림 3-1. 소화기관은 소화를 위한 분비기능과 운동기능을 수행한다.

- 분비기능 : 탄수화물, 지질, 단백질을 가수분해시켜 간단한 구조로 만들어 주는 가수분해 효소를 비롯해 소화호르몬, 소화관 점막을 보호하는 물질 등을 생산·분비한다.
- 운동기능 : 음식을 먹고, 씹고, 삼키며, 음식과 소화액과의 혼합을 촉진하고, 음식물이 소화관을 따라 아래로 이동하도록 여러 가지 운동을 수행한다.

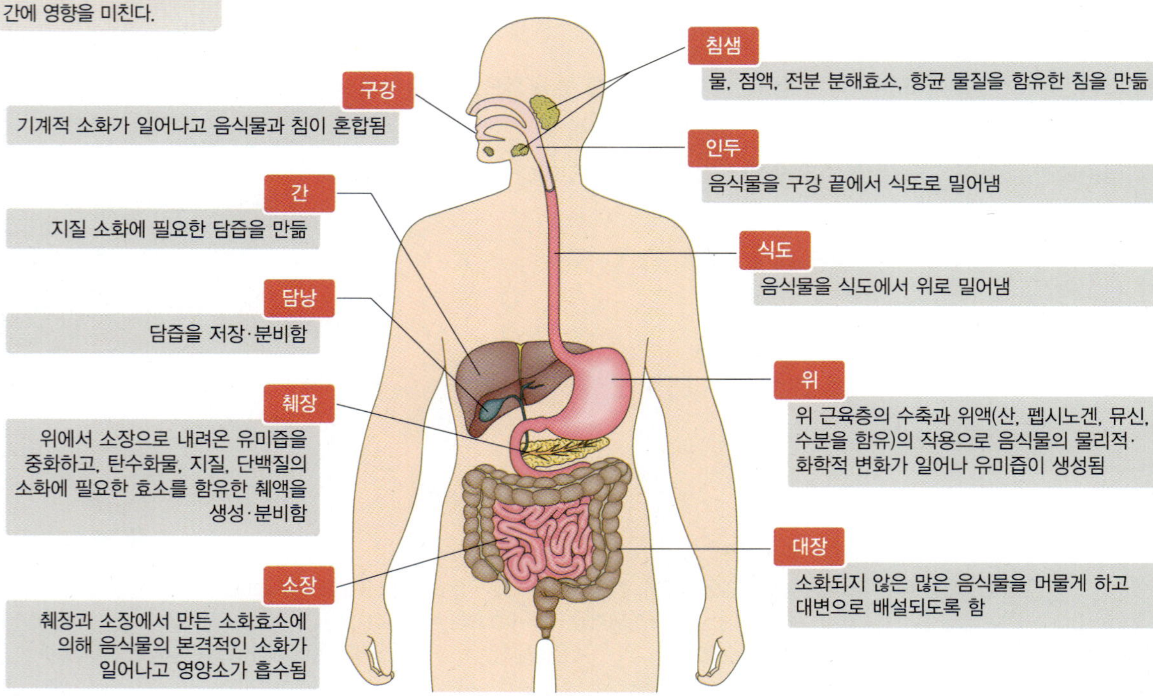

그림 3-1 소화계와 소화작용
소화계는 소화기관과 부속기관으로 구성되어 있다.

부속기관은 소화를 돕는 기관으로 침샘, 간, 담낭, 췌장이 있다. 침샘은 침을, 간은 담즙을, 췌장은 췌액과 소화효소 등을 생산·분비하며, 담낭은 간이 만든 담즙을 저장했다가 필요 시 분비하여 소화를 돕는다.

2. 소화관 운동 및 소화호르몬

1) 소화관 운동

소화관에서 일어나는 운동에는 연동운동과 분절운동이 있다 그림 3-2.

- 연동운동 : 파도의 움직임과 같은 소화관 근육의 수축·이완 운동이며, 음식물을 위에서 아래로 이동시켜 준다.
- 분절운동 : 소화관의 환상 근육이 수축해서 소화물이 잘게 부서지고 섞이도록 한다.

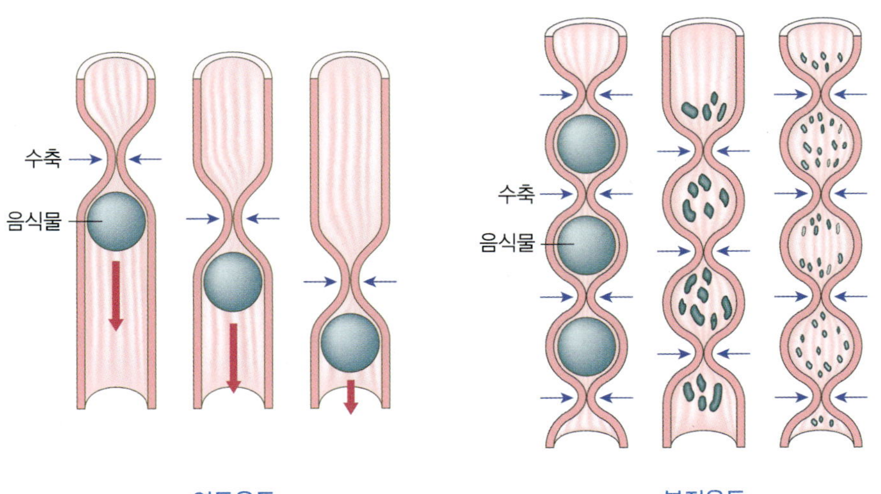

그림 3-2 소화관 운동

소화호르몬
소화호르몬은 소화관 상피세포에 존재하는 내분비세포에서 분비되는 펩티드 호르몬으로 소화액 분비 및 소화관 운동을 조절한다.

2) 소화호르몬

소화호르몬은 소화액 분비 및 소화관 운동을 자극하거나 억제하면서 소화작용을 조절한다. 소화호르몬에는 가스트린, 세크레틴, 콜레시스토키닌 등이 있으며, 각 호르몬의 생성 부위, 분비자극 인자, 작용은 표 3-1과 같다.

표 3-1 소화호르몬의 종류와 작용

호르몬	생성 부위	분비 자극 인자	작용
가스트린	위	위의 유문부에 단백질이나 그외 카페인, 알코올, 향신료 등 자극성 성분이 접촉	위산(HCl) 분비, 펩시노겐 생성을 자극하여 단백질의 소화 촉진
세크레틴	소장	위에서 십이지장으로 내려온 산성 유미즙이 십이지장벽에 접촉	췌장의 중탄산염 분비를 자극하여 위에서 소장으로 내려온 산성 유미즙을 중화시킴
콜레시스토키닌	소장	위에서 십이지장으로 내려온 유미즙 중의 지질과 단백질이 십이지장벽에 접촉	담낭을 수축시켜 담즙분비 촉진, 췌장의 소화효소 분비 촉진, 위 운동을 억제시킴

3. 소화과정

음식물의 소화과정에는 기계적 소화와 화학적 소화가 있다. 소화기관의 구강, 식도, 위, 소장, 대장은 상부기관의 소화작용을 거치고 내려온 음식물을 받아 그 다음 단계의 소화과정을 수행하며 대장에서 소화과정이 완료된다.

1) 구강과 식도에서의 소화

음식물이 입안에 들어오면 침샘이 자극되어 침이 분비된다. 침은 음식물을 적셔 부드러운 상태로 만들어 삼키기 쉽게 해준다. 이와 동시에 치아는 음식물을 잘게 부수며, 혀는 음식물을 씹고 삼킬 수 있게 도와준다.

- 침과 소화작용 : 침 속에는 물, 점액, 소화효소, 항균 물질이 들어 있으며, 효소인 아밀라아제amylase가 전분을 덱스트린으로 분해시킨다. 씹는 시간이 길어지면 전분은 맥아당으로 분해되기도 하나, 대개 씹는 시간이 짧으므로 전분으로 남아있거나 덱스트린까지 분해된다.
- 연하작용 : 씹은 음식물을 구강의 뒤쪽으로 보내 삼키는 것이다. 연하과정을 통해 음식물은 식도로 내려가고 식도의 연동운동에 의해 빠르게 위로 내려가게 된다. 침 아밀라아제의 작용은 음식물이 위에 도달한 이후 위액에 의해 음식물의 산도가 낮아질 때까지 계속된다.

기계적 소화
기계적 소화는 저작이나 소화관 운동으로 음식물을 혼합하거나 이동시켜 주는 것이다.

화학적 소화
화학적 소화는 소화효소에 의해 거대분자가 분해되며, 산, 알칼리, 담즙에 의해 중화, 용해, 유화되는 것이다.

2) 위에서의 소화

(1) 위의 구조

위는 주머니 모양의 소화기관으로 위쪽은 식도와 아래쪽은 십이지장과 연결되어 있다. 위는 크게 세 부분으로 나뉘는데, 식도와 연결되어 있는 상부부터 ① 분문부(위저부 포함), ② 위체부, ③ 유문부라고 한다 그림 3-3. 식도와 위가 연결되는 부위를

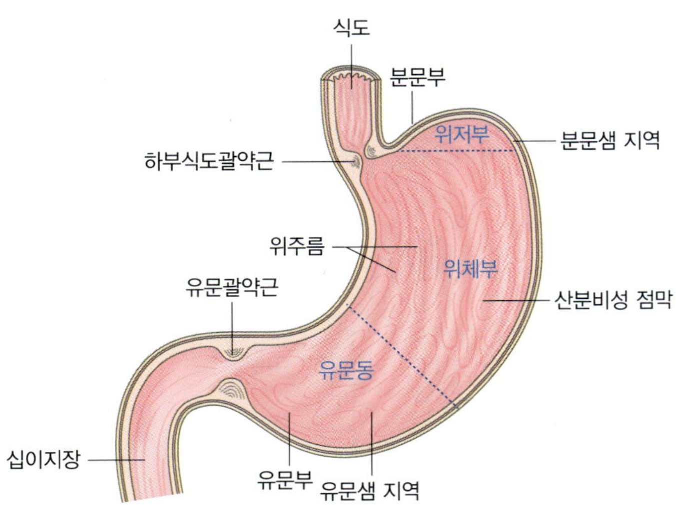

그림 3-3 위의 구조

분문, 위와 십이지장이 연결되는 부위를 유문이라고 한다. 하부식도괄약근(위식도괄약근)은 위 내용물이 위에서 식도로 역류하는 것을 방지하고, 유문괄약근은 소장 내용물이 십이지장에서 위로 역류하는 것을 막아 준다.

위는 세 가지 중요한 기능을 수행하는데, ① 음식물의 일시적인 저장, ② 소화에 필요한 위액 생산, ③ 위액과 음식물의 혼합기능을 한다. 그리고 위에는 세 종류의 위샘이 있으며 소화에 필요한 효소와 호르몬 등을 분비한다.

- 위저샘 : 위산HCl(pH 1.5～2.0)과 펩시노겐을 분비한다.
- 분문샘 : 강산으로부터 위점막을 보호하기 위한 점액을 분비한다.
- 유문샘 : 위액 분비를 촉진하는 호르몬인 가스트린을 분비한다.

(2) 위의 소화작용

구강에 있던 음식물이 식도를 따라 위에 도달하면 하부식도괄약근이 열리면서 위로 음식물이 들어가며, 이에 자극을 받아 가스트린이 분비된다 표 3-1. 가스트린은 위액 분비를 촉진시킨다. 위액은 하루에 2～2.5 L가 분비되고 위산, 펩시노겐, 뮤신, 수분 등으로 구성된다.

위 근육층의 수축에 의한 기계적 소화와 펩신에 의한 화학적 소화로 위 내용물은 고운 죽 상태의 유미즙chyme이 된다. 유미즙이 십이지장으로 내려가면 유문괄약근이 닫혀 유미즙이 십이지장에서 위로 역류하는 것을 막는다. 음식물의 위 내 체류시간은 1～4시간 정도이며, 이 시간은 영양소에 따라 탄수화물이 가장 짧고 그 다음이 단백질이며 지질이 가장 길다.

유미즙(chyme)
유미즙은 위에서 음식물과 위액이 혼합되어 생성된 걸쭉한 반 액체이다.

위산의 소화작용

- 불활성형인 펩시노겐을 활성형인 펩신으로 전환시킨다. 펩신은 단백질 가수분해효소로서 일부 단백질을 소화시킨다.
- 음식물을 작은 조각으로 분해시킨다.
- pH 2의 강한 산성 환경을 만들어 음식물 중의 세균을 사멸시킨다. 강산성 환경에서 위점막의 표면이 자가소화가 되지 않는 것은 위벽에서 분비되는 점액이

방어벽을 형성해 보호작용을 해주며, 위 점막층 자체가 수소이온 H^+에 대해 비투과성을 갖기 때문이다.

3) 소장에서의 소화

(1) 소장의 구조

소장은 지름 2.5 cm, 길이 6~7 m의 긴 관이며, 위와 연결된 부위부터 크게 십이지장, 공장, 회장의 세 부분으로 나뉜다 그림 3-4. 소장에서 대부분의 소화와 흡수가 일어나는데, 십이지장과 공장에서 주로 이루어지며 회장에서는 소화가 거의 일어나지 않고 흡수는 일부 일어난다.

소장의 내층은 면적이 넓어서 영양소의 소화와 흡수를 처리하기에 매우 적합하다.

융모
융모는 소장 내부의 표면을 뒤덮고 있는 작은 손가락 모양의 돌기들이다.

미세융모
미세융모는 장세포 표면에 있는 여러 가지 모양의 돌기들이다.

유미관
소장관에 분포하는 림프관에는 소장벽에서 흡수한 지방을 함유하고 뿌옇게 된 림프가 흐르고 있기 때문에 유미관이라고 한다.

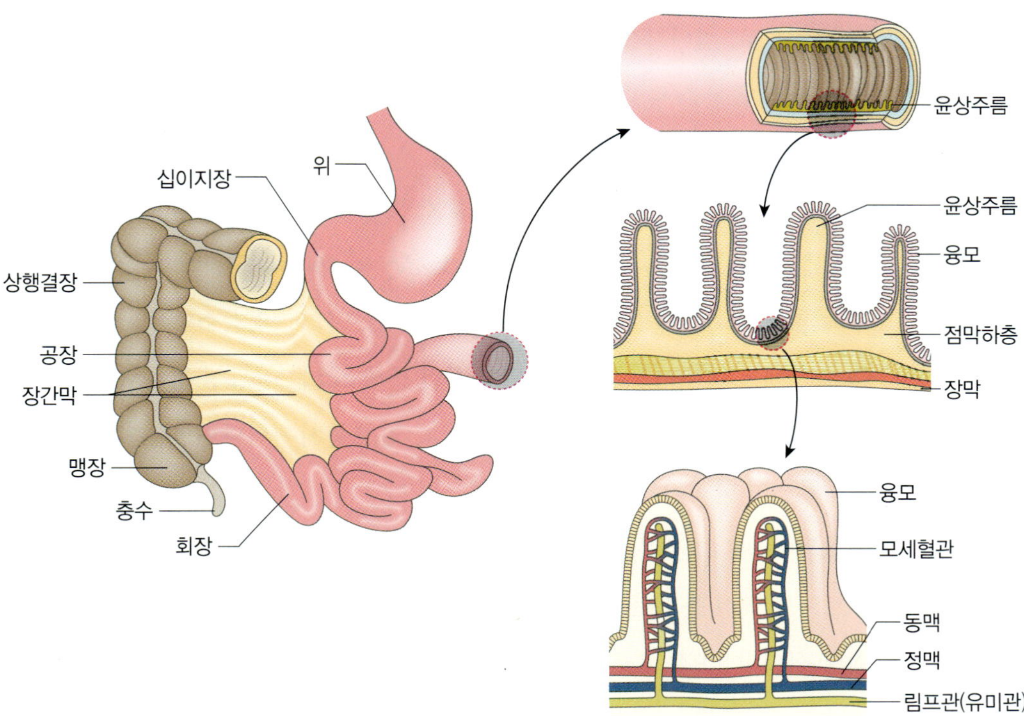

그림 3-4 소장의 구조

소장벽은 깊게 접힌 윤상주름으로 되어 있으며, 윤상주름은 손가락 모양의 융모(융털)로 덮여 있다. 융모의 표면을 덮고 있는 상피세포는 소화가 끝난 영양소를 흡수하는 세포이며, 이 세포의 표면은 미세융모로 뒤덮여 있다. 이처럼 소장의 내층은 윤상주름-융모-미세융모로 구성되어 있어 표면적이 총 200 m^2나 되므로 겉보기의 표면적보다 600배나 넓어 인체가 필요로 하는 충분한 양의 영양소를 효율적으로 흡수할 수 있다. 융모의 내부에는 모세혈관과 림프관(유미관)이 있어서 영양소가 융모의 상피세포를 통해 흡수된 후 곧바로 순환계로 들어갈 수 있는 구조로 되어 있다.

(2) 소장의 소화작용

음식물의 화학적 소화는 소장에서 본격적으로 일어난다. 위의 산성 유미즙이 십이지장으로 들어오면 소장에서 세크레틴이 분비되고, 세크레틴은 췌액이 분비되게 한다 표 3-1. 췌액은 물, 중탄산염 및 여러 가지 효소를 포함하고 있는 알칼리성 용액(pH 8～9)이므로, 십이지장에 들어온 산성 유미즙을 빠르게 중화시켜 산에 의한 십이지장 점막의 손상을 막아 주며, 소장효소가 활발히 작용할 수 있게 최적의 pH를 만들어 준다.

- 췌액 중의 소화효소 : 췌액에는 탄수화물(췌장 아밀라아제), 지질(췌장 리파아제), 단백질(트립시노겐trypsinogen, 키모트립시노겐chymotrypsinogen, 프로카르복시펩티다아제procarboxyl-peptidase)을 분해시키는 효소가 들어 있으므로, 영양소의 본격적인 소화는 소장에서 이루어진다. 췌액 중 단백질 분해효소는 불활성 형태로 분비된 후 각각 트립신trypsin, 키모트립신chymotrypsin, 카르복시펩티다아제carboxylpeptidase로 활성화되어 단백질을 분해한다.
- 지질의 소화 : 지질을 포함한 유미즙이 십이지장에 들어오면 소장에서 콜레시스토키닌CCK이 분비된다. CCK는 담낭을 수축시켜 담낭 안의 담즙산이 총담관을 거쳐 십이지장으로 분비되게 하여 지질이 유화되도록 함으로써 지질 소화효소(췌장 리파아제)의 작용을 쉽게 받을 수 있게 해준다. 지질은 지용성 물질로서 소장의 수용성 환경에서 녹지 않아 소화·흡수되기 어려우므로 물에 분산될 수 있

는 유화액으로 만들어 주어야 한다. 담즙은 간에서 합성되고 담낭에 저장되며, 담즙산염, 중탄산염, 빌리노겐, 콜레스테롤, 레시틴, 무기이온 등을 함유한다. 담즙은 식사를 통한 지질 섭취량에 따라 하루 250～1,000 mL가 분비된다.

음식물은 소장 내에 약 3～10시간 머물면서 4～5초 간격으로 수축하고, 이완하는 연동운동에 의해 아래로 이동해 대장에 도달한다.

4) 대장에서의 소화

대장은 소장에 연결된 소화관으로 지름은 5～7 cm, 길이는 1.6～2 m이다. 대장은 소장 중 아래 부위인 회장부터 시작하여 맹장, 상행결장, 횡행결장, 하행결장, S상 결장, 직장으로 구분되며 항문으로 이어진다 그림 3-5. 소장에서 소화·흡수되지 않은 식이섬유 등은 대장의 연동운동과 분절운동을 통해 섞이고, 주로 맹장에서 세균의 작용으로 발효 또는 부패되어 가스 및 유기산을 생성한다.

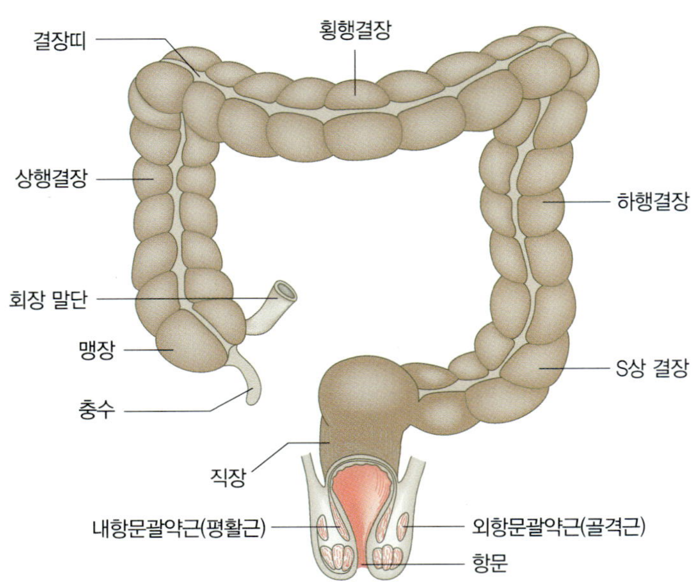

그림 3-5 대장의 구성

구강, 식도, 위, 소장, 대장에서 일어나는 영양소의 전체 소화·흡수 과정은 그림 3-6과 같다.

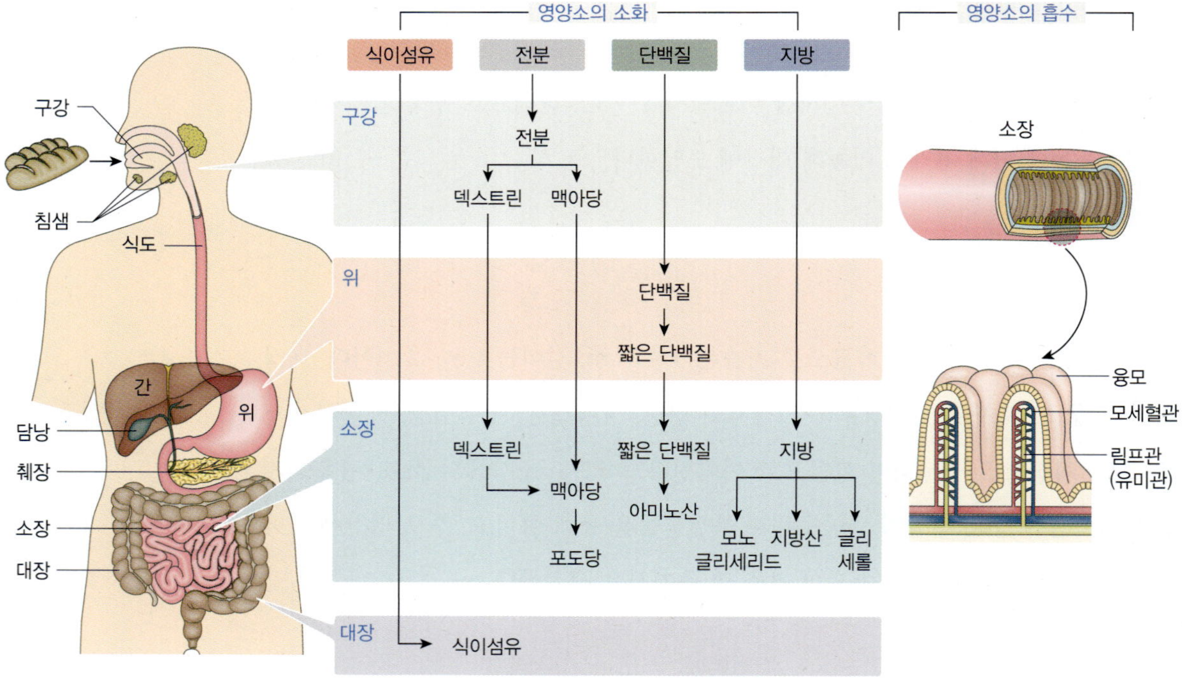

그림 3-6 영양소의 소화·흡수 과정

4. 영양소의 흡수와 운반

1) 영양소의 흡수 부위

소화기관별로 영양소의 흡수 여부나 흡수되는 영양소의 종류는 다르다. 구강이나 식도에서는 영양소의 흡수가 이루어지지 않는다. 위에서는 약간의 수분과 알코올이 흡수된다.

영양소 흡수의 대부분은 소장에서 이루어지며, 단당류, 지방산, 아미노산, 비타민, 무기질 등이 소장에서 흡수된다. 대장에서는 대장벽에 융모가 없어 영양소의 흡

흡수
흡수는 소화된 작은 분자들이 장 점막세포를 통해 혈액이나 림프액으로 이동하는 과정이다.

수가 거의 일어나지 않으나, 일부 수분, 나트륨과 염소 등 일부 전해질, 대장 내 세균이 합성한 일부 비타민(비타민 K, 판토텐산, 비오틴, 비타민 B_{12}), 짧은 지방산, 유기산이 흡수된다. 흡수되지 않은 대장 내용물은 직장으로 이동하면서 대변을 형성하여 저장하고 있다가 항문을 통해 체외로 배출된다.

2) 영양소의 흡수기전

소장의 점막세포를 통한 영양소의 흡수기전에는 수동수송과 능동수송이 있으며, 수동수송에는 단순확산과 촉진확산이 있다. 이 밖에 수동수송이나 능동수송과 다른 흡수기전인 음세포작용이 있다 그림 3-7.

소장 점막세포

소장 점막세포 안쪽에는 융모라는 수많은 주름이 있으며, 그것을 덮고 있는 상피세포가 영양소를 흡수하는 주역을 담당한다. 따라서 소장에서 영양소가 흡수되는 정확한 부위는 융모를 덮고 있는 상피세포이지만 이 책에서는 이들을 포함하는 소장 점막세포로 표현하였다.

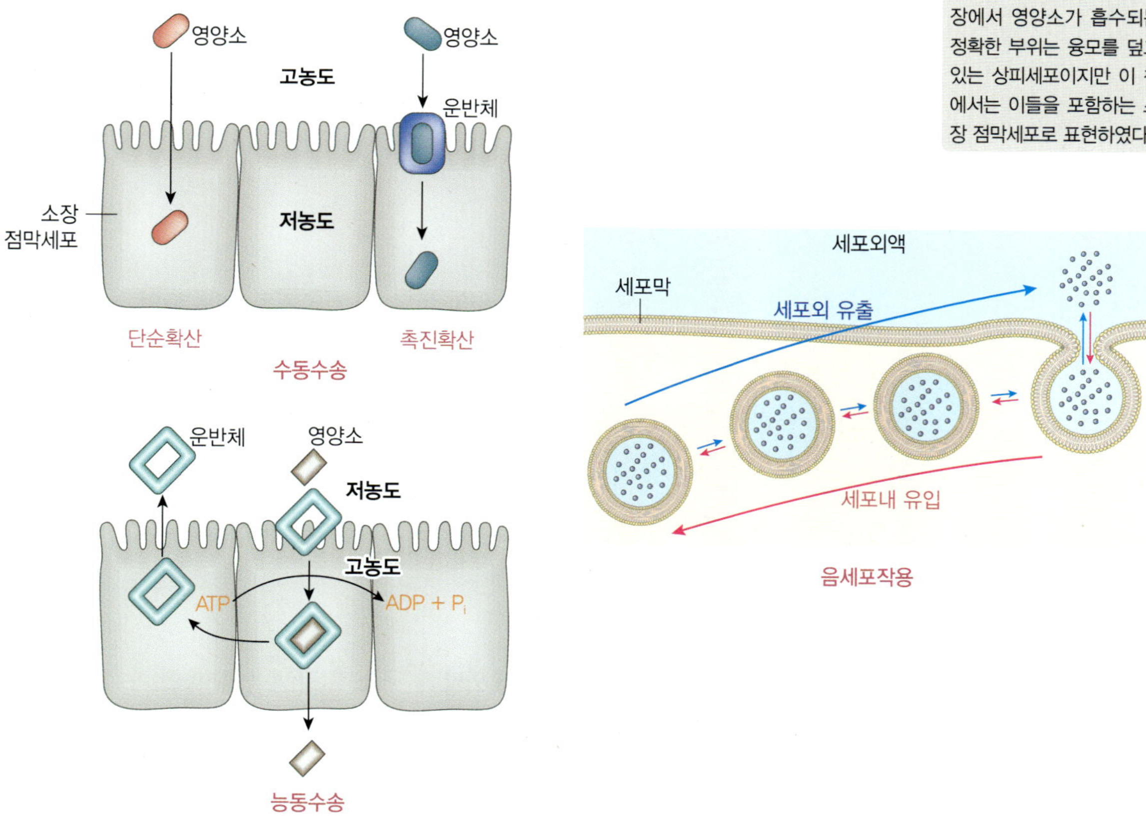

그림 3-7 영양소의 흡수기전

(1) 수동수송

① 단순확산

단순확산은 영양소가 농도차에 따라 높은 쪽에서 낮은 쪽으로 자연적으로 이동하는 흡수기전이다. 즉, 단순확산은 영양소 농도가 높은 소장 관강(소장 점막세포 밖)에서 영양소 농도가 낮은 소장 점막세포 안으로 농도 기울기에 의해 영양소가 이동하는 것이며, 에너지를 사용하지 않는다. 지질이 소화된 모노글리세리드, 지방산, 글리세롤 그리고 대부분의 비타민과 무기질 흡수가 단순확산에 해당된다.

② 촉진확산

촉진확산은 단순확산과 마찬가지로 영양소 농도가 높은 쪽에서 낮은 쪽으로 농도차에 따라 이동되는 기전이다. 그러나 촉진확산은 소장 점막세포 안팎의 농도 기울기에 의한 영양소의 이동이 운반체에 의해 촉진되는 것으로 에너지를 사용하지 않는 흡수기전이다. 촉진확산은 운반체를 이용하므로 단순확산보다 흡수속도가 빠르고, 단당류 중 과당의 흡수가 해당된다.

(2) 능동수송

능동수송은 소장 점막세포 안팎의 영양소 농도 기울기와 역행하여 농도가 낮은 소장 관강에서 농도가 높은 점막세포 안으로 영양소가 이동하는 흡수기전이다. 능동수송은 촉진확산에서와 같이 세포막에 있는 운반체의 도움을 받아 이루어지며, 영양소의 농도가 낮은 쪽에서 높은 쪽으로 이동하므로 에너지(ATP)를 사용한다. 포도당, 갈락토오스, 아미노산, 칼슘, 철의 흡수가 능동수송에 해당된다.

(3) 음세포작용

음세포작용은 어떤 물질이 소장 세포막의 구조적 장벽을 통과할 수 없을 때 세포막이 조그만 주머니를 형성하여 함입하면서 물질을 삼켜 세포 안이나 밖으로 이동시키는 기전이다. 음세포작용은 모유에 함유된 면역단백질 등이 소화되지 않은 상태로 흡수된다. 주머니 속 물질을 세포 안으로 들여보내는 것을 세포내 유입

endocytosis, 세포 밖으로 내보내는 것을 세포외 유출exocytosis이라고 한다.

3) 영양소의 운반

소화된 산물들은 소장 점막세포의 세포막을 통과해 세포 안으로 흡수된 후 다시 장벽 쪽의 세포막을 통해 빠져나온다. 이후 영양소의 종류에 따라 문맥순환이나 림프관순환을 통해 체순환으로 들어간다. 각 영양소는 체순환을 통해 말초조직세포로 운반된다 그림 3-8.

- 문맥순환 : 단당류, 아미노산, 무기질, 수용성 비타민의 수용성 영양소가 소장 융모 내 모세혈관으로 들어가 문맥을 통해 간으로 운반된다.

문맥
문맥은 복부의 소화기와 비장에서 나오는 정맥혈을 모아 간으로 운반하는 정맥이다.

체순환
체순환은 혈액이 심장부터 폐를 제외한 온몸을 돌고 다시 심장으로 돌아오는 혈액의 순환으로 대순환이라고도 한다.

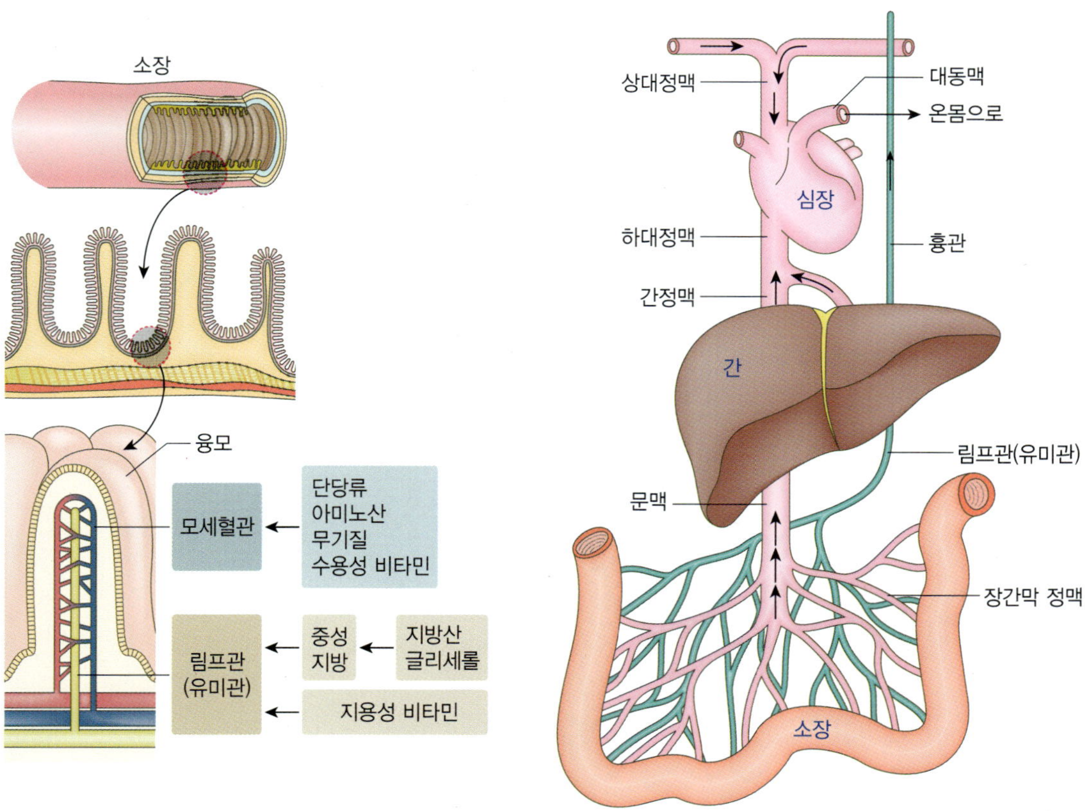

그림 3-8 소장에서 영양소의 흡수와 운반

• 림프관순환 : 중성지방(지방산과 글리세롤은 소장에서 흡수 후 다시 중성지방을 만듦), 콜레스테롤, 지용성 비타민 등의 지용성 영양소는 소장 융모 내 림프관을 통해 흉관으로 들어가 대정맥을 통해 결국 혈류에 합류해 운반된다.

심화학습자료

역류성식도염

자료: 국민건강보험 홈페이지

단원정리

소화계

소화계는 소화기관과 부속기관으로 이루어져 있다. 소화기관은 구강, 식도, 위, 소장, 대장을 포함하며 소화를 위한 분비기능과 운동기능을 수행한다. 부속기관은 침샘, 간, 담낭, 췌장을 포함하며 소화를 돕는다.

소화관 운동

소화관 운동은 소화관 근육이 수축·이완되어 일어나며 연동운동과 분절운동이 있다.

소화호르몬

소화호르몬은 소화액 분비와 소화관 운동을 자극하거나 억제하면서 소화작용을 조절한다. 가스트린, 세크레틴, 콜레시스토키닌 등이 있다.

구강과 식도에서의 소화

침은 음식물을 적셔 삼키기 쉽게 만들어 주며, 아밀라아제를 가지고 있어 전분을 덱스트린으로 분해시킨다. 치아는 음식물을 잘게 부수며, 혀는 음식물을 씹고 삼킬 수 있게 도와준다. 저작된 음식물은 식도로 내려가고 식도의 연동운동에 의해 위로 내려간다.

위에서의 소화

위는 음식물의 일시적인 저장, 소화에 필요한 위액 생산, 위액과 음식물의 혼합기능을 한다. 음식물이 위에 도달하면 가스트린이 분비되어 위액 분비를 촉진시킨다. 위액 중 위산은 펩시노겐을 활성화시켜 단백질을 소화시키며, 음식물을 작은 조각으로 분해한다.

소장에서의 소화

소장은 위의 산성 유미즙이 십이지장으로 들어오면 소장에서 세크레틴이 분비되고, 세크레틴이 췌액을 분비시킨다. 췌액에는 중탄산염이 들어 있어 산성 유미즙을 중화시키고, 췌장 아밀라아제, 췌장 리파아제, 단백질 분해효소가 들어 있어 소장에서 영양소의 본격적인 소화가 이루어지게 한다. 또한 지질을 포함한 유미즙이 십이지장으로 들어오면 소장에서 콜레시스토키닌이 분비되어 담낭을 수축시켜 담즙이 십이지장으로 분비되게 해 지질을 유화시켜 지질 분해효소의 작용을 받을 수 있게 한다.

대장에서의 소화

소장에서 소화·흡수되지 않은 식이섬유 등은 대장의 연동운동과 분절운동을 통해 섞이고, 맹장에서 세균의 작용으로 발효 또는 부패되어 가스 및 유기산을 생성한다.

영양소의 흡수 부위

영양소 흡수는 주로 소장에서 일어나며, 대장에서는 일부의 수분, 전해질, 비타민 등만이 흡수된다.

영양소의 흡수기전

영양소의 흡수는 수동수송(단순확산, 촉진확산), 능동수송, 음세포작용의 기전으로 이루어진다. 지질이 소화된 모노글리세리드, 지방산, 글리세롤 그리고 대부분의 비타민과 무기질은 단순확산으로, 과당은 촉진확산으로 흡수된다. 포도당, 갈락토오스, 아미노산, 칼슘, 철은 능동수송으로, 분자량이 큰 단백질은 음세포작용으로 흡수된다.

영양소의 운반

소화된 산물은 소장 상피세포를 통해 흡수된 후 수용성 영양소는 문맥순환으로, 지용성 영양소는 림프관순환을 통해 체순환으로 들어가 말초조직세포로 운반된다.

CHECK UP 도착점!

1. 소화를 돕는 부속기관인 것은?
① 위 ② 간 ③ 소장 ④ 대장

2. 소화를 돕는 호르몬이 아닌 것은?
① 트립신 ② 가스트린 ③ 세크레틴 ④ 콜레시스토키닌

3. 위산의 소화작용이 아닌 것은?
① 살균작용 ② 지질의 유화 ③ 음식물 분해 ④ 소화효소의 활성화

4. 소장에 대한 설명으로 옳은 것은?
① 크게 십이지장과 회장으로 구분한다.
② 위에서 내려온 유미즙을 중화시킨다.
③ 탄수화물을 덱스트린까지 분해시킨다.
④ 지질을 유화과정 없이 지방산과 글리세롤로 분해시킨다.

5. 아미노산이 흡수되는 부위는?
① 위 ② 구강 ③ 소장 ④ 대장

6. 에너지를 사용하는 흡수기전인 것은?
① 능동수송 ② 단순확산 ③ 촉진확산 ④ 수동수송

7. 문맥순환을 하는 영양소끼리 묶인 것은?
① 무기질, 지방 ② 포도당, 비타민 A ③ 포도당, 아미노산 ④ 아미노산, 비타민 E

정답

1. ② 2. ① 3. ② 4. ② 5. ③ 6. ① 7. ③

Fundamental Nutrition

CHAPTER 4

탄수화물

1. 탄수화물의 분류 / 2. 탄수화물의 소화와 흡수 / 3. 탄수화물의 대사 /
4. 탄수화물의 기능 / 5. 탄수화물의 섭취실태와 섭취기준 /
6. 탄수화물과 식이섬유의 급원식품 / 7. 탄수화물과 건강

탄수화물은 체내에 에너지를 제공해 주는 가장 기본적인 영양소로서 우리가 매일 섭취하는 에너지의 55~65%를 제공한다. 탄수화물은 쌀, 밀, 옥수수 등의 곡류와 감자, 고구마에 다량 함유되어 있어 우리 식사의 상당 부분을 차지한다. 탄수화물은 1 g당 평균 4 kcal를 제공하며, 간과 근육의 글리코겐과 혈당의 형태로 존재하면서 모든 세포에 즉각적으로 에너지를 제공한다. 탄수화물은 소화가 쉽고 체내에서 독성이 거의 없다. 탄수화물에 의해 적절한 양의 에너지가 공급되지 않으면 근육조직이 손실되는 등의 건강상 문제가 유발된다. 따라서 탄수화물로 적절한 에너지를 얻기 위해서는 1일 필요한 에너지의 55~65%를 탄수화물로 섭취하도록 권장하고 있다.

이 장에서는 탄수화물의 종류, 대사과정, 기능, 급원식품 및 건강과의 관계를 알아본다.

학/습/목/표

1. 탄수화물의 종류와 기능을 설명할 수 있다.
2. 탄수화물의 대사과정을 설명할 수 있다.
3. 탄수화물과 건강과의 관계를 설명할 수 있다.

CHECK UP 출발점!

※다음 문제에 O, X로 답하시오.

1. 자연계에 존재하는 가장 일반적인 단당류는 포도당, 과당, 서당, 유당이다.

2. 쌀, 밀 등의 곡류와 감자, 고구마 등의 서류는 탄수화물의 주요 급원식품이다.

3. 근육의 글리코겐은 혈당으로 즉각 전환될 수 있다.

4. 셀룰로오스는 수용성 식이섬유이다.

5. 적혈구와 뇌는 에너지원으로 주로 포도당만을 사용한다.

6. 포도당 1분자는 총 15~16개의 ATP를 생성한다.

7. 전분은 포도당으로만 구성된 식물성 다당류이다.

8. 위에서는 탄수화물 소화효소가 없어 탄수화물 소화가 이루어지지 않는다.

9. 체중 과다나 비만뿐 아니라 당의 과다 섭취도 당뇨병의 원인이 된다.

10. 식이섬유는 많이 먹을수록 좋다.

정답 및 해설

1. ×(서당과 유당은 이당류이다.) 2. ○ 3. ×(혈당 조절에 관여하는 것은 간의 글리코겐이다.) 4. ×(셀룰로오스는 불용성 식이섬유이다.) 5. ○ 6. ×(포도당 1분자는 총 30~32개의 ATP를 생성한다.) 7. ○ 8. ○ 9. ○ 10. ×(식이섬유를 하루 60 g 이상 섭취하면 건강상 오히려 위험하다.)

1. 탄수화물의 분류

탄수화물carbohydrate은 탄소, 수소, 산소로 구성되며, 구성단위에 따라 단당류, 이당류, 올리고당류, 다당류로 분류한다. 단당류와 이당류는 하나 또는 두 개의 당을 가지고 있기 때문에 단순당simple sugar이라고 한다. 식품표시에는 이들을 묶어 당류로 표기한다. 3~10개의 단당류로 구성된 탄수화물을 올리고당류라고 한다. 좀 더 크고 복잡한 형태가 다당류로서 전분과 글리코겐, 식이섬유가 이에 속한다.

1) 단당류

단당류monosaccharide는 더 이상 분해되지 않는 탄수화물의 구성단위로서 소화과정 없이 바로 흡수될 수 있다. 단당류는 모든 탄수화물의 기본이 된다. 자연계에 존재하는 가장 일반적인 단당류는 6탄당인 포도당, 과당, 갈락토오스와 5탄당인 리보오스와 데옥시리보오스가 있다. 단당류는 사슬 모양과 고리 모양의 두 가지 형태가 있으나 생체 내에서는 주로 고리 모양으로 존재한다 그림 4-1.

(1) 포도당

포도당glucose은 체내에 존재하는 주요 단당류이다. 혈액에 있는 포도당은 혈당이라고 부르며 인체 세포의 주 에너지 공급원이다. 대부분의 포도당은 식품 속의 전분이나 이당류가 소화되어 얻어진다. 식품 속의 과당이나 다른 당들은 결국 대부분 간에서 포도당으로 전환된다. 포도당은 과일, 채소, 꿀에 함유되어 있다.

(2) 과당

과당fructose은 과일과 꿀에 주로 함유되어 있으며, 단당류 중 가장 단맛이 강하다. 과당을 섭취하면 소장에서 흡수되어 간에서 바로 대사된다. 과당은 대사경로가 포도당보다 단순하여 과다 섭취하면 포도당보다 빠르게 지방산을 합성할 수 있어 혈중 중성지방과 콜레스테롤 농도를 증가시킬 수 있다.

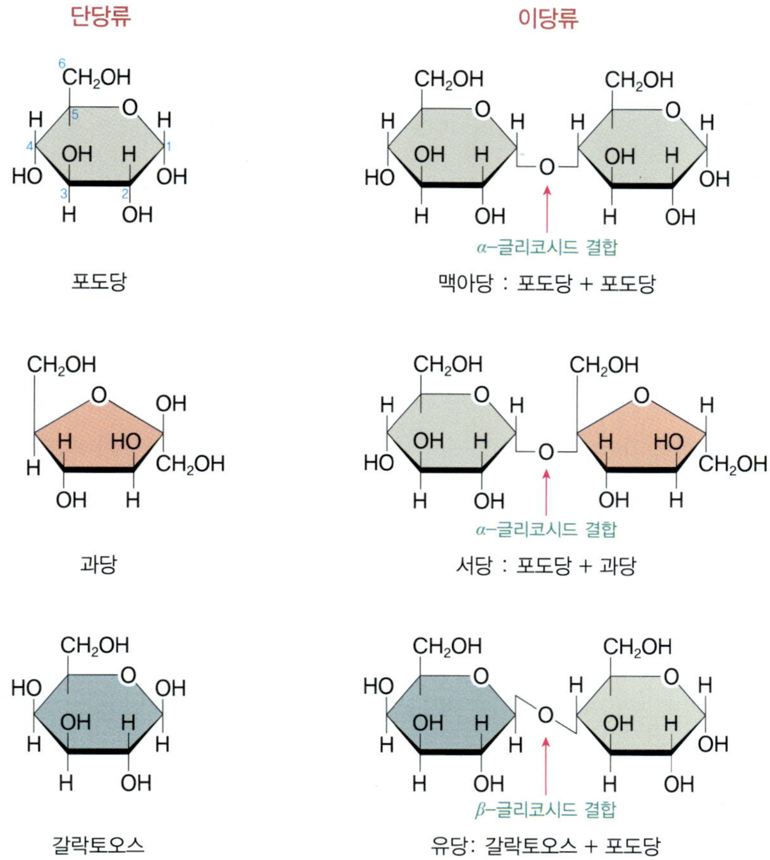

그림 4-1 단당류와 이당류의 구조

(3) 갈락토오스

갈락토오스galactose는 포도당과 거의 유사한 구조를 가진다. 갈락토오스는 유즙과 유제품에 있는 유당의 구성성분이며, 자연계에 유리상태로는 거의 존재하지 않는다. 유당 섭취 시 소화·흡수된 갈락토오스는 간에서 포도당으로 전환되어 이용된다.

글리코시드 결합
글리코시드 결합은 두 단당류에서 알데히드기와 알코올기 사이에 물 한 분자를 구성하여 빠져나가고 산소 한 분자를 가운데 두고 서로 연결된 결합이다.

2) 이당류

이당류disaccharide는 두 개의 단당류가 글리코시드 결합glycosidic bond에 의해 연결된

당이다. 식품 속의 이당류는 맥아당, 서당, 유당이며, 모두 포도당을 포함한다. 맥아당과 서당은 α-글리코시드 결합을 하고 있어 체내에서 소화가 잘 되지만, 유당은 β-글리코시드 결합을 하고 있어 과다 섭취하거나, 유당 분해효소가 부족하거나 활성이 저하되면 소화되기 어렵다 그림 4-1.

(1) 맥아당

맥아당maltose은 2개의 포도당이 결합된 당이다. 보리가 발아하여 맥아(엿기름)를 생성할 때 만들어지기 때문에 맥아당이라고 한다. 맥아당은 식물의 싹이나 식혜, 맥주 등에 소량 함유되어 있다. 소장에서 소화가 이루어지는 대부분의 맥아당은 전분을 소화하는 과정에서 생성된 것이다. 맥아당은 소화관 내에서 쉽게 포도당으로 분해되므로 체내에서 소화·흡수가 잘 된다.

전화당
서당을 산 또는 전화효소로 가수분해하면 포도당과 과당으로 분리되는데 이때 생성된 포도당과 과당의 혼합물을 전화당이라고 한다. 당도가 높아 사탕이나 단 과자를 만들 때 자주 사용된다.

(2) 서당

서당sucrose은 포도당과 과당이 결합되어 만들어진 당이다. 서당은 자연계에서 사탕수수, 사탕무, 꿀, 단풍시럽maple syrup에 들어 있다. 서당을 전화효소invertase로 가수분해시키면 단맛이 더 강한 전화당이 생성된다.

(3) 유당

유당lactose은 포유동물의 유즙을 만드는 중에 포도당과 갈락토오스가 결합하여 만들어진 당이다. 유당은 우유·유제품에 함유되어 있다. 모유에는 6~7%, 우유에는 4~5% 정도의 유당이 들어 있다.

3) 올리고당류

올리고당류oligosaccharide는 3~10개의 단당류로 구성된 탄수화물이다. 올리고당류에는 콩이나 팥에 있는 라피노오스와 스타키오스 등이 있다. 올리고당류는 단당류로 구성되어 있지만 체내에 소화효소가 없어 단당류로 분해되지 않으며, 대장에서 세균에 의해 분해되어 약간의 에너지와 가스를 생성한다. 최근 올리고당류는 장기능 개선, 혈청 콜레스테롤 저하, 혈당치 개선, 면역력 증강 등의 여러 가지 생리기능이 밝혀져 주목을 받고 있다. 또한 올리고당류는 저열량의 감미료로서 부드러운 단맛을 가지면서 혈당을 빠르게 높이지 않아 저열량 음식과 당뇨병 환자의 혈당 조절을 위한 설탕 대용으로 이용되기도 한다. 콩, 팥, 우엉, 양파 등에는 올리고당류가 많이 함유되어 있다.

알아두기

기능성 올리고당과 프리바이오틱스

프럭토올리고당, 갈락토올리고당, 이소말토올리고당, 자일로올리고당 등 올리고당류는 대장의 비피더스균에 의해 발효되어 이들 균의 증식을 활성화하여 대장을 자극하고 활성화시켜 변비를 예방하는 등 장기능을 개선한다. 또한 이들 올리고당류는 혈중 지방과 콜레스테롤 농도를 낮추며, 충치를 예방하는 등 건강에 이로운 생리기능을 하므로 '기능성 올리고당'이라고 부르기도 한다.

이와 같이 소장에서 소화 · 흡수되지 못하고 대장의 유용한 미생물의 생육이나 활성을 촉진시켜 건강 개선의 효과를 나타내는 비소화성 식품성분을 프리바이오틱스(prebiotics)라고 한다. 프리바이오틱스에는 대두올리고당, 갈락토올리고당 등의 기능성 올리고당류와 락티톨, 자일리톨 등의 기능성 당알코올이 있다.

4) 다당류

다당류polysaccharide는 10개 이상, 보통 수천 개의 단당류로 결합된 탄수화물로서 전분, 글리코겐, 식이섬유가 있다. 다당류는 전분과 글리코겐의 소화성 다당류와 식이섬유의 난소화성 다당류로 구분된다 그림 4-2.

(1) 전분

전분(녹말starch)은 포도당 수백 개가 결합된 형태이다. 전분은 식물의 저장물질로 곡류, 감자류, 콩류에 함유되어 있다. 전분은 구조가 다른 두 가지 형태의 아밀로오스amylose와 아밀로펙틴amylopectin으로 구성되어 있다. 아밀로오스는 100~1,000개의 포도당이 α-1,4 글리코시드 결합만으로 연결된 긴 사슬 구조의 포도당 결합체로서 전분의 20%를 차지한다. 아밀로펙틴은 α-1,4 글리코시드 결합에 의한 포도당 사슬 구조에 α-1,6 글리코시드 결합에 의해 가지를 친 구조로 되어 있으며, 전분의 80%를 차지한다 **그림 4-2**. 전분은 소화과정 중 쉽게 분해되어 포도당으로 전환되는데 전분 분해효소들은 포도당 사슬의 끝 부분에서만 작용한다. 아밀로펙틴은 가지 구조로 되어 있어 효소의 작용 부위(끝)가 더 많으므로 아밀로오스보다 더 빨리 소화되어 혈당 농도를 높인다.

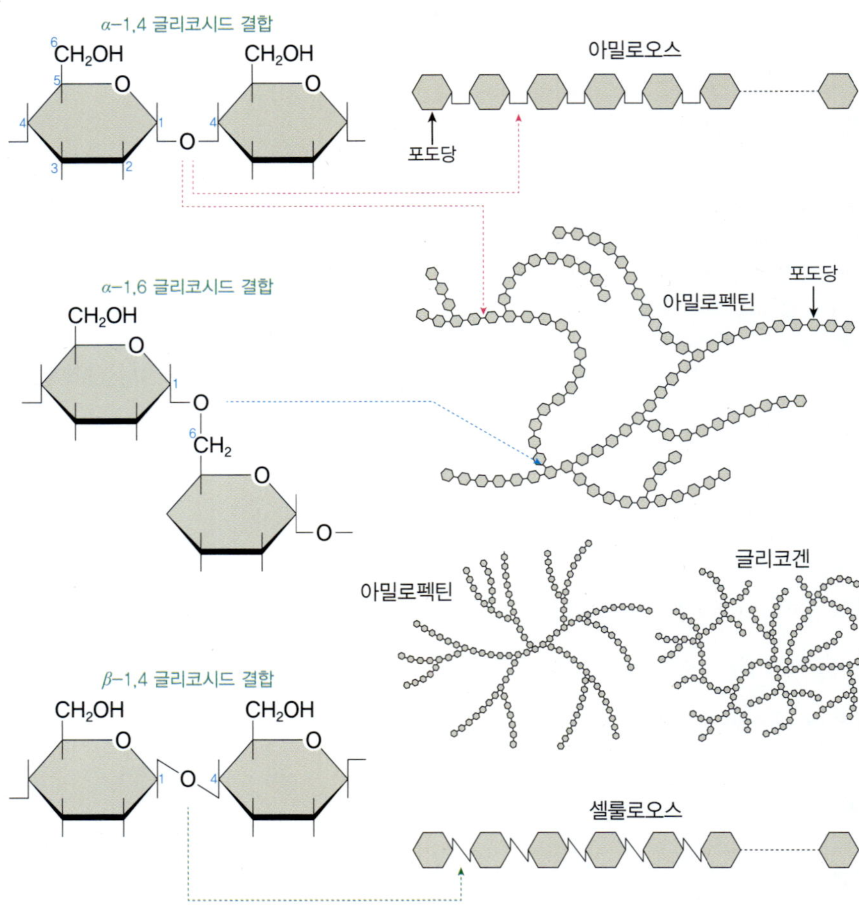

그림 4-2 전분, 글리코겐, 셀룰로오스의 구조

(2) 글리코겐

인간을 포함한 동물들은 포도당을 글리코겐glycogen 형태로 저장한다. 글리코겐은 많은 가지가 있는 포도당 사슬이며, 따라서 아밀로펙틴보다 효소가 작용할 수 있는 부위를 더 많이 가진다. 빠르게 분해될 수 있는 이러한 구조 때문에 글리코겐은 체내의 이상적인 탄수화물 저장 형태이다. 글리코겐은 간과 근육에 저장되며 간에는 약 100 g, 근육에는 약 350 g이 저장된다. 간의 글리코겐은 즉각 포도당으로 전환되어 혈당 유지에 사용된다. 근육의 글리코겐은 혈당 유지에 사용되지 않고, 대신에 근육운동에 필요한 에너지를 공급하는데, 특히 고강도 운동과 지속적인 운동 시에 포도당을 공급한다(12장 참조).

알아두기

동물성식품과 탄수화물 급원

동물이 근육에 글리코겐을 저장하고 있다면 육류, 생선류, 가금류는 탄수화물의 급원식품일까? 아니다. 동물성식품은 탄수화물의 급원이 아니다. 왜냐하면 글리코겐은 동물이 죽은 후 아주 빠르게 소멸되기 때문이다.

(3) 식이섬유

식이섬유dietary fiber는 포유동물의 소화효소로 분해되지 않는 탄수화물과 리그닌과 같은 식물세포 성분에 내재된 성분을 말한다. 식이섬유는 인간의 소장 내에서 소화·흡수되지 않으며, 대장에서 부분적 또는 완전히 발효되는 물질로 생리적으로 다양한 기능을 가진다. 셀룰로오스, 헤미셀룰로오스, 펙틴, 검, 리그닌 등이 식이섬유에 속한다. 식이섬유는 물에 녹지 않는 불용성 식이섬유와 물에 녹는 수용성 식이섬유로 분류되며, 헤미셀룰로오스의 일부 형태는 수용성으로 분류하기도 한다 표 4-1. 대부분의 식품에는 수용성과 불용성 식이섬유가 혼합되어 들어 있으며, 식품표시에는 두 종류를 구분하지 않는다.

표 4-1 식이섬유의 분류와 급원식품

분류	특성	종류	급원식품
불용성 식이섬유	물에 녹지 않거나 대장의 세균에 의해 쉽게 대사되지 않는다.	셀룰로오스	밀, 보리, 현미
		헤미셀룰로오스	곡류, 채소(양배추, 당근 등)
		리그닌	
수용성 식이섬유	물에 용해되거나 팽윤되어 겔(gel)을 형성하는 능력이 있어 끈적끈적한 점성을 나타낸다.	펙틴	사과, 감귤류, 바나나
		검	보리, 귀리, 두류
		해초다당류(알긴산, 카라기난, 한천 등)	
		일부 헤미셀룰로오스	해조류

2. 탄수화물의 소화와 흡수

1) 소화

음식을 조리하면 식물의 세포벽에 있는 거친 결합구조가 부드러워지기 때문에 조리를 탄수화물 소화의 시작이라고 볼 수도 있다. 전분은 가열되면 호화되어 소화되기 쉬운 형태로 변한다. 조리는 탄수화물 함유식품을 소화하는 동안 씹고, 삼키고, 분해하기 쉽게 만들어 준다.

탄수화물의 화학적 소화는 입에서부터 시작된다. 침에는 프티알린이라는 타액 아밀라아제amylase가 있다. 음식을 씹는 동안 전분은 침과 섞이고 타액 아밀라아제는 전분을 분해하여 더 작은 분자로 잘라주며, 결국에는 이당류인 맥아당으로 분해한다(3장 참조). 밥을 오랫동안 씹으면 전분의 일부가 맥아당 같은 이당류로 분해되어 단맛을 느끼게 된다. 그러나 소화과정 중 입에 있는 시간은 짧기 때문에 이 과정은 대개 무시된다. 또한 음식이 일단 식도로 넘어가 위에 도달하면 산성 환경 때문에 타액 아밀라아제가 비활성화된다 그림 4-3.

위에서는 탄수화물 소화효소가 없어 탄수화물 소화가 이루어지지 않는다. 다만 위액에 의해 서당이 포도당과 과당으로 일부 분해되기도 한다. 대부분의 탄수화물은 소장에서 완전 소화된다. 탄수화물이 소장에 도달하면 탄수화물 소화에 더 적합한 알칼리 환경이 된다. 췌장에서 췌장 아밀라아제가 분비되어 전분을 덱스트린으로 분해하고 다시 맥아당으로 분해한다. 전분의 분해산물인 맥아당, 설탕의 서당, 유즙의 유당, 엿기름이나 식혜의 맥아당이 소장벽에 도달하면 소장벽 흡수세포에 있는 이당류 분해효소들에 의해 각각의 이당류를 단당류들로 분해시킨다. 말타아제는 맥아당을 두 개의 포도당으로, 슈크라아제는 서당을 과당과 포도당으로, 락타아제는 유당을 포도당과 갈락토오스로 분해시킨다 그림 4-3.

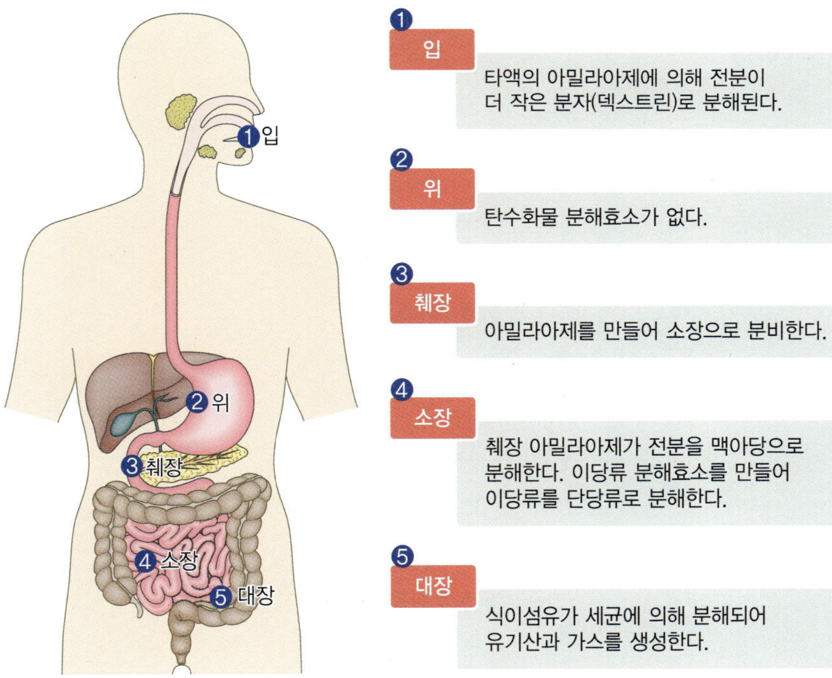

그림 4-3 탄수화물의 소화

2) 흡수와 운반

소화되어 나온 단당류는 소장관 내에 농축되어 있을 경우 단순확산에 의해 흡수되지만 소화가 진행되어 장 점막세포 내의 농도가 높아지면 포도당과 갈락토오스는 능동수송에 의해 흡수된다(3장 참조). 이들은 나트륨 이온 Na^{+}과 함께 장 점막세포에 들어간다. 과당은 촉진확산에 의해 흡수된다. 촉진확산은 능동수송보다는 흡수 속도가 늦어 과량의 과당을 섭취하면 쉽게 흡수되지 못해 설사가 유발될 수 있는데, 이는 단당류가 소장에 남아 물을 끌어당기기 때문이다. 단당류의 흡수 속도는 갈락토오스가 가장 빠르며 다음으로 포도당, 과당의 순이다 그림 4-4. 소장에서 흡수된 단당류는 간문맥을 통해 간으로 운반된다. 간에서 과당과 갈락토오스는 포도당으로 전환된다.

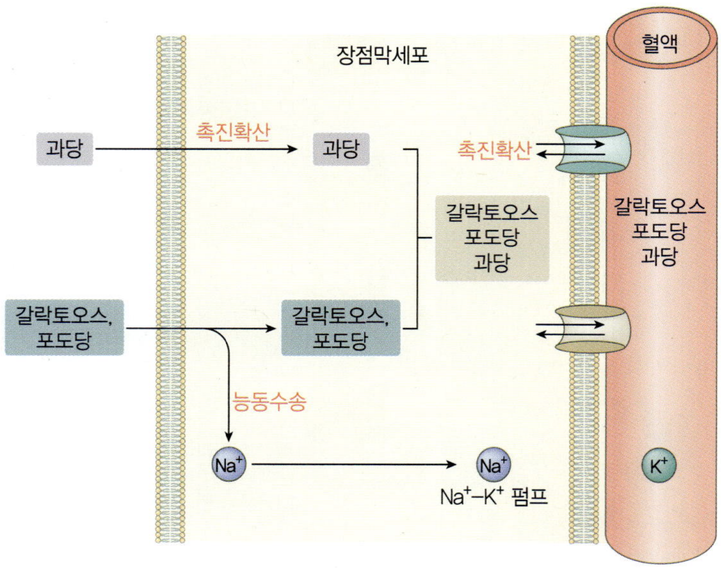

그림 4-4 탄수화물의 흡수과정

3. 탄수화물의 대사

1) 포도당 대사

포도당은 탄수화물 대사의 중추역할을 한다. 포도당은 해당작용, TCA 회로, 전자전달계를 거쳐 에너지를 내고 이산화탄소와 물로 완전히 분해된다 그림 4-5.

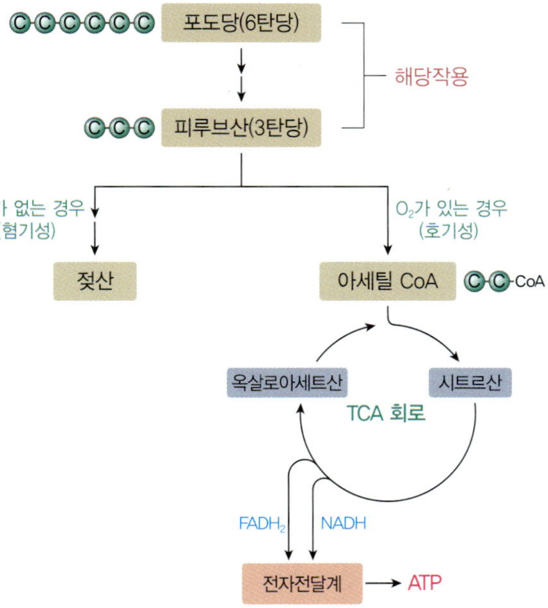

그림 4-5 해당작용과 TCA 회로

(1) 해당작용

포도당이 분해되어 에너지를 생성하는 첫 번째 과정을 해당작용glycolysis이라고 한다. 해당작용을 통해 6탄당인 포도당이 탄소 3개를 가진 피루브산pyruvic acid 두 분자로 분해된다. 이 과정은 세포질에서 일어나며, 에너지는 필요하나 산소는 필요하지 않은 혐기성 반응이다. 이 과정은 가역적인 과정으로 세포의 필요에 따라 다시 두 분자의 피루브산이 포도당으로 될 수도 있다. 해당작용에 의해 최종적으로 두 분자의 피루브산과 두 분자의 ATP, 두 분자의 NADH가 생성된다 그림 4-6.

$$1\ \text{포도당} + 2\ \text{NAD} + 2\ \text{ADP} \longrightarrow 2\ \text{피루브산} + 2\ \text{NADH} + 2\ \text{ATP}$$

이 과정에서 생성된 NADH는 전자전달계로 들어가 2.5 ATP를 만든다. 그러나 세포질에서 생성된 NADH는 미토콘드리아의 전자전달계로 들어가는 경로의 차이에 따라 2.5 ATP 또는 1.5 ATP를 생성하므로 해당작용에 의해 생성된 두 분자의

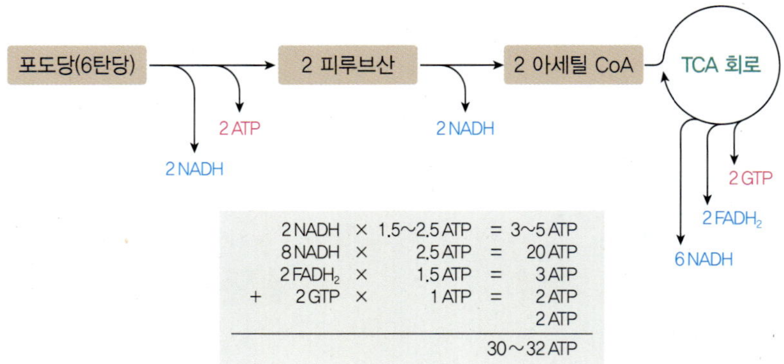

그림 4-6 포도당 한 분자가 생성하는 ATP

NADH로부터 3~5 ATP가 생성된다. 따라서 산소가 충분한 경우 포도당은 해당작용을 거쳐 5~7개의 ATP를 생성하게 된다.

해당작용에 의해 생성된 피루브산의 대사 방향은 산소 공급 유무에 따라 달라진다. 빨리 달리기와 같이 체내에서 에너지가 급하게 필요한 경우, 즉 산소가 없는 혐기성 상태에서 피루브산은 젖산으로 전환된다. 이 경로로 포도당은 에너지를 빠르게 만들어 낼 수 있지만 이 경로는 오래 지속되지 않는다. 그러나 오래 달리기를 할 때와 같이 에너지를 천천히 소비할 경우에는 피루브산은 호기성 상태에서 아세틸 CoA로 분해된다. 이 호기성 경로는 에너지를 천천히 만들지만 장시간 지속 가능하기 때문에 이 경로를 거쳐 만들어지는 총 에너지는 더 많다.

(2) TCA 회로와 전자전달계

해당작용에 의해 생성된 피루브산은 호기성 상태에서 미토콘드리아로 가서 일련의 반응을 거쳐 아세틸 CoA로 분해되는데 이 과정은 비가역적이다. 인체에는 CO_2의 탄소로 다시 피루브산을 만들어 포도당을 만들 수 있는 효소가 없다. 3개의 탄소를 가진 피루브산이 탄소 하나를 떼어내고 아세틸 CoA가 되는데 이때 티아민이 조효소(TPP)로 필요하며 2개의 NADH가 생성된다.

$$2\ \text{피루브산} + 2\ NAD + 2\ CoA \longrightarrow 2\ \text{아세틸}\ CoA + 2\ NADH + 2\ CO_2$$

세포가 에너지 필요 시 아세틸 CoA는 TCA 회로tricarboxylic acid cycle로 들어가 대사된다 그림 4-5. TCA 회로는 미토콘드리아 안쪽에서 일어난다. 아세틸 CoA는 TCA 회로로 들어가 첫 단계에서 옥살로아세트산와 결합하여 CoA는 떨어져 나가고 탄소 6개를 가진 시트르산citric acid(구연산)이 된다. 이 반응을 시작으로 일련의 반응을 거치면서 TCA 회로를 진행한다. 시트르산은 TCA 회로 1회전 동안 세 분자의 NADH, 한 분자의 $FADH_2$, 한 분자의 GTP, 두 분자의 CO_2를 생성하고 마지막으로 옥살로아세트산이 재생산되어 다시 새로운 아세틸 CoA와 결합하여 TCA 회로가 반복된다.

TCA 회로에 의해 생성된 NADH, $FADH_2$, GTP는 전자전달계로 들어가 ATP를 생성한다. 이들은 한 분자당 각각 2.5개, 1.5개, 1개의 ATP가 생성되므로 TCA 회로 1회전을 통해 총 10개의 ATP가 생성된다. 포도당 한 분자는 2개의 아세틸 CoA를 생성하므로 TCA 회로 2회전을 통해 20개의 ATP가 생성된다. 이와 같이 포도당 한 분자는 해당작용, TCA 회로, 전자전달계를 거쳐 총 30~32개의 ATP를 생성한다 그림 4-6.

전자전달계
전자전달계는 해당작용이나 TCA 회로에서 이탈된 전자와 수소가 NADH와 $FADH_2$의 형태로 전자전달효소에 의해 산화·환원과정을 거치면서 ATP가 생성되는 과정이다. 이 과정은 산소 공급이 충분할 때 미토콘드리아에서 일어난다.

$$1\ \text{포도당} + 6\ O_2 \longrightarrow 6\ CO_2 + 6\ H_2O + 30\sim32\ ATP$$

2) 글리코겐 합성과 분해

식사 후 혈당이 높아지면 인슐린이 분비되어 혈액의 포도당을 세포로 이동시켜 에너지 생성에 사용되도록 유도한다. 에너지를 생성하고 남은 포도당은 간 또는 근육에서 글리코겐으로 합성되어 저장된다. 건강한 성인은 간 무게의 4~6%인 약 100 g, 근육 무게의 1% 이하인 약 350 g의 글리코겐을 저장한다. 식사 직후에는 간의 글리코겐 저장량이 간 무게의 6% 정도까지 이르기도 하나 12~18시간 금식 후에는 간의 글리코겐이 모두 혈당으로 소모되어 거의 남아 있지 않게 된다.

굶어서 혈당이 감소하거나 산소가 부족한 혐기성 상태에서 격심한 운동을 하는 경우 간과 근육에 저장되어 있던 글리코겐이 포도당으로 분해된다. 간 글리코겐은 분해되어 혈중에 방출됨으로써 혈당을 보충한다. 그러나 근육의 글리코겐은 포도당으로 전환되지 못하므로 혈당으로 이용되지 못하고 해당작용을 거쳐 근육활동에 필요한 에너지원으로만 이용된다. 간과 근육의 글리코겐 분해는 혈당 상승을 유도하는 호르몬인 글루카곤, 에피네프린, 노르에피네프린에 의해 촉진된다.

3) 포도당 신생합성

체내 탄수화물이 부족한 경우 당 이외의 물질인 피루브산, 젖산, 아미노산, 글리세롤 등을 이용하여 필요한 포도당을 합성하는 과정을 포도당 신생합성gluconeogenesis이라고 한다. 적혈구와 뇌는 에너지원으로 주로 포도당만을 사용하기 때문에 혈당 유지는 매우 중요하다. 혈당이 저하되면 간의 글리코겐이 분해되거나 포도당 신생합성이 일어나 혈당을 높인다. 포도당 신생합성은 기본적으로 해당작용의 역반응이나 몇 군데 비가역적 반응에서는 우회하여 일어난다 그림 4-7. 근육이나 적혈구 등에서 만들어진 피루브산은 코리회로cori cycle와 알라닌회로alanine cycle를 통해 간으로 가서 포도당 신생합성에 이용된다.

4) 체지방 합성

인체는 사용하고 남은 포도당을 간과 근육에 글리코겐으로 저장할 수 있으나 그 양은 극히 제한적이다. 글리코겐으로 저장하고 남은 여분의 포도당은 지방으로 전환되어 체내에 저장된다. 여분의 포도당은 피루브산을 거쳐 아세틸 CoA가 된 후 지방산으로 전환될 수 있으며, 또한 해당작용 중간 경로를 통해 글리세롤을 합성한다. 이렇게 생성된 지방산 3분자와 글리세롤 1분자가 결합하여 중성지방을 합성한 후 지방조직에 저장된다.

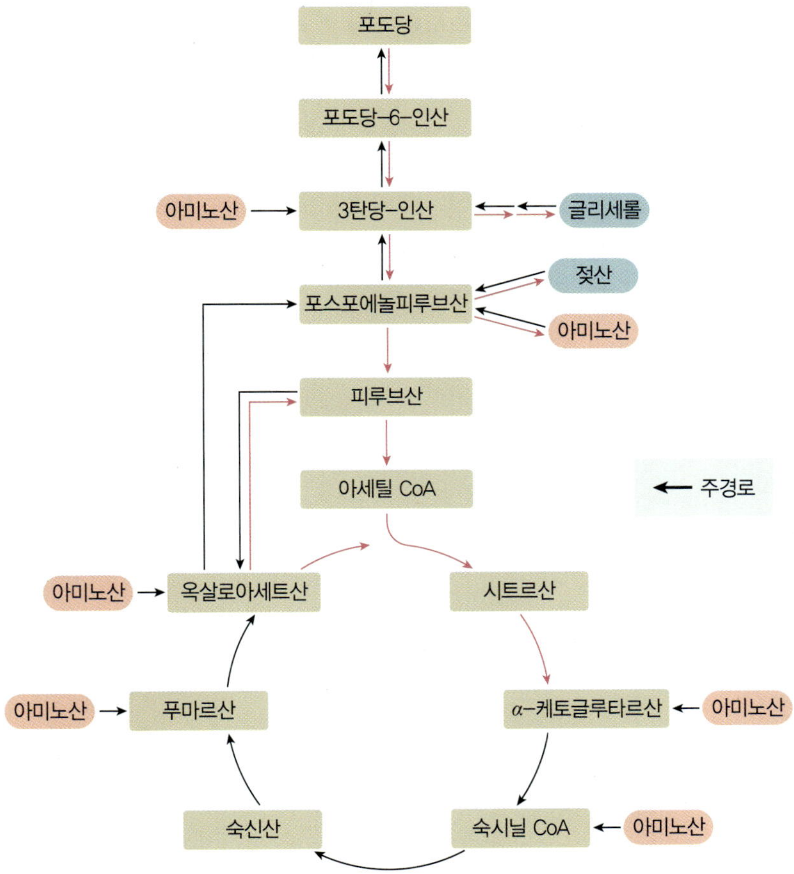

그림 4-7 포도당 신생합성

5) 혈당 조절

정상 상태에서 사람의 공복 시 혈당 농도는 혈액 100 mL당 70~110 mg의 좁은 범위 내에서 조절된다. 인슐린과 글루카곤 외에도 에피네프린, 노르에피네프린, 코르티솔, 성장호르몬 등이 혈당 조절에 관여한다 표 4-2. 만약 이들 호르몬의 균형이 유지되지 못하면 혈당 조절이 잘 안 된다. 간은 췌장과 협력하여 혈당을 조절한다 그림 4-8.

알아두기

코리회로와 알라닌회로

코리회로(젖산회로)는 해당작용에 의해 생성된 피루브산이 젖산이 되어 간으로 이동해서 다시 피루브산으로 전환되어 포도당 합성에 쓰이는 과정이다. 알라닌회로는 피루브산이 아미노산 대사에서 나온 아미노기와 결합하여 알라닌을 만들어 간으로 가서 다시 피루브산으로 전환되어 포도당 합성에 쓰이는 과정이다.

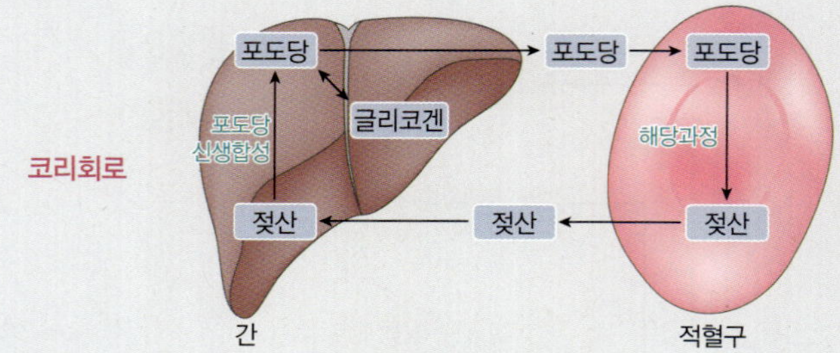

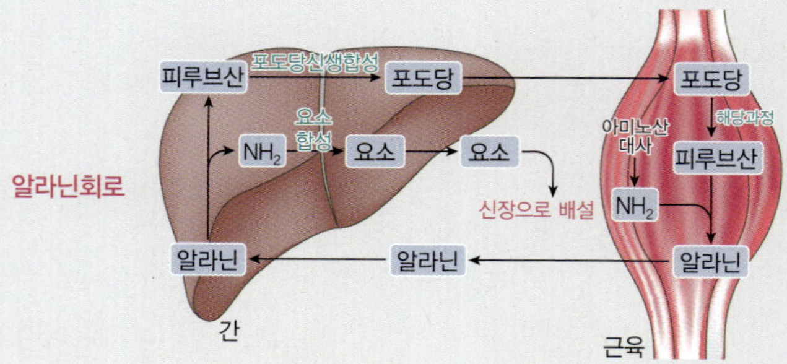

표 4-2 혈당 조절에 관여하는 호르몬의 작용

호르몬	작용기관	작용	혈당
인슐린	간, 근육, 지방조직	• 근육과 지방조직 내로 포도당 유입 • 글리코겐 합성 증가 • 포도당 신생합성 억제	감소
글루카곤	간	• 간의 글리코겐 분해 촉진 • 포도당 신생합성 증가	증가
에피네프린, 노르에피네프린	간, 근육	• 간의 글리코겐 분해 촉진 • 포도당 신생합성 증가	증가
코르티솔	간, 근육	• 포도당 신생합성 증가 • 조직의 포도당 사용 억제	증가
성장호르몬	간, 근육, 지방조직	• 근육의 포도당 유입 억제 • 지방 이용 증가 • 간에서의 포도당 배출 증가	증가

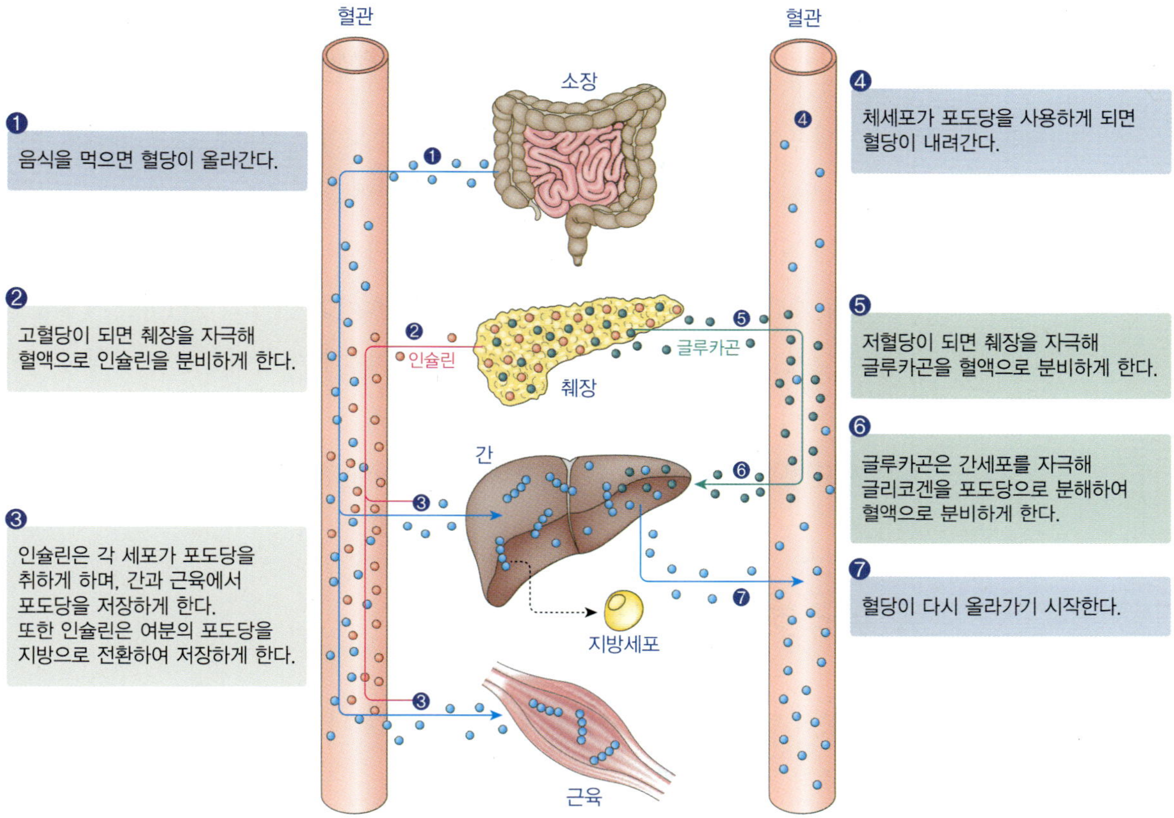

그림 4-8 혈당 조절기전

자료: Whitney E., Rolfes S.R., 2013

(1) 고혈당 시

식사 동안이나 식사 직후처럼 혈당이 높아지면 췌장은 인슐린을 분비한다. 인슐린은 간에서 포도당을 글리코겐으로 저장하게 하고, 근육, 지방세포, 기타 세포들이 혈액으로부터 포도당을 취해 혈액 내 포도당을 제거하게 한다. 인슐린의 이러한 작용으로 높아졌던 혈당이 정상범위를 유지하게 된다. 이와 같이 정상인의 혈당은 식사 후 1~2시간 내에 정상범위로 되돌아온다. 혈당이 170~180 mg/dL 이상이 되는 고혈당 시 소변으로 포도당이 배설되기 시작하고 공복감과 갈증을 느끼게 되며, 이 상태가 오래 지속되면 체중이 감소하게 된다.

(2) 저혈당 시

혈당이 공복 시 혈당보다 낮아지면 췌장은 글루카곤을 분비하여 간의 글리코겐을 포도당으로 분해하여 혈액으로 내보냄으로써 낮아진 혈당을 정상 범위로 유지시킨다. 스트레스를 받는 동안에는 또 다른 기전에 의해 혈당이 증가된다. 부신과 여러 신경 말단에서 에피네프린과 관련 물질을 다량 분비하여 간의 글리코겐을 포도당으로 재빨리 분해하게 한다. 혈당이 40~50 mg/dL 이하로 떨어지는 저혈당 시 뇌와 신경세포의 에너지 공급이 제대로 이루어지지 않아 두뇌활동이 급격히 저하되고, 신경이 예민해지며 불안정해지고, 전신무력감, 공복감, 두통 등의 증상이 나타나며, 심하면 혼수상태를 일으키고 경련이 일어나 결국 사망하게 된다.

4. 탄수화물의 기능

대부분의 탄수화물은 체내에서 포도당으로 전환되어 이용되므로 탄수화물의 기능은 대부분 포도당의 기능을 뜻한다.

1) 에너지 공급

포도당의 주 기능은 인체가 사용할 에너지를 공급하는 것이다. 포도당 1 g은 체내에서 산화하여 4 kcal의 에너지를 낸다. 우리는 하루 섭취하는 에너지의 55~65%를 탄수화물로부터 얻는다. 조직 중에 적혈구와 중추신경계는 포도당만을 에너지원으로 사용한다. 만약 식사에 탄수화물이 거의 없거나 혈당이 높아도 인슐린이 부족하여 조직세포에서 당을 이용하지 못해 지방을 주 에너지로 사용할 때 뇌는 지방의 부분적 분해산물인 케톤체keton body를 에너지원으로 사용한다. 근육조직 등 그 외의 조직들은 에너지원으로 포도당뿐 아니라 지방과 단백질을 사용할 수 있다. 포도당 섭취가 많으면 간과 근육에 글리코겐으로 저장되고, 남은 포도당은 지방으로

케톤체
케톤체는 지방이 불완전 산화하여 생성된 아세톤, 아세토아세트산, β-히드록시뷰티르산를 말한다.

알아두기

아침식사의 중요성

저녁식사 이후 아침식사까지의 긴 공백기 동안 혈중 포도당 농도를 일정하게 유지하기 위해 간에 저장되어 있는 글리코겐이 분해되어 혈액으로 포도당을 공급하지만 아침이 되면 거의 고갈된다. 아침식사를 하지 않으면 혈당이 낮아져, 특히 뇌의 에너지 공급이 원활하지 않고, 오전 신체활동에도 지장을 초래한다. 또한 아침식사를 거르면 군것질이 늘고, 점심과 저녁에 폭식 또는 과식할 가능성이 크며, 따라서 비만해질 가능성이 커진다. 아침식사를 맛있게 하려면 전날 잠자기 3시간 전에는 음식을 먹지 않아야 한다. 전날 밤에 먹은 음식이 소화되지 못한 채 장에 가득 남아 있으면 아침에 식욕이 떨어진다.

전환되어 지방조직에 저장된다. 따라서 탄수화물을 많이 섭취하면 비만해진다.

2) 단백질 절약

탄수화물을 충분히 섭취하면 단백질이 에너지원으로 사용되지 않고 신체조직 구성, 면역기능 등의 단백질 고유기능에 사용되는데 이를 단백질 절약작용이라고 한다. 그러나 탄수화물을 충분히 섭취하지 않으면 단백질이 에너지원으로 이용되고, 뇌와 적혈구 등의 에너지 공급을 위해 포도당 신생합성에 이용되므로 그림 4-7 단백질의 다른 주요 기능을 할 수 있는 세포 내 아미노산 풀amino acid pool이 고갈된다. 따라서 장기간 굶으면 여러 중요 장기들의 단백질이 소모되므로 체내 시스템이 약해지고 기능이 저하되며, 결국에는 완전히 제 기능을 못하게 된다. 단백질의 절약작용이 탄수화물의 필수기능은 아니지만 저열량식사나 기아 상태에서는 중요하다.

3) 케톤증 예방

탄수화물을 충분히 섭취하지 않으면 단백질의 소모뿐 아니라 지방대사도 비효율적으로 일어난다. 적당량의 탄수화물이 없으면 지방은 완전 산화되지 못하고 대신에 케톤체를 만들게 되며, 이 케톤체가 혈액과 조직에 축적되는데 이를 케톤증(케토시스ketosis)이라고 한다. 지방이 분해되어 생성된 아세틸 CoA가 TCA 회로로 들어가 완전 산화되기 위해서는 옥살로아세트산이 필요하다. 그런데 탄수화물 섭취가 불충분하면 포도당으로부터 생성되는 옥살로아세트산이 부족하여 아세틸 CoA는 TCA 회로로 원활하게 들어가지 못한다. 대신에 간으로 가서 불완전 산화되며, 이 과정에서 케톤체가 생성된다. 뇌, 심장, 신장 등 일부 조직들은 에너지원으로 케톤체를 사용함으로써 체내 단백질 손실을 줄여준다. 특히 뇌조직은 케톤체를 에너지원으로 사용할 수 있어 뇌의 주 에너지원인 포도당을 합성하기 위해 체내 단백질을 분해하는 것을 줄여 줄 수 있다. 그러나 케톤증이 1~2주 지속되면 뇌손상을 초래할 수 있다. 또한 케톤체가 과량 생성되면 혈액을 산성화시켜 인체의 정상적인 산·염기 균형을 깨뜨려 호흡곤란, 대사이상 등 여러 건강문제가 야기되므로 케톤증이 일어나지 않도록 해야 한다. 케톤증을 예방하기 위해서는 하루 최소한 50~100 g의 탄수화물을 섭취해야 한다. 밥 한 공기에는 약 65 g의 탄수화물이 있으므로 하루에 적어도 밥 한 공기를 먹되, 가능하면 한 끼에 먹기보다는 두세 끼로 나누어 먹는 것이 좋다.

4) 식이섬유 제공

식이섬유는 체내에서 분해되지 않은 채 배설되므로 과거에는 영양소로 분류되지 않았지만 최근에는 건강과 관련한 다양한 기능이 알려지면서 영양소로서 인정받고 있다. 식이섬유는 불용성 식이섬유와 수용성 식이섬유로 분류되며표 4-1 각각 체내에서의 기능이 다르다.

불용성 식이섬유는 물을 보유하는 능력이 있고, 장내 미생물에 의해 쉽게 분해되지 않아 그대로 배설되므로 변을 부드럽게 해주고 배변량을 증가시키며, 변이 장에 머무는 시간을 단축시켜 변비를 예방하고 대장암 발병 위험을 감소시킨다. 수용성 식이섬유는 만복감을 주어 비만 예방에 도움이 되고, 포도당 흡수를 지연시켜 혈당의 급격한 상승을 막아 주므로 당뇨병 환자에게 좋다. 또한 수용성 식이섬유는 담즙산과 결합하여 대변으로 배설되므로 결국 혈청 콜레스테롤을 낮추는 효과를 나타내어 고지혈증이나 심혈관계질환의 발생을 줄일 수 있다.

5) 단맛 제공

모든 단당류와 이당류는 천연감미료로서 음식에 단맛을 제공한다. 단맛의 정도는 당류의 종류에 따라 다르다. 설탕의 당도는 다른 감미료의 기준이 된다. 설탕의 단맛(1.0)을 기준으로 과당 1.7, 전화당 1.3, 포도당 0.7, 맥아당 0.4, 유당 0.2 정도의 단맛을 가진다.

당류는 천연감미료로서 음식의 조리뿐 아니라 식품 가공에 널리 사용되고 있다. 설탕이나 고과당콘시럽high fructose corn syrup 외에 황설탕, 꿀, 단풍시럽, 기타 당류 등이 식품에 이용되는 감미료이다. 인공감미료는 산업적으로 제조된 물질로 단맛이 강하고 에너지를 제공하지 않는 감미료로서 사카린, 아스파탐, 스테비아, 슈크랄로오스 등이 있다.

5. 탄수화물의 섭취실태와 섭취기준

1) 섭취실태

한국인의 탄수화물 섭취량은 1970년 1인당 평균 423 g에서 1998년 314.1 g으로 감소한 후 17년 동안 비슷한 수준을 유지하다가 2017년 293.0 g, 2019년 274.6 g으로 지속적으로 감소하고 있다. 탄수화물에 의한 에너지비율 역시 매년 조금씩 감소하여 1970년 80.8%이었던 것이 1998년 67.2%, 2019년 60.8%로 감소하였다. 반면에 당류의 섭취는 매년 증가하여 1985년 1인당 평균 35.5 g이었으나 2012년에는 65.3 g으로 1.5배 이상 증가하였다가 2017년부터 조금씩 감소하여 2019년에는 62.4 g이었다(2019 국민건강통계).

2) 섭취기준

(1) 탄수화물

탄수화물의 섭취기준은 '2020 한국인 영양소 섭취기준'에서 처음 제정되어 1세 이후 모든 연령층의 권장섭취량은 130 g/일이다. 또한 1세 이후 전 연령층에서 탄수화물에 의한 에너지적정비율은 1일 에너지 섭취량의 55~65%이다(2020 한국인 영양소 섭취기준). 하루 2,000 kcal가 필요한 경우 탄수화물 275~325 g(1,100~1,300 kcal)을 섭취하면 되며, 전곡 위주로 섭취하는 것이 좋다.

(2) 총 당류

천연당
천연당은 식품 내 자연적으로 존재하는 당이다.

첨가당
첨가당은 식품의 가공과정이나 조리 시에 첨가하는 당으로서 설탕, 액상과당, 물엿, 당밀, 꿀, 시럽, 농축과일주스 등이 있다.

총 당류란 식품에 존재하거나 식품의 조리 또는 가공 중 첨가한 단당류와 이당류를 합한 값이다. 한국인 영양소 섭취기준(2020년)에서는 총당류 섭취기준을 총 에너지 섭취의 10~20%로 정하였다. 이는 총당류는 에너지의 20% 이하로 섭취하되 과일, 채소, 우유 등 식품에 들어 있는 천연당을 에너지의 10% 이상으로 섭취하는 것이며, 첨가당은 에너지의 10% 이내로 섭취하도록 권장하고 있다.

(3) 식이섬유

19~64세의 식이섬유 충분섭취량은 남자 30 g/일, 여자 20 g/일이다. 60 g/일 이상의 식이섬유를 섭취하는 것은 건강상 오히려 위험하다.

알아두기

당의 과다 섭취

당의 과다 섭취로 인한 주요 문제는 '빈 열량(empty calorie)'을 제공한다는 것과 충치 유발이다. 당 섭취가 많으면 식사의 질이 떨어진다. 단 빵이나 단 음료 등 단 음식을 많이 먹으면 상대적으로 과일과 채소와 같은 영양밀도가 높은 식품의 섭취가 줄어들고 상대적으로 빈 열량을 과다 섭취할 위험성이 높아진다. 성장기에 있는 어린이와 청소년의 경우 당의 과다 섭취는 결과적으로 체중 증가와 더불어 성장에 나쁜 영향을 미치게 된다.

6. 탄수화물과 식이섬유의 급원식품

탄수화물의 대부분은 식물성 급원으로부터 공급된다. 쌀, 보리, 밀 등의 곡류와 감자, 고구마 등의 서류는 탄수화물의 주요 급원이다 그림 4-9. 곡류는 전체 에너지의

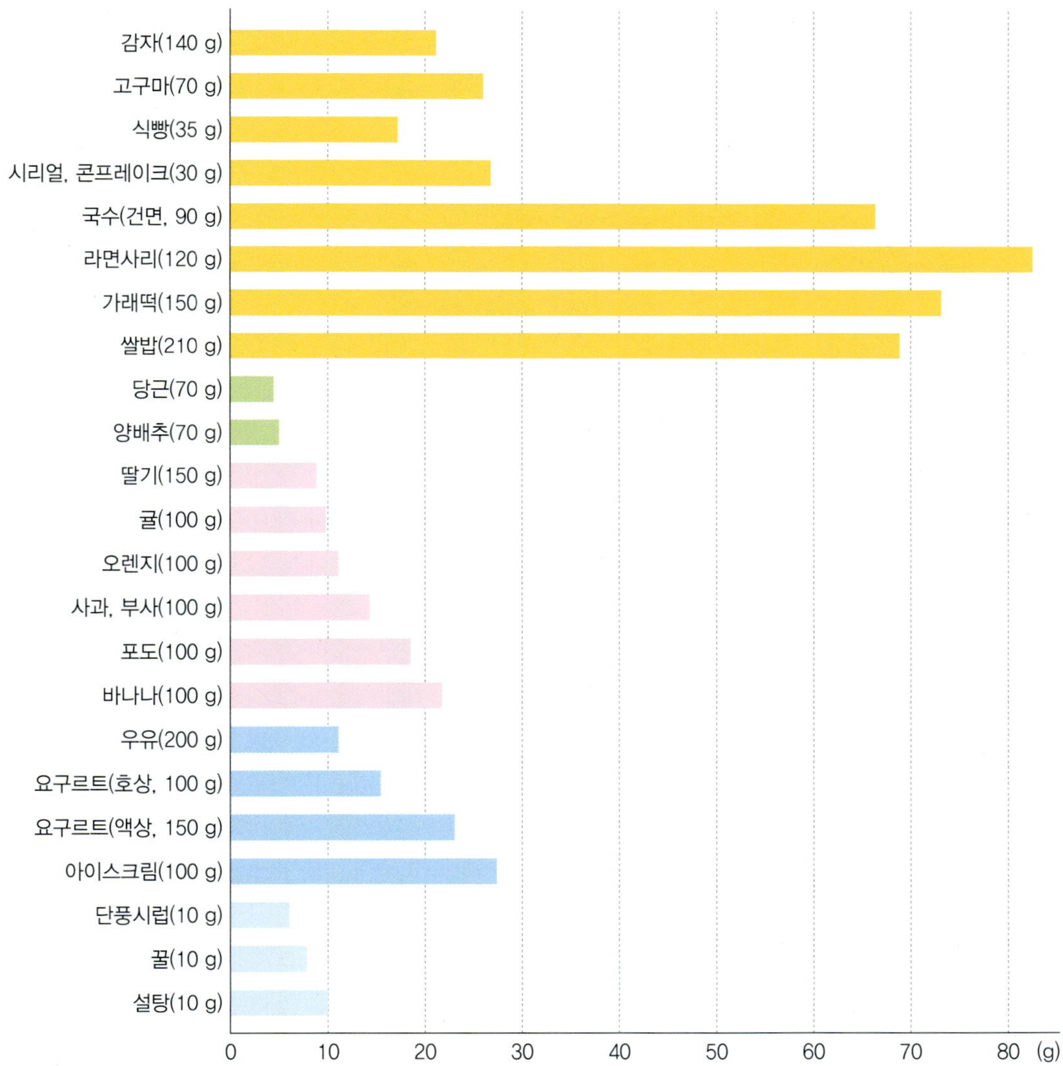

그림 4-9 1인 1회 분량당 탄수화물 함량

75%가 탄수화물에 의한 것이다. 과일과 우유에도 상당량의 탄수화물이 함유되어 있다. 설탕, 꿀, 시럽 등은 탄수화물 함량이 매우 높은 식품으로 체중관리와 비만 예방을 위해 이들 당류의 섭취는 줄이고 다당류 섭취를 늘리는 것이 좋다.

식이섬유는 전곡류, 콩류, 채소류, 과일류, 해조류에 많이 함유되어 있고, 육류나 유제품 등 동물성식품에는 거의 없다 **그림 4-10**.

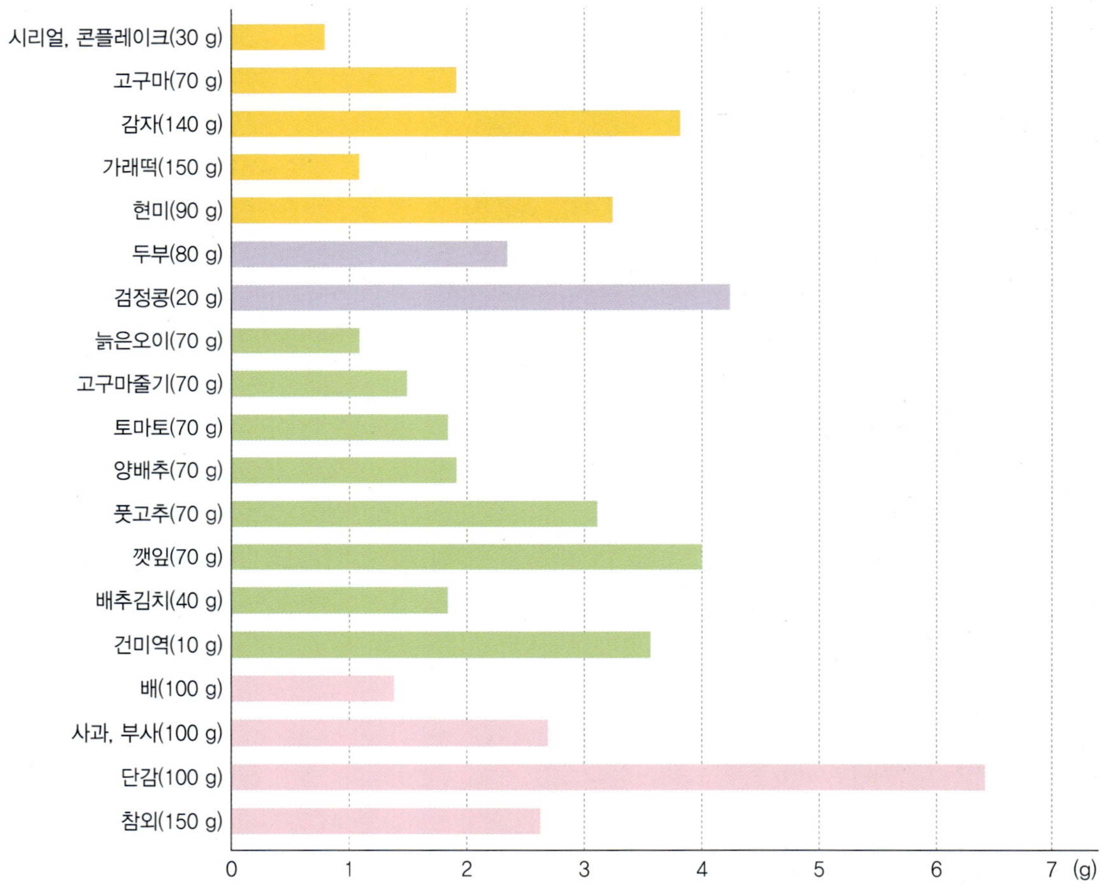

그림 4-10 1인 1회 분량당 식이섬유 함량

7. 탄수화물과 건강

1) 당뇨병

인슐린이 부족하거나 효율적으로 이용되지 못하여 혈액의 포도당이 세포 내로 이동되지 못하면 고혈당증이 나타난다. 혈당이 170~180 mg/dL 이상이면 신장에서 처리할 수 있는 한계를 넘기 때문에 포도당이 소변으로 배설되는데 이것이 당뇨병이다. 당뇨병 환자는 식사를 해도 세포는 혈액의 포도당을 잘 이용하지 못하며, 이 경우 세포는 체지방과 근육단백질을 분해하여 에너지원으로 이용하기 때문에 결국 체중이 줄고, 케톤증을 유발하게 되어 혼수상태에 빠지기도 한다. 당뇨병으로 고혈당증이 오래 지속되면 과잉의 포도당으로 인해 혈관에 이상이 생겨 발과 다리 등의 말단혈관질환이나 시력 약화, 실명, 신장질환 등의 합병증이 초래된다.

과체중이나 비만은 당뇨병의 원인이 되며, 당의 과다 섭취는 결국 과체중이나 비만을 초래하므로 당뇨병을 유발할 수 있다. 따라서 당뇨병 환자는 혈당을 조절하기 위해 탄수화물 섭취량을 에너지적정비율인 55~65%가 되도록 하고 당류보다는 전곡류나 식이섬유와 같은 다당류 형태로 섭취해야 한다. 식이섬유는 포도당의 흡수를 지연시켜 혈당이 급격히 증가되는 것을 방지하는 기능이 있으므로 당뇨병 예방과 치료에 필수적이다. 따라서 당뇨환자에게 하루 25~35 g의 식이섬유 섭취를 권장하고 있다.

알아두기

제1형 당뇨병과 제2형 당뇨병

당뇨병은 제1형 당뇨병(인슐린 의존성)과 제2형 당뇨병(인슐린 비의존성)의 두 가지 유형이 있다. 제1형 당뇨병은 인슐린이 합성되지 못하므로 반드시 인슐린을 투여해야 하며, 주로 아동기에 발병하므로 소아당뇨라고도 한다. 제2형 당뇨병은 인슐린에 대한 저항성이 증가하여 인슐린이 분비됨에도 불구하고 세포 내로 포도당이 효율적으로 이동되지 못하여 혈당이 높아지는 인슐린 비의존성 당뇨이다. 당뇨환자의 90~95%가 이 유형에 해당되며, 주로 성인기에 나타난다. 당뇨병 발병의 위험 요인은 가족력, 비만, 신체 활동 부족 등이며, 증세가 심하지 않으면 식사요법으로 관리가 가능하다.

2) 유당 소화불량과 유당불내증

유당 소화불량은 유아기 이후 3~5세 무렵에 종종 나타나기 시작하는 정상적인 생리현상으로 유당을 많이 먹었을 때 복통, 가스, 설사의 증상을 나타낸다. 비록 각 개인은 유당 소화불량의 이러한 증상을 잘 인식하지 못하고 있으나, 세계 인구의 약 75%에서 유당 소화불량이 나타나는 것으로 추정된다.

유당 섭취 후 증상이 분명하게 나타날 때 유당불내증lactose intolerance이라고 한다. 유당불내증은 유당 분해효소가 부족하거나 활성이 저하되었을 때 소장에서 분해되지 못한 유당이 대장으로 이동되어 대장의 세균에 의해 발효되어 다량의 유기산과 가스를 생성하게 되며, 이로 인해 복부팽만과 장경련, 복통이 생기고, 유당이 삼투압을 높여 수분을 대장으로 끌어들임으로써 설사를 유발하게 된다.

유당 함유식품을 다른 식품과 함께 먹으면 유당불내증이 완화될 수 있다. 치즈나 요구르트와 같은 유당이 발효된 식품을 섭취하는 것도 좋다. 또한 요구르트의 활성화된 세균 환경이 유당을 소화시키는 데 도움을 준다. 저유당 우유와 락타아제 알약과 같은 제품 역시 유당 소화불량인 사람들에게 도움이 된다.

3) 충치

입안의 음식찌꺼기, 특히 설탕이 많이 함유된 단 음식은 충치를 유발한다. 당과 다른 탄수화물은 입에서 세균에 의해 산으로 대사되고, 이 산이 치아 에나멜층과 기초 구조를 부식시켜 충치가 생긴다. 세균은 또한 당을 사용하여 점성이 있는 치석을 만드는데 이것으로 인해 산을 생성하는 세균이 치아에 달라붙어 침의 산 중화작용을 약화시킨다.

충치를 예방하기 위해서는 음식을 섭취한 후 양치질을 하여 음식찌꺼기를 제거해야 한다. 간식을 선택할 때에도 단 음식의 섭취를 줄이고, 신선한 과일이나 채소를 섭취한다. 불소는 치아를 튼튼하게 하는 효과가 있다고 알려져 있으며, 치즈, 땅콩, 무설탕껌과 같은 일부 음식이 치아의 산 함량을 줄이는 데 도움이 된다. 또한 식사와 간식 섭취 후 입을 헹구는 것도 입의 산성화를 줄일 수 있다.

알아두기

충치 유발 식품 및 섭취 습관

점성이 강하고 탄성이 있는 단 음식이 충치를 가장 잘 유발한다. 이 식품들은 치아에 붙어 세균이 작용할 시간을 길게 해주기 때문이다. 과일주스와 같은 단 음료를 자주 마시거나 간식으로 단 음식을 규칙적으로 섭취하는 것도 충치를 유발할 가능성이 크다. 이는 세균에 지속적으로 탄수화물을 제공하여 치아가 계속 산의 상태에 노출되도록 하기 때문이다. 식사 사이에 단 껌을 씹는 것도 충치를 유발시키는 나쁜 습관의 대표적인 예이다. 과자나 빵과 같은 전분 함량이 높은 음식도 입에 장시간 있으면 입안의 효소에 의해 전분이 당으로 분해되며, 세균은 이 당으로부터 산을 만들게 된다. 당과 전분의 함량이 높고 그것들이 입에 남아 있는 시간이 길수록 충치 유발 가능성이 높아진다.

4) 게실병

식이섬유 섭취가 부족하면 변의 양이 줄고 변이 장내에 오래 머물게 되면서 수분이 제거되어 딱딱해진다. 배변 시 대장에 압력이 가해져 결장벽이 주변의 근육 밖으로 돌출되어 작은 주머니를 만들 수 있는데 이 주머니를 게실diverticula이라고 하고, 게실이 여러 개 있을 때를 게실증diverticulosis이라고 한다 그림 4-11. 배변 동안 너무 힘을 주면 항문 주위를 찢어 치질hemorrhoids이 발생할 수도 있다.

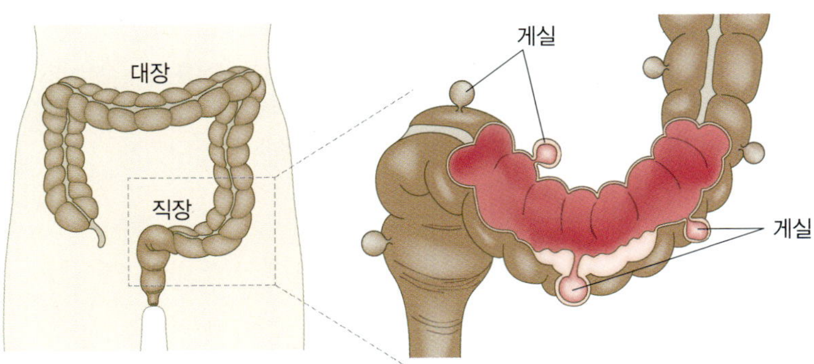

그림 4-11 대장 게실

게실증 환자의 약 80%는 자각증상을 느끼지 못한다. 그러나 만약 음식물찌꺼기가 게실에 채워지면 결국 염증을 유발하고 통증을 느끼게 되는데 이를 게실염 diverticulitis이라고 한다. 게실병은 게실증과 게실염을 통들어 말하는 질병이다. 이 질병의 정확한 원인은 아직 알려지지 않았지만 고령, 식사습관, 변비 등과 관련이 있을 것으로 추정된다. 게실증은 고지방과 저식이섬유 음식을 주로 섭취하는 서양인에게서 발생 빈도가 높으며, 동양인의 경우 발병된 경우가 비교적 드물었지만 최근 서구화된 식생활과 인구 고령화로 우리나라에서도 증가하는 추세이다.

게실병을 예방하기 위해서는 고식이섬유 식사가 도움이 된다. 식이섬유를 섭취하면 변통을 용이하게 하고 장내 유해한 세균의 활동을 억제하므로 염증의 위험을 줄일 수 있다. 게실염 상태에서는 염증이 치료될 때까지는 저식이섬유 식사를 해야 한다. 그러나 게실염은 치료된 뒤에도 환자의 20~30%에서 재발되므로 치료 후에는 지속적으로 고식이섬유 식사를 해야 한다. 과일, 채소 등 식이섬유가 많이 함유된 음식을 섭취하고, 지방과 육류의 섭취는 피하는 것이 좋다.

알아두기

고식이섬유 식사의 문제점

적절한 식이섬유의 섭취는 변비와 대장암 예방, 혈당 유지와 고콜레스테롤혈증 방지, 비만 예방 등의 이로운 효과를 나타낸다. 그러나 하루 60 g 이상의 고식이섬유 식사는 건강상의 문제를 유발할 수 있다. 고식이섬유 식사 시에는 특히 수분을 많이 섭취해야 하는데 만약 수분 섭취량이 적절하지 않으면 변이 아주 딱딱해져서 변을 볼 때 아플 수 있다. 더 심한 경우, 즉 고식이섬유 식사를 하면서 수분 섭취가 부족할 때에는 장이 막혀 수술을 해야 할 수도 있다.

또한 고식이섬유 식사로 영양소들의 흡수가 방해받을 수 있다. 식이섬유를 과다 섭취하면 아연과 철 등 일부 무기질의 흡수가 저해된다. 어린이의 경우 식이섬유를 과다하게 먹으면 에너지 요구량을 충족시킬 만큼의 식품을 섭취하기 전에 배가 불러 전체 에너지 섭취량이 감소하게 된다.

심화학습자료

혈당지수와 혈당부하도

혈당지수(glycemic index, GI)는 포도당이나 흰빵의 형태로 탄수화물을 섭취하였을 때의 혈당곡선의 면적을 기준으로 하여 특정 식품을 섭취한 후의 혈당곡선의 면적을 비교한 값이다. 즉 혈당지수는 기준식품(포도당이나 흰빵)과 비교하여 특정 식품이 나타내는 혈당 반응의 정도이다. 혈당지수는 전분 구조, 식이섬유의 유형과 양, 식품 가공, 물리적 구조, 식사 속의 다른 다량 영양소(지방 등)에 의해 영향을 받는다. 흰빵, 흰쌀, 으깬 감자, 꿀 등은 혈당지수가 높은 식품이다. 그러나 혈당지수는 실제 우리가 먹고 있는 양을 반영하지 못한다는 결점이 있다.

혈당부하도(glycemic load, GL)는 제공된 식품의 혈당지수에 그 식품에 들어 있는 탄수화물량(g)을 곱하고 이를 100으로 나누어(혈당지수가 퍼센트이므로) 계산한 값이다. 혈당부하도는 혈당지수에 평소 해당 식품을 얼마나 많이 먹느냐를 반영한 값이다. 혈당부하도는 혈당지수와 실제 섭취하는 식품량을 근거로 얻어지므로 어느 식품이 혈당에 얼마나 영향을 미치는지를 더 잘 반영한다.

$$\text{혈당부하도} = \frac{\text{혈당지수} \times \text{탄수화물량(g)}}{100}$$

당뇨병 환자는 식사에서 혈당부하도가 높은 식품의 섭취를 제한하고 혈당부하도가 낮은 식품으로 대체하여 먹는 것이 혈당 조절에 도움이 된다.

식품의 혈당지수(GI)와 혈당부하도(GL)

높은 GI 식품: 70 이상　　높은 GL 식품: 20 이상
중간 GI 식품: 55~70　　중간 GL 식품: 15~20
낮은 GI 식품: 55 미만　　낮은 GL 식품: 15 미만

식품	1인 1회 분량(g)	혈당지수	탄수화물 양(g)	혈당부하도
흰빵*	35	93	17.9	16.6
감자	140	90	20.5	18.4
가래떡	150	80	78.8	63.0
호박	70	75	2.45	1.84
수박	150	72	7.95	5.72
백미	90	70	73.7	51.6
아이스크림	100	61	24.4	14.9
초콜릿	10	60	6.14	3.68
바나나	100	58	21.1	12.2
현미	90	55	69.4	38.2
포도	100	43	14.1	6.06
토마토주스	100	38	3.1	1.18
사과	100	34	15.8	5.37
우유	200	31	9.4	2.91
복숭아	100	28	8.7	2.44
대두	20	15	4.77	0.72

*0.3회

단원정리

탄수화물의 분류

탄수화물은 단당류, 이당류, 올리고당류, 다당류로 분류한다. 단당류에는 포도당, 과당, 갈락토오스가 있다. 이당류는 두 개의 단당류가 글리코시드 결합에 의해 연결된 당으로 맥아당, 서당, 유당이 있으며 모두 포도당을 포함한다. 다당류는 보통 수천 개의 단당류로 결합된 탄수화물로서 전분, 글리코겐, 식이섬유가 있다.

탄수화물의 소화와 흡수

탄수화물은 주로 소장에서 아밀라아제와 이당류 분해효소에 의해 단당류로 소화된다. 포도당과 갈락토오스는 능동수송, 과당은 촉진확산에 의해 소장에서 흡수된다. 흡수된 단당류는 문맥을 통해 간으로 운반되며, 간에서 과당과 갈락토오스는 포도당으로 전환된다.

탄수화물의 대사

포도당은 해당작용, TCA 회로, 전자전달계를 거쳐 에너지를 발생하고, 이산화탄소와 물로 완전히 분해된다. 에너지를 생성하고 남은 포도당은 간과 근육에서 글리코겐으로 합성되어 저장된다. 글리코겐으로 저장하고 남은 여분의 포도당은 지방으로 전환되어 저장된다. 탄수화물을 충분히 섭취하지 않으면 당 이외의 물질인 피루브산, 젖산, 아미노산, 글리세롤 등을 이용하여 필요한 포도당을 합성하는 포도당 신생합성이 이루어진다.

탄수화물의 기능

탄수화물 1 g은 4 kcal의 에너지를 낸다. 탄수화물을 충분히 섭취하면 단백질이 에너지원으로 사용되지 않도록 단백질 절약작용을 한다. 지방의 완전산화를 위해서는 포도당이 필요하며, 부족하면 지방이 불완전산화하여 케톤증을 유발한다. 불용성 식이섬유는 변비를 예방하고 대장암 발병 위험을 감소시킨다. 수용성 식이섬유는 만복감을 주며 혈당의 급격한 상승을 막고 혈청 콜레스테롤을 낮춘다. 당류는 천연감미료로서 음식에 단맛을 제공한다.

탄수화물의 섭취기준

1세 이후 모든 연령층의 탄수화물 권장섭취량은 130 g/일이다. 탄수화물에 의한 에너지적정비율은 1일 에너지 섭취량의 55~65%이다. 총 당류 섭취기준은 총 에너지 섭취의 10~20%이며, 이는 총 당류는 에너지의 20% 이하로 섭취하되 천연당을 에너지의 10% 이상으로 섭취하는 것이다. 19~64세의 식이섬유 충분섭취량은 남자 30 g/일, 여자 20 g/일이다.

탄수화물의 급원식품

곡류와 서류는 탄수화물의 주요 급원이다. 과일과 우유에도 상당량의 탄수화물이 함유되어 있다.

탄수화물과 건강

탄수화물 대사와 관련된 대표적인 질병은 당뇨병이다. 유당불내증은 유당의 소화가 원활히 일어나지 못해 복통, 가스, 설사를 유발하는 증상이다. 탄수화물은 입에서 세균에 의해 산으로 대사되어 충치를 유발한다. 식이섬유 섭취가 부족하면 게실증과 치질을 유발할 수 있다.

CHECK UP 도착점!

1. 불용성 식이섬유의 기능으로 옳은 것은?
   ① 변비와 대장암을 예방한다.
   ② 혈당의 급격한 상승을 막는다.
   ③ 혈청 콜레스테롤을 저하시킨다.
   ④ 만복감을 주어 비만을 예방한다.

2. 다음 탄수화물의 구성성분이 바르게 연결된 것은?
   ① 전분 – 포도당과 과당
   ② 서당 – 포도당과 포도당
   ③ 맥아당 – 포도당과 과당
   ④ 유당 – 포도당과 갈락토오스

3. 탄수화물의 기능으로 옳지 않은 것은?
   ① 단백질의 절약작용을 한다.
   ② 체액의 삼투압을 유지한다.
   ③ 1 g은 4 kcal의 에너지를 낸다.
   ④ 지방의 완전산화를 도와 케톤증을 예방한다.

4. 식사 후 혈당이 증가하면 췌장에서는 무엇이 분비되는가?
   ① 인슐린 ② 글루카곤 ③ 아밀라아제 ④ 노르에피네프린

5. 성인의 탄수화물에 의한 에너지적정비율은?
   ① 25~40% ② 40~50% ③ 55~65% ④ 75~85%

6. 다음 설명은 포도당 대사 중 어느 대사에 대한 것인가?

   - 포도당이 분해되어 에너지를 내는 첫 번째 경로
   - 6탄당인 포도당이 탄소 3개를 가진 피루브산 두 개를 만드는 과정
   - 에너지는 필요하나 산소는 필요하지 않은 혐기성 반응

   ① 해당작용 ② TCA 회로 ③ 전자전달계 ④ 포도당 신생합성

7. 유당의 소화가 원활히 일어나지 못해 복통, 가스, 설사를 유발하는 증상은?
   ① 게실증 ② 케톤증 ③ 저혈당증 ④ 유당불내증

정답

1. ① 2. ④ 3. ② 4. ① 5. ③ 6. ① 7. ④

CHAPTER 5

지질

식품 내 지질은 음식에 부드러운 질감과 향미, 지용성 비타민을 제공하고, 탄수화물이나 단백질보다 오랫동안 포만감을 느끼게 한다. 지질의 섭취는 건강을 위해 필수적이며, 성인이 섭취하는 에너지 중 약 20%가 지질에서 공급된다. 체지방은 열손실을 방지하고 중요 장기를 보호하며 호르몬을 합성한다. 포화지방이 심혈관계질환의 위험을 높이고, 과다한 지방 섭취가 비만을 유발하는 등 건강에 해로운 측면도 있지만, 지질은 우리 몸과 식품에서 중요한 기능을 수행한다.

이 장에서는 지질의 종류, 소화와 흡수, 혈액에서의 운반, 대사, 기능, 섭취기준 및 급원식품에 대해 살펴본다.

학 / 습 / 목 / 표

1. 지질의 종류와 구조, 기능 및 급원식품을 설명할 수 있다.
2. 지질의 소화와 흡수 과정을 설명할 수 있다.
3. 지단백질의 종류와 기능 및 건강과의 관련성을 설명할 수 있다.

CHECK UP 출발점!

※다음 문제에 O, X로 답하시오.

1. 지질의 섭취는 건강의 필수요소이다.

2. 19세 이상 성인에 대한 지질의 에너지적정비율은 15~30%이다.

3. 섭취하는 지질의 종류에 따라 건강에 미치는 영향이 다르다.

4. 체내 콜레스테롤은 체내 합성량보다 식품으로 섭취하는 양이 더 많다.

5. 트랜스지방산은 혈중 콜레스테롤 수준을 낮춘다.

6. EPA와 DHA는 등푸른생선에 많이 함유되어 있다.

7. 동물성식품에는 포화지방산만 함유되어 있다.

8. 식물성식품에는 콜레스테롤이 없다.

9. 담즙은 담낭에서 소장으로 분비되어 지방을 분해한다.

10. 오메가-3 지방산은 혈액 응고 방지, 혈압 저하, 염증 억제 작용을 한다.

정답 및 해설

1. ○ 2. ○ 3. ○ 4. ×(체내 콜레스테롤은 식사로 섭취하는 양이 약 1/3, 체내에서 합성되는 양이 약 2/3로서, 섭취량보다는 합성량이 더 많다.) 5. ×(트랜스지방산은 혈중 콜레스테롤 수준을 높인다.) 6. ○ 7. ×(동물성식품에는 포화지방산이 주로 들어 있지만 불포화지방산도 소량 함유되어 있다. 마찬가지로 식물성식품에는 불포화지방산 함량이 높지만 포화지방산도 일부 함유하고 있다.) 8. ○ 9. ×(담즙은 담낭에서 소장으로 분비되어 리파아제가 잘 작용할 수 있도록 지방을 유화시킨다. 담즙은 지방을 분해할 수 있는 능력은 없다.) 10. ○

1. 지질의 분류

지질lipid은 굳기름fat과 기름oil을 총칭하는 용어이다. 실온에서 고체 상태인 지질은 굳기름으로, 액체 상태인 지질은 기름으로 부른다. 보통 지질을 지방과 같은 의미로 사용하나, 지질은 중성지방triglyceride을 비롯한 인지질phospholipid과 스테롤sterol 등을 모두 포함한 용어이므로 이 둘은 다르다. 지질은 탄소, 수소, 산소로 이루어져 있고 물에 용해되지 않으며 유기용매에 용해된다. 그림 5-1에는 지질의 분류를 나타내었다.

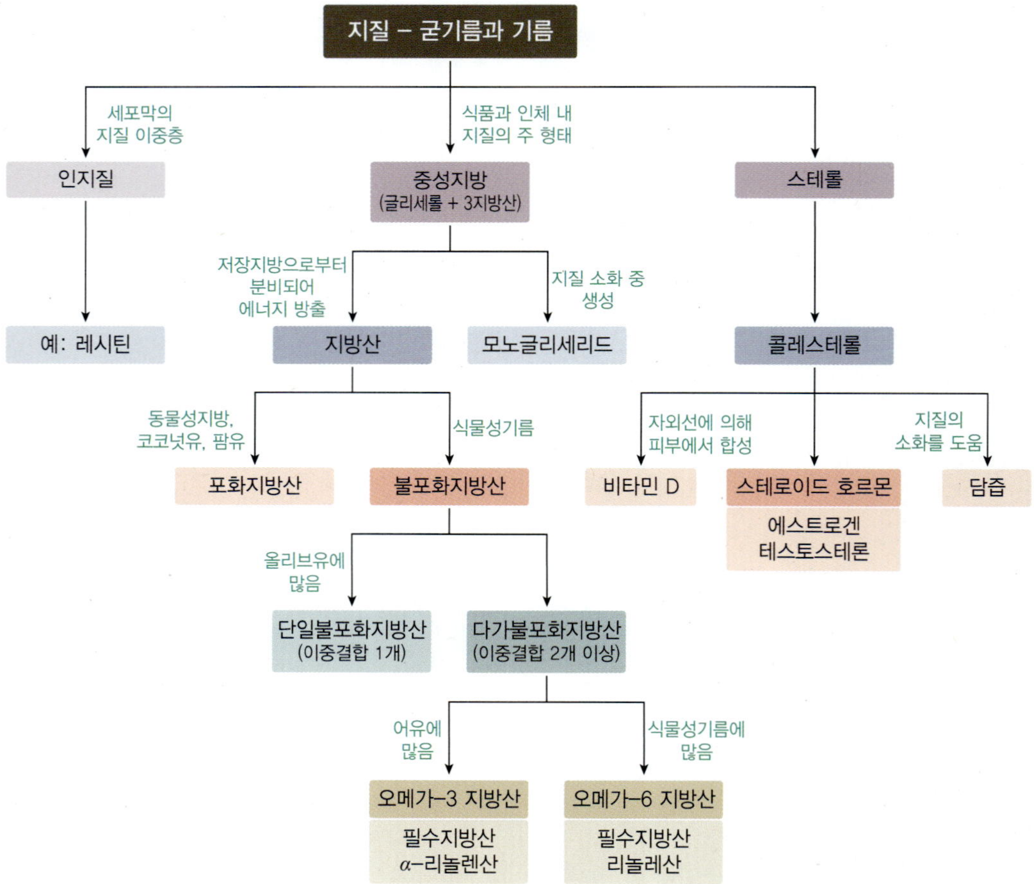

그림 5-1 지질의 분류

1) 지방산

(1) 구조

지방산fatty acid은 지질의 가장 간단한 형태이며, 중성지방과 인지질의 구성성분이다. 지방산은 탄소 사슬에 수소가 결합되어 있는 탄화수소 형태로서, 알파 말단은 카르복실기carboxyl group, -COOH로, 오메가 말단은 메틸기methyl group, $-CH_3$로 구성되어 있다 그림 5-2. 탄소번호는 카르복실기의 탄소를 1번으로 하여 메틸기의 탄소가 마지막 번호가 된다. 또는 카르복실기 옆의 탄소는 α 탄소(2번 탄소), 그 옆의 탄소는 β 탄

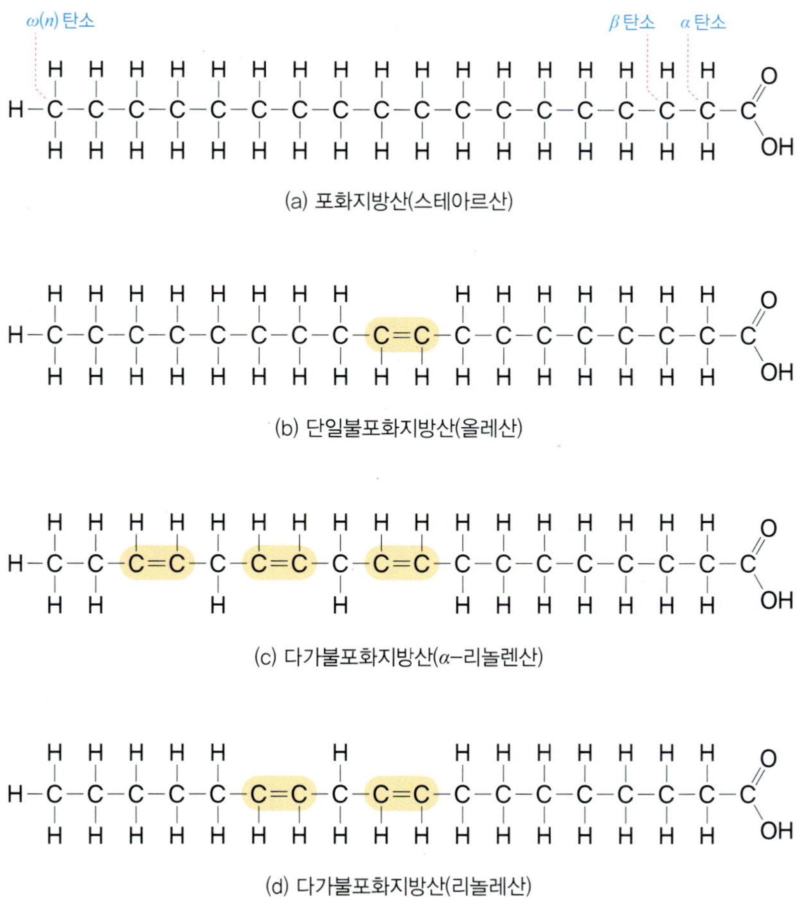

그림 5-2 포화지방산, 단일불포화지방산, 다가불포화지방산의 화학구조

소(3번 탄소)이며 메틸기의 마지막 탄소를 ω탄소 또는 n탄소로 표시한다.

(2) 탄소수

지방산 사슬은 4~24개의 탄소로 구성되어 있다. 탄소수가 많을수록 소수성이 커진다. 짧은사슬지방산short chain fatty acid, SCFA은 탄소 6개 미만의 지방산으로 버터 등 유제품에 많고 빨리 흡수되어 문맥을 통해 이동된다. 중간사슬지방산medium chain fatty acid, MCFA은 탄소 6~10개의 지방산으로 야자유와 팜유 등에 많고 포도당만큼 빨리 흡수되어 문맥을 통해 이동된다. 긴사슬지방산long chain fatty acid, LCFA은 탄소수 12개 이상의 지방산으로 쇠고기, 돼지고기 그리고 대부분의 식물성기름에 많고 소장세포에서 지단백질(킬로미크론)을 형성하여 림프를 통해 흡수된다.

(3) 포화도

지방산은 포화 또는 불포화 형태로 존재한다. 지방산의 탄소 사슬에서 탄소가 다른 탄소 및 수소와 모두 단일결합을 이루고 있을 때 포화지방산saturated fatty acid, SFA, S이라고 한다. 포화지방산은 구조적으로 안정하여 실온에서 고체 상태이다 그림 5-3. 쇠고기, 돼지고기 등 동물성지방은 대부분 포화지방산 함량이 높아 실온에서 고체 상태로 존재한다. 닭고기 지방은 쇠고기 지방보다 포화지방산 함량이 적어 실온에서 반고체 상태이다. 우유 속의 지방은 포화지방이 액체 안에 분산되어 부유되어 있는 형태이다.

지방산의 탄소 사슬에서 탄소가 다른 탄소와 이중결합을 이루고 있을 때, 이 사

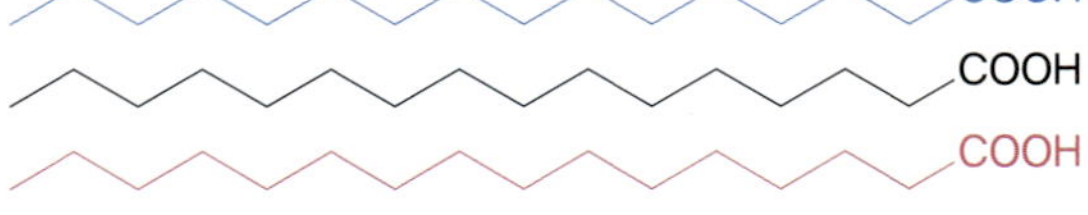

(a) 포화지방산

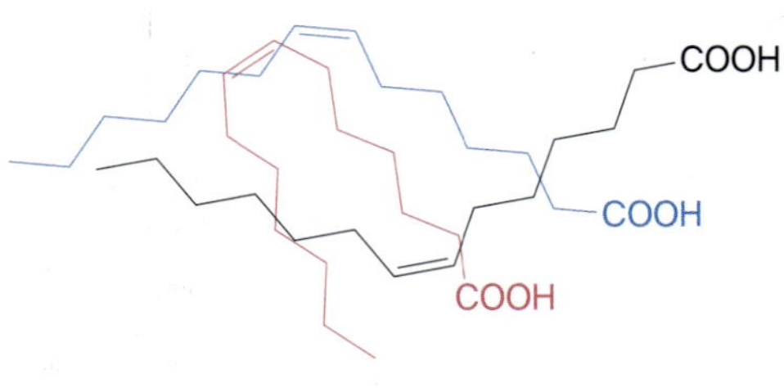

(b) 불포화지방산(시스형)

그림 5-3 포화지방산과 불포화지방산

슬을 불포화되었다고 한다. 이중결합을 한 개 가진 지방산은 단일불포화지방산 monounsaturated fatty acid, MUFA, M이라 하며, 카놀라유와 올리브유에 많이 들어 있다. 이중결합을 2개 이상 가지고 있는 지방산은 다가불포화지방산polyunsaturated fatty acid, PUFA, P이라 하며, 옥수수유, 콩기름, 해바라기씨유, 홍화씨유에 많이 함유되어 있다. 긴사슬지방산은 짧은사슬지방산에 비해 구조적으로 안정하여 실온에서 고체 상태로 있기 쉽다. 반면 다가불포화지방산 또는 단일불포화지방산 함량이 높은 지방은 대개 실온에서 액상이다. 인체와 식품의 지방산은 대부분 긴사슬로 이루어져 있다 그림 5-2.

(4) 불포화지방산의 형태

불포화지방산은 시스*cis*와 트랜스*trans* 형태가 있다. 자연식품에는 주로 시스 형태로 존재한다 그림 5-4. 시스형 지방산은 탄소와 탄소 사이 이중결합에서 같은 방향으로 수소를 가지고 있는 형태이다. 불포화지방산에 인공적으로 수소를 첨가하여 포화지방산으로 만드는 과정에서 일부 수소가 탄소-탄소 이중결합에서 서로 반대쪽에 위치하게 되는데, 이를 트랜스형 또는 트랜스지방산이라 부른다. 시스형은 지방

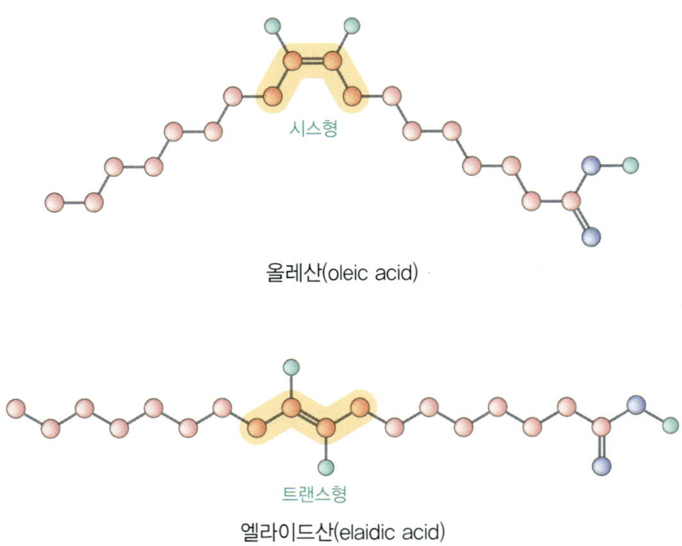

그림 5-4 시스형과 트랜스형 지방산의 구조

산의 탄소 뼈대를 휘게 만드는 반면, 트랜스형은 마치 포화지방산처럼 탄소 뼈대가 곧은 상태로 있게 만든다.

(5) 지방산 명명법

지방산은 탄소수와 이중결합 위치에 따라 명명할 수 있다. 지방산 명명법은 델타(Δ) 시스템과 오메가(ω 또는 n) 시스템이 있다.

델타 시스템은 지방산의 카르복실기 말단에서 시작하는 이중결합의 첫 위치를 말한다. 예를 들어, 리놀레산은 18:2, $\Delta^{9,12}$로 표현하는데, 이는 탄소수 18개에 이중결합이 2개이고, 첫 번째 이중결합이 델타 시스템으로는 카르복실기부터 9번째와 12번째 탄소에 있음을 의미한다 그림 5-2 참고.

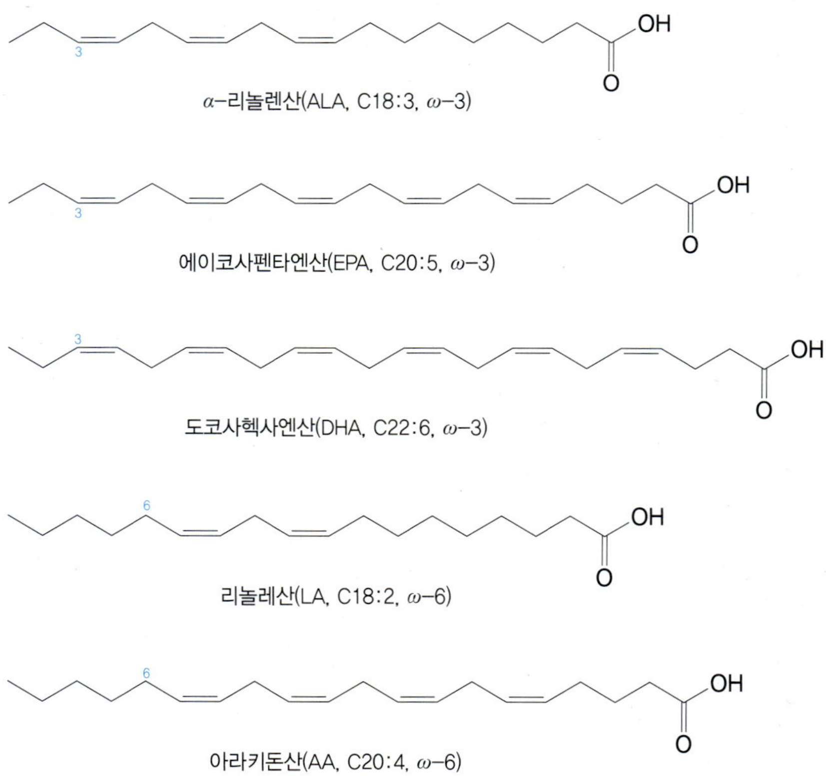

그림 5-5 오메가-3 지방산과 오메가-6 지방산

오메가 시스템은 지방산의 메틸기 말단에서 가장 가까운 첫 이중결합의 위치를 말한다. 첫 이중결합이 지방산의 메틸기부터 세 번째 탄소에 있으면 오메가-3 지방산이라 하고, 여섯 번째 탄소에 있으면 오메가-6 지방산이라 한다. 식품에서 주요 오메가-3 지방산은 α-리놀렌산linolenic acid이고 주요 오메가-6 지방산은 리놀레산linoleic acid이다 그림 5-5.

2) 중성지방

식품 내 지질은 대개 중성지방 형태로 존재한다. 인체 내에서도 마찬가지다. 중성지방은 3개의 탄소로 이루어진 글리세롤 한 분자를 뼈대로 하여 여기에 지방산 3분자가 에스테르 결합된 형태이다 그림 5-6a. 중성지방은 한 가지 지방산으로 구성되어 있는 것이 아니라 다양한 지방산이 혼합되어 있으며, 이들의 조합에 따라 물리적 양상(굳기름 또는 기름)이 다르며, 독특한 맛과 냄새를 지닌다. 중성지방에서 지방산

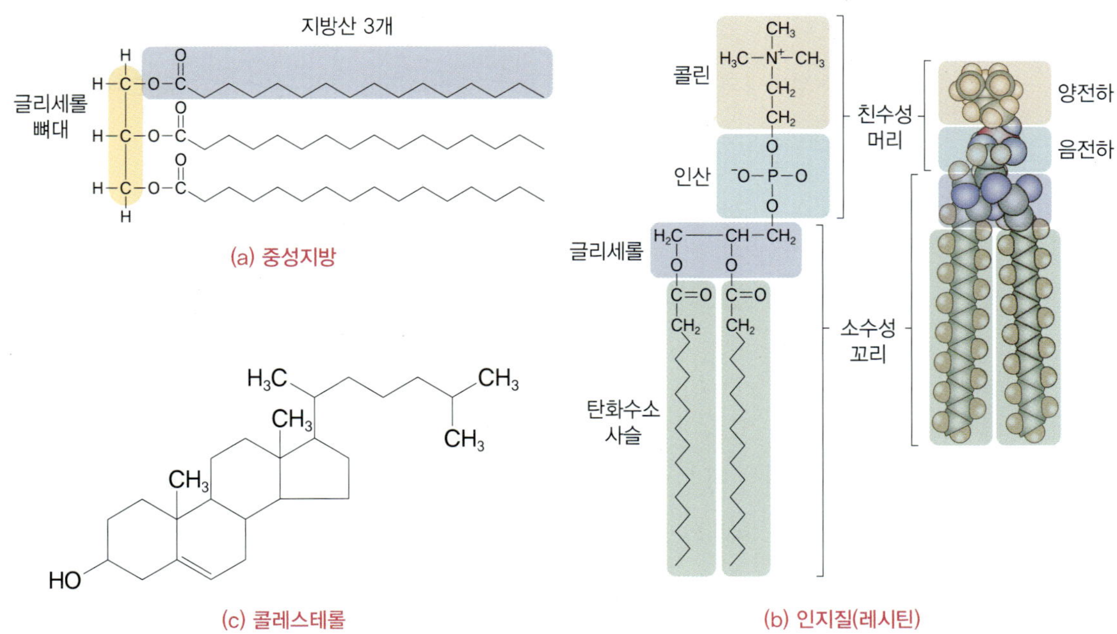

그림 5-6 지질의 화학적 구조

1개를 제거하면 디글리세리드diglyceride, DG, 지방산 2개를 제거하면 모노글리세리드monoglyceride, MG가 된다.

3) 인지질

인지질phospholipid은 지질의 한 종류로서 중성지방과 같이 글리세롤 뼈대에 지방산이 결합된 형태이나 한 개의 지방산이 인으로 대체되어 있는 점만 다르다 **그림 5-6b**. 인지질은 소수성과 친수성을 동시에 갖고 있어 유화제 역할을 할 수 있다. 체내에는 많은 종류의 인지질이 존재하며, 특히 뇌에 많다. 인지질은 세포막의 주요 성분이다. 체내 주요 인지질은 레시틴이다. 인체는 필요한 모든 인지질을 합성할 수 있다.

4) 스테롤

스테롤도 지질의 한 종류이며 다환 고리 구조를 지니고 있어 앞에서 설명한 다른 지질과는 다르다 **그림 5-6c**. 콜레스테롤cholesterol은 가장 일반적인 스테롤의 예이다. 이것은 중성지방과는 달리 글리세롤과 지방산으로 구성되어 있지 않으나 물에 잘 녹지 않으므로 일종의 지질로 분류된다.

2. 지질의 소화와 흡수

1) 소화

침샘과 위에서 지방 분해효소인 리파아제lipase가 분비되나 이 효소의 작용은 미미하여 섭취한 지방은 소장에 도달할 때까지 소화가 거의 일어나지 않는다. 소장에서는 췌장에서 분비된 리파아제에 의해 중성지방이 모노글리세리드와 지방산으로 분해된다 **그림 5-7**. 담즙은 담낭에서 소장으로 분비되어 유화제 역할을 한다. 즉, 담즙이 지방을 감싸주어 미셀micell을 형성함으로써 리파아제가 더 잘 작용할 수 있게 해주고, 또 모노글리세리드와 지방산이 수용성 소화액 속에서 잘 분산되게 하여 지방의 소화와 흡수를 돕는다 그림 5-7.

인지질은 췌장에서 분비된 인지질 분해효소가 소장벽 세포에서 인지질을 소화시켜 글리세롤, 지방산, 그리고 나머지 부분으로 분해한다. 콜레스테롤은 췌장에서 분비된 효소에 의해 콜레스테롤 에스테르에 붙어 있는 지방산을 분해하여 유리 콜레스테롤과 지방산으로 된 후 소장으로 흡수된다.

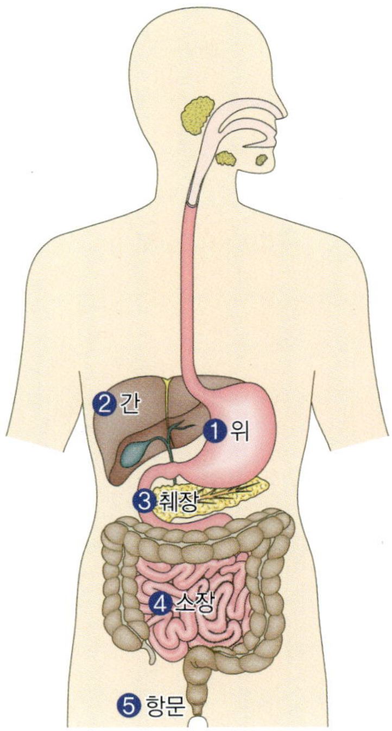

1 위
위에서 리파아제가 분비되기는 하나 위에서 지방의 소화는 거의 일어나지 않는다.

2 간
간에서 담즙을 만들어 담낭에 저장했다가 담관을 통해 소장으로 분비한다. 담즙산은 지방 유화제로 작용하여 지방의 소화와 흡수를 돕는다.

3 췌장
췌장은 리파아제를 만들어 소장으로 분비한다.

4 소장
소장은 지방의 소화와 흡수가 주로 일어나는 장소이다. 일단 흡수된 긴사슬지방산은 소장세포 안에서 인지질, 콜레스테롤 등 지용성 물질과 약간의 단백질로 킬로미크론을 구성한 후 림프를 통해 이동된다. 짧은사슬지방산과 중간사슬지방산은 간문맥으로 직접 이동된다.

5 항문
소화된 지방의 5% 미만이 변으로 배설된다.

그림 5-7 지질의 소화와 흡수

2) 흡수

소장에서 소화과정을 거쳐 생성된 글리세롤, 모노글리세리드, 지방산, 콜레스테롤 등은 담즙과 함께 복합 미셀의 형태로 소장 점막세포로 이동하고 단순확산을 통해 흡수된다. 흡수된 지방산은 사슬 길이에 따라 이후 경로가 결정된다. 탄소수가 12개 미만인 지방산은 수용성 물질처럼 간문맥을 통해 간으로 이동된다. 그러나 탄소수가 12개 이상인 지방산은 소장의 흡수세포에서 중성지방으로 다시 구성된 후 킬로미크론에 영입되어 림프계를 통해 이동된다.

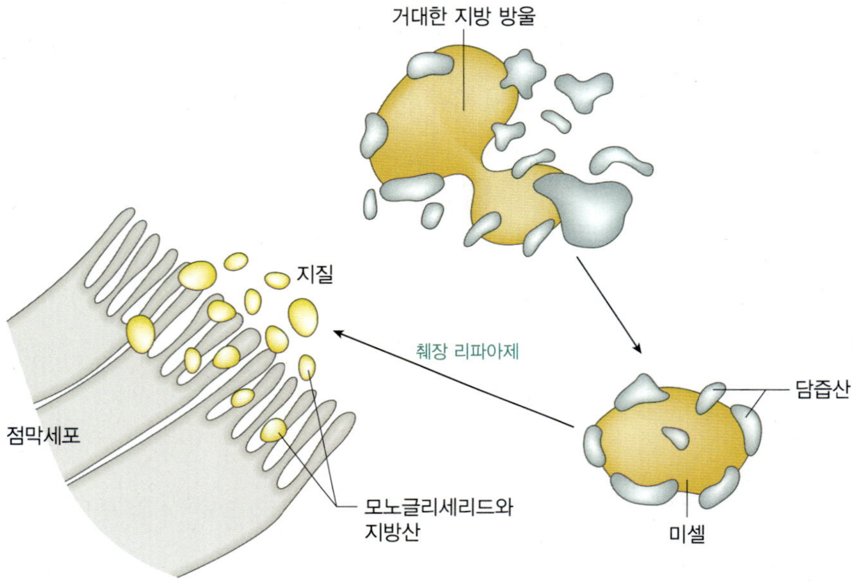

그림 5-8 담즙의 유화작용 및 긴사슬지방산의 소화와 흡수

3. 혈액을 통한 지질의 운반

1) 지단백질의 종류와 특성

지질은 소수성이므로 수용성인 혈액과 림프액에서 지질이 운반되기 위해서는 물과 잘 섞일 수 있는 형태로 되어야 한다. 이것이 지단백질이다. 지단백질은 안쪽에는 중성지방, 콜레스테롤, 콜레스테롤 에스테르와 같은 소수성 물질이 자리 잡고, 바깥쪽은 양친매성을 가진 인지질과 아포단백질로 둘러싸여 혈액에서 운반되기 쉽다 그림 5-9.

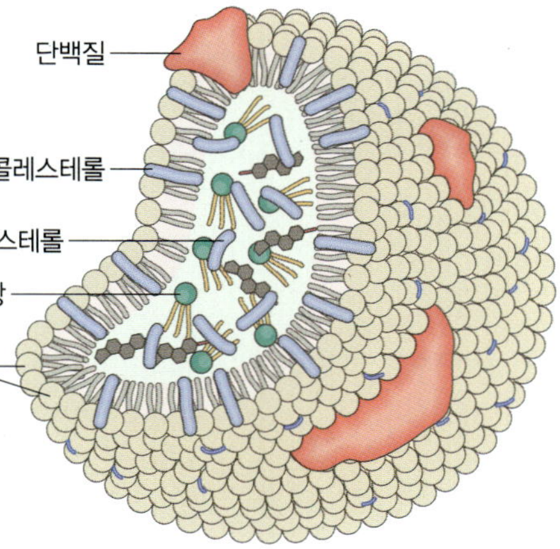

그림 5-9 지단백질의 구조

혈중 지단백질은 밀도에 따라 킬로미크론chylomicron, 초저밀도지단백질very low density lipoprotein, VLDL, 저밀도지단백질low density lipoprotein, LDL, 고밀도지단백질high density lipoprotein, HDL로 분류된다. 지질은 단백질보다 밀도가 낮다. 따라서 지단백질의 밀도는 지질 함량이 많을수록 낮고, 단백질 함량이 많을수록 높아진다. 지단백질의 종류와 특성은 표 5-1에 제시하였다.

2) 지단백질의 대사 경로

지단백질의 대사경로는 그림 5-10에 나타내었다.

① 킬로미크론은 근육과 지방조직에 중성지방 제공

소장세포로 흡수된 지질은 킬로미크론을 생성하여 림프관, 흉관을 거쳐 대정맥으로 들어가 혈류를 따라 간 이외의 조직으로 운반된다. 킬로미크론이 혈액으로 들어가면, 지단백질 분해효소lipoprotein lipase, LPL에 의해서 그 안에 있는 식사성 중성지방이 지방산과 글리세롤로 분해된다. 지방산은 주로 근육과 지방조직에 흡수되어 에너지원으로 이용되거나 중성지방 형태로 저장되고 글리세롤은 간에 흡수된다.

표 5-1 지단백질의 종류와 특성

특성 \ 지단백질		킬로미크론	VLDL	LDL	HDL
직경(nm)		100~1,000	30~90	20~25	7.5~20
밀도(g/mL)		< 0.95	0.95~1.006	1.019~1.062	1.063~1.210
주된 생성장소		소장	간	혈중에서 VLDL로부터 전환	간
주요 성분		식사성 중성지방	내인성 중성지방	식사성 + 내인성 콜레스테롤	단백질, 조직세포에서 사용하고 남은 콜레스테롤
조성 (%)	중성지방	80~90	55~65	10	5
	콜레스테롤	2~7	10~15	45	20
	인지질	3~6	15~20	22	30
	단백질	1~2	5~10	25	45~50
주 기능		소장에서 말초조직으로 식사성 중성지방 운반	간에서 합성되거나 간으로 흡수된 내인성 중성지방을 말초조직으로 운반	콜레스테롤을 간 및 말초조직으로 운반	세포 사멸 또는 지단백질 대사로 생긴 콜레스테롤을 말초조직에서 간으로 운반/세포에서 콜레스테롤을 제거하여 체외로 배설시키는 데 기여

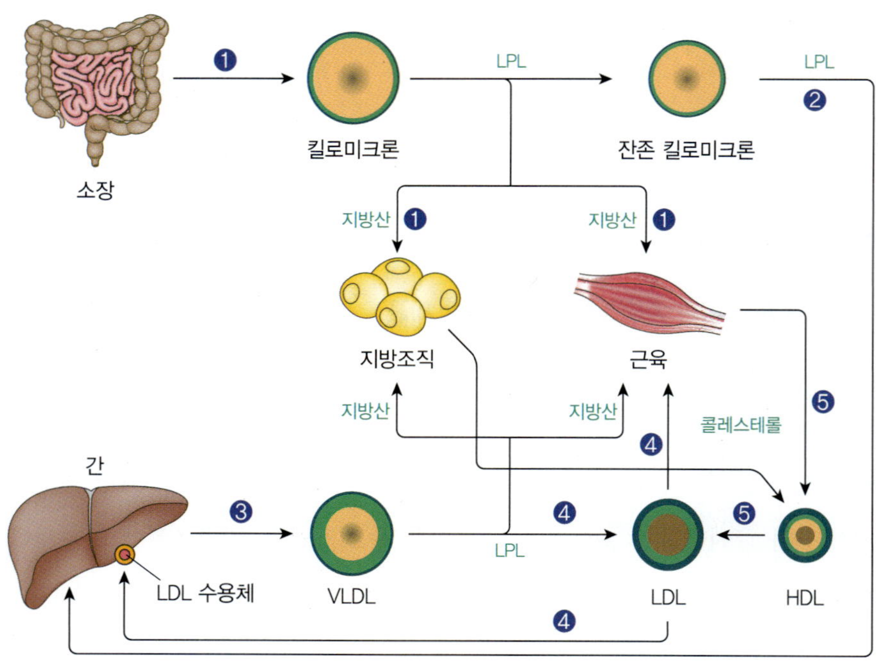

그림 5-10 지단백질의 대사 경로

② 잔존 킬로미크론은 간으로 이동

근육과 지방조직에서 대부분의 중성지방이 제거되고 남은 소량의 중성지방과 식사성 콜레스테롤 및 인지질은 잔존 킬로미크론 형태로서 간으로 운반된다. 이들은 에너지원으로 이용되거나 다른 지단백질과 담즙산을 만드는 데 사용된다.

③ 간에서 VLDL을 형성하여 혈액을 통해 조직으로 중성지방 운반

간은 사용하고 남은 여분의 포도당이나 혈액에서 유입된 여러 가지 지질을 이용하여 중성지방(내인성)과 콜레스테롤(내인성)을 합성한다. 이것은 식사성 콜레스테롤 및 인지질 등과 함께 VLDL을 형성하여 혈액으로 방출된다. 혈액에서 VLDL은 혈관 내막에 존재하는 지단백질 분해효소에 의해 분해되어 그 안의 내인성 중성지방을 다시 근육과 지방조직으로 옮겨 에너지원으로 이용하게 하거나 또는 지방조직에 저장하게 한다.

④ 혈중에서 LDL을 형성하여 간과 여러 조직으로 콜레스테롤 운반

VLDL에서 중성지방이 분해되어 방출됨에 따라 중성지방은 감소하고 콜레스테롤 농도가 상대적으로 증가한 LDL이 된다. LDL은 콜레스테롤이 주성분으로서, 세포막에 있는 LDL-수용체를 통해 콜레스테롤을 간과 여러 조직으로 운반한다.

알아두기

좋은 콜레스테롤과 나쁜 콜레스테롤

HDL은 '좋은' 콜레스테롤, LDL은 '나쁜' 콜레스테롤로 부른다. HDL 수준이 높으면 간으로 되돌아가 배설되는 콜레스테롤이 증가하여 심혈관계질환 위험이 감소한다. 따라서 HDL을 '좋은' 콜레스테롤이라 부른다. 혈중 HDL 수준은 심혈관계질환 위험을 예측하는 지표로 사용된다. 여성은 폐경 전까지는 남성보다 HDL 수준이 높다.

반면, LDL은 '나쁜' 콜레스테롤로 간주된다. LDL은 여러 세포에 있는 수용체에 결합하여 콜레스테롤을 운반하고 혈액에서 사라진다. 만일 LDL이 혈액에서 쉽게 제거되지 못하면, 혈관벽에 콜레스테롤이 축적되어 플라크가 생긴다. 이것이 동맥경화이며, LDL 수준이 높을수록 심혈관계질환 위험이 증가한다. 그러나 LDL은 혈액에 너무 많이 존재할 때 문제될 뿐 낮은 농도에서는 일상적인 체내 기능을 수행하는 데 필요한 물질이다.

⑤ 간에서 HDL을 형성하여 간으로 콜레스테롤 운반

간과 간 이외의 조직에서 이용하고 남은 여분의 콜레스테롤은 간에서 형성된 HDL에 실려서 LDL에 포함된 후 다시 간으로 운반되어 처리된다.

4. 지질의 대사

1) 중성지방 분해

에너지가 필요할 때는 지방조직에 저장되어 있는 중성지방이 지방 분해효소(호르몬-민감성 리파아제)에 의해 글리세롤과 지방산으로 분해되어 에너지원으로 사용된다 그림 5-11.

(1) 글리세롤

글리세롤은 세포질에서 해당과정의 중간경로로 들어가 에너지원으로 대사되거나 포도당 합성에 이용된다.

(2) 지방산 분해(β -산화)

지방산은 혈중 알부민과 결합하여 각 조직세포로 운반되어 산화된다. 지방산의 산화는 미토콘드리아에서 다음의 과정을 거쳐 이루어진다.

① 세포 내로 들어온 지방산은 세포질에서 미토콘드리아 내부로 이동해야 한다. 이를 위해서 지방산은 CoA와 결합하여 아실 CoA로 활성화된 후 카르니틴의 도움을 받아야 한다.

② 미토콘드리아에서 지방산의 아실 CoA는 β -산화과정을 거쳐 아세틸 CoA를 생성한다. β -산화는 지방산의 β 위치의 탄소가 산화되는 과정으로서, 이 과정을 통해 원래의 아실 CoA보다 탄소수가 2개씩 적은 새로운 아실 CoA와 탄소수 2개의 아세틸 CoA가 생긴다. 이 과정이 반복되면서 지방산으로부터 여

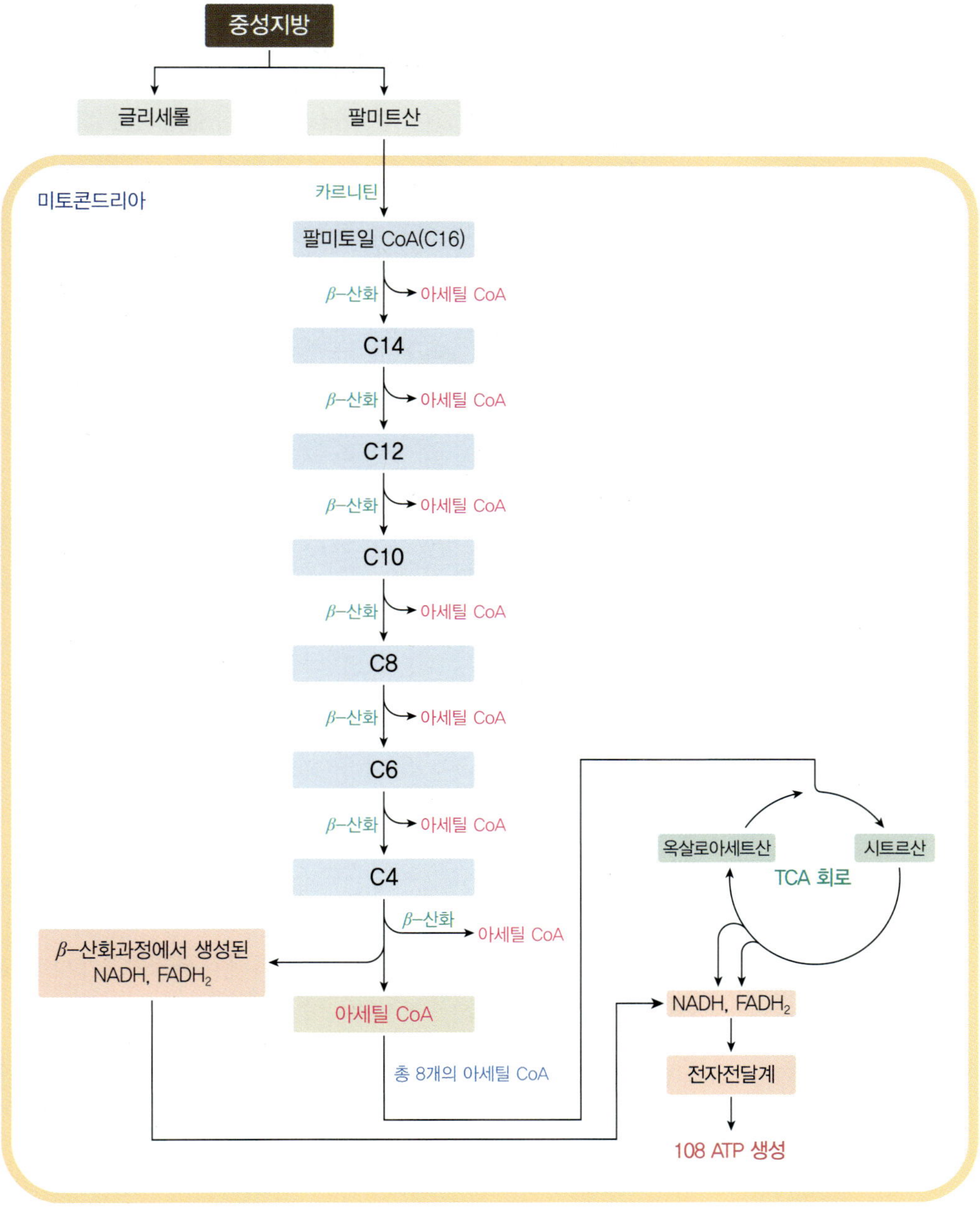

그림 5-11 팔미트산의 β-산화와 ATP 생성

러 개의 아세틸 CoA가 생성된다.

③ 아세틸 CoA는 TCA 회로를 거쳐 ATP를 생성한다. 지방산의 탄소 길이에 따라 β-산화 횟수와 생성되는 아세틸 CoA 수가 달라지므로 합성되는 ATP 수도 다르다. 지방산의 탄소 길이가 길수록 β-산화를 통해 합성되는 ATP 수가 많아진다. 탄소수 16개의 팔미트산의 경우 산화되어 108개의 ATP를 생성한다 그림 5-11.

알아두기

팔미트산 산화과정 요약

팔미틸 CoA + 7 CoA + 7 O_2 + 28 P_i + 28 ADP → 8 아세틸 CoA + 28 ATP + 7 H_2O

8 아세틸 CoA + 16 O_2 + 80 P_i + 80 ADP → 8 CoA + 80 ATP + 16 H_2O + 16 CO_2

⇨ 팔미틸 CoA + 23 O_2 + 108 P_i + 108 ADP → 8 CoA + 23 H_2O + 16 CO_2 + 108 ATP

2) 지질 합성

(1) 중성지방 합성

① 지방산 합성

지방산 합성은 세포질에서 다음과 같은 과정을 거쳐 일어난다.

- 탄소수 2개의 아세틸 CoA에 CO_2에서 탄소 한 개가 더해져 탄소수 3개의 말로닐 CoA가 생성된다.
- 아세틸 CoA와 말로닐 CoA가 결합하면서 CO_2 형태로 탄소 1개가 제거되어 탄소 4개의 뷰티르산이 합성된다.

위의 두 과정을 거치면서 지방산의 탄소수는 2개씩 늘어난다. 이 과정을 반복함으로써 원하는 탄소수의 지방산을 합성할 수 있다. 지방산 합성에는 NADPH와 지방산 합성효소가 필요하다.

알아두기

팔미트산(C16:0) 합성과정 요약

7 아세틸 CoA + 7 CO_2 + 7 ATP → 7 말로닐 CoA + 7 ADP + 7 P_i

아세틸 CoA + 7 말로닐 CoA + 14 NADPH + 14 H^+

→ 팔미트산 + 7 CO_2 + 8 CoA + 14 $NADP^+$ + 6 H_2O

⇨ 8 아세틸 CoA + 7 ATP + 14 NADPH + 14 H^+

→ 팔미트산 + 8 CoA + 6 H_2O + 7 ADP + 7P_i + 14 $NADP^+$

체내에선 주로 팔미트산(16:0)이 합성되고 여기에 다시 탄소 2개가 첨가되어 스테아르산(18:0)그림 5-2이 합성된다. 불포화지방산은 포화지방산으로부터 합성될 수 있다. 그러나 필수지방산은 체내에서 합성되지 않으므로 식품으로 섭취해야 한다.

② 글리세롤과 결합

해당과정의 중간산물인 글리세롤-3-인산은 지방산과 결합하여 중성지방을 합성한다.

(2) 콜레스테롤의 합성과 대사

① 콜레스테롤의 합성

콜레스테롤 생합성은 주로 간에서, 아세틸 CoA를 전구체로 하여 합성된다 그림 5-12. 체내 콜레스테롤은 식품으로 섭취한 식사성(외인성) 콜레스테롤과 체내에서 합성된 내인성 콜레스테롤로 구성된다. 체내에 순환하는 콜레스테롤의 약 2/3는 내인성이고, 나머지 1/3은 식사성이다. 체내 콜레스테롤 합성량은 식사성 콜레스테롤 양에 의해 조절된다. 식사성 콜레스테롤이 증가하면 합성량은 감소하고, 식사성 콜레스테롤이 감소하면 합성량은 증가한다. 따라서 식사로 섭취하는 콜레스테롤 양을 감소시켜도 대신 간에서 많이 합성하므로 혈중 콜레스테롤 수준은 약간 감소될 뿐 큰 영향은 받지 않는다.

혈중 콜레스테롤 수준을 낮추려면 식사성과 내인성 콜레스테롤 둘 다를 감소시켜야 한다. 과식과 포화지방산 섭취는 콜레스테롤 합성을 촉진하며, 콜레스테롤과 식이섬유 섭취는 콜레스테롤 합성을 억제한다.

② 콜레스테롤의 대사

식사성이든 내인성이든 체내에 있는 콜레스테롤이 체외로 배설될 수 있는 경로는 담즙뿐이다. 체내 콜레스테롤의 약 50%가 담즙산으로 전환되어 담즙의 구성성분이 된다. 담즙은 담낭을 통해 십이지장으로 분비되어 지방을 유화시키는 작용을 하고 **그림 5-8 참고**, 약 95%는 회장에서 재흡수되어 간문맥을 통해 간으로 돌아가며 나머지는 변으로 배설된다. 간에서는 HDL이 혈액에서 간으로 운반해 준 콜레스테롤을 이용하여 변으로 손실된 담즙산을 다시 합성한다. 만일 소장에서 담즙 배설을 촉진하는 인자(예: 수용성 식이섬유)가 있다면 변으로 배설되는 담즙이 증가하고, 간에서는 부족분을 채우기 위해 콜레스테롤을 더 사용해야 하므로 결국 혈중 콜레스테롤 농도가 감소되는 효과가 나타난다.

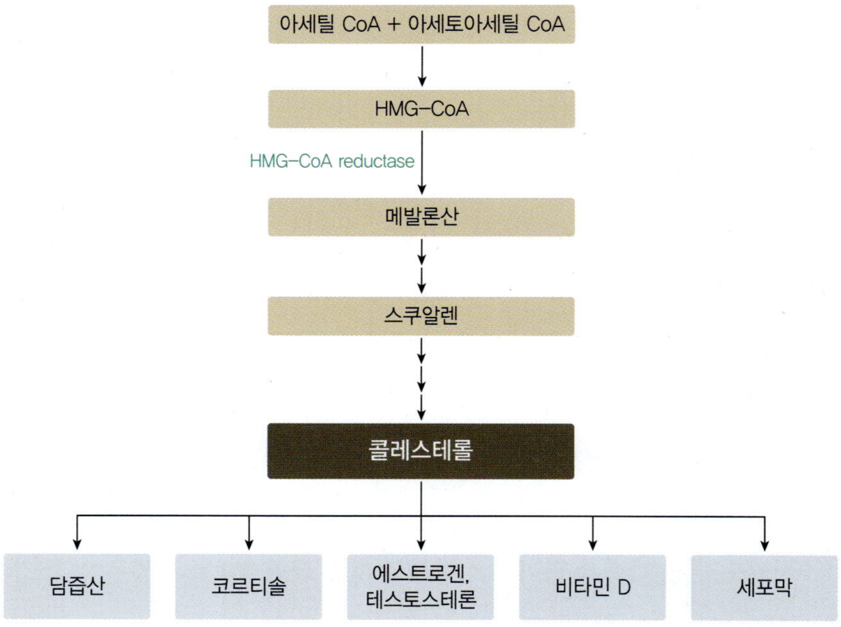

그림 5-12 콜레스테롤의 합성과 대사

5. 지질의 기능

1) 중성지방의 기능

(1) 에너지원

지방은 1 g당 9 kcal를 내는 에너지밀도가 높은 급원으로서 에너지 저장량이 많다. 따라서 인체는 주로 중성지방의 형태로 에너지를 저장한다. 중성지방은 지방조직에 저장되는데 지방조직은 주로 피하와 내장 주변에 있다. 중성지방은 화학적으로 안정하여 다른 세포 조성물들과 반응하지 않기 때문에 안전한 저장에너지 형태를 만들 수 있다. 또한 지방세포에 중성지방을 저장할 때, 글리코겐이나 근육과는 달리 물을 소량만 함유하므로 훨씬 효율적으로 에너지를 저장할 수 있다.

(2) 절연체와 신체보호

피하지방은 주로 중성지방으로 구성되어 있는데, 일종의 절연체 역할을 하여 추위에서 체온 손실을 방지해 준다. 각종 장기를 둘러싸고 있는 지방은 외부 충격으로부터 장기를 보호하는 역할을 한다.

(3) 지용성 비타민의 흡수 증진

식품 내 지질은 지용성 비타민을 소장으로 운반해 주고 그들의 흡수를 돕는다. 지질 흡수가 불량한 사람은 지용성 비타민이 결핍되기 쉽다.

(4) 필수지방산의 공급

필수지방산은 인체의 성장 및 생리기능에 필수적이나 체내에서 합성되지 않으므로 식사로 반드시 섭취해야 한다.

(5) 식품에 맛, 향미 제공

지질은 음식에 맛과 향미를 제공한다.

(6) 포만감 제공

지질은 탄수화물이나 단백질에 비해 위에 오래 머물기 때문에 포만감을 준다.

2) 필수지방산의 기능

인체의 성장과 유지, 생리기능에 필수적이지만 체내에서 합성되지 않거나 합성되는 양이 부족하여 꼭 식사로 섭취해야 하는 지방산을 필수지방산이라 한다. 오메가-6 지방산인 리놀레산과 오메가-3 지방산인 α-리놀렌산이 필수지방산에 속한다. 오메가-6 지방산인 아라키돈산arachidonic acid은 체내에서 리놀레산으로부터 합성될 수 있지만 합성량이 충분하지 않아 필수지방산으로 간주된다 그림 5-5.

(1) 정상적인 성장

필수지방산은 정상적인 성장과 유지에 필요하다.

(2) 피부 각질화 방지

필수지방산 섭취가 부족하면 피부가 거칠어지고 각질이 생긴다.

(3) 생체막 구조의 완전성 유지

필수지방산이 부족하면 세포막의 인지질을 구성하는 불포화지방산 조성이 비정상적으로 되어 세포막의 유연성 등 완전성이 깨지게 된다.

(4) 면역 기능

필수지방산 결핍 시 감염 위험이 증가하고 상처 회복이 지연된다.

(5) 두뇌 발달과 시각기능 유지

뇌세포와 망막을 구성하고 있는 인지질에는 DHAdocosahexaenoic acid 함량이 높다. DHA는 식품으로 섭취하거나 α-리놀렌산 또는 EPAeicosahexaenoic acid에서 합성된다 그림 5-13.

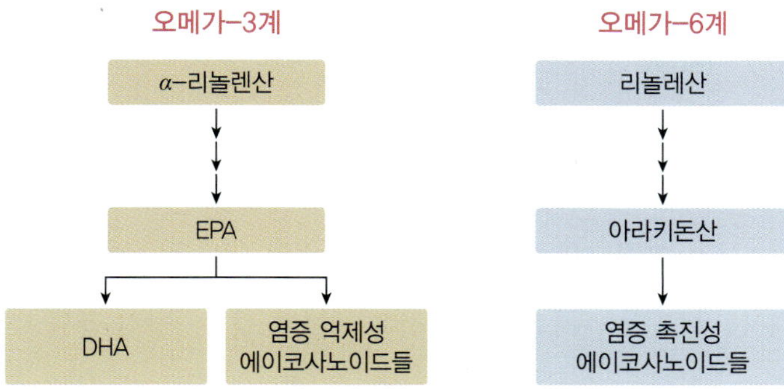

그림 5-13 필수지방산으로부터 다른 지방산의 합성

(6) 에이코사노이드 합성

에이코사노이드eicosanoid란 세포막의 인지질이 포스포리파아제 A2에 의해 가수분해되어 생긴 오메가-3 또는 오메가-6 지방산에서 합성된 탄소수 20개짜리 불포화지방산을 통칭하는 용어로서 여기에는 프로스타글란딘prostaglandin, 트롬복산thromboxane, 루코트리엔leukotrien, 프로스타사이클린prostacyclin 등이 있다. 오메가-3 지방산에서는 오메가-3 에이코사노이드가, 오메가-6 지방산에서는 오메가-6 에이코사노이드가 합성된다 그림 5-13. 일반적으로 오메가-6 에이코사노이드는 염증반응을 촉진하는 반면, 오메가-3 에이코사노이드는 염증반응을 억제하는 기능을 한다. 에이코사노이드들의 균형이 깨지면 심혈관계질환, 고혈압, 관절염 등이 발생할 수 있다. 에이코사노이드의 생리적 기능은 표 5-2에 나타내었다.

표 5-2 에이코사노이드의 생리적 기능 비교

계열 / 기능	오메가-3 지방산	오메가-6 지방산
혈액 응고(혈전 형성)	억제	촉진
면역반응(염증반응)	억제	촉진
혈관 평활근	이완	수축
혈압	저하	상승
혈청 지질	감소	-

3) 인지질의 기능

(1) 세포막 구성

인지질은 세포막의 주요 구성성분이다. 인체, 특히 뇌에는 여러 종류의 인지질이 존재한다. 세포막은 군데군데 단백질이 섬처럼 박혀 있는 인지질 바다의 형태를 하고 있다 그림 5-14. 세포막 인지질의 지방산은 세포의 필수지방산 급원으로 이용되기도 한다.

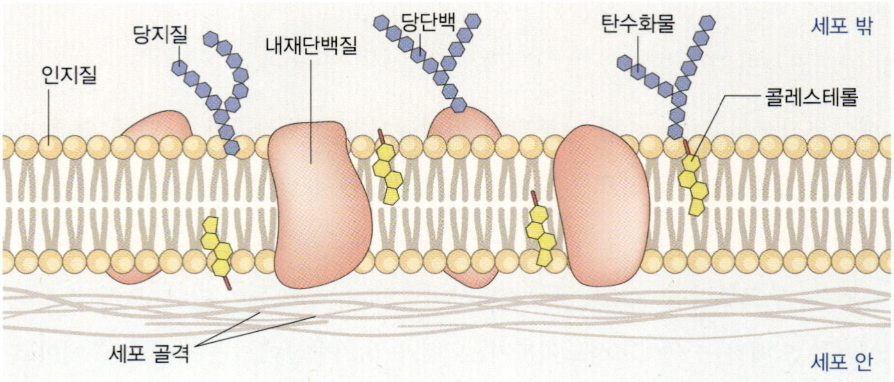

그림 5-14 세포막의 구조

(2) 유화제

식품에서 인지질은 유화제로 작용하여 지방과 물이 섞이게 도와준다. 인체에서 인지질은 유화제로서 지방의 소화와 혈액으로의 이동을 돕는다.

4) 콜레스테롤의 기능

(1) 스테로이드 호르몬과 비타민 D 합성

콜레스테롤은 에스트로겐, 테스토스테론, 코르티솔, 비타민 D와 같은 스테로이드 호르몬 합성에 사용된다 그림 5-12.

(2) 담즙산 합성

콜레스테롤은 담즙의 구성성분인 담즙산의 합성에 필요하다.

(3) 세포막 구성

콜레스테롤은 세포막의 필수 구성성분으로서, 세포막의 유동성에 기여하며 세포막수용체로서 외포작용exocytosis에도 관여한다 그림 3-7 참고. 콜레스테롤은 특히 뇌세포에서는 신경세포의 수초막 구성성분으로 작용한다.

6. 지질의 섭취실태와 섭취기준

1) 지질의 섭취실태

2019년 국민건강영양조사 결과에 의하면, 한국인의 에너지 섭취량 중 지질의 섭취분율은 23.6%로서 1969년 7.2%였던 것에 비해 매우 많이 증가하였다. 성별에 따른 차이를 보면 남자 23.9%, 여자 23.3%로 남자가 여자보다 조금 높았고, 연령에 따라서는 젊은 연령군이 고령자군에 비해 상대적으로 높았다.

2) 지질의 섭취기준

한국인 영양소 섭취기준에서 총 지질의 섭취기준은 에너지적정비율을 설정하였고, 영아에서만 충분섭취량을 설정하였다 표 5-3.

표 5-3 지질*의 에너지적정비율

연령	지방	포화지방산	트랜스지방산
1~2세	20~35%	-	-
3~18세	15~30%	< 8%	< 1%
19세 이상	15~30%	< 7%	< 1%

(1) 지질의 에너지적정비율

지질의 에너지적정비율은 1~2세는 20~35%, 3~18세 및 19세 이상은 15~30%이다. 생후 1년 미만의 영아는 25 g/일의 충분섭취량을 설정하였다.

포화지방산의 경우 3~18세는 총 에너지 섭취의 8% 미만, 19세 이상은 7% 미만으로 한다. 트랜스지방산은 총 에너지 섭취의 1% 미만으로, 콜레스테롤은 19세 이상 300 mg/일 미만으로 권고한다.

(2) 리놀레산, 알파-리놀렌산, EPA+DHA

2015년 한국인의 영양섭취기준에서는 오메가-6 : 오메가-3 지방산의 섭취비율을 4~10 : 1로 제안하였는데, 2020년 한국인의 영양소 섭취기준에서는 이 비율을 삭제하고 대신 연령별로 리놀레산, 알파-리놀렌산, 그리고 EPA+DHA에 대해 충분섭취량을 설정하였다 표 5-4.

표 5-4 성인의 리놀레산, 알파-리놀렌산, EPA+DHA 섭취기준(충분섭취량)

성별	연령(세)	리놀레산(g/일)	알파-리놀렌산(g/일)	EPA+DHA(mg/일)
남자	19~29	13.0	1.6	210
	30~49	11.5	1.4	400
	50~64	9.0	1.4	500
	65~74	7.0	1.2	310
	75 이상	5.0	0.9	280
여자	19~29	10.0	1.2	150
	30~49	8.5	1.2	260
	50~64	7.0	1.2	240
	65~74	4.5	1.0	150
	75 이상	3.0	0.4	140

7. 지질의 급원식품

1) 지질의 급원식품

지질 함량이 높은 식품에는 식용유, 버터, 마가린, 마요네즈 등이 있다. 이 식품들의 에너지는 거의 대부분 중성지방에서 온다. 견과류, 아보카도, 베이컨, 버터, 체다치즈가 약 75%, 꽃등심과 햄버거는 약 60%, 초콜릿바, 아이스크림, 도넛, 우유는 약 50%, 달걀, 호박파이, 컵케이크, 살코기는 약 30~50%의 지방에너지비를 가진다. 빵은 15%의 지방이 들어 있고, 설탕과 무지방우유에는 지방이 없다.

2) 식품별 지질의 종류

동물성지방은 주로 포화지방산을 가지고 있다. 유지방과 육류제품은 전체 지방의 40~60%가 포화지방산으로 이루어져 있다. 반면 식물성지방은 전체 지방의 73~94%가 불포화지방산으로 구성되어 있다. 단일불포화지방산은 주로 카놀라유, 올리브유, 땅콩기름에 49~77% 함유되어 있다. 다가불포화지방산은 주로 콩기름, 옥수수유, 면실유, 해바라기씨유, 홍화유에 54~77%가 함유되어 있다 그림 5-15. 이들 식물성기름에는 리놀레산과 α-리놀렌산이 다량 함유되어 있다.

쌀겨기름, 땅콩, 난황, 콩, 내장에는 인지질 함량이 높다. 달걀노른자에는 레시틴이 많다.

콜레스테롤은 동물성식품에만 존재한다. 달걀노른자 1개에는 약 210 mg의 콜레스테롤이 들어 있다. 난류, 육류, 전지우유는 주요 콜레스테롤 급원식품이다 그림 5-15. 식물성식품에는 콜레스테롤이 들어 있지 않으므로, 식품성기름으로 만든 땅콩버터, 식용유, 쇼트닝, 마가린에 '무콜레스테롤'이라는 광고를 하는 것은 무의미하다. 일부 식물성식품에는 식물성 스테롤이 함유되어 있고, 이것은 혈중 콜레스테롤을 낮추는 효과가 있어 콜레스테롤과 관련된 질병의 위험을 낮춘다.

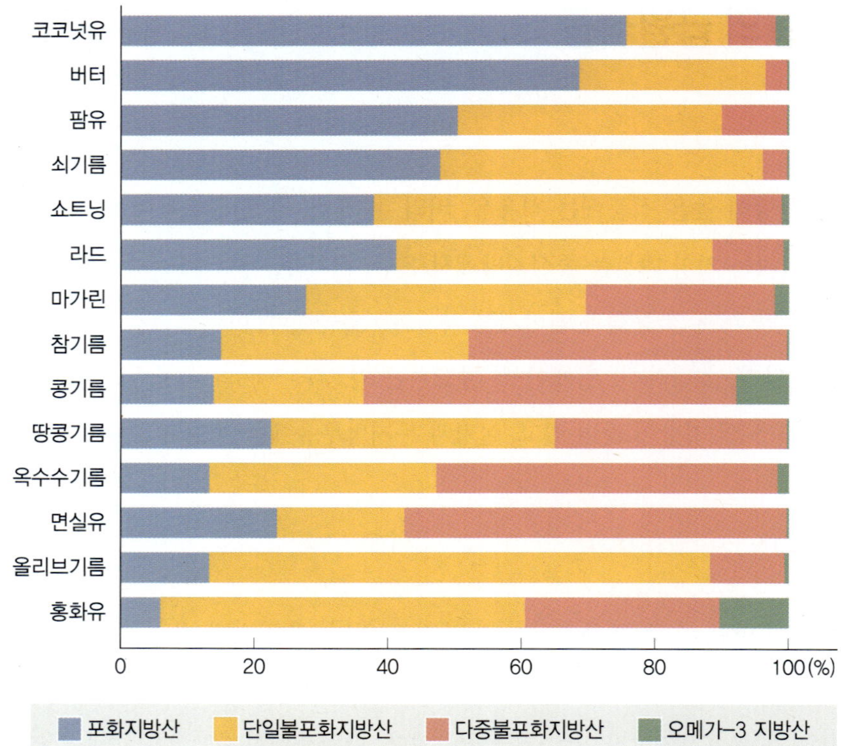

그림 5-15 식용유지의 지방산 조성

자료: 농촌진흥청 국립농업과학원, 2021

알아두기

대체지방의 개발

최근 지방 함량을 낮춘 식품들이 많이 개발되고 있다. 그러나 지방 함량을 낮추기 위해서는 무엇인가 다른 것이 첨가되어야 하는데, 대부분 설탕이 이를 대체하는 경우가 많다. 지방과 설탕 함량을 둘 다 낮추면서 향미와 질감을 유지하기는 매우 어렵다. 이런 이유 때문에 지방 함량을 낮춘 식품이라 해도 실제 칼로리는 여전히 높은 경우가 대부분이다.

지방 함량은 낮추되 입안에서의 느낌은 지방을 먹었을 때와 같게 하기 위해 대체지방이 개발되었다. 지방 대신 물, 단백질(Dairy–Lo®), 전분 유도체(Z–trim®), 식이섬유(Maltrin®, Steller™, Oatrim), 검으로 대체한 상품들도 있고, 지방 자체를 공학적으로 변형시켜 소화·흡수가 안 되게 만든 제품–올레스트라(olestra, Olean®), 살라트림(salatrim, Benefat®)도 있다. 예를 들어, 물과 우유 단백질을 혼합하여 만든 심플리스(simpless)는 마요네즈 같은 맛과 질감을 내지만 열량은 지질의 1/7에 불과하다. 그러나 열에 약해 고온 조리에는 이용할 수 없고 샐러드유나 아이스크림 제조에 적합하다. 설탕과 기름을 혼합하여 만든 올레스트라는 체내에서 소화되지 않아 칼로리는 전혀 없고 열에 강해 고온 조리에 사용할 수 있다. 그러나 지용성 비타민의 흡수를 억제하는 단점이 있다.

아직까지는 대체지방이 다목적이지 않고 비싸기 때문에 이용률은 낮은 편이다. 또한 대체지방을 쇠고기, 치즈, 우유, 패스트리 등과 같은 주요 지방 급원식품의 대용품으로 사용하기에는 한계가 있다.

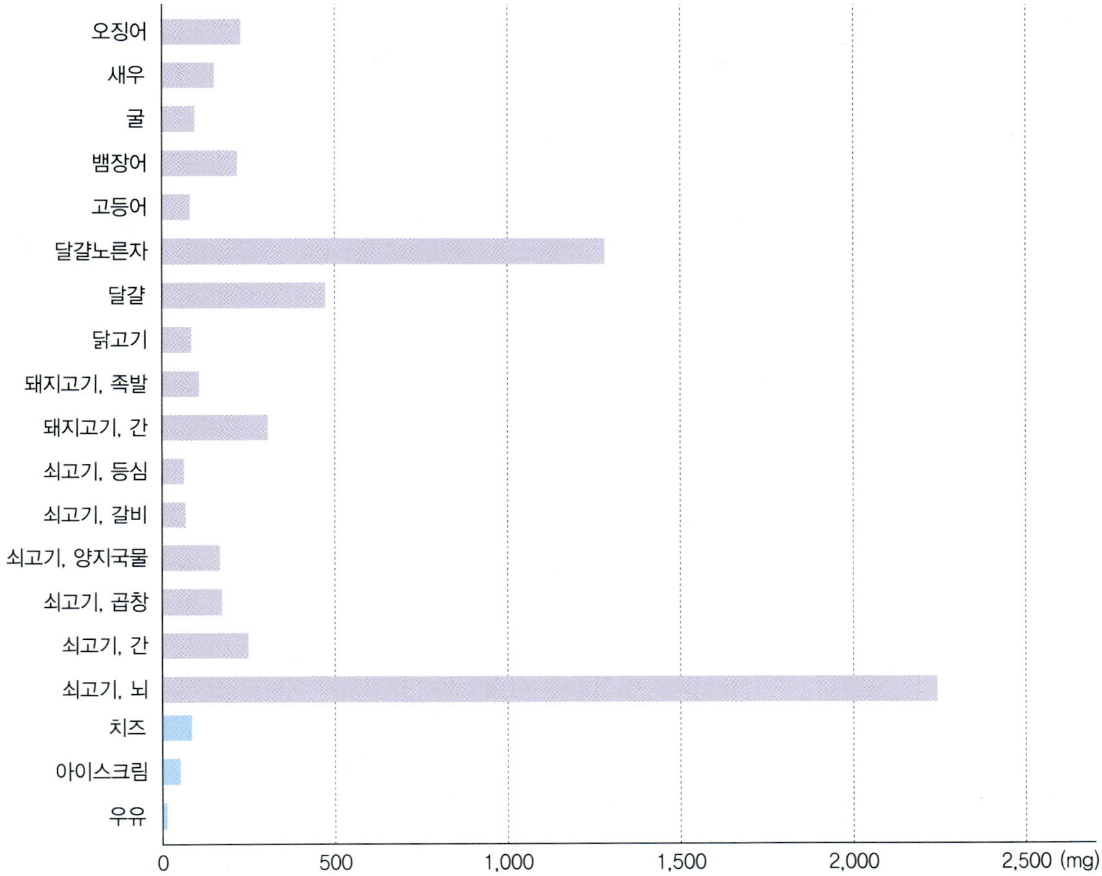

그림 5-16 주요 식품 100 g당 콜레스테롤 함량

3) 식품 속에 숨겨진 지질

빵 위의 버터, 삼겹살의 기름, 닭고기의 껍질 등과 같이 지질이 눈에 보이는 가시지질도 있지만, 살코기, 달걀, 우유, 과자, 케이크, 핫도그, 크래커, 감자튀김, 아이스크림 속의 지질과 같이 숨어 있는 비가시지질도 있다. 지질 섭취량을 줄이려면 가시지질 외에 비가시 지질도 고려해야 한다. 숨어 있는 지질의 함량을 알기 위해서는 식품성분표를 이용하는 것이 좋다.

식품표시에 '저지방'이라는 용어를 사용하려면 식품 100 g당 3 g 미만 또는 식품

100 mL당 1.5 g 미만의 지방이 함유되어 있어야 하며, '무지방'이라는 용어를 사용하려면 식품 100 g당 또는 식품 100 mL당 0.5 g 미만의 지방을 함유하고 있어야 한다.

8. 지질과 건강

1) 심혈관계질환

심혈관계질환은 전 세계적으로 주요 사망 원인 중 하나이다. 심혈관계질환은 심장이나 뇌로 혈액 유입이 제대로 안 되어 일어난다. 인체 세포는 혈액에서 산소와 영양소를 공급받는다. 심혈관계질환은 죽상동맥경화증, 동맥류, 혈병 또는 이들의 복합적 원인에 의해 발생한다. 고지방식사, 특히 포화지방산 및 트랜스지방산이 많은 식사는 심혈관계질환 위험을 증가시킨다. 심혈관계질환은 장기간에 걸쳐 서서히 진행되어 나이가 증가할수록 발병률이 높다. 조직검사 결과 20세 이전의 젊은 나이에도 이미 상당수에서 동맥에 경화성 플라크가 형성되어 있음이 밝혀졌다. 고지혈증, 고혈압, 흡연, 운동 부족, 비만, 당뇨병, 간질환, 신장질환, 갑상샘호르몬 부족, 고호모시스테인혈증, 만성염증 등은 심혈관계질환 위험을 증가시킨다.

심혈관계질환을 예방하기 위한 식사법은 다음과 같다.

(1) 총 지질 섭취량

지질의 과다 섭취는 과체중 및 비만을 유발하며 혈중 중성지방 및 콜레스테롤 농도를 증가시킨다. 총 지질 섭취량은 총에너지의 20% 이하로 한다.

(2) 포화지방산과 불포화지방산 비율

포화지방산을 과다 섭취하면 혈청 총콜레스테롤 및 LDL-콜레스테롤이 증가하므로 이를 불포화지방산으로 대체하여 혈청 콜레스테롤 농도를 낮추도록 한다.

포화지방산 섭취는 총 에너지의 7% 이하가 되도록 한다. 다가불포화지방산은 혈중 LDL-콜레스테롤, HDL-콜레스테롤 및 중성지방 농도를 낮춘다. PMS 비율은 1 : 1~1.5 : 1이 되도록 한다.

(3) 오메가-3와 오메가-6 지방산

EPA와 DHA 등의 오메가-3 지방산은 간에서 중성지방과 VLDL의 합성을 감소시키고 LDL 콜레스테롤 농도를 낮추므로 이상지질혈증 개선에 효과가 있다. 그 외 혈액 응고 방지, 혈압 저하, 염증 억제 등의 작용이 있어 심혈관계질환 예방에 도움이 된다.

(4) 콜레스테롤

콜레스테롤 함량이 높은 식품의 섭취는 피하고 하루 200 mg 이하로 섭취하도록 한다. 포화지방산이나 트랜스지방산 함량이 높은 식품도 혈중 콜레스테롤 수치를 높이므로 이들 급원식품도 제한하도록 한다.

(5) 식이섬유

식이섬유, 특히 수용성 식이섬유는 혈중 콜레스테롤 농도를 낮추므로 과일, 해조류, 콩류, 버섯, 덜 도정한 곡류 등을 충분히 섭취하는 것이 좋다.

(6) 알코올

적정량의 알코올 섭취는 HDL-콜레스테롤 농도를 높이고 LDL-콜레스테롤 농도에는 영향을 미치지 않는다. 그러나 과도한 음주는 혈중 중성지방 농도를 증가시켜 고혈압과 심혈관계질환 위험을 높인다.

(7) 체중과 운동

건강체중을 유지하고 신체활동을 증가시키는 것이 심혈관계질환의 예방에 좋다.

2) 지방 섭취와 암

고지방식은 암 발생률을 증가시킨다. 특히 동물성지방 섭취가 많을수록 대장암, 유방암, 전립샘암, 자궁내막암 등 일부 암의 발병 위험이 증가된다. 포화지방산과 오메가-6 지방산은 암 발생을 증가시키고 오메가-3 지방산은 암 발생을 억제하는 효과가 있다.

심화학습자료

트랜스지방

1. 경화유와 트랜스지방

식물성기름에 수소를 첨가하면 고체로 된 쇼트닝이나 마가린을 만들 수 있다. 지방산을 포화지방산 형태로 완전히 수소화하면 너무 단단하고 부서지기 쉬운 제품이 되므로 부분적으로 수소화시켜 일부 불포화지방산이 남아 있게 하면 반고체 제품을 만들 수 있다. 이러한 수소화과정에서 트랜스지방산이 생길 수 있다.

자연적으로 존재하는 불포화지방산의 시스 형태의 이중결합은 탄소 사슬을 휘게 만드는 반면, 트랜스 형태의 이중결합은 포화지방산처럼 곧은 형태가 된다. 이 때문에 트랜스지방산 및 이것으로 구성된 트랜스지방은 심혈관계질환 위험을 증가시킨다. 따라서 트랜스지방이 생성된 제품은 섭취하지 않는 것이 좋다. 식품 구매 시에 영양성분 표시사항을 꼼꼼히 살펴 트랜스지방 함유량이 적은 식품을 구매하도록 한다.

그림 5-17 액체지방을 고체지방(경화유)으로 만드는 방법

2. 자연적으로 존재하는, 건강에 유익한 트랜스지방산도 있다!

공액리놀레산(conjugated linoleic acid, CLA)은 리놀레산에서 유도된 형태의 지방산으로서, 8개의 이성질체 중 일부가 트랜스지방산으로 되어 있다. 또 일부 반추동물의 위에 서식하는 박테리아가 CLA를 생성할 수 있다. 따라서 쇠고기, 우유, 버터 등에는 자연적으로 트랜스지방산인 CLA가 존재한다. 우리가 먹는 트랜스지방산의 약 20% 정도가 여기에서 온다. 트랜스지방산은 건강에 해로운 것으로 알려졌지만 CLA의 트랜스지방산은 암 예방 및 체중 감량 효과 등 건강에 유익하다. 건강에 해로운 포화지방산이 많은 쇠고기, 우유 등에 유익한 트랜스지방산이 함께 공존한다는 사실은 참으로 아이러니하다.

3. 트랜스지방 섭취실태

우리나라는 2007년 12월에 트랜스지방의 영양표시 대상 의무화를 실시하였다. 현행 식품 등의 표시기준에 따르면 제품 1회 제공량당(과자류의 경우 30 g) 트랜스지방이 0.2 g 미만 들어 있을 경우 '0'으로 표기할 수 있어 트랜스지방 '0'으로 표기되어 있어도 실제로는 소량이지만 들어 있을 수 있고, 따라서 이런 제품을 많이 먹었을 경우 실제 섭취량은 많을 수 있어 우려되었다. 그런데 최근 2012년 '국내 유통 과자류 중 트랜스지방 함량을 조사한 결과, 1회 제공기준량(30 g)당 트랜스지방 평균 함유량은 2005년(0.7 g)에 비해 93% 저감화된 0.05 g으로, 매우 낮은 수준이었다. 또한 트랜스지방 0.2 g 미만인 제품의 비율은 2005년도 36%에서 2012년도 99%로 증가하였다. 국가 차원의 트랜스지방 저감화 정책 추진과 업계에서의 튀김유지 교체 등 자율적인 노력과 선의의 경쟁이 성공적인 트랜스지방 함량 저감화를 이끈 요인으로 볼 수 있다.

단원정리

지방산

지방산은 탄소수에 따라 짧은사슬(<6), 중간사슬(6~10), 긴사슬(≥12) 지방산으로 구분한다. 또한 탄소사슬의 이중결합 개수에 따라 포화지방산(0), 단일불포화지방산(1), 다가불포화지방산(≥2)으로 분류한다. 불포화지방산의 첫 이중결합이 지방산의 메틸기부터 세 번째 탄소에 있으면 오메가-3, 여섯 번째에 있으면 오메가-6 지방산이라 한다. 필수지방산에는 리놀레산, α-리놀렌산, 아라키돈산이 있다.

중성지방

식품과 인체에 주로 존재하는 지질 형태로 전체 지질의 95%를 차지한다. 글리세롤 1분자에 지방산 3분자가 에스테르 결합된 형태이다.

인지질

글리세롤 뼈대에 두 개의 지방산과 한 개의 인산이 결합되어 있는 형태이다. 소수성과 친수성을 동시에 갖고 있어 유화제 작용을 할 수 있으며 세포막의 주요 구성성분이다.

지질의 소화

지질의 소화는 소장에서 췌장 리파아제에 의해 주로 일어나며, 담즙의 담즙산은 유화제 역할을 하여 리파아제의 작용을 돕는다. 소장세포로 흡수된 지질은 킬로미크론을 구성하여 림프를 통해 이동된다.

혈중 지질의 운반

혈액에서 지질의 운반은 지단백질의 형태로 이루어진다. 지단백질에는 킬로미크론, VLDL, LDL, HDL이 있다.

중성지방 분해

중성지방은 글리세롤과 지방산으로 분해되어 에너지원으로 사용된다. 지방산의 분해를 β-산화라 한다.

중성지방의 기능

중성지방은 효율적인 에너지원이며, 절연체와 신체 보호, 지용성 비타민의 흡수 증진, 필수지방산 공급, 식품에 맛과 향미 제공, 그리고 포만감 제공의 기능이 있다.

콜레스테롤 대사와 기능

체내 콜레스테롤은 식사성과 내인성으로 구성된다. 체내 콜레스테롤이 체외로 배설될 수 있는 경로는 담즙뿐이다. 콜레스테롤은 스테로이드 호르몬과 담즙산 합성을 위한 전구체로 사용되며 세포막의 필수 구성성분이다.

지질의 섭취기준

한국인 영양소 섭취기준에서 19세 이상 성인의 지질 에너지 적정비율은 15~30%이다.

CHECK UP 도착점!

1. 킬로미크론이 주로 운반하는 지질은?
① 인지질 ② 중성지방 ③ 콜레스테롤 ④ 유리지방산

2. 조직에서 간으로 콜레스테롤을 운반하는 지단백은?
① HDL ② LDL ③ VLDL ④ 킬로미크론

3. A씨가 하루 필요 에너지 2,700 kcal의 20%를 지질로 섭취하려면 지질을 얼마나 먹어야 하나?
① 40 g ② 60 g ③ 100 g ④ 130 g

4. 중성지방의 기능으로 옳지 않은 것은?
① 에너지원 ② 포만감 제공
③ 생체막 구성 ④ 지용성 비타민의 흡수 증진

5. 다음 중 콜레스테롤에 대한 설명으로 옳은 것은?
① 식물성식품에 존재한다. ② 체내에서 합성되지 않아 식품으로 먹어야 한다.
③ 세포막의 구성성분이며 일부 호르몬 합성에 필요하다. ④ 위의 내용 모두 옳다.

6. 다음 중 오메가-3 지방산의 급원식품은?
① 어유 ② 쇠고기 ③ 땅콩버터 ④ 라아드와 쇼트닝

7. 다음 중 트랜스지방에 대한 설명으로 옳은 것은?
① 총콜레스테롤을 낮춘다. ② LDL-콜레스테롤을 낮춘다.
③ LDL-콜레스테롤을 높인다. ④ HDL-콜레스테롤을 높인다.

정답

1. ② 2. ① 3. ② 4. ③ 5. ③ 6. ① 7. ③

CHAPTER 6

단백질

1. 아미노산과 단백질의 구조와 종류 / 2. 단백질의 소화와 흡수 / 3. 아미노산과 단백질의 대사 / 4. 단백질의 기능 / 5. 단백질의 질 / 6. 단백질의 섭취실태와 섭취기준 / 7. 단백질의 급원식품 / 8. 단백질과 건강

단백질은 생명 유지에 필수적인 영양소이다. 건강한 성인의 경우 체중의 약 15%가 단백질로 구성되어 있다. 단백질은 체조직 구성, 호르몬과 효소 합성, 수분 균형, 시각작용, 혈중 물질의 운반, 세포 손상 복구를 위해 필요하다. 인체는 수많은 종류와 크기의 단백질을 만들어 다양한 기능을 수행한다. 이러한 체단백질 합성은 아미노산으로부터 시작되는데, 아미노산은 식품을 통해서 먹거나 체내에서 합성된 것을 이용한다. 또한 단백질은 에너지원으로 사용될 수 있다. 만일 적정량의 단백질을 섭취하지 못하면, 단백질 합성에 필요한 아미노산이 부족해서 많은 대사사과정이 제대로 일어나지 못하게 된다.

이 장에서는 단백질의 구조와 종류, 소화와 흡수, 대사, 기능, 질, 섭취기준, 그리고 급원식품에 대해 살펴본다.

학/습/목/표

1. 단백질의 구조와 아미노산의 종류를 설명할 수 있다.
2. 단백질의 소화와 흡수에 대해 설명할 수 있다.
3. 단백질의 대사와 기능을 설명할 수 있다.
4. 단백질의 질 평가방법을 설명할 수 있다.
5. 단백질의 섭취기준 및 급원식품에 대해 설명할 수 있다.

CHECK UP 출발점!

※다음 문제에 O, X로 답하시오.

1. 단백질은 신체 구성 및 조절 기능이 있지만 이보다 에너지원으로 이용되는 것이 더 중요하다.
2. 단백질 합성은 세포질의 리보솜에서 일어난다.
3. 단백질 합성에 필요한 아미노산이 부족하면 비정상적인 단백질이 만들어진다.
4. 단백질 섭취량이 부족하면 감염 위험이 커진다.
5. 채식주의자는 필수아미노산이 부족할 수밖에 없다.
6. 단백질 과다 섭취 시 단백질이 지방으로 전환되어 저장된다.
7. 단백질은 많이 먹을수록 건강에 좋다.
8. 모든 효소와 호르몬은 단백질에서 만들어진다.
9. 탄수화물 섭취가 부족하면 체내 아미노산이 포도당으로 전환되어 에너지원으로 이용될 수 있다.
10. 단백질 섭취가 부족하면 부종이 생긴다.

정답 및 해설

1. ×(단백질은 에너지원으로서의 기능보다는 조직의 성장과 유지 및 신체 조절 기능에 우선 이용된다.) 2. ○ 3. ×(만일 아미노산이 하나라도 부족하면 더 이상의 단백질 합성이 불가능하다.) 4. ○ 5. ×(식물성식품의 종류에 따라 제한아미노산이 다르므로 서로 상호 보충이 가능하도록 잘 계획된 식사를 하면 필수아미노산을 충분히 섭취할 수 있다.) 6. ○ 7. ×(단백질 과다 섭취는 오히려 건강을 해치거나 질병의 위험을 높일 수 있다.) 8. ×(효소는 모두 단백질로 합성되지만 호르몬은 지질에서 합성되는 것도 있다.) 9. ○ 10. ○

1. 아미노산과 단백질의 구조와 종류

단백질protein은 '제일 중요한 것'을 뜻하는 그리스어 'protos'에서 유래한 용어이다. 단백질은 아미노산으로 구성되어 있다. 아미노산은 탄소, 산소, 수소 이외에 질소를 함유하고 있다. 식물은 토양에서 질소를 취하여 탄소 및 기타 다른 원소들과 함께 아미노산을 만들고, 이 아미노산이 연결되어 단백질을 만든다. 인체는 단백질을 섭취함으로써 필요한 질소를 얻는다.

1) 아미노산의 구조

자연계에 존재하는 다양한 아미노산 중 20개만이 포유류의 단백질에서 발견되는데, 이를 표준아미노산이라고 부른다. 아미노산은 중심탄소원자에 아미노기, 카르복실기, 수소, 그리고 R기라 부르는 곁사슬기가 결합되어 있는 형태이다 그림 6-1. 이 곁사슬기가 각 아미노산의 고유성을 결정한다. 곁사슬기로 수소원자를 가진 글라이신glycine을 제외한 나머지 19개의 아미노산은 탄소원자에 서로 다른 4개의 기능기가 결합하여 부제탄소chiral carbon가 된다.

부제탄소
부제탄소는 분자 내에 어떤 탄소 원소가 4개의 서로 다른 원자 또는 원자단과 결합하고 있는 경우의 탄소를 말한다.

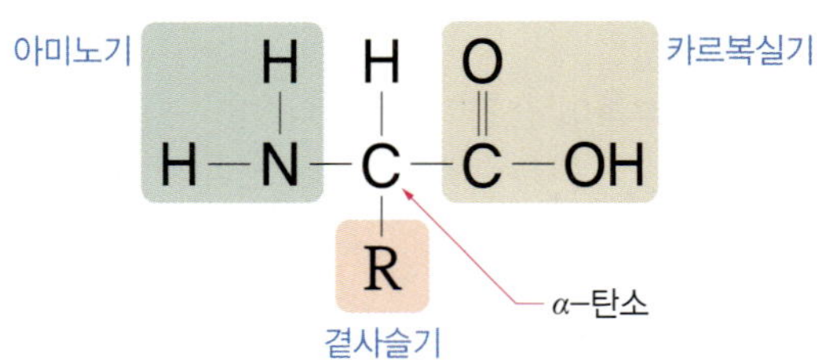

그림 6-1 아미노산의 구조

2) 아미노산의 분류

아미노산은 곁사슬기의 극성 여부에 따라 극성과 비극성으로, 혹은 산 또는 염기의 존재 여부에 따라 산성, 중성, 염기성 아미노산으로 분류된다. 또한 곁사슬기가 가지 친 형태로 되어 있는 아미노산을 가지 달린 아미노산 또는 측쇄 아미노산 branched-chain amino acids이라고 부르며, 여기에는 류신, 이소류신, 그리고 발린이 해당된다. 가지 달린 아미노산은 근육에서 에너지원으로 이용된다.

3) 필수아미노산과 비필수아미노산

단백질을 구성하는 20종의 아미노산 중 9가지는 체내에서 합성할 수 없어서 꼭 식사를 통해 섭취해야 하는 필수아미노산이다. 나머지 11가지는 섭취한 다른 아미노산으로부터 체내에서 합성할 수 있어 반드시 식사를 통해 섭취하지 않아도 되는 비필수아미노산이다 표 6-1.

일반식사에는 단백질의 평균 50%가 필수아미노산으로 구성되어 있다. 유아와 아동은 성인에 비해 총 단백질 섭취량에 대한 필수아미노산의 필요량 비율이 높다.

비필수아미노산 중 몇 가지는 선천성대사질환, 영유아기, 질병 등 특별한 생리상태에서 조건적 필수아미노산conditionally essential amino acid으로 간주된다. 예를 들어, 페닐케톤뇨증phenylketouria, PKU인 사람은 선천적으로 페닐알라닌에서 티로신을 만드는데 필요한 효소가 부족하여 페닐알라닌을 섭취해도 티로신을 합성할 수 없다. 따라서 이 경우 티로신은 조건적 필수아미노산이 되며, 식사를 통해 꼭 섭취해야 한다.

표 6-1 필수/비필수아미노산 및 조건적 필수아미노산

필수아미노산	비필수아미노산	조건적 필수아미노산*
메티오닌(methionine)	알라닌(alanine)	아르기닌(arginine)
류신(leucine)	아스파르트산(aspartic acid)	시스테인(cysteine)
이소류신(isoleucine)	아스파라긴(asparagine)	티로신(tyrosine)
발린(valine)	글루탐산(glutamic acid)	글루타민(glutamine)
라이신(lysine)	세린(serine)	글라이신(glycine)
페닐알라닌(phenylalanine)		프롤린(proline)
히스티딘(histidine)		타우린(taurine)
트레오닌(threonine)		
트립토판(tryptophan)		

*조건적 필수아미노산: 합성이 그 대사적 요구를 충족시키지 못할 경우 식사를 통한 공급이 필요한 아미노산

알아두기

페닐케톤뇨증(phenylketouria, PKU)

PKU는 페닐알라닌을 티로신으로 전환시킬 수 있는 페닐알라닌 수산화효소(phenylalanine hydroxylase)가 선천적으로 부족하여, 페닐알라닌이 체내에 축적되어 장애를 일으키는 상염색체성 유전 대사질환이다. PKU인 사람은 페닐알라닌을 충분히 먹어도 티로신을 합성할 수 없다. 따라서 티로신을 꼭 섭취해야 한다. 또한 페닐알라닌 제한식사를 하여 페닐알라닌이 체내에 축적되는 것을 막아야 한다. 페닐알라닌 제한식사를 하지 않을 경우 지능장애, 발달장애, 피부와 모발 탈색, 경련 등의 증상이 나타난다.

4) 단백질의 구조

단백질은 여러 개의 아미노산이 펩티드 결합으로 연결되어 폴리펩티드를 이루며 다양한 입체 형태를 가진다.

(1) 단백질의 1차 구조

펩티드 결합(peptide bond)

펩티드 결합은 한 아미노산의 α-아미노기와 다른 아미노산의 카르복실기 사이에서 물 한 분자가 빠지면서 탈수·축합반응으로 형성된 결합이다.

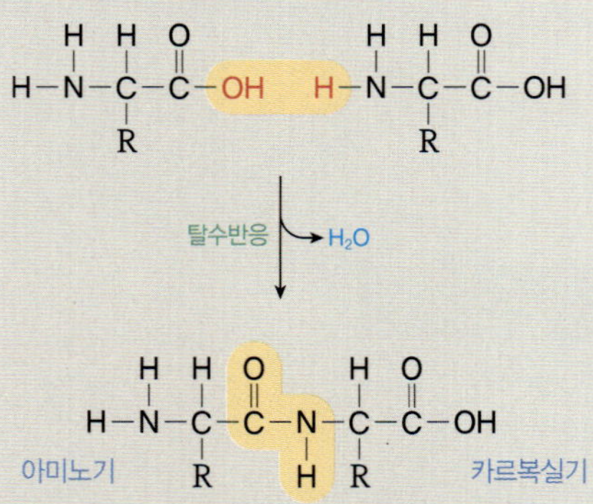

펩티드 결합

단백질의 1차 구조는 수십에서 수천 개의 아미노산이 일직선으로 연결된 폴리펩티드 사슬이다. 아미노산들이 펩티드 결합을 형성할 때는 한 방향으로 결합하므로 단백질의 1차 구조는 한쪽 끝에는 아미노기가 있고 다른 한쪽 끝에는 카르복실기가 있는 방향성이 있다 그림 6-2. 단백질의 아미노산 배열 순서에 의해 단백질 모양이 결정된다. 정확히 제 위치에 아미노산이 배열되어야 제대로 된 모양의, 3차원 형태의 고유 기능을 가진 단백질을 만들 수 있다. 겸상적혈구빈혈은 헤모글로빈의 단백질 중 아미노산 배열이 한 개 잘못되어 나타나는 질병으로서 단백질의 1차 구조의 중요성을 보여 준다.

(2) 단백질의 2차 구조

단백질의 2차 구조는 폴리펩티드의 사슬 내 또는 사슬 간에 수소결합에 의해 공간적 배열로 이루어진 구조이다. 단백질의 2차 구조에는 α-나선구조helix와 β-판sheet이 있다 그림 6-2.

(3) 단백질의 3차 구조와 4차 구조

단백질의 3차 구조는 단백질 사슬 내에 있는 아미노산 사이의 결합에 의한 것이다. 즉 수소결합, 단백질 구조 안으로 소수성기들이 모이려는 경향, 반대의 전하를

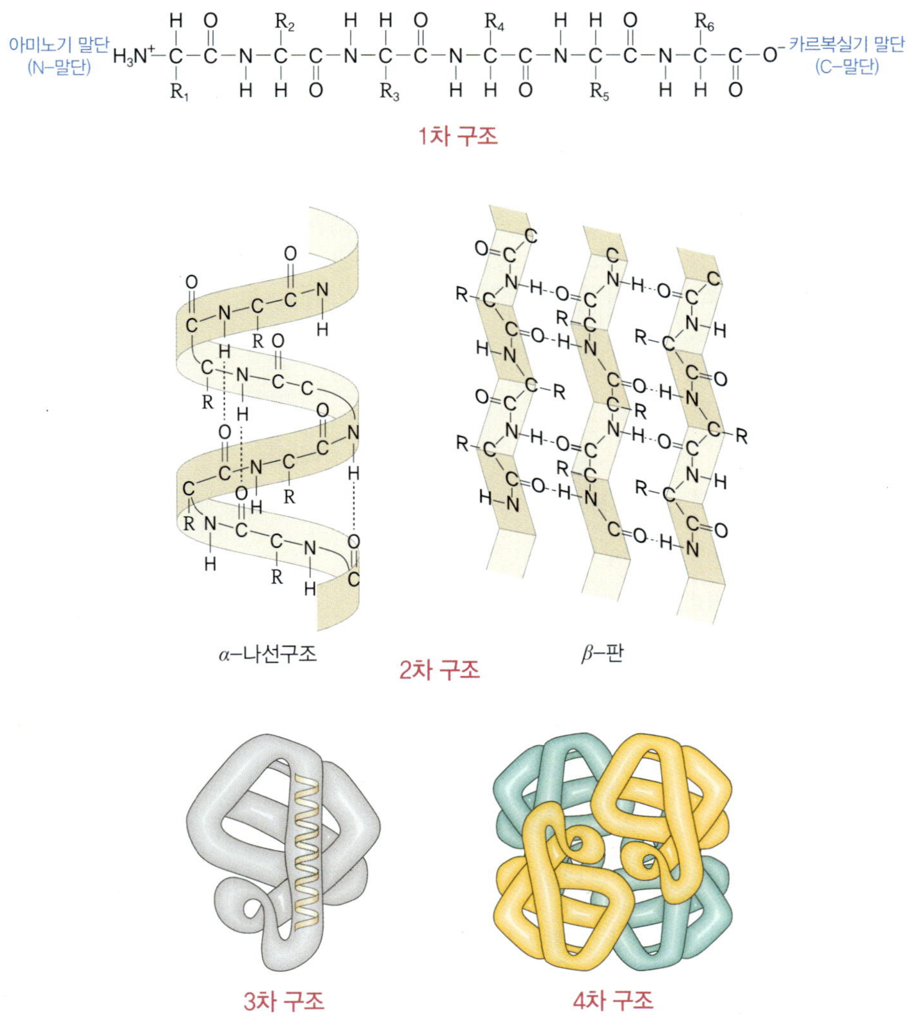

그림 6-2 단백질의 구조

떤 이온들이 서로 잡아당기는 힘, 이황화결합, 그 외에 다른 약한 인력들이 작용하여 3차 구조가 형성된다 그림 6-2.

단백질의 4차 구조는 수소결합과 정전기 힘에 의한 2개 또는 4개의 폴리펩티드 사슬 간의 결합으로 이루어진다 그림 6-2. 예를 들어, 헤모글로빈은 4개의 3차 구조 단백질이 모여 1개의 4차 구조 단백질을 이루고 있는 형태이다('알아두기' 설명 참조).

알아두기

겸상적혈구빈혈

겸상적혈구빈혈(sickle cell anemia)은 적혈구 내에서 산소를 운반하는 헤모글로빈 단백질의 아미노산 배열에 오류가 생겨 발생한다. 헤모글로빈은 4개의 단백질이 연결되어 만들어진다. 겸상적혈구빈혈은 이 4개의 단백질 중 2개의 아미노산 배열 순서가 잘못되어 헤모글로빈 구조가 변하게 되고, 이 때문에 적혈구 모양이 낫 모양으로 되어 고유의 산소 운반기능을 수행할 수 없게 되는 것이다. 이렇게 되면 건강이 나빠지고, 때때로 뼈와 관절에 심한 통증, 복통, 두통, 어지럼, 마비 증상이 나타난다. 이것은 선천적으로 잘못된 유전정보, DNA를 물려받았기 때문에 발생한다.

헤모글로빈 단백질 구조

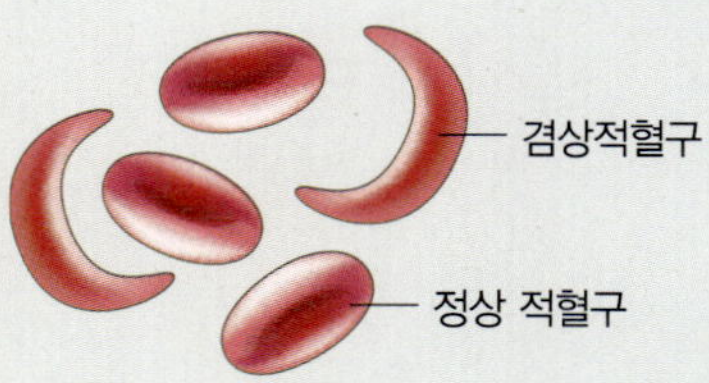

정상 적혈구와 겸상적혈구 모양

5) 단백질 변성

단백질은 산 또는 알칼리, 열, 교반 등에 의해 3차 구조가 변할 수 있다. 이것을 단백질의 변성이라고 한다. 단백질이 변성되면 생물학적 활성을 잃어 정상적인 기능 수행능력이 손상될 수 있다 그림 6-3.

단백질은 가열조리 동안 열에 의해, 음식 섭취 후에는 위산에 의해 변성된다. 변성된 단백질은 구조가 흐트러져 소화효소의 작용을 받기 쉬우므로 소화를 돕는 측

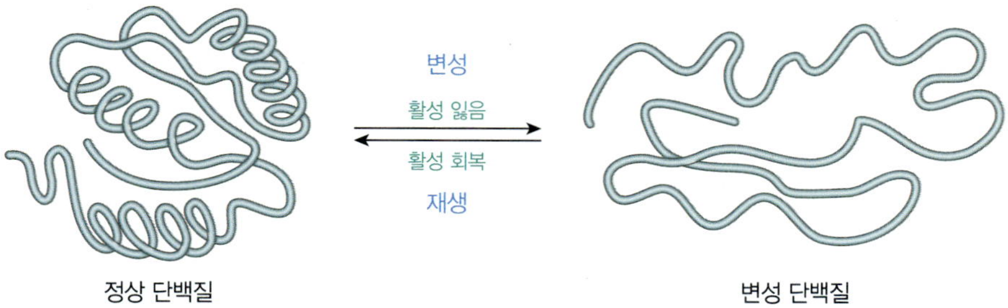

그림 6-3 단백질의 변성

면도 있다. 일부 식품의 단백질은 변성되어 알레르기 반응이 덜 일어나게 될 수도 있다.

2. 단백질의 소화와 흡수

단백질의 소화는 조리과정부터 시작된다. 조리하는 동안 단백질이 변성되어 느슨한 구조로 되고, 단단한 결체조직이 부드러워져 씹고 삼키기 쉬어지며, 소화기관에서 소화와 흡수가 쉬워진다.

1) 소화

단백질의 화학적 소화는 위에서 시작된다. 단백질은 먼저 위산에 의해 변성되고 그 다음 헝클어진 폴리펩티드 사슬에 펩신이 작용하여 몇 개의 더 짧은 사슬의 폴리펩티드로 분해된다.

부분적으로 소화된 단백질은 다른 영양소 및 물질들과 함께 소장으로 운반된다. 소장에 단백질(그리고 지질)이 들어오면 소장벽에서 콜레시스토키닌CCK의 분비가 촉진된다. CCK는 혈액을 타고 췌장으로 가서 트립신의 분비를 유도한다. 트립신은 폴리펩티드를 두세 개의 아미노산 사슬 또는 개별 아미노산으로 분해한다. 그 다음 두

세 개의 아미노산 사슬은 소장 내벽과 흡수세포 자체에 존재하는 다른 효소에 의해 완전히 개별 유리아미노산으로 분해된다 **그림 6-4**.

2) 흡수

짧은 아미노산 사슬과 유리아미노산은 소장 내벽의 점막세포 안으로 능동수송에 의해 흡수된다. 남아 있는 펩티드 결합은 소장세포 내에서 유리아미노산으로 분해된다. 아미노산은 수용성이므로 문맥을 거쳐 간으로 이동된다. 간에서 유리아미노산은 신체의 요구에 따라 단백질 합성에 이용될 수도 있고 에너지를 내기 위해 분해될 수도 있으며, 혈액으로 분비될 수도 있고 비필수아미노산이나 포도당 또는 지방 합성에 사용될 수도 있다. 단백질 과다 섭취 시 아미노산은 지방으로 전환되어 저장된다.

유아기를 제외하고, 단백질 자체가 소화기계에서 흡수되는 일은 없다. 유아는 소

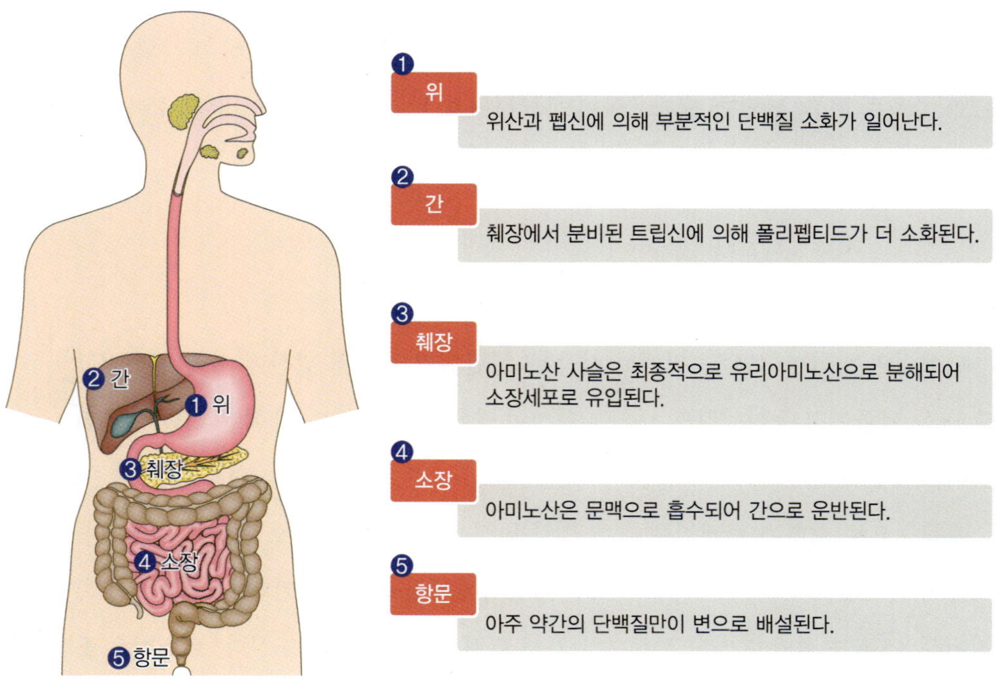

그림 6-4 단백질의 소화와 흡수

화기계가 미숙하여 단백질이 그대로 흡수될 수 있다. 이것은 모유 속의 항체 등 면역물질이 유아의 소장을 통해 직접 흡수될 수 있다는 장점이다. 그러나 일부 식품에 함유된 단백질(우유, 난백 등)은 유아에게 식품 알레르기를 유발시킬 수 있으므로 유아가 적어도 생후 6~12개월이 되기 전에는 알레르기 유발식품을 접하지 않도록 하는 것이 바람직하다.

3. 아미노산과 단백질의 대사

1) 아미노산 풀

체내의 아미노산은 여러 경로를 통해 유입된 것이다. 식사를 통해 들어온 아미노산, 체단백질 분해로 생긴 아미노산, 또는 체내에서 합성된 아미노산은 모두 간과 조직에서 아미노산 풀amino acid pool을 이루고 있다가 필요에 따라 여러 용도로 사용된다. 즉 아미노산 풀은 체단백질 합성, 세로토닌 등 생리활성물질 합성, 포도당 합성, 체지방 합성에 사용될 수 있으며, 탄수화물과 지방을 통한 에너지 공급이 불충분할 때는 에너지원으로 사용된다 그림 6-5.

2) 단백질 합성

아미노산은 펩티드 결합으로 연결되어 단백질이 만들어진다. 인체는 20종의 아미노산들을 다양한 배열로 연결하여 매우 다양한 단백질을 합성할 수 있다. 세포핵의 DNA에 간직된 유전정보에 따라 세포질의 리보솜에서 단백질 합성이 일어난다. mRNA가 DNA에 있는 유전정보를 복제하여(전사) 세포핵에서 세포질의 리보솜으로 단백질 합성에 필요한 유전정보를 운반해 준다. 리보솜은 mRNA의 유전정보를 읽고 번역하여 그 지시대로 아미노산을 한 번에 한 개씩 연결하여 폴리펩티드를 합성해 나간다. tRNA는 리보솜으로 단백질 합성에 필요한 아미노산을 가져다주는 역

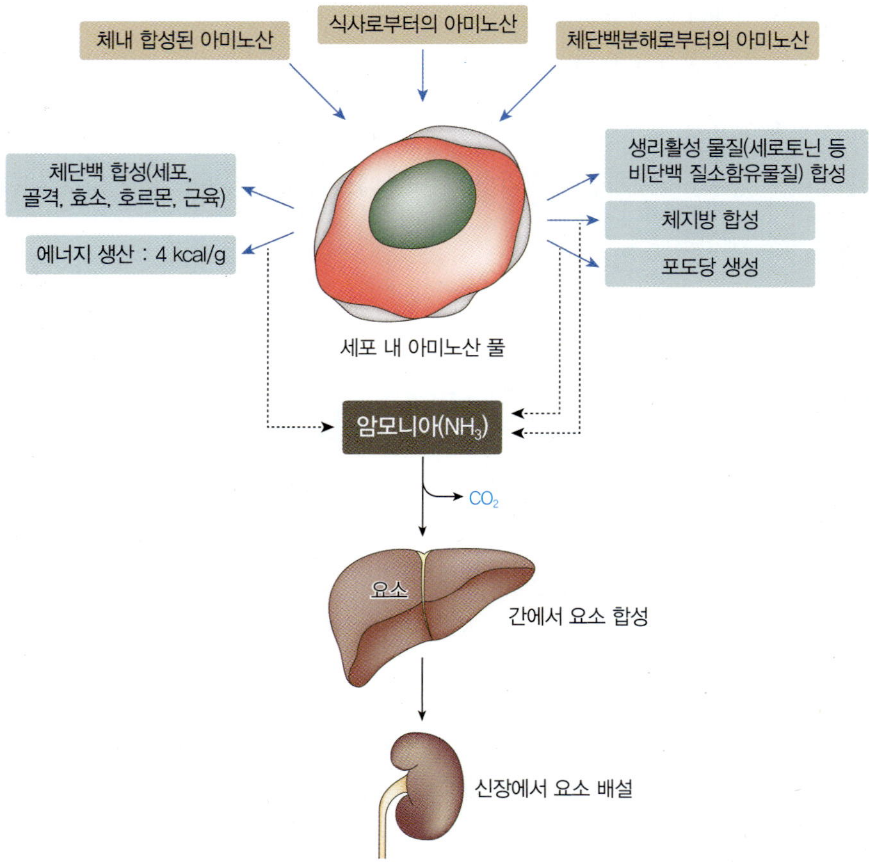

그림 6-5 아미노산 대사의 개요

할을 한다. 폴리펩티드 합성이 완료되면 아미노산 사이의 특수한 작용에 의해 뒤틀어지고 꼬여 3차원 모양의 독특한 단백질 구조를 이루게 된다 **그림 6-6**.

3) 비필수아미노산의 합성

인체의 간에서는 탄수화물과 지방의 탄소 골격으로부터 비필수아미노산을 합성할 수 있다. 비필수아미노산은 탄소 골격인 α-케토산에 아미노기 전이반응이나 탈아미노반응을 통해 생성된 아미노기를 붙여 합성된다.

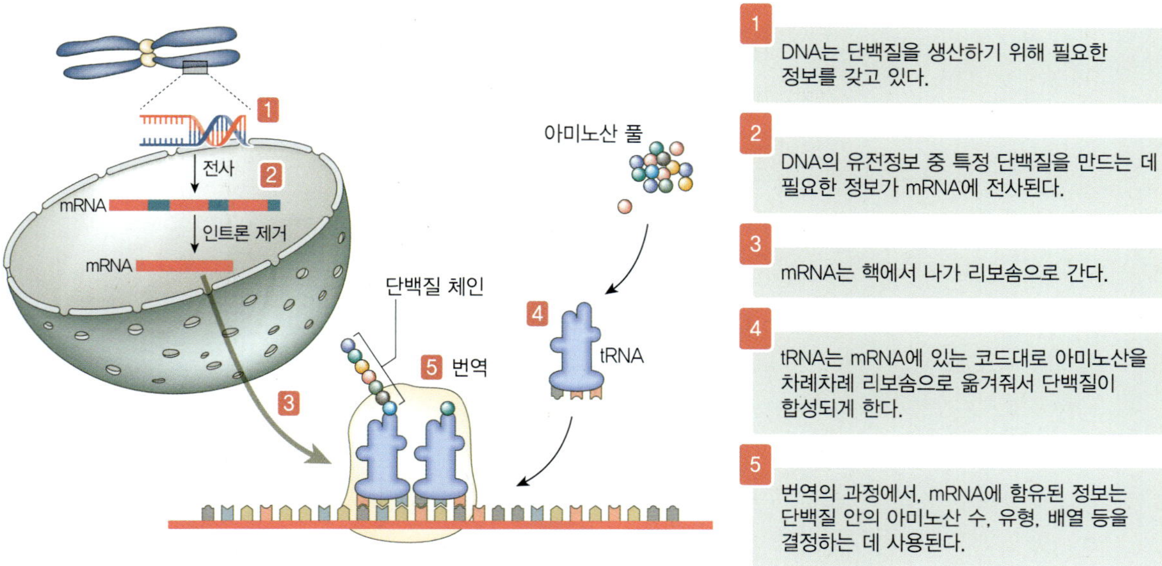

그림 6-6 단백질 합성 과정 개요도

(1) 아미노기 전이반응

아미노기 전이반응transamination은 아미노기가 있는 분자에서 다른 분자로 아미노기를 이동시키는 반응을 말한다. 보통은 아미노산의 아미노기가 직접 α-케토산으로 옮겨가 α-케토산이 아미노산으로, 아미노산이 케토산으로 되는 반응을 가리킨다. 예를 들어, 글루탐산의 아미노기$-NH_2$가 α-케토산인 피루브산에 전이되어 새로운 아미노산인 알라닌이 합성된다 그림 6-7. 이때 전이효소transaminase가 필요한데, 비타민 B_6가 이 효소의 조효소로 작용한다.

(2) 탈아미노반응

탈아미노반응deamination은 아미노기가 있는 화합물에서 아미노기(암모니아)가 이탈되는 반응을 말한다. 탈아미노반응으로 α-케토산과 아미노기가 생긴다. 아미노기는 새로운 아미노산을 합성하거나 간으로 가서 요소를 합성하여 배설되고, α-케토산은 아미노기를 받아 새로운 아미노산을 합성하거나 이화되어 에너지를 낸다.

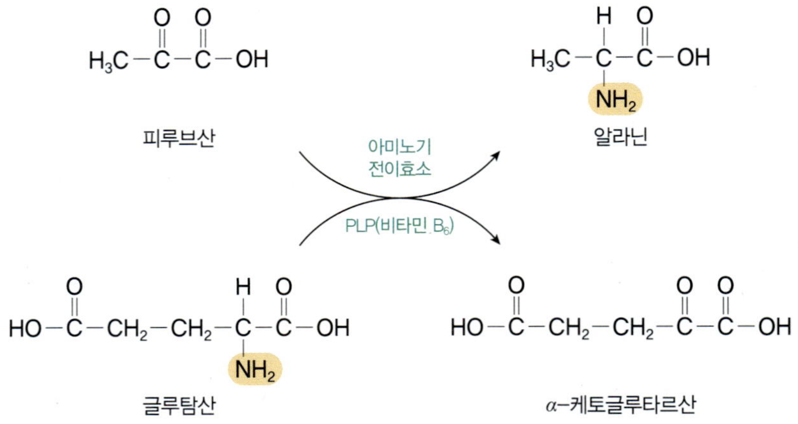

그림 6-7 아미노기 전이반응

4) 아미노산의 이화대사

아미노산에서 아미노기가 떨어져 나간 α-케토산은 탄수화물이나 지방이 분해되는 경로로 합류하여 이화된다.

(1) 아미노산 탄소 골격의 이용

아미노산 탄소 골격인 α-케토산은 아미노산의 종류와 체내 요구에 따라 에너지원으로 사용되거나 포도당 또는 지방산 합성에 이용될 수 있다 **그림 6-8**. 아미노산은 포도당 생성glucogenic 아미노산 또는 케톤 생성ketogenic 아미노산으로 분류할 수 있다 **표 6-2**.

① 포도당 생성 아미노산은 피루브산이나 TCA 회로 중간산물로 분해되어 포도당 합성에 이용될 수 있다.

② 케톤 생성 아미노산은 아세토아세틸 CoA로 전환되거나 아세틸 CoA로 전환되어 케톤체를 생성하거나 지방산 합성에 이용될 수 있다.

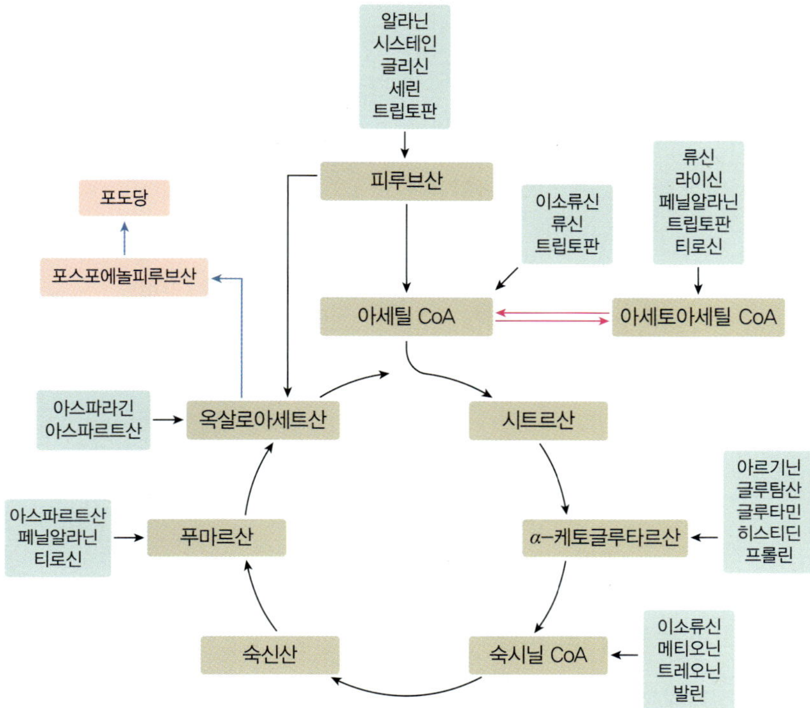

그림 6-8 아미노산의 이화대사

표 6-2 포도당 생성 및 케톤 생성 아미노산

분류	아미노산 종류
포도당 생성	알라닌, 세린, 글라이신, 시스테인, 아스파르트산, 아스파라긴, 글루탐산, 글루타민, 아르기닌, 히스티딘, 발린, 트레오닌, 메티오닌, 프롤린
포도당 생성 및 케톤 생성	이소류신, 페닐알라닌, 티로신, 트립토판
케톤 생성	류신, 라이신

(2) 아미노기의 이용

탈아미노반응으로 아미노산에서 떨어져 나온 아미노기는 아미노기 전이반응을 통해 다른 비필수아미노산 합성에 이용되거나 간에서 요소를 합성하여 신장을 통해 배설된다.

(3) 요소 합성

탈아미노반응으로 아미노산에서 떨어져 나온 아미노기$-NH_2$는 암모니아NH_3를 생성한다. 암모니아는 알칼리성이어서 인체에 유독하므로 간에서 요소회로를 통해 중성인 요소로 전환되어 소변으로 배설된다.

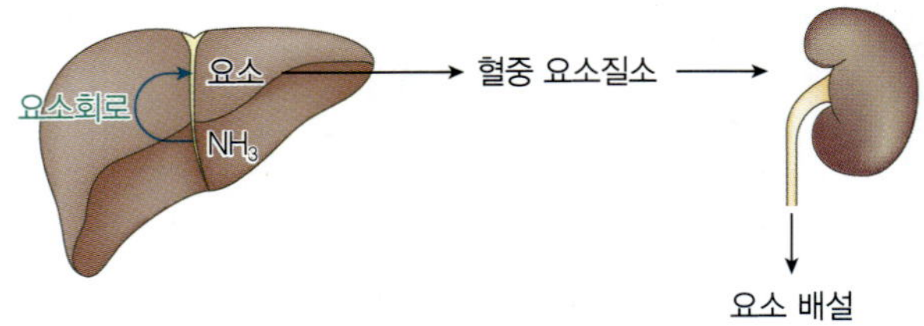

그림 6-9 요소의 합성과 배설

(4) 단백질 이외의 물질 합성

① 비단백질 생리활성물질 합성

아미노산의 일부는 생리활성물질 합성에 이용된다. 세로토닌은 트립토판에서 합성되며 갑상샘호르몬과 카테콜아민은 티로신에서 합성된다. 타우린은 시스테인과 메티오닌으로부터 합성된다.

② 핵산 합성

DNA와 RNA는 5탄당, 염기 그리고 인산기로 이루어져 있다. RNA의 퓨린 염기는 아데닌A, 구아닌G이고, 피리미딘 염기는 우라실U과 시토신C이다. DNA는 우라실 대신 티민T인 것만 다르다. 퓨린과 피리미딘은 글루타민, 글라이신, 아스파르트산 등에서 합성될 수 있다.

③ 크레아틴 합성

크레아틴은 아르기닌, 글라이신, S-아데노실메티오닌으로부터 합성된다.

4. 단백질의 기능

1) 신체 구조 형성

모든 세포는 단백질을 함유하고 있다. 근육, 결체조직, 점액, 혈액 응고인자, 혈중 운반단백질, 지단백질, 시각색소, 골격의 지지구조bone matrix 등이 모두 단백질로 만들어진다. 단백질을 많이 먹는다고 해서 이러한 물질들의 합성이 증가하지는 않으나, 너무 적게 먹으면 체단백질 합성과 복구과정이 지연된다.

성장기 어린이뿐만 아니라 성인도 체내의 모든 세포에서 계속적으로 새로운 단백질이 합성되고 오래된 단백질은 분해되므로 단백질의 교체turnover를 위해 지속적인 단백질 섭취가 필요하다. 대부분의 필수적 체단백질은 분해, 생성, 복구에 있어 항상성을 유지한다.

2) 효소와 호르몬 합성

모든 효소는 단백질로 구성되어 있다. 그리고 호르몬 중 일부는 아미노산 또는 단백질로 만들어진다. 갑상샘호르몬은 오로지 한 가지 종류의 아미노산(티로신)으로 구성되어 있다. 인슐린은 총 51개의 아미노산으로 구성되어 있다.

3) 체액 유지

혈중 단백질은 체액 균형이 유지되도록 돕는다. 정상적인 동맥압에 의해 혈액이 모세혈관으로 유입되고, 그 다음 모세혈관에서 인근 세포 사이사이의 공간(세포외액)으로 나와 세포에 영양소를 공급해 준다. 혈중 단백질은 모세혈관을 빠져나가 조직으로 들어가기에는 너무 크다. 모세혈관에 이러한 단백질이 존재하면 삼투압이 유지되어 적당량의 체액이 다시 모세혈관으로 되돌아오도록 해준다. 단백질 섭취가 부족하면 혈중 단백질 수준이 감소하여 조직으로부터 혈류로 체액이 되돌아오기에 충분한 삼투압을 유지시키지 못해 조직 주변에 과도한 체액이 존재하게 된다. 조직에 체액이 축적됨에 따라 조직은 부풀어 오르고 부종이 된다. 이를 영양성 부종이라 한다.

4) 산·염기 균형

단백질은 알칼리성인 아미노기와 산성인 카르복실기를 모두 가지고 있어 완충제 역할을 함으로써 혈액 내 산·염기 균형을 조절할 수 있으므로 체액의 pH가 일정하게 유지되는 데 기여한다. 혈중 단백질의 일부는 신체에서 특히 우수한 완충제로 작용한다. 또한 세포막에 존재하는 단백질은 세포 안팎의 화학이온들을 펌프하여 혈액이 약알칼리 상태를 유지할 수 있도록 해준다.

항체(antibody, Ab)
면역반응에서 항원의 자극으로 생체에서 만들어지고, 항원과 특이적으로 결합하는 단백질을 말한다. 이것은 면역글로불린(immunoglobulin)이라고도 한다.

5) 면역기능

단백질은 면역세포의 주요 구성성분이다. 또한 항체는 단백질로 이루어져 있다. 따라서 단백질 섭취가 부족하면 면역기능이 저하된다.

6) 포도당 생성

뇌, 적혈구, 신경조직은 포도당을 에너지원으로 사용하므로 이들에게 에너지를 공급하기 위해서는 혈당을 일정한 농도로 유지해야 한다. 만일 포도당 공급을 위한 탄수화물 섭취가 불충분하면 포도당 공급을 위해 간(그리고 신장)에서는 아미노산으로부터 포도당을 합성한다. 아미노산으로부터 약간의 포도당이 생성되는 것은 정상이지만, 굶주림과 같은 극한의 상황에서는 다량의 근육 아미노산이 포도당 생성에 사용되어 근육이 손실되고 부종이 발생할 수 있다.

7) 에너지 공급

인체는 단백질을 특별한 기능에 사용하기 위해서 탄수화물과 지방을 우선적인 에너지원으로 사용하므로 단백질이 에너지원으로 사용되는 양은 매우 적다. 그러나 장시간 지구력 운동으로 탄수화물과 지방이 고갈되어 단백질이 에너지원으로 사용되어야 하는 상황이거나 체중 감량을 위해 에너지 섭취를 제한하는 상황이라면, 아미노산에서 아미노기가 제거되고 남은 탄소 골격은 에너지 생성을 위해 대사된다 그림 6-8 참고.

8) 만복감에 기여

다른 다량 영양소와 비교할 때, 단백질은 식후 만복감을 가장 크게 느끼게 해주는 영양소이다. 매끼 식사에 단백질이 들어 있으면 식사량을 조절하는 데 도움을 준다. 체중 감량을 목적으로 에너지 섭취량을 감소시킬 때 단백질도 부족하게 먹는 것은 옳지 않다. 충분한 단백질 섭취는 체중 감량에 도움이 되며 실제로 고단백식사를 기본으로 하는 다이어트 식단으로 존 다이어트, 사우스 비치 다이어트 등이 개발되어 있다.

알아두기

고단백 다이어트의 예

존 다이어트

미국인 의사 배리 시어즈(Barry Sears)가 고안한 방법으로 탄수화물 : 지질 : 단백질의 에너지비를 40 : 30 : 30으로 할 때 혈당을 조절하는 인슐린과 글루카곤의 균형이 가장 좋은 범위(zone)에 있게 된다는 다이어트 방법이다.

사우스 비치 다이어트

미국 심장병 전문의 애거스톤(Agaston)이 과체중 심장병 환자를 위해 고안한 다이어트 방법이다. 앳킨스나 존 다이어트보다는 탄수화물 제한이 덜하고 혈당지수가 낮은 식품의 섭취를 권장한다.

5. 단백질의 질

1) 완전단백질과 불완전단백질

식품단백질은 함유된 필수아미노산의 조성에 따라서 완전단백질과 불완전단백질로 분류한다. 완전단백질이란 모든 필수아미노산이 성장과 유지에 필요한 구성비율로 포함되어 있는 단백질을 말하며 대부분의 동물성단백질이 여기에 속한다. 불완전단백질은 하나 이상의 필수아미노산 양이 부족한 것으로 콜라겐과 식물성단백질이 여기에 속한다.

체단백질 합성을 위해서는 식물성단백질보다는 동물성단백질을 섭취하는 것이 유리하다. 그러나 한 가지 동물성 급원식품에서만 단백질을 섭취하는 것은 특정 아미노산의 과부족이 생길 우려가 있기 때문에 동물성 급원식품이라 해도 가급적 여러 식품에서 골고루 섭취하는 것이 좋다. 또한 식물성단백질도 부족한 아미노산이 서로 다른 식품끼리 잘 섞어 먹으면 필수아미노산을 충분히 섭취할 수 있다.

2) 제한아미노산

체내 요구량에 비해 식품 또는 식사 내에 적게 들어 있는 필수아미노산을 제한아미노산이라고 하며, 가장 적게 들어 있는 필수아미노산을 제1 제한아미노산이라고 한다. 체단백질을 합성하기 위해서는 여러 아미노산이 필요하고, 이 중 한 가지만 부족해도 체단백질 합성이 안 되므로 제한아미노산이 그 단백질의 질을 결정한다고 할 수 있다. 콩은 메티오닌이 제한아미노산이고, 쌀은 라이신과 트레오닌이 제한아미노산이다. 콜라겐은 동물성단백질이지만 트립토판이 제한아미노산인 불완전단백질이다 표 6-3.

표 6-3 식물성식품 단백질의 제한아미노산

식품	제한아미노산	부족한 아미노산을 보충할 수 있는 식물성 급원
곡류	라이신, 트레오닌	콩류
콩류	메티오닌	곡류, 견과류
견과류	라이신	콩류
채소류	메티오닌, 트립토판, 라이신	곡류, 견과류, 콩류

3) 단백질 상호 보완효과

제한아미노산의 종류가 다른 두 개의 불완전단백질을 함께 섭취하여 서로의 제한점을 보완하여 균형된 아미노산 조성을 가질 수 있는데, 이를 단백질 상호 보완효과라고 한다. 콩에는 메티오닌이 부족하고 쌀에는 라이신이 부족한데, 콩밥은 이 둘의 제한점을 보완하여 단백질의 질을 높인다. 따라서 다양한 식품을 섭취하면 단백질의 상호 보완효과가 커진다 표 6-4.

표 6-4 단백질 상호 보완효과

상호 보완 식품류	음식의 예
곡류와 콩류	콩밥, 밥과 두부, 빵과 콩수프
곡류와 유제품	치즈 샌드위치, 파스타와 치즈
콩류와 종실류	두부와 깨소금, 검은깨 두유

4) 식품단백질의 질 평가

식품단백질의 질 평가방법에는 단백질의 필수아미노산 조성을 화학적으로 분석하는 화학적 방법과 동물의 성장속도나 체내 질소 보유 정도를 측정하는 생물학적 방법이 있다.

(1) 화학적 방법

① 화학가

화학가chemical score, CS는 식품 단백질의 제1 제한아미노산의 함량을 기준단백질의 같은 아미노산의 함량으로 나눈 값의 백분율을 말한다. 달걀 단백질은 인체가 필요로 하는 필수아미노산 조성과 거의 일치하므로 달걀 단백질을 기준단백질로 사용한다.

$$\text{화학가(CS)} = \frac{\text{식품 단백질 g당 제1 제한아미노산의 mg}}{\text{기준 단백질 g당 같은 아미노산의 mg}} \times 100$$

② 아미노산가

아미노산가amino acid score는 FAO/WHO(1973) 패턴을 이용한 이상적인 필수아미노산 표준 구성을 기준단백질로 하여 구한 화학가이다.

$$\text{아미노산가} = \frac{\text{FAO/WHO(1973) 패턴에 의한 제1 제한아미노산의 시료단백질 중의 함량(mg/g 단백질)}}{\text{FAO/WHO(1973) 패턴의 동 아미노산의 함량(mg/g 단백질)}}$$

(2) 생물학적 방법

① 단백질 효율

단백질 효율protein efficiency ratio, PER은 성장하는 동물에서 체중 증가가 체내 단백질 증가와 비례한다는 전제하에 단백질의 질을 평가하는 방법이다.

$$\text{단백질 효율(PER)} = \frac{\text{일정 기간 동안 체중 증가량(g)}}{\text{일정 기간 동안 총단백질 섭취량(g)}}$$

② 생물가

생물가biological value, BV는 동물 체내로 흡수된 질소가 체내에 보유된 정도를 나타내는 값으로서, 흡수된 단백질이 얼마나 효율적으로 체단백으로 전환되었는지를 측정하는 것이다.

$$\text{생물가(BV)} = \frac{\text{보유 질소량}}{\text{흡수 질소량}} \times 100 = \frac{\text{(식품 질소} - \text{변중 질소)} - \text{요중 질소}}{\text{식품 질소} - \text{변중 질소}} \times 100$$

③ 단백질 실이용률

단백질 실이용률net protein utilization, NPU은 단백질의 생체 내 이용률로서 생물가에 소화율을 곱한 값이다.

$$\text{단백질 실이용률(NPU)} = \frac{\text{보유 질소량}}{\text{섭취 질소량}} \times 100 = \text{생물가} \times \text{소화흡수율}$$

6. 단백질의 섭취실태와 섭취기준

1) 단백질의 섭취실태

2019 국민건강영양조사 결과에 의하면, 우리나라 국민의 권장섭취량 대비 단백질 섭취비율은 남자 156%, 여자 134%였고, 1인 1일 평균 단백질 섭취량은 75.0 g (총 에너지의 15.6%)였다. 과거 40여 년간 우리나라 국민의 단백질 에너지비는 큰 변화없이 14~19% 수준을 유지하고 있으나 그 내용에는 변화가 커서 1인 1일 평균 육류 섭취량이 1969년 6.6 g에서 2000년 이후에는 약 90 g으로 증가하였다. 즉, 동물성단백질 섭취비율이 매우 많이 증가하였다. 과거에는 전체 단백질 중 동물성단백질 섭취비율을 1/3 수준까지 높이는 것이 주요 영양교육 목표였던 적도 있었으나, 현재는 오히려 단백질, 특히 동물성단백질의 과다 섭취가 문제되는 실정이다.

2) 질소평형과 단백질 필요량

하루 단백질 필요량은 얼마나 될까? 성장기가 아니라면 단백질은 하루 소비되는 양만큼만 섭취해 주면 된다. 건강한 성인의 경우, 체내 단백질 섭취량과 배설량이 평형을 이루어 질소평형nitrogen balance을 유지할 수 있는 양이 단백질 필요량이다. 이때 에너지 필요량도 충족되어야 아미노산이 에너지로 전환되지 않고 고유의 기능을 위해 쓰일 수 있다.

성장기나 질병 또는 상해의 회복기에는 새로운 조직을 합성하기 위해 양의 질소평형이 필요하다. 이때는 단백질 배설량보다 더 많이 먹어야 한다. 이 시기에는 인슐린, 성장호르몬, 테스토스테론 등의 호르몬이 양의 질소평형이 되도록 촉진해 준다. 근력운동도 양의 질소평형이 일어나게 한다. 반면 단백질 필요량보다 적게 섭취하면 음의 질소평형이 된다. 급성 질환으로 인해 단백질과 에너지 소모가 많음에도 불구하고 식욕 저하 등으로 단백질 섭취량이 적을 때 음의 질소평형이 될 수 있다 **그림 6-10**.

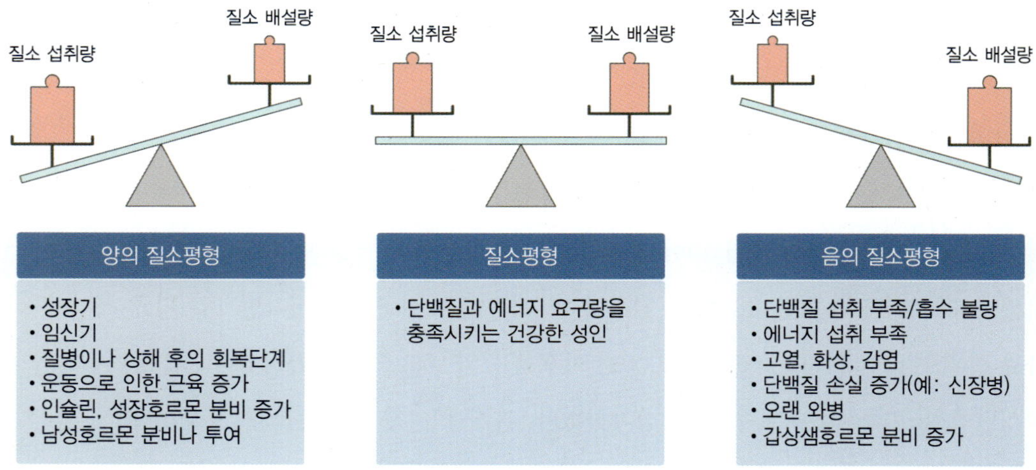

그림 6-10 질소평형

3) 단백질의 섭취기준

한국인 영양소 섭취기준에서는 우리나라 성인의 단백질 평균필요량은 남녀 모두 0.73 g/kg체중/일로 정하였다. 단백질 권장섭취량은 평균필요량에 안전율 12.5%를 더한 0.9125 g/kg체중/일로 정하였다. 19~29세 성인 남녀의 권장섭취량은 각각 65 g/일과 55 g/일이고, 평균필요량은 50 g/일과 45 g/일이다. 단백질의 에너지 적정비율은 7~20%이다. 정신적 스트레스, 육체 노동, 주말 스포츠 활동을 위해 단백질 섭취량을 증가시킬 필요는 없다.

7. 단백질의 급원식품

단백질의 급원은 육류, 생선류, 난류, 우유 등의 동물성 급원과 콩류, 곡류, 채소류 등의 식물성 급원으로 나눌 수 있다 그림 6-11. 곡류는 단위무게당 단백질 함량이 적지만, 우리나라의 경우 쌀의 섭취량이 많아 쌀도 중요한 식물성단백질 급원이다. 미국의 5대 단백질 급원식품은 쇠고기, 돼지고기, 우유, 빵, 치즈이며, 한국은 백미, 돼지고기, 닭고기, 달걀, 쇠고기, 두부 순이다.

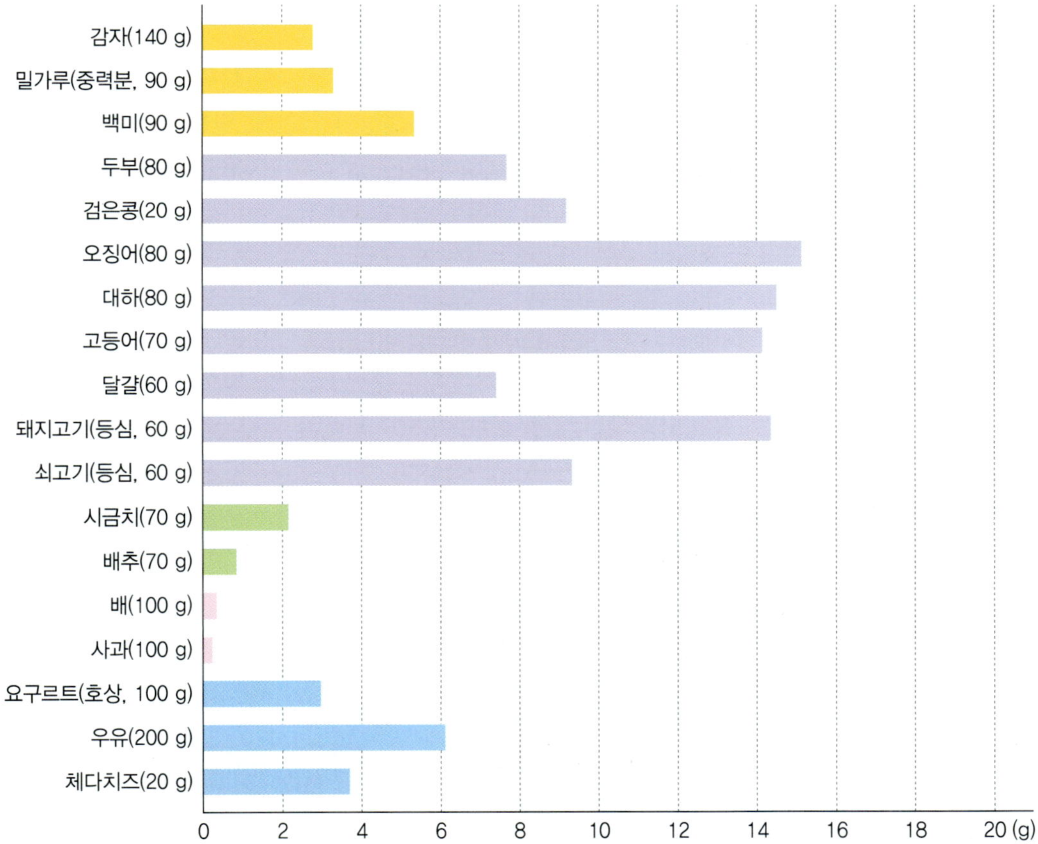

그림 6-11 1인 1회 분량당 단백질 함량

8. 단백질과 건강

1) 단백질 결핍증

단백질 결핍은 단백질 하나만 부족한 경우는 드물고 대개 에너지 및 다른 영양소 결핍과 같이 나타난다. 알코올 중독자는 단백질 결핍 위험이 높다. 단백질과 에너지 결핍은 개발도상국에서 좀 더 심각하지만, 전 세계적으로 병원 입원환자 등에서 보편적으로 나타나는 영양문제이다.

단백질 섭취가 특히 부족한 경우를 단백질-칼로리 영양불량protein-calorie malnutrition, PCM 또는 단백질-에너지 영양불량protein-energy malnutrition, PEM이라 한다. 단백질-에너지 영양불량인 경우 성장이 지체되며 질병 감수성이 커진다. 단백질-에너지 영양불량에서 특히 단백질 섭취가 부족한 경우 콰시오커kwashiorkor가 발생하며, 특히 에너지 섭취가 부족한 경우 마라스무스marasmus가 발생한다. 콰시오커는 부종과 머리카

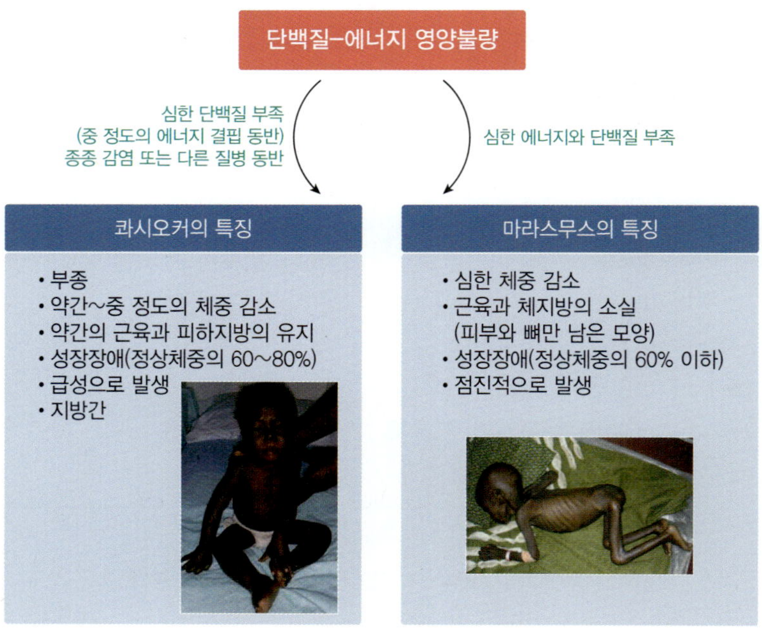

그림 6-12 단백질-에너지 영양불량의 분류

락 탈색이 특징적으로 나타나며, 마라스무스는 심한 체중감소를 보인다 그림 6-12.

2) 고단백식사의 위험성

단백질을 과다하게 섭취하면 건강에 해롭다. 특히 동물성단백질에는 식물성식품에 많은 식이섬유, 비타민과 무기질, 피토케미컬은 적은 대신 포화지방과 콜레스테롤의 함량은 높아서 동물성단백질을 과다하게 섭취하면 비만, 심혈관계질환, 일부 암 발생의 위험이 높아진다.

고단백식사를 하면 소변으로 손실되는 칼슘 양이 증가한다. 적색육red meat을 많이 먹으면 대장암 발병률이 증가하며, 고온에서 조리한 적색육을 섭취하면 다른 암 발생률도 증가한다. 적색육에는 지방 함량이 높고 식이섬유 함량은 낮은 것이 가장 문제이다. 단백질을 가금류, 생선, 견과류, 콩류 등으로 섭취하면 이런 문제가 적다. 또한 고단백식사를 하면 단백질 대사로 인한 노폐물(요소)을 신장을 통해 배설해야 하므로 장기간 고단백식사를 한 경우 신기능 퇴화가 가속화된다.

심화학습자료

콰시오커와 마라스무스

콰시오커

콰시오커는 가나어에서 유래한 말로써, '새 아기가 생겼을 때 첫 아기에게 생기는 질병'이라는 뜻이다. 모유를 먹던 아기가 새로 동생이 태어나 모유를 동생에게 양보하게 되면, 가난한 나라의 어린이는 영양이 풍부하던 모유 대신 에너지 대비 단백질이 매우 부족한 전분 위주의 식사를 하게 된다. 이런 어린이는 감염 위험성이 커지고 결과적으로 단백질과 에너지 요구량은 급격히 증가하는 반면, 섭취량은 적어서 에너지 대비 단백질 결핍이 심화된다.

콰시오커 증상은 단백질 결핍에 기인한다. 단백질 섭취가 부족한 어린이는 정상적으로 성장과 성숙을 하지 못한다. 콰시오커의 주 증상은 설사, 무관심, 성장 지체 등이다. 증상이 심해지면 머리카락이 탈색되고, 칼륨 결핍, 얇은 피부, 지방간, 근육 감소, 복부와 다리에 심한 부종이 나타나며 사망할 수 있다. 어린이에서 부종이 콰시오커를 진단할 수 있는 특정 증상이다. 이런 어린이들은 좀처럼 움직이려 하지 않으며 꼬집어도 울지 않는다. 만일 콰시오커인 어린이를 적절한 때에 치료해 주고, 단백질과 에너지, 그리고 다른 필수 영양소들을 공급해 주면 다시 회복될 수 있다. 그들은 다시 성장하기 시작하고 콰시오커 증상이 없어진다. 그러나 키가 작은 것은 회복되지 못한다. 불행하게도 콰시오커인 어린이들이 적절하게 치료받을 수 있는 기회는 거의 없으며 대부분 사망하게 된다. 그리고 병원이나 구호센터에서 회복시켜 집으로 돌려보내면 다시 병들게 된다.

마라스무스

마라스무스는 '너무 소모된'이란 뜻의 그리스어에서 유래한 단어이다. 이들은 체지방이라고는 찾아볼 수 없이 골격과 가죽만 남은 모양새를 갖고 있다. 마라스무스는 어린이가 서서히 굶주려 사망에 이르게 될 때 발생한다. 마라스무스의 원인은 심한 에너지 부족과 단백질 및 다른 영양소의 부족이다. 이러한 단백질–에너지 영양결핍은 어린이와 어른에서 모두 나타날 수 있다.

마라스무스는 모유 수유를 하지 않거나 일찍 이유한 어린이에서 발생하기 쉽다. 가난한 나라에서 비위생적인 물로 이유식을 준비하고, 어린이의 영양요구량에 맞는 유아식을 공급하지 못하는 경우가 많다. 마라스무스인 어린이는 조산아와 마찬가지로 더 많은 에너지와 단백질을 필요로 하는데, 실제로 이것을 충족시킬 수 있는 경우는 매우 드물고 이 병으로부터 완전히 회복될 수 없다. 두뇌 발달은 수정 시부터 첫 돌 사이에 주로 이루어지고 출생 후에 그 성장속도가 가장 빠른데, 생애 초기에 두뇌 성장에 필요한 영양이 공급되지 못한 경우 완전한 어른 크기로 뇌가 성장할 수 없다. 이렇게 뇌 성장이 지연되면 지적 기능이 떨어지게 된다.

단원정리

아미노산의 종류

아미노산은 단백질을 구성하는 단위로서 질소를 함유하고 있다. 식품에는 20종의 아미노산이 존재하며 이 중 9개는 필수아미노산이다.

단백질 구조

단백질의 1차 구조는 아미노산이 일직선으로 연결된 펩티드 사슬이고, 2차 구조는 폴리펩티드의 사슬 내 또는 사슬 간에 수소결합에 의해 생긴다. 단백질의 3차 구조는 단백질 사슬 내에서 아미노산 사이의 결합에 의한 것이며, 4차 구조는 2개 또는 4개의 폴리펩티드 사슬 간에 수소결합과 정전기 힘에 의한 결합으로 이루어진다. 단백질은 3차 구조가 변성되면 생리적 활성을 잃게 된다.

단백질의 소화와 흡수

단백질은 위에서 짧은 폴리펩티드 사슬로 분해되고, 소장에서 아미노산으로 분해되어 간문맥을 거쳐 흡수된다.

단백질의 대사

아미노산은 아미노기 전이반응과 탈아미노기 반응을 통해 새로운 비필수아미노산을 합성하거나 포도당과 지방을 생성하거나 에너지 생산에 사용될 수 있으며 비단백질 생리활성 물질, 핵산, 크레아틴 등의 합성에도 이용된다.

단백질의 기능

단백질은 신체구조를 형성하고 호르몬과 효소를 생성하며, 체액을 유지하고 산·염기 균형에 기여하며 면역기능에 관여한다. 또한 포도당 생성 및 에너지를 공급하고 식후 만복감을 준다.

단백질의 질

완전단백질이란 필수아미노산 조성이 성장과 유지에 필요한 비율대로 포함되어 있는 단백질로서 대개 동물성단백질이 여기에 속한다. 불완전단백질은 하나 이상의 필수아미노산 양이 부족한 단백질이다. 체내 요구량에 비해 식품 또는 식사 내에 적게 들어 있는 필수아미노산을 제한아미노산이라고 하며, 가장 적게 들어 있는 필수아미노산을 제1 제한아미노산이라고 한다. 제한아미노산이 각기 다른 단백질 식품들을 혼합하여 먹음으로써 양질의 단백질 식사가 되게 할 수 있다. 이를 단백질의 상호 보완효과라고 한다. 단백질의 질 평가방법에는 화학적 방법과 생물학적 방법이 있다.

단백질의 섭취기준

성인 남녀의 단백질 권장섭취량은 각각 65 g/일과 55 g/일이다. 단백질 섭취량이 배설량과 같을 때 질소평형이라 한다. 단백질 섭취량이 배설량보다 많을 때 양의 질소평형, 단백질 섭취량이 배설량보다 적을 때 음의 질소평형을 이룬다. 성장기 또는 질병 후 회복기일 때는 양의 질소평형을 이룬다.

단백질-에너지 영양불량

콰시오커는 에너지 대비 단백질 섭취가 특히 부족할 때 생기며 부종과 머리카락 탈색이 특징적으로 나타난다. 마라스무스는 극심한 굶주림으로 단백질과 에너지 둘 다 부족할 때 발생한다.

CHECK UP 도착점!

1. 다음 중 완전단백질에 해당하는 것은?
① 쌀 ② 달걀 ③ 강낭콩 ④ 옥수수

2. 다음 중 콰시오커의 특징적인 증상은?
① 부종 ② 성장 부진 ③ 근육 소모 ④ 심각한 체중 감소

3. 겸상적혈구빈혈은 어떤 단백질 구조의 이상 때문에 생기는가?
① 1차 구조 ② 2차 구조 ③ 3차 구조 ④ 4차 구조

4. 다음 중 아미노산의 특징을 결정 짓는 결합기는?
① 케토기 ② 아미노기 ③ 곁사슬기 ④ 카르복실기

5. 다음 중 단백질의 상호 보완효과를 가장 크게 얻을 수 있는 음식은?
① 콩밥 ② 보리밥 ③ 현미밥 ④ 곤드레밥

6. 다음 중 양의 질소평형이 일어나는 상황이 아닌 것은?
① 성장기 ② 남성호르몬 투여 ③ 수술 후 회복기 ④ 갑상샘호르몬 분비 증가

7. 다음 중 단백질의 기능으로 옳지 않은 것은?
① 효소 합성 ② 항체 합성 ③ 산 · 염기 균형 ④ 스테로이드호르몬 합성

정답

1. ② 2. ① 3. ① 4. ③ 5. ① 6. ④ 7. ④

CHAPTER 7

에너지 대사와 체중관리

세계 주요 국가의 성인 비만율은 30% 이상이며, 우리나라도 성인 세 명 중 한 명이 비만이다. 이와 함께 비만 관련 질환인 대사증후군, 고혈압, 당뇨병, 심혈관계질환 등의 유병률도 동반 상승하고 있다. 체중에 대한 높은 관심만큼이나 다이어트 방법도 다양하게 제시되고 있지만, 잘못된 방법을 적용함에 따른 요요현상 발생으로 체중조절 실패와 건강 부작용이 자주 발생하고 있다. 따라서 체중관리에 관한 바른 지식을 습득하고 꾸준히 실천하는 것이 어느 때보다 필요하다.

이 장에서는 에너지 대사, 에너지 소비, 체중 판정, 체중 감량과 증량 방법, 식사장애에 대해 알아보며 체중관리를 과학적으로 할 수 있는 능력을 갖추도록 한다.

학/습/목/표

1. 에너지 대사를 설명할 수 있다.
2. 에너지 소비를 이해하고 체중관리 원리를 설명할 수 있다.
3. 체중 감량과 체중 증량 방법을 체중관리에 적용할 수 있다.

CHECK UP 출발점!

※다음 문제에 O, X로 답하시오.

1. 하루 에너지 소비량 중 가장 큰 부분을 차지하는 것은 기초대사량이다.
2. 식사성 발열효과는 탄수화물이 단백질보다 크다.
3. 체질량지수는 모든 성별과 연령에 적용하는 체중 판정방법이다.
4. 체중이 체지방률보다 비만 관련 질병 발생과 더 밀접한 관계를 가진다.
5. 소아비만은 대개 성인비만으로 이행된다.
6. 체중을 바람직하게 감량하려면 체지방 감량을 최대화시키는 방법을 적용해야 한다.
7. 체중 감량 식사는 저열량 · 저단백질 식사로 구성해야 한다.
8. 체중 감량 시 케톤증을 막기 위해 하루에 탄수화물을 일정량 이상 먹어야 한다.
9. 요요현상을 막으려면 체중 감량 시 유산소운동으로 근육량을 늘려야 한다.
10. 거식증은 식욕을 조절하지 못하고 자주 폭식하는 것이다.

정답 및 해설

1. ○ 2. ×(식사성 발열효과는 단백질이 탄수화물보다 크다.) 3. ○ 4. ×(체중보다 체지방률이 비만 관련 질병 발생과 더 밀접한 관계를 가진다.) 5. ○ 6. ○ 7. ×(체중 감량 식사는 일상식사보다 에너지를 낮추면서 단백질에 의한 에너지 섭취비율을 높여야 한다.) 8. ○ 9. ×(요요현상을 막으려면 체중 감량 시 근력운동으로 근육량을 늘려야 한다.) 10. ×(거식증은 식욕부진으로 식사를 거부하는 것이다.)

1. 에너지 대사

1) 에너지 대사의 정의

에너지는 인체가 생명을 유지하고 활동하고 성장하는 데 필요한 원동력이다. 에너지 대사란 에너지 영양소인 탄수화물, 지질, 단백질이 체내에서 ① 이화작용을 거쳐 ATP 형태로 전환되거나, ② 동화작용을 거쳐 글리코겐, 중성지방, 단백질을 만들어 저장되는 것이다 그림 7-1. ATP는 분자 내의 인산결합이 분해될 때 7.3 kcal/mol의 에너지를 방출하는 고에너지 화합물인데('알아두기' 참고), 인체는 이 에너지를 영양소의 흡수·운반·대사, 새로운 물질 합성, 신경자극 전달, 신체활동 등에 사용한다.

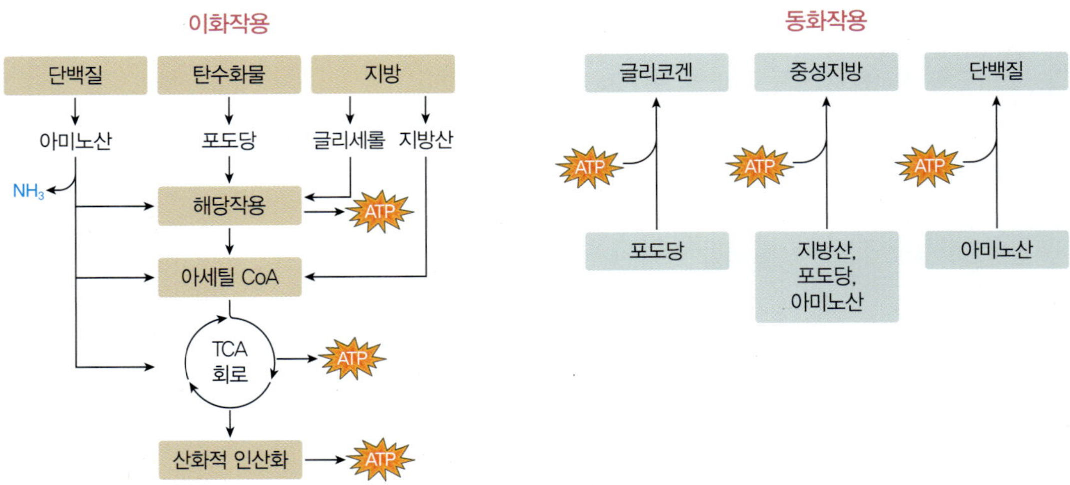

그림 7-1 에너지 대사

2) 식품 에너지

식품 중의 탄수화물, 지질, 단백질이 내는 에너지 함량은 밤 열량계bomb calorimeter를 이용해 측정한다 그림 7-2. 밤 열량계로 측정된 영양소의 1 g당 에너지 함량인 물

알아두기

ATP의 분해와 에너지 발생

$$ATP + H_2O \xrightarrow{ATPase} ADP + P_i + H^+ + \text{에너지}(7.3\ kcal/mol)$$

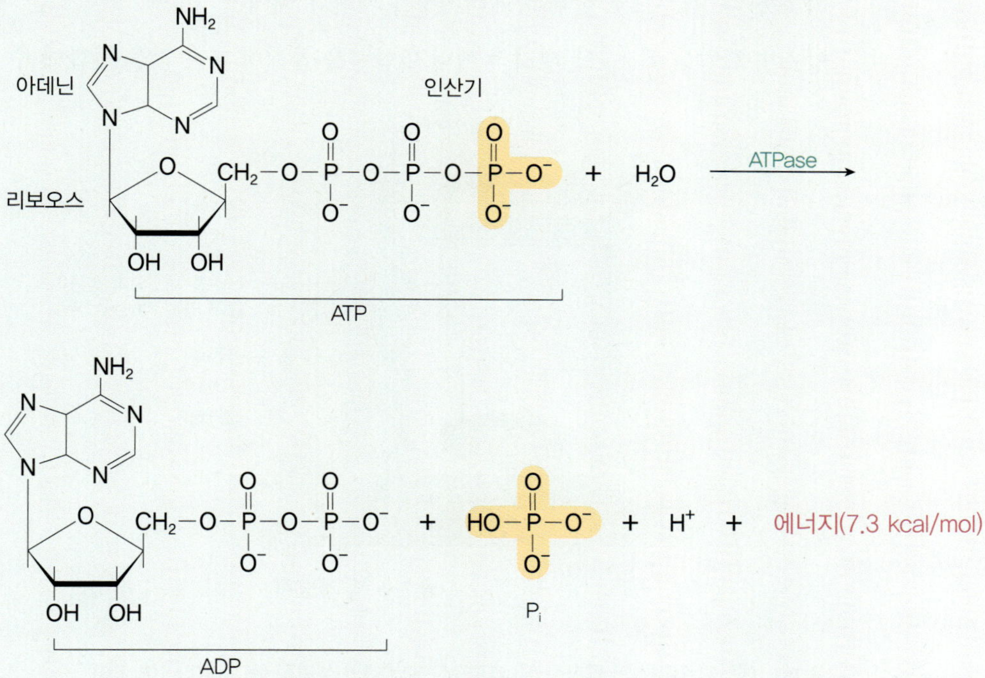

자료 : 이연숙 외, 2012

리적 에너지(연소 에너지)는 탄수화물 4.15 kcal, 지질 9.45 kcal, 단백질 5.65 kcal, 알코올 7.10 kcal이다 표 7-1. 우리 몸에서는 영양소가 완전히 소화되지 않으므로, 체내에서 이들 영양소로부터 생성되는 에너지인 생리적 에너지(대사 에너지)는 밤 열량계에서 측정된 물리적 에너지 함량에 평균 소화율을 곱해서 구해야 한다. 평균 소화율은 탄수화물 97%, 지질 95%, 단백질 92%이다. 또한 이때 단백질은 체내에서 1 g당 요소를 합성하기 위해 사용하는 에너지

밤 열량계

밤 열량계는 중앙에 산소가 들어 있는 연소실이 있고, 연소실 내부는 식품에 불을 붙일 수 있도록 전선이 식품과 연결되어 있다. 연소실 주위는 일정량의 물로 둘러싸여 있어 식품이 연소하면서 발생한 열이 물에 전달되어 물의 온도가 올라가는데, 물의 온도 변화를 이용해 식품의 에너지량을 계산한다. 1 kcal는 물 1 kg을 1℃ 올리는 데 필요한 에너지이다.

량인 1.25 kcal를 감해 주어야 한다.

이렇게 영양소의 소화율과 체내에서 손실되는 에너지를 감안하면 우리 몸에서 이용되는 에너지인 생리적 에너지의 평균 함량은 1 g당 탄수화물 4 kcal, 지질 9 kcal, 단백질 4 kcal, 알코올 7 kcal가 되며, 이를 아트워터 계수Atwater's calorie factors라고 한다. 식품으로 섭취한 에너지량을 계산할 때에는 식품에 들어 있는 에너지 영양소별 함량(g)에 1 g당 생리적 에너지 함량을 곱해서 나온 값들을 합해 주면 된다.

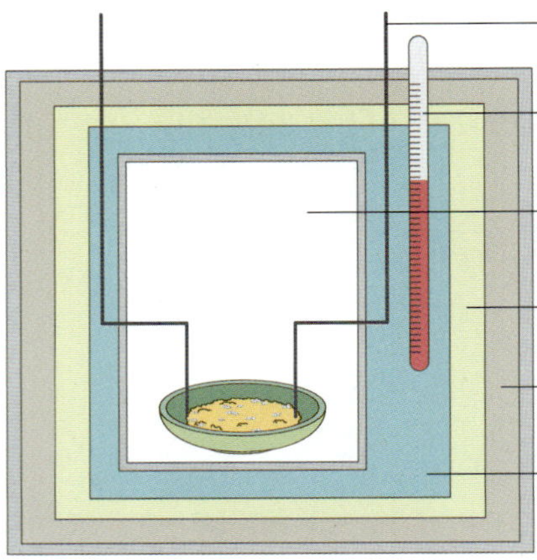

그림 7-2 밤 열량계

표 7-1 에너지 영양소의 물리적 에너지(연소 에너지)와 생리적 에너지(대사 에너지)

에너지 영양소	① 물리적 에너지[1] (kcal/g)	② 평균 소화율(%)	③ 체내에서 손실되는 에너지량(kcal/g)	생리적 에너지[2] (kcal/g) (① × ② - ③)
탄수화물	4.15	97	0	4
지질	9.45	95	0	9
단백질	5.65	92	1.25	4
알코올[3]	7.10	100	0.1	7

[1] 밤 열량계 내 에너지가

[2] 아트워터 계수(Atwater's calorie factors)

[3] 알코올은 에너지 영양소는 아니나 에너지를 내는 물질임

2. 에너지 소비

인체의 에너지 소비 경로는 크게 4가지로, ① 안정 시 기초대사량이나 휴식대사량, ② 신체활동에 따른 신체활동대사량, ③ 식품 섭취에 따른 식사성 발열효과, ④ 변화된 환경에 적응하기 위한 적응대사량이다. 일반적으로 1일 에너지 소비량은 ①, ②, ③을 합해 구하며, ④는 개인차가 있고 소량이므로 무시한다.

1) 에너지 소비량의 구성

(1) 기초대사량

기초대사량은 인체가 생명을 유지하기 위해 소비하는 최소한의 에너지이다. 즉, 기초대사량은 호흡, 혈액 순환, 체온 유지, 배설과 같이 의식하지 못하는 동안에 일어나는 여러 가지 대사에 사용되는 에너지이다. 기초대사량은 12~14시간 식사 및 활동이 거의 이루어지지 않은 후 이른 아침의 각성 상태에서의 대사량이므로 측정하기가 어렵다. 기초대사량은 인체의 1일 에너지 소비량의 60~75%를 차지하여 가장 큰 부분이 되며, 시간당 체중 1 kg에 남자는 1 kcal, 여자는 0.9 kcal를 사용한다.

1일 에너지 소비량(1일 총 에너지 소비량) = 기초대사량 또는 휴식대사량 + 신체활동대사량 + 식사성 발열효과

- 1일 에너지 소비량(1일 총 에너지 소비량) : total energy expenditure, TEE
- 기초대사량 : basal energy expenditure, BEE
- 휴식대사량 : resting energy expenditure, REE
- 신체활동대사량(활동에너지 소비량) : physical activity energy expenditure, PAEE
- 식사성 발열효과(식품 이용을 위한 에너지 소비량) : thermic effect of food, TEF
- 적응대사량 : adaptive thermogenesis, AT

알아두기

기초대사량 산출방법

체중을 이용한 기초대사량 산출방법

성인 남자(kcal/일) = 1 kcal × 체중(kg) × 24(hr)

성인 여자(kcal/일) = 0.9 kcal × 체중(kg) × 24(hr)

공식을 이용한 기초대사량 산출방법(2020 한국인 영양소 섭취기준)

성인 남자(kcal/일) = 204 − 4.00 × 연령(세) + 450.5 × 신장(m) + 11.69 × 체중(kg)

성인 여자(kcal/일) = 255 − 2.35 × 연령(세) + 361.6 × 신장(m) + 9.39 × 체중(kg)

기초대사량 측정의 어려움 때문에 이보다 간편한 휴식대사량을 측정하여 기초대사량 대신 사용하고 있다. 휴식대사량은 정상적인 신체기능과 체내 항상성을 유지하는 데 소비되는 에너지이며, 식후 4~6시간이 지난 후 휴식을 취하고 있는 상태에서 측정한다. 휴식대사량은 기초대사량보다 약 10% 많은데, 이는 휴식대사량에 남아 있는 식사성 발열효과 및 이전에 수행했던 신체활동이 영향을 주기 때문이다. 표 7-2에 기초대사량에 영향을 미치는 요인을 요약하였다.

표 7-2 기초대사량에 영향을 미치는 요인

요인	내용
성별	남자가 여자보다 기초대사량이 약 10% 높음. 이는 성호르몬(남자는 안드로겐이, 여자는 에스트로겐이 각각 작용) 영향으로 인해 남자가 여자보다 신체 크기가 크고 체성분 중 근육 비율이 높기 때문임
나이	성장기 아동이 성인보다 기초대사량이 높으며 성인기에는 나이가 들수록 기초대사량이 감소함
신체 구성성분	근육량이 많을수록 기초대사량이 높음
체표면적	체표면적이 넓을수록 기초대사량이 높음
호르몬	갑상샘호르몬 항진증일 때 기초대사량이 증가함
체온	체온 상승 시 기초대사량이 증가하며, 체온이 1℃ 상승하면 기초대사량이 13% 증가함
영양상태	식사 섭취량이 감소하면 단기적으로 기초대사량이 감소됨
임신	임신 시 기초대사량이 증가함

(2) 신체활동대사량

신체활동대사량은 의식적인 신체활동을 수행하는 데 필요한 근육의 수축과 이완에 소비되는 에너지이다. 신체활동대사량은 '운동에 의한 활동대사량exercise activity thermogenesis, EAT'과 자세 유지, 가사활동, 통근 및 일터에서의 신체활동 등에 소비되는 '운동 이외의 활동대사량non-exercise activity thermogenesis, NEAT'을 합한 것이며, 1일 에너지 소비량의 15~30%를 차지한다. 신체활동대사량은 활동 종류와 강도, 활동 지속시간, 체중 등으로 인해 영향을 받으므로 개인차가 크다. 현대인은 좌식생활, 컴

퓨터 사용, TV 시청 등으로 인해 신체활동대사량이 낮아 '저활동적 수준'에 해당되므로 비만이 되기 싶다. 대부분 사람은 신체활동대사량 중 운동(1일 에너지 소비량 중 평균 10% 미만 차지)보다 운동 이외의 활동(1일 에너지 소비량 중 평균 20~30% 차지)으로 더 많은 에너지를 소비하고 있으므로 1일 에너지 소비량을 늘리려면 운동 이외의 활동대사량을 늘릴 필요가 있다.

(3) 식사성 발열효과

식사성 발열효과는 식품 섭취 후 영양소의 소화, 흡수, 이동, 대사, 저장 및 이 과정에서 발생하는 자율신경계 활동 증진으로 인해 소비되는 에너지이며, 음식의 특이동적 효과라고도 한다. 식사성 발열효과는 하루 에너지 소비량의 10% 정도이다. 식사성 발열효과는 영양소별로 차이가 있는데, 영양소 섭취에 따라 발생한 에너지에 대해 지질 0~5%, 탄수화물 5~10%, 단백질 20~30%로 단백질 > 탄수화물 > 지질의 순으로 많다. 지질은 흡수, 분해 및 저장 과정이 비교적 쉽게 이루어지기 때문에 식사성 발열효과가 가장 낮은 반면, 단백질은 아미노산이 능동수송으로 흡수되며, 아미노산으로부터 체단백질을 합성하거나 포도당을 신생합성하고, 아미노기를 요소로 전환시키는 등 다른 영양소보다 복잡한 대사과정을 거치면서 에너지를 사용하기 때문에 식사성 발열효과가 가장 높다.

(4) 적응대사량

적응대사량은 인체가 변화하는 환경에 적응하기 위해 소비하는 에너지이다. 추운 환경에 노출되거나 흡연을 많이 하거나 스트레스를 받으면 적응대사량이 증가한다. 적응대사량은 인체에서 측정이 힘들며, 개인마다 차이가 크고 적은 양이므로 일반적으로 1일 에너지 소비량을 구할 때 포함시키지 않는다.

2) 에너지 소비량의 측정방법

에너지 소비량은 직접 열량 측정법, 간접 열량 측정법으로 측정한다. 이밖에 공식에 신장, 체중, 연령, 신체활동을 대입하거나 신체활동 강도를 이용해 에너지 소비량을 추정할 수 있다.

(1) 직접 열량 측정법

직접 열량 측정법direct calorimetry은 밤 열량계로 식품의 에너지를 측정하는 것과 같은 원리를 이용하는 방법이다 그림 7-3. 외부로부터의 열이 완전히 차단된 대사측정실에서 피험자의 신체에서 발생되는 열로 인해 상승되는 물의 온도 변화를 직접 측정함으로써 신체에서 발생하는 열 생성량을 파악해 에너지 소비량을 계산하는 것이다. 이 방법은 특수장비가 필요하고 비용이 많이 들기 때문에 거의 사용하지 않는다.

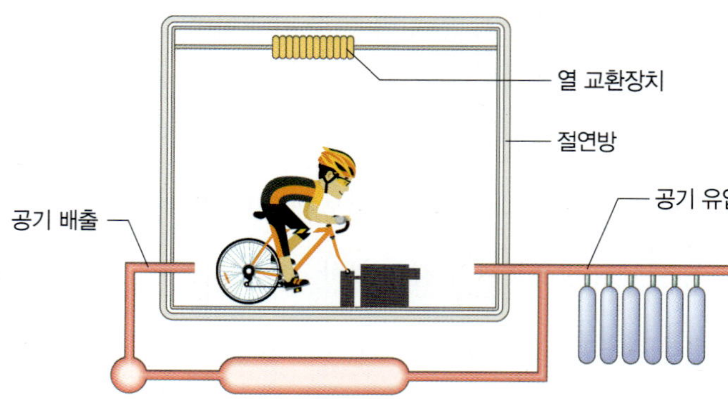

그림 7-3 직접 열량 측정법

(2) 간접 열량 측정법

간접 열량 측정법indirect calorimetry은 인체의 열 생성량을 직접적으로 측정하는 대신에 음식물의 대사와 관련된 산소 소비 및 이산화탄소 생성을 측정하여 에너지 소비량을 간접적으로 측정하는 방법이다. 이 방법에는 이중표식수를 이용하는 방법doubly labeled water method, DLW과 호흡가스를 분석하는 방법respiratory gas analysis이 있다.

① 이중표식수법

이중표식수법은 수소(^2H)와 산소(^{18}O)의 안정동위체를 사용하여 에너지 소비량을 측정하는 방법으로 국내외에서 영양소 섭취기준의 에너지필요추정량을 산출하는 방법으로 사용되고 있다. 피험자에게 일정 기간 동안 수소(^2H)와 산소(^{18}O)가 자연계에 존재하는 비율보다 많이 포함된 이중표식수($^2H_2{}^{18}O$)를 체중당 일정 비율로 섭취시킨 후 1~2주 동안 채취한 소변으로 배출된 양을 분석하여 에너지 소비량을 계산하는 방법이다. 이 방법은 피험자가 활동에 제약을 받지 않고 평상시 활동방식을 유지하는 상태에서 측정할 수 있으며, 일상생활의 에너지 소비량을 측정하는 방법 중 가장 정확도가 높다. 그러나 이중표식수 및 이의 분석비용이 매우 비싸므로 연구 목적으로 사용되고 있다.

② 호흡가스분석법

호흡가스분석법은 호흡가스 측정기로 음식물의 대사와 관련된 산소 소모량(VO_2)과 이산화탄소 배출량(VCO_2)을 측정해 에너지 영양소의 산화에 의해 에너지가 얼마나 방출되었는지를 산출하고 이를 바탕으로 에너지 소비량을 구하는 방법이다 그림 7-4.

그림 7-4 호흡가스 측정기

(3) 공식을 이용한 방법

개인의 에너지 소비량은 직접 열량 측정법이나 간접 열량 측정법으로 측정하는 것이 정확하나 장비가 비싸고 측정방법이 까다로워 널리 사용할 수 없다. 따라서 공식을 이용하여 에너지 소비량을 추정하는 경우가 많다. 2020 한국인 영양소 섭취기준에서 1일 에너지필요추정량estimated energy requirements, EER은 미국에서 이중표식수법으로 측정한 1일 에너지 소비량에 근거하여 개발한 1일 에너지필요추정량 공식을 적용하여 설정하였다. 이 공식에서 PA는 신체활동 단계별 계수physical activity coefficient, PA이며, 한국 성인 남녀의 신체활동 단계가 '저활동적'이어서 '저활동적'에 해당하는 PA인 남자 1.11과 여자 1.12를 적용해 한국 성인의 1일 에너지필요추정량을 산출하였다.

성인 남자 : EER = 662 − 9.53 × 연령(세) + PA[15.91 × 체중(kg) + 539.6 × 신장(m)]

성인 여자 : EER = 354 − 6.91 × 연령(세) + PA[9.36 × 체중(kg) + 726 × 신장(m)]

알아두기

PA(신체활동 단계별 계수)

PA(신체활동 단계별 계수)는 신체활동 수준을 활동 단계의 4단계(비활동적, 저활동적, 활동적, 매우 활동적)로 분류하고 수치화한 값이다.

신체활동 단계	PA(신체활동 단계별 계수)			
	비활동적	저활동적	활동적	매우 활동적
성인 남자	1.00	1.11	1.25	1.48
성인 여자	1.00	1.12	1.27	1.45

자료: 보건복지부, 한국영양학회, 2020

(4) 신체활동 강도를 이용한 방법

신체활동 강도를 이용한 방법은 체중에 신체활동 강도별로 단위체중당 정해 놓은 에너지 소비량표 7-3을 곱해 대략적으로 에너지 소비량을 계산하는 방법이다. 활동강도별 에너지 소비량은 범위로 제시되어 있는데 활동 강도가 낮으면 이 범위 중 최솟값을, 활동강도가 높으면 이 범위 중 최댓값을 적용하는 등 임의적으로 정하면 된다.

Q. 체중 70 kg인 성인 남자가 중등 강도 활동(수준: 중등 강도 활동 범위 중 보통 정도임)을 할 때 1일 에너지 소비량은?

70 kg × 33 kcal/kg/일 = 2,310 kcal/일

표 7-3 신체활동 강도에 따른 에너지 소비량

활동 강도	활동 종류	에너지 소비량(kcal/kg BW*/일)
가벼운 활동	사무직, 관리직, 기술자, 어린 자녀가 없는 주부	25~30
중등 강도 활동	제조업, 가공업, 서비스업, 어린 자녀가 있는 주부	30~35
강한 활동	농업, 어업, 건설작업	35~40
아주 강한 활동	농번기 농사, 임업, 운동선수	> 40

* BW: body weight, 체중

3. 에너지 균형

성인기의 체중 변화는 에너지 섭취량과 에너지 소비량 간의 관계에 의해 이루어진다. 에너지 섭취량과 에너지 소비량이 같으면 '에너지 균형'이라고 하며 체중의 변화가 나타나지 않는다 그림 7-5. 에너지 섭취량이 에너지 소비량보다 많으면 '양(+)의 에너지 균형'이라고 하며, 이때 잉여의 에너지가 체지방으로 축적되므로 체중이 증가한다. 반대로 에너지 섭취량이 에너지 소비량보다 적으면 '음(−)의 에너지 균형'이라고 하며, 이때 인체에 필요한 에너지를 체지방을 분해하여 얻으므로 체중이 감소한다.

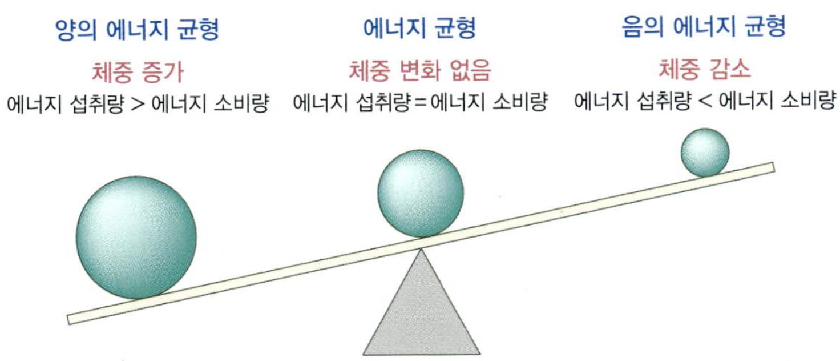

그림 7-5 에너지 균형

4. 체중 판정

체중은 신체지수나 신체조성을 이용해 저체중, 건강체중, 과체중, 비만으로 판정한다 표 7-4. 체중 판정을 위해 신체지수로는 체질량지수, 허리둘레, 허리엉덩이둘레비를 주로 사용하며, 신체조성으로는 주로 피부두겹두께측정법 그림 7-6, 생체전기저항분석법 그림 7-7으로 측정한 체지방량을 사용한다.

표 7-4 체중 판정방법

방법		내용	판정 기준
신체지수를 이용하는 방법	체질량지수 (body mass index, BMI)	• BMI(kg/m^2) = 체중(kg) ÷ 신장$(m)^2$ • 체중과 신장만으로 쉽게 구하며 체지방률을 정확히 반영해 주고, 전 연령층에 적용할 수 있어 체중 판정 시 널리 사용 • 운동선수와 같이 근육량이 많으면 체질량지수가 높게 나오며, 임신부나 수유부, 노인, 키가 작은 사람 등은 체질량지수가 실제 비만도보다 높거나 낮게 나올 수 있음	• 한국인 등 아시아·태평양 국가 성인(kg/m^2) : 저체중<18.5, 건강체중 18.5~22.9, 과체중 23~24.9, 비만≥25 • 소아·청소년 : 자신의 성별과 연령에 대한 체질량지수 백분위수 적용: 저체중<5백분위수, 건강체중 5~84.9백분위수, 과체중 85~94.9백분위수, 비만≥95백분위수
	허리둘레 (waist circumference, WC)	• 허리둘레는 복부내장지방량을 잘 반영해 주므로 복부비만 여부를 판정하는 데 적용 • 허리 부위의 가장 작은 값을 측정	• 비만(한국인) : 남자≥90 cm(36인치), 여자≥85 cm(34인치)
	허리엉덩이둘레비 (waist-hip ratio, WHR)	• WHR=허리둘레/엉덩이둘레 • 허리 부위는 가장 작은 값을, 엉덩이 부위는 가장 큰 값을 측정 • 허리둘레보다 체중상태를 정확하게 판정하지 못함	비만 : 남자≥0.90, 여자≥0.85
신체조성을 이용하는 방법	피부두겹두께측정법 (skinfold thickness, SFT)	• 캘리퍼로 피하지방 두께를 측정하여 총체지방량을 추정하는 방법임 • 이두근, 삼두근, 견갑골하부, 장골릉상부의 네 곳을 측정해 합을 구함 • 비용이 적게 들고 측정이 쉬우나, 훈련된 측정자가 아니면 측정오차가 클 수 있어 사용하지 않는 추세	비만 : 피부두겹두께의 합≥95백분위수
	생체전기저항분석법 (bioelectric impedance analysis, BIA)	• 체내에 전류를 흘려보내 전기저항값을 측정해 체지방량을 산출함 • 체지방량, 제지방량, 체수분량을 측정함 • 재현도가 높고 비용이 적게 들며, 간편해서 널리 사용	비만 : 체지방률이 남자≥25%, 여자≥30%

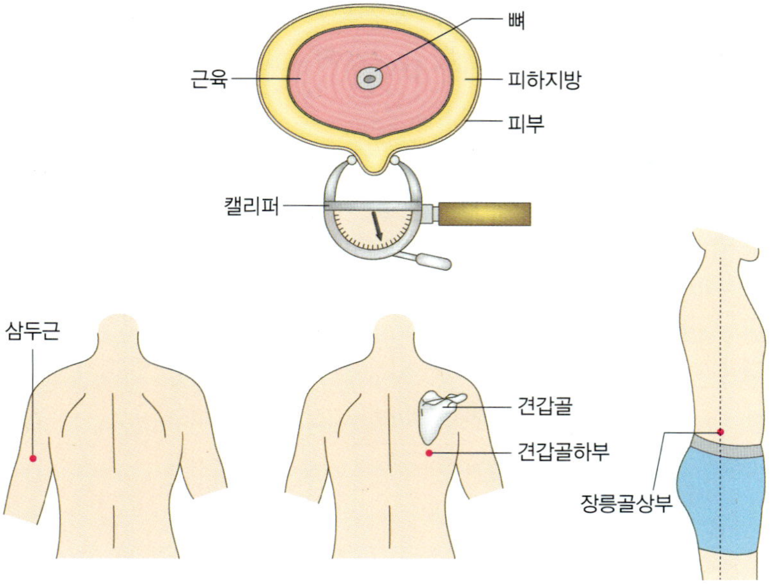

그림 7-6 피부두겹두께 측정

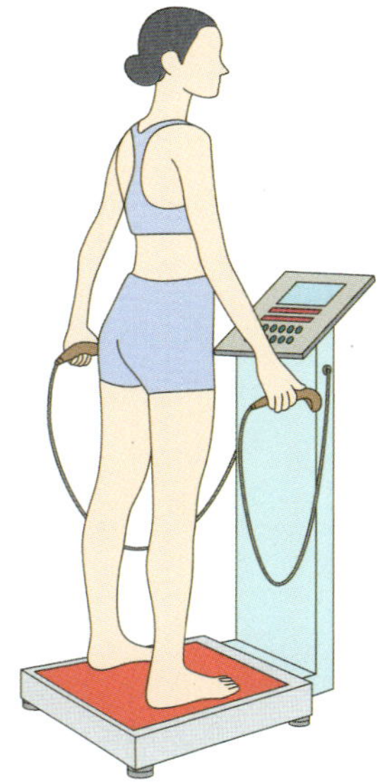

그림 7-7 생체전기저항분석법에 의한 신체조성 측정

알아두기

건강체중

자신의 성별, 연령, 신장에 대해 통계적으로 만성질환에 의한 사망률이 가장 낮을 때의 체중이다. 과거의 표준체중(또는 이상체중)의 개념에 체지방량을 더한 개념으로, 건강체중이 되려면 체질량지수가 한국인은 18.5~22.9 kg/m^{2}에 속하고 체지방률이 남자 15~18%, 여자 20~25%가 되거나 체지방률만 이 수치를 충족하면 된다. 건강체중에서는 체지방량을 중요시하는데 이는 체지방 과다가 체중 과다보다 질병 발생과 관련이 높기 때문이다.

5. 비만과 체중 감량

1) 비만의 분류

비만은 원인, 발생 시기, 지방조직 형태, 지방 분포, 복부지방의 위치 등에 따라 분류한다 표 7-5. 비만 동반 질환의 발생은 체지방량보다 체지방 분포와 더 밀접한 관계를 가지므로 상체비만이 하체비만보다, 복부내장지방형 비만이 복부피하지방형 비만보다 당뇨병, 이상지질혈증, 고혈압 등의 비만 관련 질병 발생 위험도를 높인다.

표 7-5 비만의 분류

분류 기준	분류	특징
원인	단순비만	과식과 신체활동 부족에 의해 발생하며 비만한 사람의 약 95%가 해당함
	증후성비만	유전, 내분비, 시상하부성질환, 대사성질환 등의 원인 질환에 의해 발생함
발생시기	소아비만	성장기에 발생하며, 지방세포 수가 많고 성인비만으로의 이행 가능성 높음
	성인비만	성인기에 발생하며 지방세포 크기가 증가함
지방조직 형태	지방세포증식형 비만	지방세포 수와 크기가 증가함
	지방세포비대형 비만	지방세포 크기가 증가함
지방 분포	상체비만	허리 위쪽, 특히 복부에 지방이 축적되며 남자에게 주로 나타남. 상체비만은 하체비만보다 만성질환 발생 위험이 높음
	하체비만	허리 아래쪽 엉덩이 및 허벅지에 지방이 축적되며 여자에게 주로 나타남. 하체비만은 질병 발생 위험은 낮으나, 상체지방보다 지방세포 효소 활성이 낮아 체중 감량이 어려움
복부지방 위치	복부내장지방형 비만	지방이 복강 내 장기 주변에 주로 분포하며, 대사증후군, 당뇨병, 고지혈증 등의 발생 위험을 높이므로 건강에 해로움
	복부피하지방형 비만	지방이 복부의 피하에 주로 분포하며 복부내장지방형 비만보다 질병 발생 위험이 낮음

2) 체중 감량

(1) 체중 감량의 원칙

체중을 감량하려면 에너지 섭취량을 감소시키고 에너지 소비량을 증가시켜 '음의 에너지 균형'을 이루도록 해야 한다 그림 7-5 참고. 체중 감량의 정도는 개인차가 있어서 개인의 나이, 체격, 에너지 섭취량, 신체활동 등에 따라 다르게 나타난다.

(2) 바람직한 체중 감량

바람직한 체중 감량은 '음의 에너지 균형'을 통해 체지방 분해를 최대화하고 근육단백질 분해를 최소화하며, 절약대사가 일어나는 것을 막고 감소된 체중을 장기적으로 유지하는 것이다. 이를 위해 다음과 같은 방법을 적용해야 한다.

① 1주일에 0.5 kg 체중 감량

이상적인 체중 감량 수준은 0.5 kg/주, 2 kg/월이며, 이를 위해 하루 -500 kcal의 음의 에너지 균형을 이루도록 해야 한다. 이는 체지방 1 kg는 7,700 kcal를 내므로, 1주일에 0.5 kg을 감량하려면 1주일에 약 3,500 kcal를 덜 먹어야 하고, 하루에는 약 500 kcal를 덜 먹어야 하기 때문이다.

② 식사요법, 운동요법, 행동수정요법 병행

식사요법, 운동요법, 행동수정요법을 병행해야만 건강을 유지하면서 체중 감량을 이룰 수 있다. 또한 이 세 가지 요법을 병행했을 때 체중 감량 후 요요현상이 발생하지 않고 감량된 체중을 오래 유지할 수 있다.

③ 절약대사 방지하기

에너지 섭취량이 기초대사량의 90% 미만이 되면 생명 유지를 위한 체내 에너지가 부족하게 되어 에너지원으로 근육단백질을 사용한다. 이에 따라 근육량이 감소되어 기초대사량이 낮아지는 절약대사가 일어나 전체 에너지 소비량이 감소하기 때문에 예상보다 체중이 덜 감량되고, 체중 감량 후에도 요요현상이 나타나게 된다. 절약대사를 막으려면 에너지 섭취량은 최소 기초대사량만큼으로 하되 아무리 낮아도 기초대사량의 90% 이상으로 해주어야 하며, 운동과 활발한 신체활동을 통해 신체활동대사량을 높여줌과 함께 근육량이 감소되지 않도록 해야 한다.

(3) 식사요법

체중 감량 식사는 '음의 에너지 균형'이 되도록 에너지 섭취량을 에너지 소비량보다 낮추되 영양균형을 이루는 저열량·균형식으로 구성한다. 저열량·균형식이

표 7-6 체중 감량을 위한 식사요법

구분	내용
에너지	• 1일 에너지 섭취량은 식사요법만 적용 시 0.5 kg/주의 체중 감량을 위해 1일 에너지 소비량보다 500 kcal 적게 함. 식사요법과 운동요법 병행 시 1일 에너지 소비량보다 200~300 kcal 적게 섭취하고, 운동으로 200~300 kcal 소비하게 함. 1일 최소 에너지 섭취량이 남자 1,500 kcal, 여자 1,200 kcal가 되어야 체중 감량 식사를 지속할 수 있고 영양불량을 막을 수 있음 • 저열량·균형식으로 구성
탄수화물	• 일상식사보다 탄수화물과 지질에 의한 에너지는 약간 낮추고, 단백질에 의한 에너지는 약간 높이는 저지방·중탄수화물 식사로 구성. 탄수화물에 의한 에너지 비율이 50~60%가 되게 함 표 7-7 • 열량 제한에 따른 체단백질 소모, 케톤증, 심한 수분 손실 등을 막기 위해 탄수화물은 1일 최소 100 g(밥 1.5 공기)을 공급함 • 전곡 등의 복합당질식품을 주로 사용하고 당류 사용은 제한해 저혈당지수 식품 위주로 공급함
지질	• 체중 감량 식사에서 지질을 양적·질적으로 적절하게 공급해야 함 • 지질에 의한 에너지 비율이 15~20%가 되게 함 표 7-7 • 필수지방산, 지용성 비타민, 오메가-3 지방산을 공급하기 위해서 식물성기름, 등푸른생선, 약간의 견과류를 포함시켜야 함 • 포화지방산과 다가불포화지방산은 각각 지질 섭취량의 1/3로 공급하며, 콜레스테롤은 1일 200 mg 이내로 공급함
단백질	• 열량 제한에 따른 체단백질 손실을 막고 단백질 영양상태가 적정 수준으로 유지되도록 체중 감량 시 단백질은 일반식사보다 조금 더 많게, 그리고 질 좋은 단백질을 공급해야 함 • 단백질에 의한 에너지 비율이 20~25%가 되게 함 표 7-7 • 필수아미노산이 풍부한 닭가슴살, 저지방생선, 달걀흰자, 저지방우유·유제품 등을 사용함
식이섬유	• 식이섬유는 식사의 에너지밀도를 낮추고 공복감을 줄이며, 변비를 방지하고 비만 시 동반되는 이상지질혈증 등을 개선함. 따라서 체중 감량 식사에서 식이섬유 급원인 전곡류, 채소, 해조류, 콩을 충분하게 포함시켜야 함 • 식이섬유는 1일 20~25 g 섭취
비타민·무기질	• 비타민과 무기질의 필요량을 충족시키기 위해 육류, 생선, 우유·유제품, 채소, 과일 등의 식품을 공급해야 함 • 1,200 kcal/일 미만 섭취 시 혼합 비타민·무기질 보충제 복용을 권장함
수분	• 수분 섭취는 식후에 포만감을 느끼게 해주고 식사 사이의 공복감을 줄이며, 체단백질 및 체지방 분해에 따라 증가되는 질소화합물과 케톤체 등의 노폐물을 배출시켜 줌 • 단 음료와 알코올 섭취를 제한하고 물을 1일 1 L 이상(5컵 이상) 마셔야 함
식사방법	• 평소보다 적은 에너지를 여러 끼니와 간식으로 나누어 공급 • 아침 : 점심 : 저녁의 에너지 배분은 3 : 3 : 2 또는 3 : 2 : 1로 함 • 야식 섭취는 금함

되려면 영양밀도는 높고 에너지밀도는 낮은 식품과 조리방법을 적용하면서 다양한 식품을 골고루 섭취해야 한다. 체중을 급격히 줄이고자 에너지 섭취량을 심하게 줄이면서 영양균형을 고려하지 않은 초저열량식사(400~800 kcal/일)를 하면, 단기간에 체중을 감량할 수 있으나 부작용이 발생한다. 부작용으로는 이 식사를 지속하기 어렵고 근육이 손실되며, 케톤증이 유발되고 체중 감량 후에 요요현상이 발생하여 체중 감량에 실패하는 것이다. 표 7-6에 체중 감량을 위한 식사요법을 구체적으로 제시하였다.

에너지밀도
에너지밀도는 식품 무게에 대한 에너지를 나타낸 값(kcal/g)이다. 중량은 크지만 에너지가 적으면 '저에너지밀도 식품'이며, 식이섬유와 수분을 많이 가지고 있는 채소, 당도가 낮은 과일이 해당된다. 저에너지밀도 식품 섭취 시 에너지 섭취량이 적은 상태에서 포만감을 느끼므로 체중 감량에 도움이 된다.

(4) 운동요법

체중 감량을 위해 저열량식사만을 섭취하면 기초대사량이 감소하여 체중 감량이 효율적으로 이루어지기 어려울 뿐만 아니라, 체중 감량 후 다시 체중이 증가하는 요요현상이 나타나기 쉽다. 그러나 식사요법과 함께 운동요법을 병행하면 체지방 감량이 효율적으로 일어나고 근육량 증가를 도모하며 요요현상을 막을 수 있다.

유산소운동은 체지방 감량에 효과적이며, 체지방 감량을 위해 숨이 약간 가쁘고 등에 땀이 날 정도인 '중강도'로 30분~1시간 동안 매일 실시해야 한다. 또한 근력운동(저항성운동)은 근육량 증가와 안정 시 에너지 대사율을 유지시켜 체중 감량 및 요요현상 방지에 효과적이므로, 체중 감량의 효과를 높이려면 유산소운동과 근력운동을 함께 실시해야 한다.

표 7-7 성인을 위한 저지방·중탄수화물 식사와 일반식사의 에너지 구성비율 비교

영양소	저지방·중탄수화물 식사	일상 식사*
탄수화물	50~60%	55~65%
지질	15~20%	15~30%
단백질	20~25%	7~20%

*보건복지부, 한국영양학회, 2020

알아두기

운동의 종류와 에너지 소비량

운동의 종류

- 유산소운동 : 빠르게 걷기, 달리기, 수영, 자전거 타기, 댄스, 배드민턴 등
- 근력운동(저항성운동) : 웨이트 트레이닝, 역도, 팔굽혀 펴기, 윗몸 일으키기 등
- 스트레칭 : 체조, 요가 등

100 kcal를 소비하기 위한 운동

보통 걷기 30분 / 빨리 걷기 20분 / 자전거 타기 20분 / 줄넘기 10분 / 120계단 오르기

(5) 행동수정요법

체중 감량을 위한 행동수정요법은 비만을 유발하는 식습관을 바꾸고, 신체활동량을 증가시키는 의도적인 수정을 통해 체중을 감량하도록 하는 것이다. 행동수정요법은 3단계로 구성되어 있으며, 1단계 → 2단계 → 3단계 순으로 진행한다.

- 1단계 : 비만의 원인이 되거나 비만을 유지하게 하는 잘못된 식습관과 신체활동습관을 검토하여 스스로 문제점을 찾아내는 '자기관찰 단계'이다.
- 2단계 : 1단계 결과에 기초해 원인이 되는 자극을 조절하는 '자극조절 단계'이다.
- 3단계 : 잘했을 때 보상을 해주어 바람직한 행동을 강화하는 '행동강화 단계'이다.

행동수정요법에 의한 체중 감량 정도는 식사요법이나 운동요법보다 적으나, 비만은 잘못된 생활습관에서 비롯되는 경우가 많으므로 체중 감량을 위해 식사요법, 운동요법과 함께 행동수정요법을 병행하는 것이 효과적이다. 또한 행동수정요법은

중도 포기율이 20%로 다른 치료방법보다 낮은 편이어서 감량된 체중을 장기간 유지하기 위해서도 행동수정요법을 적용해야 한다.

6. 저체중과 체중 증량

1) 저체중의 정의

저체중이란 성인은 체질량지수가 18.5 kg/m^2 미만일 때이며, 아동은 체질량지수가 해당 성별과 연령에 대해 5백분위수 미만일 때이다. 저체중은 에너지 섭취량 부족, 소화·흡수 불량, 식사 이용률 감소, 과도한 활동, 암, 갑상샘기능항진증 등의 소모성 질환, 정신적 긴장 등에 의해 발생한다. 저체중 시에는 병에 대한 저항력 감소, 성장 지연, 소화·흡수력 감퇴, 피로감, 추위에 약함 등이 나타나므로 건강체중 수준으로 체중을 증량시키도록 노력해야 한다. 그러나 저체중이라도 건강과 활동에 문제가 없다면 굳이 체중 증량을 위해서 애쓸 필요는 없다.

2) 체중 증량의 원칙

저체중 시 체중 증량을 위해 먼저 저체중의 정도와 원인을 찾고 이에 맞는 방법을 적용하는 것이 필요하다. 저체중 시 체중 증량을 위해 보통 고열량 섭취와 함께 근육을 늘려 주는 근력운동을 병행한다. 고열량 섭취를 위해 에너지밀도가 높은 고열량 식품이나 음식을 선택하여, 에너지 섭취량을 점차적으로 증가시켜 준다. 지방 섭취량을 늘리면 식품 섭취량을 늘리지 않고도 에너지 섭취량을 증가시킬 수 있다. 또한 식사횟수를 하루 3끼 이상으로 하고, 매끼 음식을 다량으로 섭취하도록 한다. 운동을 할 때에는 운동량에 맞추어 에너지 섭취량을 증가시키거나 운동량보다 더 많은 에너지를 섭취해야 한다.

7. 식사장애

식사장애는 다이어트에 대한 강박관념에 의해 발생할 수 있으며, 비만보다 건강에 더 심각한 건강문제를 야기할 수 있다. 식사장애에는 거식증(신경성 식욕부진), 폭식증, 마구먹기장애가 있다 표 7-8. 아름다움의 기준을 모델이나 연예인 등에 두고 지나치게 마른 체형을 이상체형으로 생각하는 사회적 기준과 자신의 체중 사이의 괴리감으로 인해 식사장애가 발생할 수 있다. 식사장애의 치료를 위해 개별적인 영양 상담 및 교육과 함께 정신과 치료 등을 병행해야 한다.

표 7-8 식사장애의 종류와 특징

구분	특징
거식증 (신경성 식욕부진, Anorexia nervosa)	• 체중 증가에 대한 극심한 두려움으로 식사를 거부하며, 체중이 정상의 85% 이하로 감소됨 • 주로 여자 청소년이나 젊은 여성에게 나타나며, 심각한 저체중임에도 불구하고 자신이 뚱뚱하다고 생각하고 식사를 거부하는 이상식사행동임 • 거식증 시 체온과 기초대사량 저하로 심장박동수 감소, 피부 건조, 면역능력 저하, 빈혈, 혈압 저하, 골다공증, 모성기능 상실 등 심각한 건강 부작용이 나타남 • 심하면 사망하므로 정신과 치료와 함께 식사량을 기초대사량 이상으로 늘리고 규칙적인 식사를 해야 함
폭식증 (Bulimia)	• 다이어트, 폭식 그리고 체중 증가를 막기 위한 구토를 반복하는 것으로 10~20대 여성에게 주로 나타나며, 일주일에 두 번 이상 수개월씩 지속됨 • 폭식증에 걸린 사람은 거식증과는 달리 건강체중이나 과체중인 경우가 있음 • 폭식증 시 체내 무기질과 전해질의 손실이 일어나고, 구토로 인해 위에 있는 산성의 음식물이 입으로 역류하여 치아가 부식되기도 함 • 스트레스를 음식으로 풀지 않도록 교육하고, 자신의 외모를 인정할 수 있도록 정신과 치료를 병행해야 함
마구먹기장애 (Binge-eating disorder)	• 순식간에 수천 칼로리의 식품을 먹어치우며 과식 후에 속쓰림과 우울증을 경험하는 것으로, 거식증이나 폭식증보다 흔한 식사장애임 • 폭식증과 달리 과식은 하지만 먹은 후 토해내지 않음 • 스트레스, 우울증, 분노, 기타 부정적인 감정이 원인이라고 보며, 특정 음식에 대한 통제보다 배가 고플 때만 먹도록 하는 교육을 실시하고, 자신의 감정 표현을 제대로 하는 연습을 해야 함

심화학습자료

날씬하지만 체지방량이 많은 마른 비만

마른 비만이란 통상 '체중은 정상이지만 체지방이 많은 상태'이다. 체중은 정상범위인데 체지방률이 남자 25%, 여자 30%를 넘거나 허리둘레가 성인 남자는 90 cm(약 36인치), 성인 여자는 85 cm(약 34인치) 이상이면 마른 비만에 해당된다. 마른 비만은 팔과 다리는 가느다란 데 비해 복부에 지방이 쌓여 있어 '거미형 인간'이라고도 불린다.

마른 비만은 세계적으로도 급증 추세이며, 특히 20대의 젊은 여성들 사이에서 크게 늘고 있다. 미국에서는 20~35세 여성 중 마른 비만 비율이 18%에 달하며, 이들의 에너지 소비량이 매우 낮은 편이라는 연구 결과가 있다. 국내 연구에서 국민건강영양조사(2008년 실시) 자료를 이용해 정상체중인 1,736명을 추려 낸 후 비만과 비슷한 신진대사를 보이는 상위 25%(434명)를 분석한 결과, 20대가 23.8%로 가장 많았다. 이들은 인슐린의 혈당 조절기능에 결함을 보였으며, 탄수화물 섭취 시 체내 혈당치가 급증해 지방으로 전환되는 양이 많아질 수 있는데, 이 연구에서는 이들을 마른 비만으로 추정했다.

20대 여성이 원푸드 다이어트, 단식 등 바람직하지 못한 다이어트를 하면서 운동을 안 하면 마른 비만 체형이 될 확률이 매우 높다. 단순히 체중을 줄이는 데 초점을 맞추느라 균형 잡힌 영양 섭취와 운동을 소홀히 하면 체지방보다 근육이 쏙쏙 빠지게 된다. 근육이 많으면 기초대사량이 높아져 같은 양의 음식을 섭취해도 체지방이 많은 사람보다 살이 잘 찌지 않는다. 반대로 체지방이 많으면 살이 쉽게 찐다. 따라서 잘못된 다이어트를 하면서 운동을 안 하면 근육비율을 낮추고 체지방비율을 높여, 체중은 정상이라도 마른 비만에서 벗어날 수 없는 악순환이 이어지게 된다.

20대의 마른 비만이 당장 심각한 질병을 유발하지 않지만 30대 중반부터는 고혈압, 당뇨병, 고지혈증, 지방간, 심혈관 및 뇌혈관질환 등 비만으로 인한 합병증을 야기할 수 있다. 이뿐만 아니라 마른 비만 체형을 유도한 운동 부족은 골밀도를 줄게 해 골다공증을 야기할 수 있다. 마른 비만을 막기 위해서는 식사요법과 운동요법을 병행해야 한다. 특히 운동을 할 때에는 근육을 키우는 근력운동이 필수적이며, 20대는 근력운동과 유산소운동을 6 : 4 정도로 해도 무난하다.

자료: 중앙일보. "무리한 다이어트·폭식 20~30대 여성들 '마른 비만' 늘어난다." 2012.12.17. 재편집.

단원정리

에너지 대사

에너지 대사는 탄수화물, 지질, 단백질이 체내에서 이화작용을 거쳐 ATP로 전환되거나 동화작용을 거쳐 글리코겐, 중성지방, 단백질을 만들어 저장되는 것이다.

에너지 소비

기초대사량, 신체활동대사량, 식사성 발열효과, 적응대사량으로 에너지를 소비하며, 에너지 소비량은 기초대사량 > 신체활동대사량 > 식사성 발열효과 > 적응대사량 순으로 크다. 에너지 소비량은 직접 열량 측정법, 간접 열량 측정법(이중표식수법, 호흡가스분석법), 공식을 이용한 방법, 신체활동 강도를 이용한 방법으로 구한다. 에너지 섭취량과 에너지 소비량이 같으면 에너지균형을 이루고 있다고 한다.

체중 판정

체중은 신체지수나 신체조성으로 판정한다. 신체지수로는 체질량지수, 허리둘레, 허리엉덩이둘레비를 사용한다. 신체조성으로는 피부두겹두께측정법이나 생체전기저항분석법으로 측정한 체지방량 등을 사용한다. 성인의 비만 판정기준은 체질량지수 25 kg/m^2 이상, 허리둘레 남자 90 cm(36인치) 이상, 여자 85 cm(34인치) 이상이다. 체지방률은 남자 25% 이상, 여자 30% 이상이다.

바람직한 체중 감량

바람직한 체중 감량은 음의 에너지 균형을 통해 체지방 분해 최대화, 근육단백질 분해 최소화, 절약대사 방지와 동시에 감소된 체중을 장기간 유지하는 것이다. 바람직한 체중 감량을 위해 식사요법, 운동요법, 행동수정요법을 병행한다.

- 식사요법 : 저열량·균형식으로 구성한다. 식사요법만 적용 시 에너지 섭취량을 에너지 소비량보다 500 kcal/일 적게 해서 0.5 kg/주의 체중을 감량한다. 저지방·중탄수화물 식사로 구성하며, 탄수화물에 의한 에너지 비율은 50~60%가 되게 하고 전곡과 저혈당지수 식품 위주로 공급한다. 지질에 의한 에너지 비율은 15~20%가 되게 하며, 필수지방산, 지용성 비타민, 오메가-3 지방산의 공급을 위해 식물성기름, 등푸른생선, 약간의 견과류를 포함시킨다. 단백질에 의한 에너지 비율은 20~25%가 되게 하며, 필수아미노산을 풍부하게 함유하고 있는 양질의 단백질을 공급한다.
- 운동요법 : 지속적으로 체중을 감량시키고 요요현상을 막기 위해 식사요법과 운동요법을 병행한다. 체지방 연소를 돕는 유산소운동 그리고 근육량 증가, 안정 시 에너지 대사율 유지와 체중 감량을 돕는 근력운동을 함께 실시한다.
- 행동수정요법 : 행동수정요법은 비만을 유발하는 식습관을 바꾸고 신체활동량을 높이는 의도적인 수정을 통해 체중 감량을 이루는 것이며, 자기관찰, 자극조절, 행동강화의 3단계로 구성된다.

저체중의 체중 증량

성인의 경우 체질량지수가 18.5 kg/m^2 미만이면 저체중이며, 체중 증량을 위해 고열량 섭취와 근력운동을 병행한다.

식사장애

식사장애는 다이어트에 대한 강박관념으로 발생할 수 있으며, 거식증(신경성 식욕부진), 폭식증, 마구먹기장애가 있다.

CHECK UP 도착점!

1. 신체조성을 측정해 체중 상태를 판정하는 방법은?
① 허리둘레 ② 체질량지수 ③ 허리엉덩이둘레비 ④ 생체전기저항분석법

2. 동위원소를 이용하며 정확도가 높은 에너지 소비량 측정방법은?
① 이중표식수법 ② 호흡가스분석법 ③ 공식 이용방법 ④ 직접 열량 측정법

3. 체중 감량을 위한 식사요법에 대한 설명 중 옳지 않은 것은?
① 물을 충분히 공급 ② 고혈당지수 식품 위주로 구성
③ 저열량 · 중탄수화물 식사로 구성 ④ 필요 시 비타민 · 무기질 보충제 공급

4. 체중 감량을 위한 이상적인 1일 에너지 섭취량의 감량 수준은?
① 200 kcal ② 500 kcal ③ 700 kcal ④ 1,000 kcal

5. 체중 감량을 위한 운동에 대한 설명 중 옳은 것은?
① 유산소운동만 실시 ② 고강도운동 위주로 실시
③ 유산소운동과 근력운동 병행 실시 ④ 체지방 연소를 위해 근력운동 위주로 실시

6. 행동수정요법의 전략이 아닌 것은?
① 자기관찰 ② 자극조절 ③ 행동강화 ④ 요요현상 방지

7. 식사장애에 대한 설명으로 틀린 것은?
① 거식증 – 식욕부진 ② 거식증 – 하제 사용
③ 폭식증 – 반복적 구토 ④ 마구먹기장애 – 주기적 폭식

정답

1. ④ 2. ① 3. ② 4. ② 5. ③ 6. ④ 7. ②

CHAPTER 8

비타민

1. 비타민의 개요 / 2. 지용성 비타민 / 3. 수용성 비타민

비타민은 체내에서 극히 소량이 필요하지만 신체 여러 대사과정에 절대적으로 필요한 영양소이다. 현재까지 알려진 비타민은 기름과 유기용매에 녹는 지용성 비타민 4종과 물에 녹는 수용성 비타민 9종으로 총 13종이다. 대부분의 비타민은 체내에서 합성되지 않으며, 합성되더라도 필요한 양만큼 충분히 합성되지 못하므로 식사를 통해 섭취해야 한다. 비타민 섭취량이 부족하거나 지나치게 많으면 체내 정상적인 대사나 기능을 유지하지 못한다. 비타민은 종류에 따라 급원식품이 다르므로 체내에 필요한 비타민을 모두 섭취하기 위해서는 다양한 종류의 식품을 골고루 섭취해야 한다.

이 장에서는 비타민의 종류와 기능을 알아보고 각 비타민들의 주요 급원식품에 대해 살펴본다.

학 / 습 / 목 / 표

1. 비타민을 일반적 특징에 따라 분류할 수 있다.
2. 각 비타민의 주요 기능과 결핍증을 설명할 수 있다.
3. 각 비타민의 급원식품을 나열할 수 있다.

CHECK UP 출발점!

※다음 문제에 O, X로 답하시오.

1. 펠라그라는 니아신 결핍증이다.

2. 카로티노이드는 비타민 E의 전구체이다.

3. 모든 비타민은 과다 섭취하면 독성을 나타낸다.

4. 티아민은 돼지고기와 현미에 특히 많다.

5. 비타민 C는 콜라겐 합성에 필수적이다.

6. 코엔자임 A(CoA)는 비타민 B_6의 조효소 형태이다.

7. 채식주의자는 비타민 B_{12}의 결핍증이 나타날 수 있다.

8. 비타민 D는 체내 합성이 가능하다.

9. 야맹증은 비타민 K의 결핍증이다.

10. 엽산은 체내 산화 · 환원반응에 관여하는 대표적인 비타민이다.

정답 및 해설

1. ○ 2. × (카로티노이드는 비타민 A의 전구체이다.) 3. × (주로 지용성 비타민에서 과다섭취에 의한 독성이 나타난다.) 4. ○ 5. ○ 6. × (코엔자임 A(CoA)는 판토텐산의 조효소 형태이다.) 7. ○ 8. ○ 9. × (야맹증은 비타민 A의 결핍증이다.) 10. × (체내 산화 · 환원반응에 관여하는 대표적인 비타민은 리보플라빈과 니아신이다.)

1. 비타민의 개요

비타민vitamin은 1912년 폴란드 생화학자 풍크Casimir Funk가 쌀겨에서 동물 성장에 필요한 아민류의 물질을 발견하였고, 생명에 필수적인via 아민류amine라는 뜻으로 'vitamine'이라고 명명하였다. 그러나 그 후 생명에 필수적인 다른 성분들이 발견됨에 따라 모든 비타민이 아민류를 갖지 않는다는 사실이 밝혀진 후 'e'를 뗀 'vitamin'으로 부르게 되었다.

비타민은 발견된 순서에 따라 비타민 A, B, C로 명명되거나 또는 고유의 기능성(예: 비타민 K, 덴마크어의 koagulation, 응고)에 의해 알파벳 명칭이 부여되었다. 비타민 B군은 처음에는 하나의 물질로 여겨지다가 나중에 여러 가지 물질임이 밝혀지면서 번호가 부여되었다(B_1, B_2, B_6, B_{12} 등).

1) 비타민의 분류 및 일반적 특징

지용성 비타민에는 비타민 A, D, E, K가 있고, 수용성 비타민에는 비타민 B군과 비타민 C가 있다 표 8-1. 비타민은 이러한 용해도에 따라 체내에서의 흡수, 운반, 대사, 저장, 배설 등이 달라진다.

지용성 비타민은 같이 섭취한 지방과 함께 소장세포로 흡수된 후 지단백질 형태로 림프계를 지나 혈관으로 들어가 간에 도달된다. 지용성 비타민은 필요량 이상으로 섭취하면 흡수률이 저하되며, 남은 양은 간과 지방조직에 축적된다. 지용성 비타민은 체외로 배출되는 것을 제한하기 때문에 독성이 나타나기 쉽다.

수용성 비타민은 식품 내 수용성 성분에 녹은 상태로 혈액에 직접 흡수되어 혈액 내에서 자유로이 수송되며, 체세포에 도달되면 체액 내에서 자유로이 순환된다. 대부분의 수용성 비타민은 필요량 이상 섭취하면 초과된 양은 소변으로 배출되고, 체내에 거의 저장되지 않는다.

표 8-1 비타민의 종류와 이름

분류	표준명		다른 이름
지용성	비타민 A		레티놀(retinol)
	비타민 D		칼시페롤(calciferol)
	비타민 E		토코페롤(tocopherol)
	비타민 K		필로퀴논(phylloquinone)
수용성	비타민 B군	티아민(thiamin)	비타민 B_1
		리보플라빈(riboflavin)	비타민 B_2
		니아신(niacin)	
		비타민 B_6	피리독신(phyridoxine)
		엽산(folate)	폴라신(folacin)
		비타민 B_{12}	코발아민(cobalamin)
		판토텐산(pantothenic acid)	
		비오틴(biotin)	
	비타민 C		아스코르브산(ascorbic acid)

2) 비타민의 일반 기능

비타민은 탄수화물, 지질, 단백질과 같이 에너지를 내지는 않지만 영양소 대사과정에 필수적인 역할을 한다. 비타민은 종류에 따라 세포 분열, 시력, 성장, 상처 치유, 혈액 응고, 항산화 등의 다양한 생리 기능을 도와주는 역할을 한다. 특히 수용성 비타민은 체내 여러 가지 효소작용을 촉매하는 조효소coenzyme로 작용하여 생체 화학반응의 대사 조절기능을 한다 **그림 8-1**.

조효소

조효소는 불활성 효소에 결합하여 활성형의 효소로 만드는 물질이다.

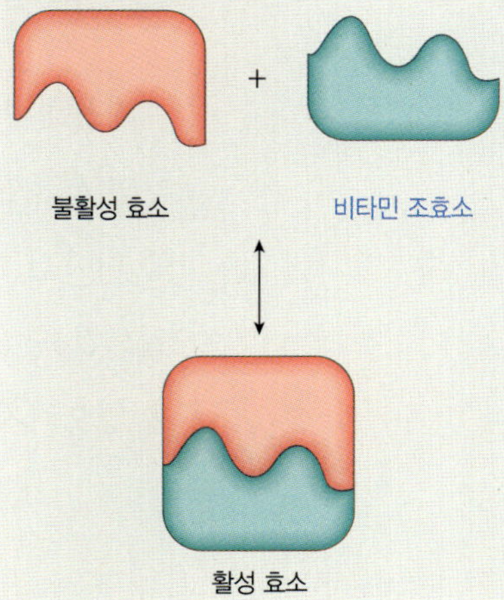

3) 비타민의 강화

식품에 영양소를 첨가하는 것을 '강화'라고 한다. 강화는 주로 국민 전체의 건강 향상이라는 견지에서 이루어진다. 식품에 영양소를 강화하는 것은 사람들로 하여금 식사 패턴을 바꾸거나 보충제를 복용하지 않고도

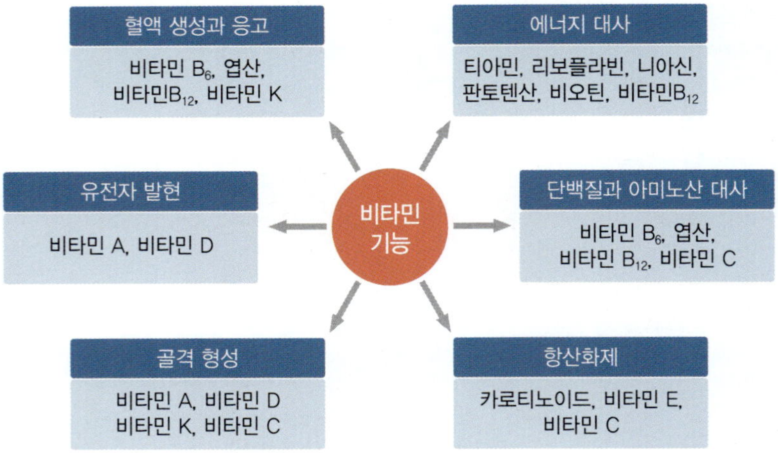

그림 8-1 비타민의 일반 기능

자료: Wardlaw G.M., Smith A.M., 2013

결핍된 영양소를 보충할 수 있는 효과적인 방법이라고 여겨져 왔다. 1930년대 초 미국에서 우유에 비타민 D를 강화하는 것으로 비타민 강화가 시작되었으며, 이후 대부분의 정제된 곡류에 티아민, 리보플라빈, 니아신을 강화하고 있다.

4) 비타민의 독성

지용성 비타민은 쉽게 배출되지 않으므로 신체에 쌓여 독성을 일으킬 수 있다. 비타민 A는 권장량의 10배를 장기간 섭취하면 독성이 나타날 수 있다. 수용성 비타민 중 니아신, 비타민 B_6, 비타민 C도 권장섭취량의 15~100배로 과다 섭취 시 독성을 일으킬 수 있다. 그러나 이 비타민들은 보충제 형태로 섭취하지 않는 한 거의 독성을 일으키지 않는다.

2. 지용성 비타민

1) 비타민 A

(1) 구조와 성질

비타민 A는 활성형인 레티노이드retinoid와 불활성형인 카로티노이드carotinoid를 총칭한다 그림 8-2. 레티노이드는 레티놀retinol, 레티날retinal, 레티노산retinoic acid을 지칭하며, 이 세 가지 형태 모두 필수적이지만 특히 레티놀이 가장 중요하다. 카로티노이드는 알파-카로틴α-carotene, 베타-카로틴β-carotene, 감마-카로틴γ-carotene, 베타-크립토잔틴β-cryptoxanthin, 리코펜lycopene 등이 있으며, 주로 식물성식품에 존재하고, 황색과 적황색 색소성분이다. 카로티노이드 중 알파-카로틴, 베타-카로틴, 베타-크

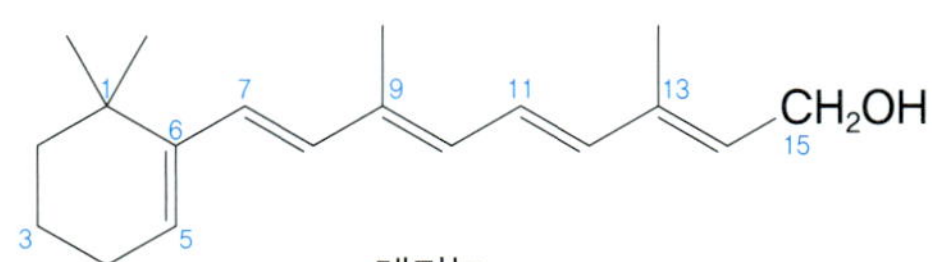

레티놀

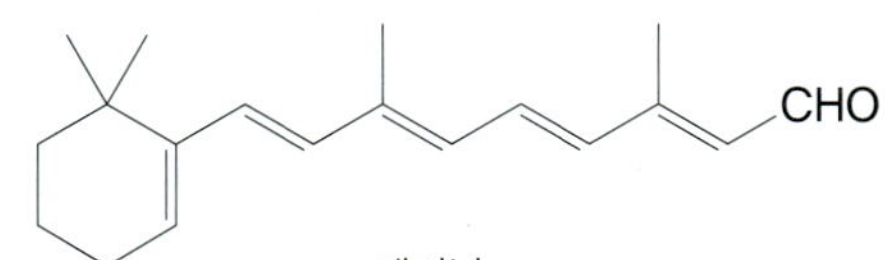

레티날

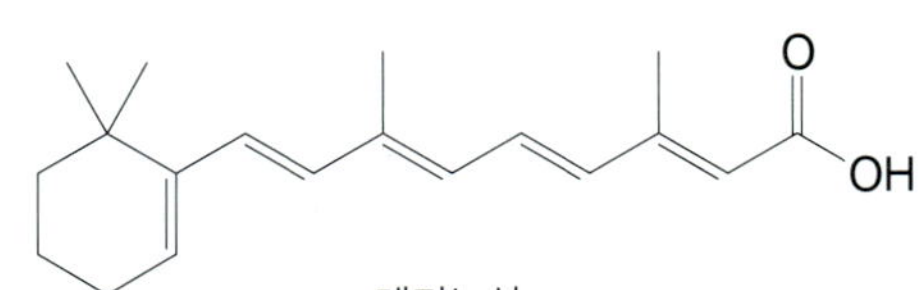

레티노산

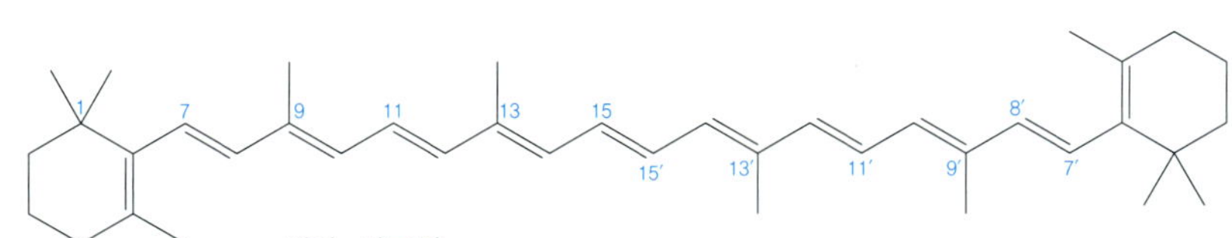

베타-카로틴

그림 8-2 레티노이드와 카로티노이드의 구조

> **비타민 전구체(프로비타민)**
> 카로티노이드, 7-디히드로콜레스테롤, 에르고스테롤, 트립토판은 체내에서 각각 비타민 A, 비타민 D_3, 비타민 D_2, 니아신으로 전환된다. 이와 같이 체내에서 비타민으로 전환될 수 있는 물질을 비타민 전구체 또는 프로비타민이라고 한다.

립토잔틴은 체내에서 비타민 A로 전환되어 활성을 갖게 되므로 비타민 A 전구체 또는 프로비타민 A라고 한다. 천연 카로티노이드 중에서 가장 활성이 높고 양이 많은 것은 베타-카로틴으로 다른 카로티노이드에 비해 비타민 A 활성이 두 배 이상이다. 이는 베타-카로틴이 두 개의 비타민 A를 붙여 놓은 구조를 하고 있기 때문이다. 카로티노이드 중 리코펜, 루테인lutein, 제아잔틴zeaxanthin 등은 비타민 A로 전환되지 못한다.

비타민 A는 열에 상당히 안정하지만 쉽게 산화되며, 빛에 노출되면 자외선에 의해 쉽게 파괴될 수 있다.

(2) 흡수와 대사

식품에 있는 비타민 A는 대부분 지방과 결합된 레티닐 에스테르 형태로 존재하며, 소장에서 담즙과 췌장 리파아제에 의해 지방산과 레티놀로 분해된 후 흡수된다. 흡수된 레티놀은 림프계를 거쳐 간으로 운반되어 저장되고 대사된다. 레티놀의 흡수율은 70~90%이고, 카로티노이드의 흡수율은 레티놀의 1/3 정도이며, 섭취량이 증가하면 흡수율은 감소한다. 카로티노이드는 소장 점막세포 내부에서 레티노이드로 전환될 수 있다. 베타-카로틴의 경우 흡수된 양의 1/2 정도만이 전환된다.

비타민 A는 주로 간에 저장된다. 간에서 레티놀은 레티닐 에스테르 형태로 존재하며, 인체가 비타민 A를 필요로 할 때 레티놀로 분해된 후 단백질과 결합된 형태로 운반되어 이용된다. 레티놀은 세포 내에서 산화단계를 거쳐 레티날과 레티노산으로 전환되어 활성화된다 그림 8-3.

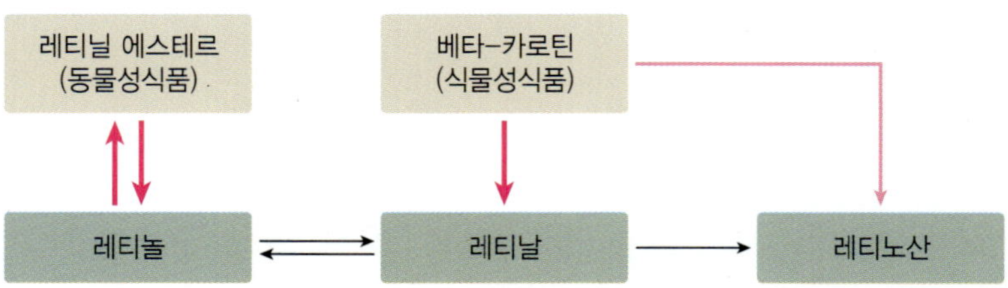

그림 8-3 비타민 A의 상호 전환

(3) 기능

① 시각 기능

레티날은 간상세포에서 단백질인 옵신opsin과 결합하여 로돕신rhodopsin을 형성한다. 로돕신은 어두운 곳에서 시각을 유지하는 데 필요한 물질이다. 갑자기 어두운 곳에 들어가면 잘 보이지 않다가 간상세포에서 로돕신이 생성됨으로써 서서히 보이게 된다. 간상세포에 레티날이 부족하면 암적응이 정상적으로 이루어지지 않으며, 야맹증이 나타난다. 생성된 로돕신은 빛이 닿은 순간 다시 옵신과 레티날로 분해된다 **그림 8-4**.

> **암적응**
> 암적응은 밝은 곳에서 갑자기 어두운 곳으로 들어갔을 때 처음에 잘 보이지 않다가 차차 눈이 어둠에 익숙해져 주위가 보이는 현상으로, 이는 어두운 곳에서 망막의 간상세포에 로돕신 농도가 증가하여 시력이 향상되었기 때문이다.

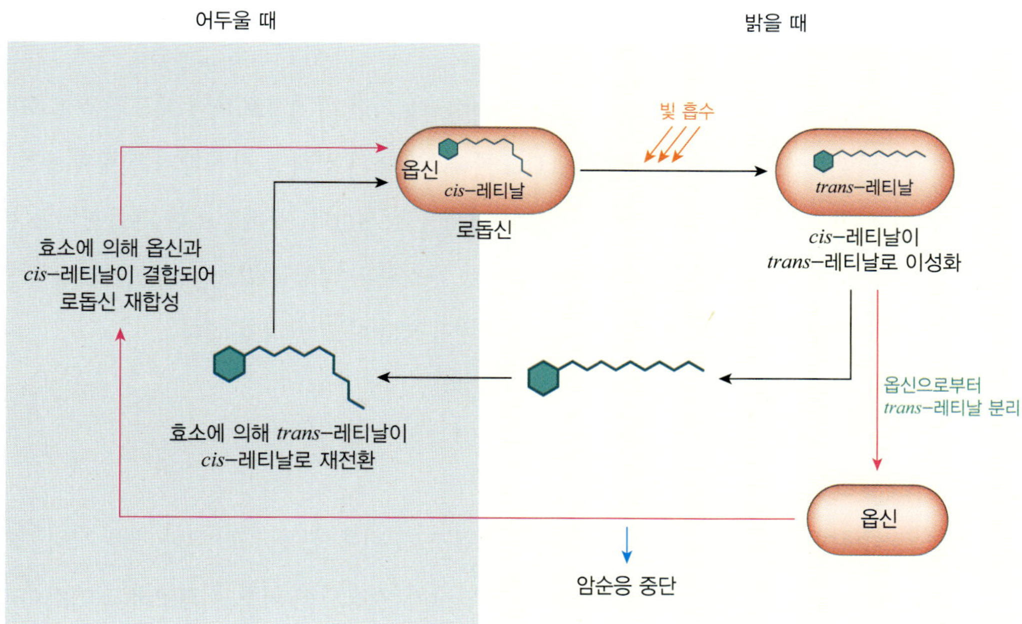

그림 8-4 비타민 A의 암적응 능력

② 세포 분화

비타민 A는 유전자 발현을 통해 세포분화에 영향을 준다. 상피세포의 점막에서 점액의 생산과 분비가 순조롭게 되기 위해서는 상피세포의 성장과 분화가 정상적으로 되어야 하며, 비타민 A가 이 기능을 담당한다. 비타민 A가 결핍되면 점액 분비가 감소되므로 각막의 상피세포, 폐, 장점막, 피부의 각질화가 초래된다.

또한 비타민 A는 심혈관계, 호흡기계, 신경계의 형성에 중요한데, 이 기능은 특히 배아의 발달과정에서 중요하다. 따라서 태아기에 비타민 A가 결핍되면 기형을 초래하고 사망할 수도 있다. 비타민 A는 성장에 필요한 골격세포 합성과 뼈의 재합성에도 필요하다.

비타민 A는 또한 면역세포를 여러 가지 형태로 분화시키는데 필요하다. 비타민 A가 결핍되면 면역세포의 기능이 감소되고, 감염에 의해 손상된 점막이 정상적으로 재생되지 못한다.

③ 항산화 및 항암작용

비타민 A는 항산화제로서 자유기free radical에 의한 공격으로부터 세포막을 보호하는 역할을 한다. 베타-카로틴은 LDL-콜레스테롤의 산화를 방지하여 심혈관계질환의 위험을 낮추며, 암 특히 폐암 등의 발병을 방지한다. 루테인이나 제아잔틴은 비타민 A의 기능은 없지만 백내장과 노화성 안질환의 발생을 감소시키는 기능이 있으며, 리코펜도 전립선 암 등 일부 암의 발생을 낮춘다고 알려져 있다.

(4) 결핍증과 과잉증

① 결핍증

비톳점(Bitot's spot)
비톳점은 떨어져 나간 세포들이 결막의 가장자리 쪽에 흰 거품 같은 형태로 축적되는 현상이다.

비타민 A의 결핍증상은 야맹증, 안구건조증, 비톳점 등이고, 심한 경우 각막연화증으로 실명할 수도 있다. 그 외에 비타민 A가 결핍되면 피부가 건조하고 거칠어지며, 소화기계나 호흡기계의 상피세포 각질화로 점막이 손상되고 점액 분비가 저하된다. 비타민 A가 결핍된 아이들은 식욕부진과 빈혈 증상이 나타나고, 면역력 저하로 쉽게 감염된다.

② 과잉증

비타민 A의 급성 과잉증은 성인은 권장량의 100배, 아동은 권장량의 20배 이상을 1회 또는 짧은 간격으로 몇 차례 섭취하였을 때 발생하며, 두통, 현기증, 오심, 시력 장애, 현기증, 무력감, 가려움증이 나타난다. 비타민 A의 만성 독성은 권장량의 10배를 지속적으로 섭취하였을 때 발생하며, 체중 감소, 근육과 관절의 통증, 간 손상, 뼈의 기형, 시각적 장애, 입술 건조, 피부 발진이 나타난다. 임신기 동안 비타민 A를 과다 섭취하면 사상, 기형아 출산, 영구적 학습장애 등이 나타날 수 있다.

(5) 섭취기준

비타민 A의 섭취기준은 혈청 레티놀 농도를 적정하게 유지하고, 간의 저장량을 최적의 상태로 유지하는 양이다. 비타민 A의 권장섭취량은 19~49세 성인 남녀 각각 800 μg RAE/일과 650 μg RAE/일이다. 비타민 A의 상한섭취량은 성인 남녀 3,000 μg RAE/일이다(2020 한국인 영양소 섭취기준, 2020).

(6) 급원식품

쇠간, 생선간유, 메추라기알, 달걀, 유제품과 같은 동물성식품은 활성형 비타민 A의 좋은 급원이다. 식물성식품에는 레티노이드는 없지만 카로티노이드가 황색과 적황색을 띠는 채소와 과일에 많이 함유되어 있다. 베타-카로틴은 당근, 단호박, 고

알아두기

비타민 A의 단위

미국과 캐나다 등 많은 나라에서 비타민 A의 단위를 기존의 RE(retinol equivalents) 단위에서 레티놀활성당량(retinol activity equivalents, RAE)으로 변경하여 사용해 왔으며, 국제적인 추세에 따라 우리나라도 '2015 한국인 영양소 섭취기준'부터 RAE 단위를 비타민 A의 기본 단위로 채택하였다.

식품 중의 카로티노이드의 비타민 A 전환율은 RAE 단위로 계산하면 종래의 RE 단위에 비해 1/2배로 줄어들게 된다.

레티놀과 카로티노이드의 1 RAE에 해당하는 양은 다음과 같다.

1 레티놀활성당량(μg RAE) = 1 μg (트랜스)레티놀
= 2 μg (트랜스)베타-카로틴보충제
= 12 μg 식이 (트랜스) 베타-카로틴
= 24 μg 기타 식이 비타민 A 카로티노이드

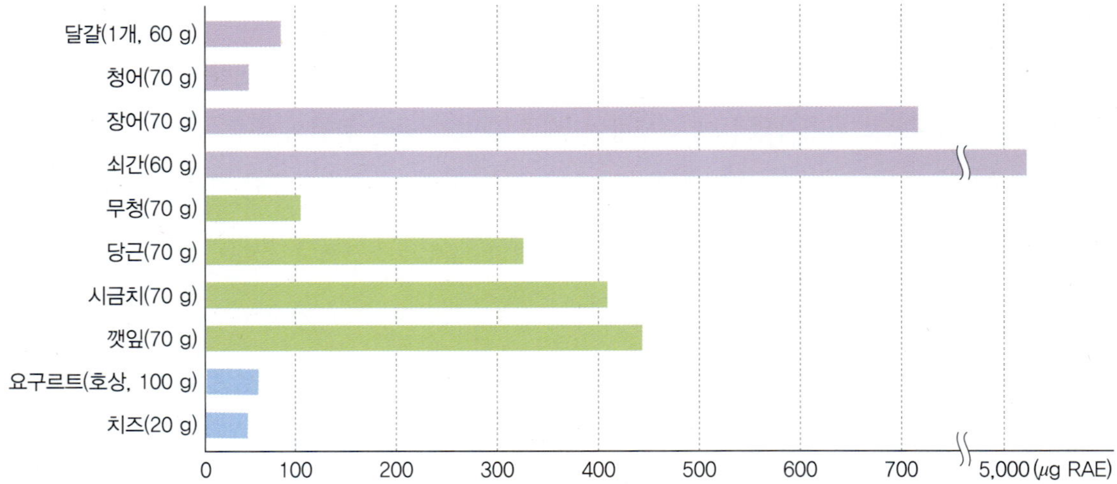

그림 8-5 1인 1회 분량당 비타민 A 함량

구마, 고추, 단감, 살구, 망고 등 등황색 채소와 과일에 많이 함유되어 있다. 깻잎, 아욱, 시금치와 같은 녹색 엽채류 또한 카로티노이드가 풍부하다 그림 8-5.

2) 비타민 D

(1) 구조와 성질

비타민 D는 칼시페롤calciferol로 불리며, 그 중 식물성 급원의 비타민 D_2(에르고칼시페롤ergocalciferol)와 동물성 급원의 비타민 D_3(콜레칼시페롤cholecalciferol)가 있다. 비타민 D는 다른 비타민과는 달리 자외선에 의해 체내에서 합성이 가능하다. 체내에서 합성되는 비타민 D_3는 7-디히드로콜레스테롤(비타민 D_3 전구체)로부터 피부에서 합성되며 체내 필요량의 90% 이상을 공급할 수 있다 그림 8-6. 비타민 D는 광선에 의해 산화와 분해가 일어나며, 산소가 없으면 130°C 정도의 열에도 안정하다.

(2) 흡수와 대사

식품으로 섭취한 비타민 D는 담즙의 도움을 받아 약 80%가 소장에서 흡수된다.

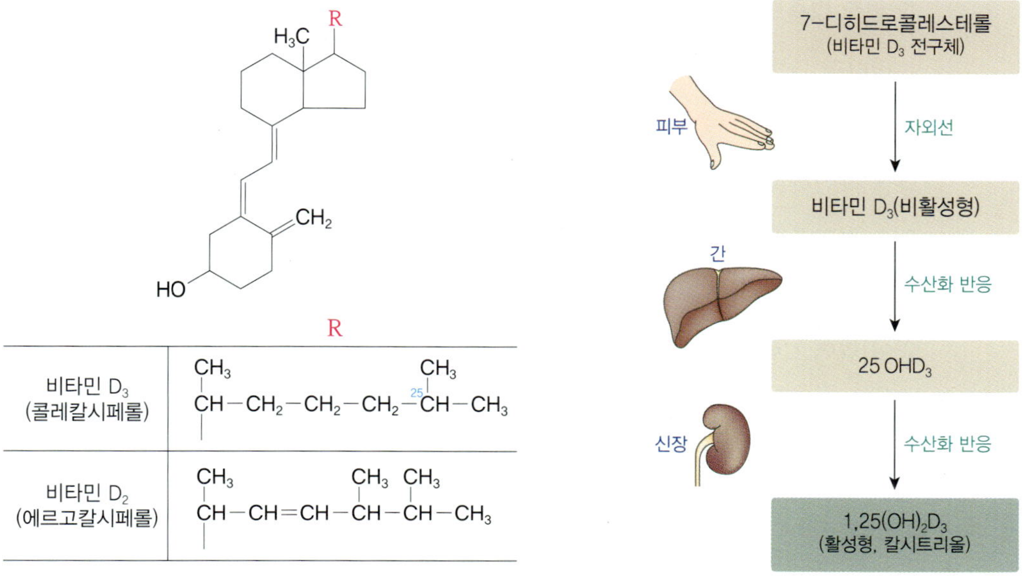

그림 8-6 비타민 D의 구조 및 체내 합성

흡수된 비타민 D는 킬로미크론과 결합하여 림프계를 거쳐 간으로 이동된다. 체내에서 합성된 비타민 D도 혈액을 통해 간으로 이동된다. 비타민 D(D_2, D_3)는 비활성 형태로서 두 단계의 수산화 과정을 거쳐 활성화된다. 첫 번째 수산화는 간에서 $25OHD_3$로 전환되는 것이다. 두 번째 수산화는 신장에서 $25OHD_3$가 생물학적 활성형인 $1,25(OH)_2D_3$(칼시트리올calcitriol)로 되는 것이다 **그림 8-6**. 비타민 D는 대부분 담즙 형태로 대변으로 배설되며, 약 3%는 소변으로 배설된다.

(3) 기능

① 골격 형성

비타민 D의 활성형인 $1,25(OH)_2D_3$은 소장에서 칼슘과 인의 흡수를 촉진하며, 신장에서 칼슘과 인의 배설을 억제하고 재흡수를 높여 혈중 칼슘과 인의 농도를 높임으로써 혈액 내 칼슘과 인을 골격으로 이동시켜 골격을 형성하는 데 도움을 준다.

② 혈중 칼슘의 항상성 유지

비타민 D는 부갑상샘호르몬parathyroid hormone, PTH과 함께 혈중 칼슘의 항상성을 유지시킨다. 혈중 칼슘 농도가 낮아지면 부갑상샘호르몬이 분비되어 비타민 D 활성화를 촉진하고, 활성화된 비타민 D(칼시트리올)는 소장, 신장, 골격에 작용하여 혈중 칼슘 농도를 높여 정상으로 유지해 준다. 비타민 D는 소장에서 칼슘과 인의 흡수를 촉진하고, 신장에서는 칼슘 배설을 억제하며, 골격에서는 파골세포를 자극하여 칼슘이 혈액으로 용해되어 나오는 것을 촉진시킨다. 비타민 D가 신장과 골격에서 작용하기 위해서는 부갑상샘호르몬이 같이 있어야 가능하다 그림 8-7.

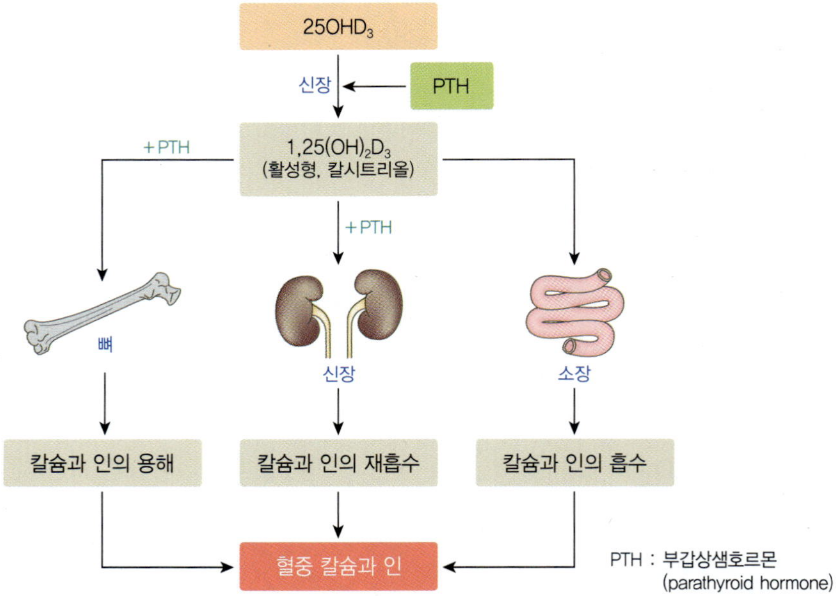

그림 8-7 비타민 D의 혈중 칼슘 농도 유지 기능

③ 기타 기능

비타민 D는 면역 조절세포와 상피세포 등의 세포 증식, 분화, 성숙에 관여한다. 따라서 적당량의 비타민 D는 암, 심장병, 당뇨병 또는 다발성경화증과 같은 자가면역질환의 발생을 억제한다. 비타민 D는 유방암, 전립샘암, 결장암 등의 악성종양세포의 증식과 분화에도 관련되어 있어 비타민 D의 적절한 섭취는 이러한 암들의 발병을 낮출 수 있다. 비타민 D는 또한 부갑상샘호르몬의 정상적인 유지와 칼시토닌이나 프로락틴 등의 일부 호르몬 합성, 그리고 인슐린의 분비에도 관여한다.

(4) 결핍증과 과잉증

① 결핍증

비타민 D가 결핍되면 칼슘이 효율적으로 흡수될 수 없고, 그 결과 뼈에 칼슘이 충분히 축적되지 못해 뼈 건강에 문제가 생긴다. 비타민 D의 대표적인 결핍증은 어린이는 구루병rickets, 성인은 골연화증osteomalacia과 골다공증osteoporosis이다. 어린이는 비타민 D가 부족하면 뼈에 칼슘과 인이 충분하지 않아 뼈가 약해지는 구루병이 생긴다. 구루병에 걸리면 성장이 지연되고 다리가 휘어지며, 관절이 굵어지고 골반 형성이 잘 되지 않는다. 성인기에 나타나는 구루병을 골연화증이라고 한다. 성인은 뼈의 성장이 끝났기 때문에 골연화증으로 뼈의 기형이 나타나지는 않으나, 뼈가 약해져 뼈와 근육에 통증이 생기고 골절이 잘 일어나며, 골다공증을 촉진하거나 악화시킬 수 있다.

② 과잉증

체내에서 합성되는 비타민 D의 양은 생리적으로 조절이 잘 되기 때문에 독성을 유발하지 않으며, 식품 섭취만으로는 비타민 D 독성이 나타나지 않는다. 그러나 비타민 D보충제나 강화식품의 과다 섭취는 비타민 D 독성을 유발할 수 있다. 비타민 D를 과다 섭취하면 혈액과 소변의 칼슘 농도가 증가되고, 연조직에 칼슘이 축적되어 석회화를 일으키며, 이로 인해 심혈관 손상과 신장결석 등이 나타날 수 있다.

(5) 섭취기준

비타민 D는 필요량의 90% 이상을 일상적인 햇빛 노출로 공급받는다고 추정하고 있으나, 체내 합성이 부족한 경우 식품으로 비타민 D를 섭취해야 한다. 비타민 D의 충분섭취량은 19~64세 성인 남녀 10 μg/일이다. 또한 비타민 D는 과다 섭취로 인한 독성 방지를 위해 상한섭취량을 성인 남녀 100 μg/일로 정하였다.

(6) 급원식품

생선간유, 고등어, 연어, 참다랑어 등의 지방 함량이 많은 생선, 달걀, 표고버섯, 효모에 비타민 D가 함유되어 있다. 그러나 비타민 D는 자연식품에 널리 분포되어 있지 않다 그림 8-8. 따라서 우유나 시리얼 등에 비타민 D를 강화하고 있다.

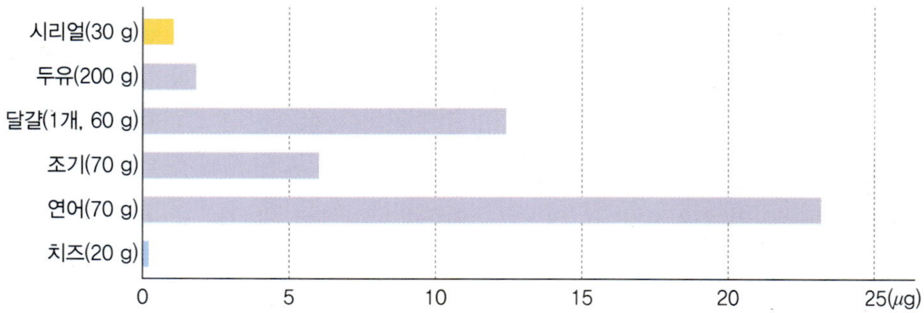

그림 8-8 1인 1회 분량당 비타민 D 함량

3) 비타민 E

(1) 구조와 성질

비타민 Etocopherol는 항산화 기능을 가진 비타민이다. 체내에서 비타민 E는 4개의 토코페롤과 4개의 토코트리에놀tocotrienol 등 8개의 이성질체가 있는데, 그중 활성이 가장 큰 것이 α-토코페롤이다 그림 8-9. 비타민 E는 빛, 산소, 열, 금속에 쉽게 파괴되므로 식품 조리, 가공, 저장 과정에서 손실된다.

(2) 흡수와 대사

비타민 E는 담즙의 도움을 받아 소장에서 평균 30~50% 정도 흡수된다. 흡수된 비타민 E는 킬로미크론과 결합하여 림프계를 거쳐 간으로 이동된다. 간에서 비타민 E는 지단백질에 결합되어 필요한 조직으로 운반된다. 비타민 E는 체내에 고루 분포

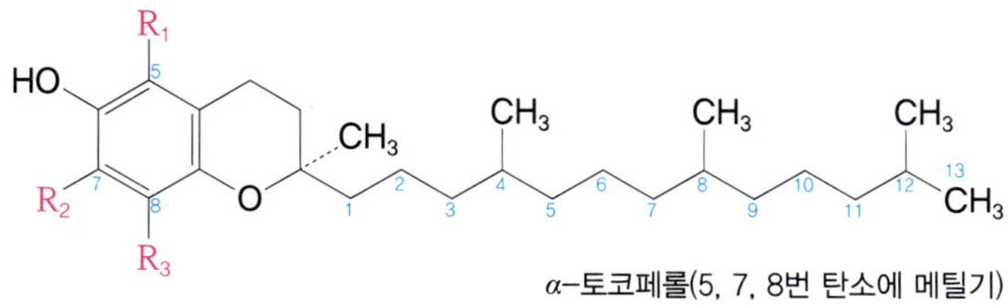

α–토코페롤(5, 7, 8번 탄소에 메틸기)
β–토코페롤(5, 8번 탄소에 메틸기)
γ–토코페롤(7, 8번 탄소에 메틸기)
δ–토코페롤(8번 탄소에 메틸기)

그림 8-9 비타민 E의 구조

되어 있으며, 특히 혈장, 간, 지방조직에 다량 존재한다. 비타민 E는 비타민 A, D와는 달리 간보다 지방조직에 주로 저장된다. 비타민 E는 주로 담즙을 통해 대변으로 배설되고, 소량은 소변으로 배설된다.

(3) 체내 기능

비타민 E는 항산화제로서 지방이 많은 부위에서 자유기에 의한 지방의 과산화 반응을 억제하는 기능을 한다. 비타민 E는 세포막에 있는 유일한 항산화제로서 막의 산화반응을 억제하여 세포막 구조를 유지하게 한다. 세포막에 있는 다가불포화지방산은 세포 내 자유기에 의해 쉽게 산화되는데, 이때 비타민 E는 자유기를 제거하여 산화과정을 중단시킴으로써 세포막의 불포화지방산이 정상적인 기능을 할 수 있도록 해준다 그림 8-10.

> **항산화제**
> 항산화제는 자신이 스스로 산화되면서 다른 물질의 산화를 막아 주는 역할을 하는 물질이다.

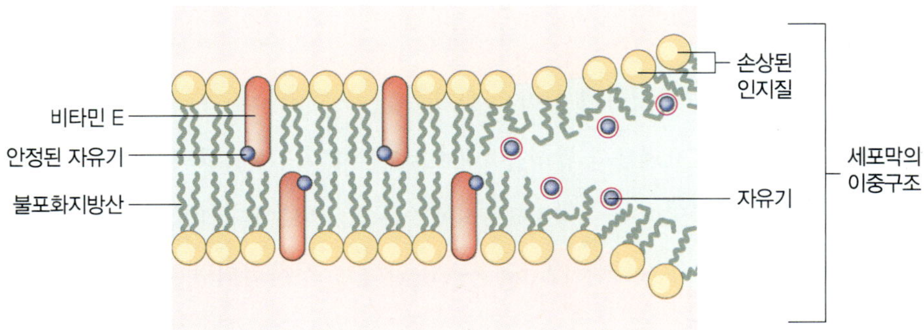

그림 8-10 비타민 E의 항산화작용

비타민 E는 또한 적혈구 세포막, 신경조직과 면역체계의 세포를 손상으로부터 보호한다. 이 외에 비타민 E는 비타민 A의 산화를 방지하고, 세포의 철 대사에도 관여한다. 세포막 표면에 있는 비타민 C는 산화된 비타민 E를 환원시켜 항산화기능을 복구시킨다.

(4) 결핍증과 과잉증

① 결핍증

비타민 E는 항불임성인자로 발견되었지만 이는 동물의 결핍 증상이며, 사람에게는 불임이 나타나지 않는다. 그러나 비타민 E가 장기간 결핍될 경우 신경조직과 적혈구세포가 영향을 받는다. 비타민 E는 일상적인 식사로 충분히 공급되고, 체내에 저장되기 때문에 성인에게는 결핍증이 거의 나타나지 않는다. 그러나 미숙아의 경우 비타민 E의 저장량이 적고 지방 흡수가 잘 안 되어 체내 비타민 E 수치가 낮아짐으로써 적혈구 세포막에 비타민 E가 부족하여 용혈성 빈혈이 발생할 수 있다.

용혈성 빈혈
용혈성 빈혈은 비타민 E가 부족한 적혈구의 세포막이 산화적 손상을 받아 파괴되어 일어나는 빈혈이다.

② 과잉증

비타민 E는 매우 안전한 물질로 독성이 거의 없다. 그러나 보충제 등으로 고용량을 섭취할 경우 비타민 K의 혈액 응고작용을 방해하여 혈액 응고가 지연된다거나 과다 출혈 현상을 보일 수 있다. 비타민 E와 항응고제는 상승효과가 있으므로 항응고제를 복용하거나 비타민 K가 결핍된 사람은 의사와 반드시 상의한 후 비타민 E를 복용해야 한다.

(5) 섭취기준

비타민 E는 다양한 활성형이 있어 섭취기준을 α-TEtocopherol equivalent를 기준으로 표시한다. 천연 α-토코페롤의 활성을 100으로 볼 때 β-, γ-, δ-토코페롤의 활성은 각각 50, 10, 1 정도이며, α-토코트리에놀은 30 정도이다. 비타민 E의 충분섭취량은 19세 이상의 성인 남녀 12 mg α-TE/일이고, 상한섭취량은 성인 남녀 540 mg α-TE/일이다.

비타민 E의 생리 활성 표시
비타민 E의 생리적 활성은 1 mg의 천연 α-토코페롤을 당량 기준으로 하여 1 mg α-TE로 표시한다.

(6) 급원식품

비타민 E는 콩기름, 면실유, 올리브유 등의 식물성 기름에 천연적으로 함유되어 있으며, 곡물의 배아, 아몬드, 아보카도에도 많다 그림 8-11. 그러나 동물성기름, 육류, 생선 등 동물성식품에는 비타민 E가 거의 들어 있지 않다. 대부분의 채소에는 비타민 E가 거의 없으나 녹색채소에는 소량 함유되어 있다.

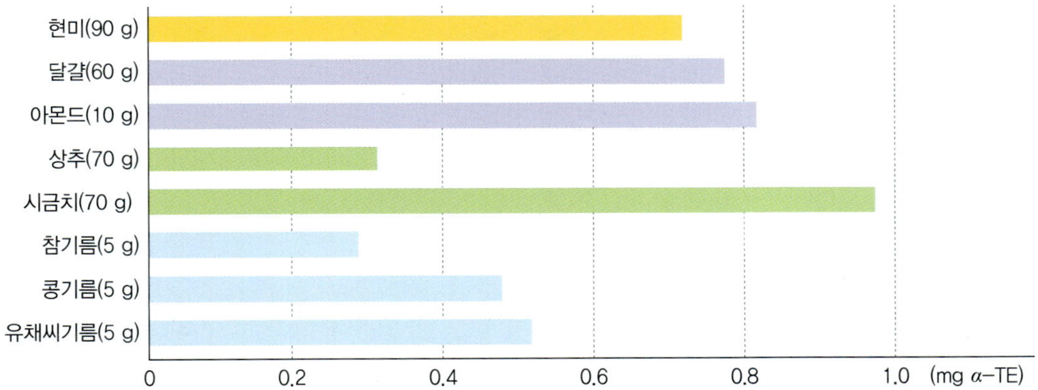

그림 8-11 1인 1회 분량당 비타민 E 함량

4) 비타민 K

(1) 구조와 성질

비타민 K는 퀴논quinone을 가지는 물질의 총칭으로 식물성 급원의 필로퀴논phylloquinone, K_1, 동물성 급원의 메나퀴논menaquinone, K_2, 그리고 합성물질인 메나디온menadione, K_3이 있다 그림 8-12. 메나퀴논은 장내 미생물에 의해 합성 가능하다. 메나디온K_3은 수용성으로 흡수 후 체내에서 메나퀴논으로 전환되며, 비타민 K_1이나 K_2보다 생체 효능이 더 크다. 비타민 K는 열과 공기에 안정하지만 산, 알칼리, 광선에 의해 분해되기 쉽다.

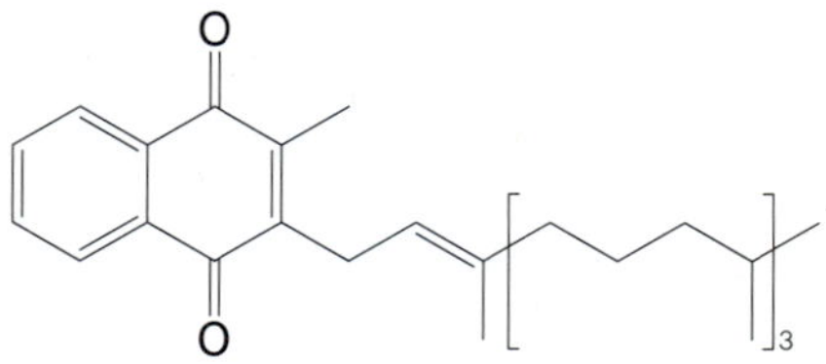

비타민 K_1(필로퀴논)

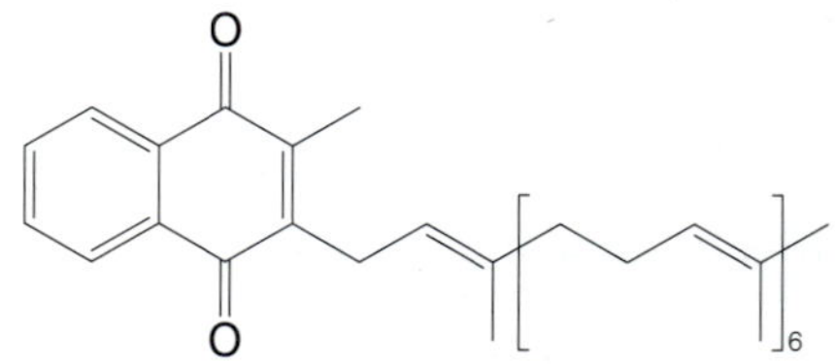

비타민 K_2(메나퀴논)

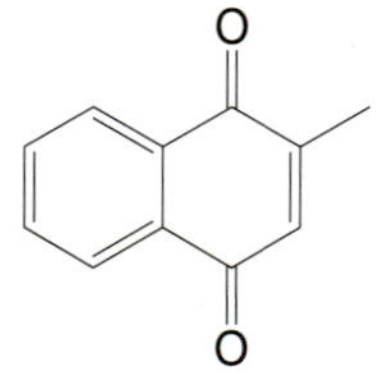

비타민 K_3(메나디온)

그림 8-12 비타민 K의 구조

(2) 흡수와 대사

식품 내 비타민 K는 다른 지용성 비타민과 같은 과정을 통해 흡수되고 간으로 운반되며, 지단백질과 결합하여 여러 조직으로 이동된다. 비타민 K의 흡수율은 10~80% 정도이고, 함께 섭취한 지방량과 형태, 담즙작용에 따라 달라진다. 비타민 K는 간에 일부 저장되고, 비장과 골격에도 소량 저장되나, 체내 저장량이 적으며 대사율이 빠르다. 비타민 K는 담즙을 통해 주로 배설되며, 소량이 소변으로 배설된다.

(3) 기능

비타민 K는 혈액응고단백질인 프로트롬빈 및 혈액 응고인자의 생산에 필요한 조효소이다. 혈액 응고인자들은 간에서 불활성 형태의 단백질로 합성되며, 활성화되기 위해서는 비타민 K가 필요하다 그림 8-13. 따라서 비타민 K가 부족하면 혈액 응고가 지연된다. 그리고 비타민 K에 의존하는 단백질에는 뼈에서 합성되는 오스테오칼신osteocalcin이 있다. 비타민 K는 오스테오칼신의 형성과 분비를 촉진시켜 오스테오칼신이 칼슘과 결합하여 뼈를 형성하고 발달시키는 데 관여한다. 또한 비타민 K는 칼슘결합단백질의 합성에도 관여함으로써 소장에서의 칼슘 흡수를 돕는다.

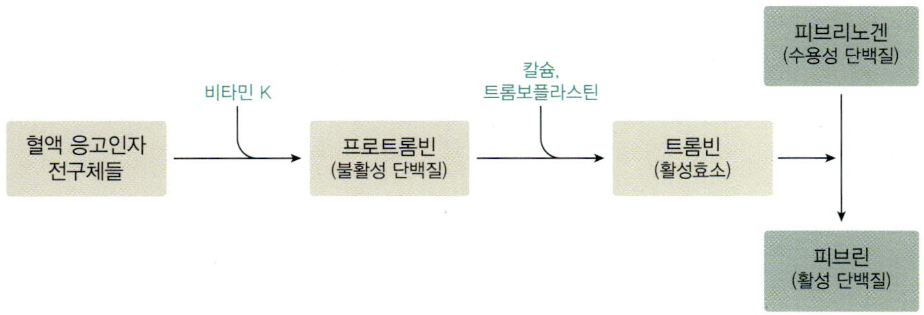

그림 8-13 혈액 응고과정

(4) 결핍증과 과잉증

① 결핍증

비타민 K는 필요량이 적고, 식품 중에 널리 분포되어 있으며, 체내에서 합성 가능하므로 사람의 경우 결핍증이 거의 나타나지 않는다. 성인의 경우 5~10년 정도 결핍상태가 지속되어야 비로소 결핍 증세가 나타난다. 그러나 신생아의 위장관은 무균상태이므로 비타민 K 합성이 일어나지 않아 신생아 출혈 위험이 있다.

② 과잉증

비타민 K는 지용성이지만 체내에서 빠르게 배설되므로 독성이 거의 나타나지 않는다.

(5) 섭취기준

혈액 응고시간을 정상적으로 유지하기 위해서는 식사를 통해 비타민 K를 체중 kg당 1 μg/일 섭취하면 충분하다. 대개 일상적인 식사로 비타민 K 필요량을 쉽게 충족시킬 수 있다. 비타민 K의 충분섭취량은 19세 이상 성인 남녀 각각 75 μg/일과 65 μg/일이며, 상한섭취량은 설정되어 있지 않다.

(6) 급원식품

비타민 K는 시금치 등의 녹색채소, 브로콜리, 해조류, 콩류에 많이 들어 있다 그림 8-14.

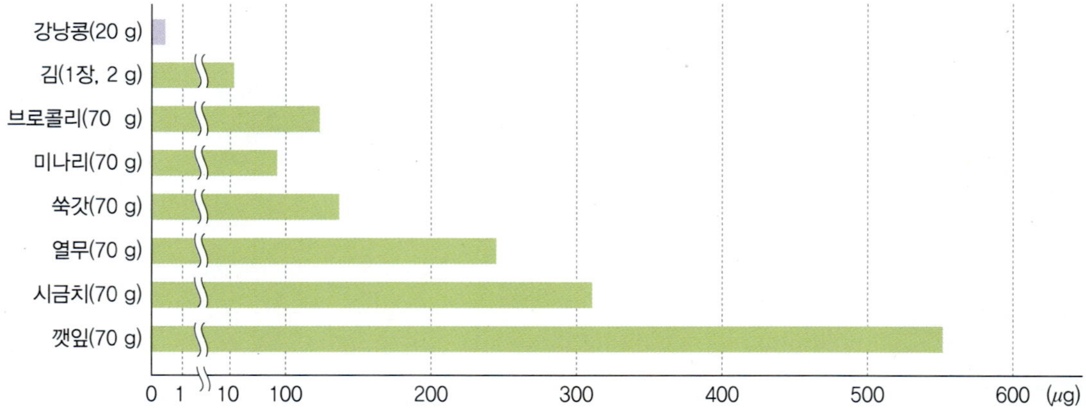

그림 8-14 1인 1회 분량당 비타민 K 함량

표 8-2 지용성 비타민 요약

비타민	주요 기능	권장섭취량/충분섭취량	상한섭취량	결핍증	과잉증	급원식품
비타민 A (레티놀) 비타민 A 전구체 (카로티노이드)	• 로돕신 형성, 암적응 능력 • 상피세포의 성장과 분화, 골격세포 합성 • 항산화, 항암 작용	권장섭취량 (19~49세) 남 : 800 μg RAE 여 : 650 μg RAE	3,000 μg RAE	야맹증, 안구건조증, 비톳점, 상피조직 각질화, 식욕부진, 면역력 저하	근육과 관절의 통증, 간 손상, 뼈의 기형, 시각적 장애	동물의 간, 달걀, 녹색채소, 당근, 귤, 단감, 고구마
비타민 D (칼시페롤)	• 골격 형성 • 칼슘과 인의 흡수와 재흡수 촉진 • 혈중 칼슘의 항상성 유지 • 세포의 증식, 분화, 성숙	충분섭취량 (19~64세) 남녀 : 10 μg	100 μg	구루병, 골연화증, 골다공증	혈액과 소변의 칼슘 농도 증가, 연조직 석회화	생선간유, 지방 많은 생선, 달걀, 표고버섯, 강화우유
비타민 E (토코페롤)	• 항산화작용, 세포막 보호	충분섭취량 (19세 이상) 남녀 : 12 mg α-TE	540 mg α-TE	용혈성 빈혈	거의 없음	식물성 기름, 곡물의 배아, 아몬드, 아보카도
비타민 K (필로퀴논)	• 프로트롬빈과 혈액 응고인자들의 합성 • 혈액 응고 • 골격 형성	충분섭취량 (19세 이상) 남 : 75 μg 여 : 65 μg		신생아 위장관 출혈	거의 없음	녹색채소, 브로콜리, 해조류, 콩류

3. 수용성 비타민

수용성 비타민은 8종의 비타민 B군과 비타민 C가 있으며, 체내 여러 대사에 관여하는 효소들의 조효소로 작용한다 그림 8-15. 비타민 B군의 조효소 형태는 표 8-3에 있다.

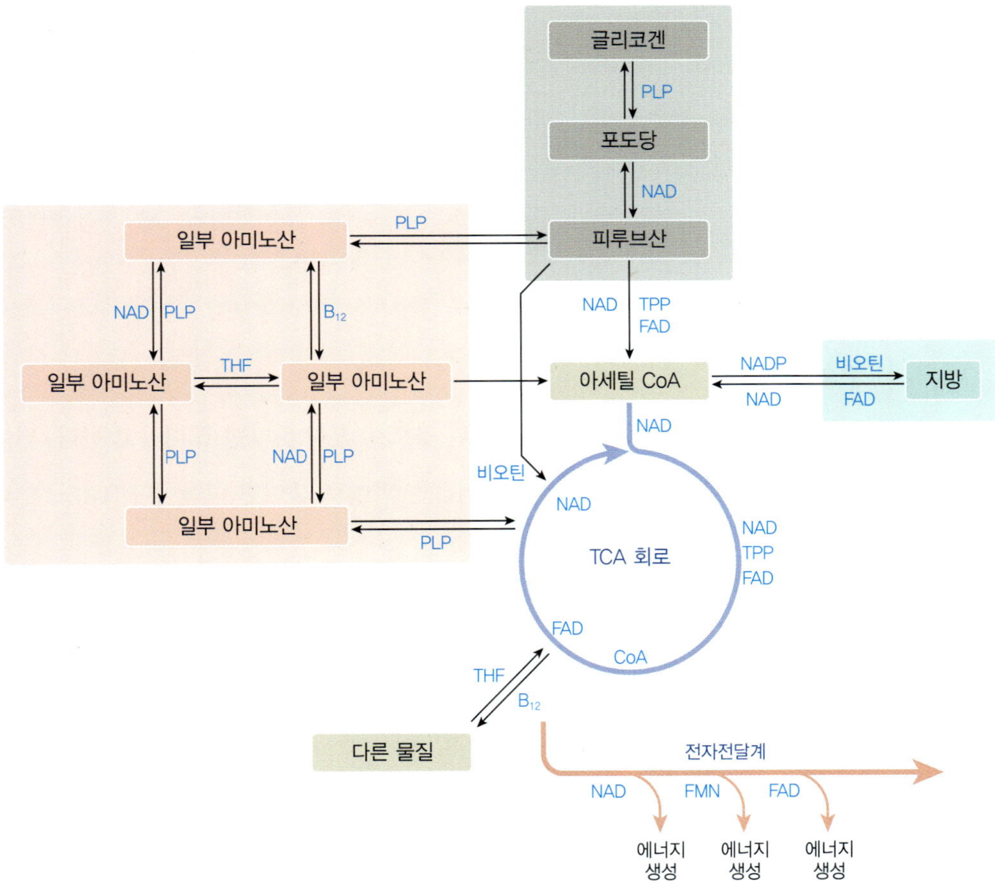

그림 8-15 비타민 B군이 관여하는 체내 대사과정

자료: Whitney E., Rolfes S.R., 2013

표 8-3 비타민 B군의 조효소 형태

비타민	조효소
티아민	TPP(thiamin pyrophosphate), TTP(thiamin triphosphate)
리보플라빈	FMN(flavin mononucleotide), FAD(flavin adenine dinucleotide)
니아신	NAD(nicotinamide adenine dinucleotide), NADP(nicotinamide adenine dinucleotide phosphate)
판토텐산	CoA(coenzyme A)
비오틴	비오시틴(biocytin)
비타민 B_6	PLP(pyridoxal phosphate), PNP(pyridoxine phosphate), PMP(pyridoxamin phosphate)
엽산	THF(tetrahydrofolate)
비타민 B_{12}	아데노실코발아민(adenosylcobalamin), 메틸코발아민(methylcobalamin)

1) 티아민(비타민 B_1)

(1) 구조와 성질

티아민은 비타민 B군 중 첫번째 발견된 것으로 흔히 비타민 B_1이라고 한다. 티아민은 유황thio을 함유한 질소화합물amine이라는 의미로 붙여진 이름이다 그림 8-16. 티

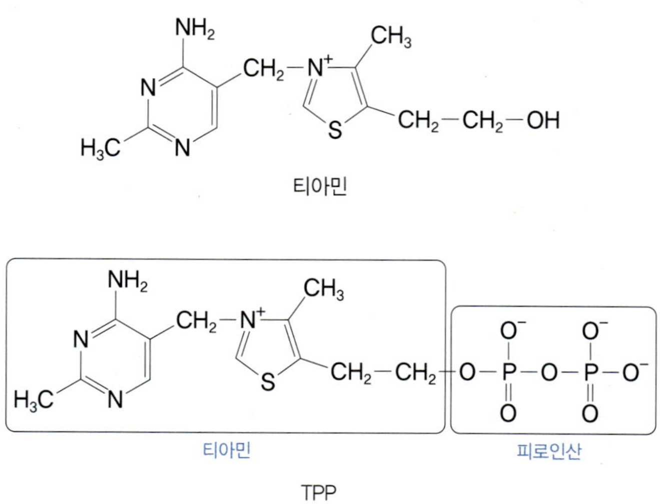

그림 8-16 티아민과 티아민 피로인산(TPP)의 구조

아민은 티아민 피로인산TPP의 형태로 에너지 대사에 관여한다. 티아민은 산에 안정하나 열, 산소, 알칼리에 약하여 조리나 저장 중에 쉽게 파괴된다.

(2) 흡수와 대사

티아민은 주로 소장 상부에서 흡수되며, 적정량을 섭취할 경우 능동수송에 의해 완전 흡수되지만, 다량 섭취할 경우 수동수송에 의해 하루 5 mg 정도만 흡수되고, 나머지는 소변으로 배설된다. 흡수된 티아민은 장점막세포에서 인산화 반응에 의해 TPP로 전환되어 간문맥과 간을 통해 순환계로 들어간다. 체내 총 티아민의 80%가 TPP 형태로 존재한다. 티아민은 근육, 심장, 간 등에 소량 저장되며, 각 조직에서 빠르게 소모된다.

(3) 기능

① 에너지 대사 관여

티아민은 TPP 형태로 탄수화물, 지질, 단백질이 에너지를 생성하는 과정에서 조효소로 작용한다. TPP는 기질로부터 수소를 제거하는 탈수소효소의 조효소로서 포도당의 분해산물인 피루브산이 아세틸 CoA로 전환되는 과정과 TCA 회로 중 α-케토글루타르산α-ketoglutarate이 숙시닐 CoAsuccinyl CoA로 전환되는 과정에 관여한다 그림 4-5 참고.

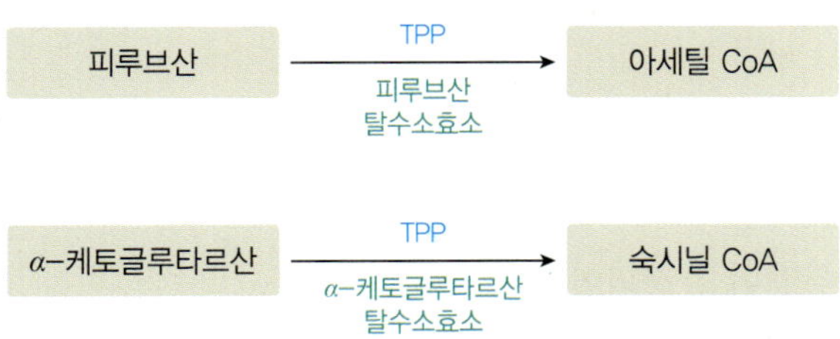

② 신경자극 전달

티아민은 신경전달물질인 아세틸콜린acetylcholine의 합성과정에서 조효소로 작용하여 신경전달물질의 합성과 조절에 관여한다.

③ 오탄당 인산회로

TPP는 포도당 일부가 오탄당 인산회로를 통해 DNA와 RNA 합성에 필요한 리보오스를 합성하는 데 조효소로 작용한다.

(4) 결핍증과 과잉증

① 결핍증

티아민의 대표적인 결핍증은 각기병beriberi이며 이는 비타민과 단백질의 복합 결핍 증상이다 그림 8-17. 티아민의 가벼운 결핍 증상은 식욕부진, 허약, 체중 감소, 권태, 우울증, 불면증, 근무력증과 혈압 저하 등이 있지만, 티아민 결핍이 심해지면 건성각기와 습성각기가 나타난다. 건성각기는 근육 마비 증상으로 인한 운동기능과 보행장애, 말초신경 마비가 나타나고 심하면 사망할 수도 있다. 습성각기는 부종을 동반하며, 심부전, 심장부종 등 주로 심혈관계 이상 증상, 장기조직의 부종을 초래한다.

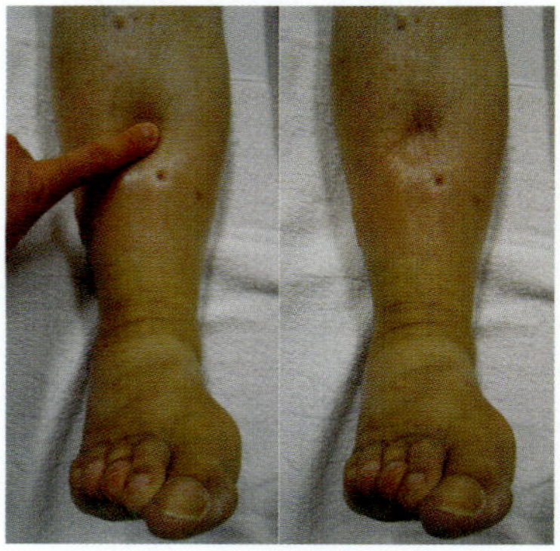

그림 8-17 티아민 결핍증 : 각기병

② 과잉증

티아민의 독성은 아직까지 보고된 바 없다.

(5) 섭취기준

티아민의 권장섭취량은 19~64세 성인 남녀 각각 1.2 mg/일과 1.1 mg/일이다. 티아민은 상한섭취량이 설정되어 있지 않다.

(6) 급원식품

티아민은 대부분의 식품에 소량씩 고루 들어 있어 여러 가지 식품을 섭취하는 것이 좋다. 티아민은 특히 돼지고기, 닭간, 굴, 콩류, 현미, 밤, 해바라기씨, 견과류 등에 많이 함유되어 있다 그림 8-18.

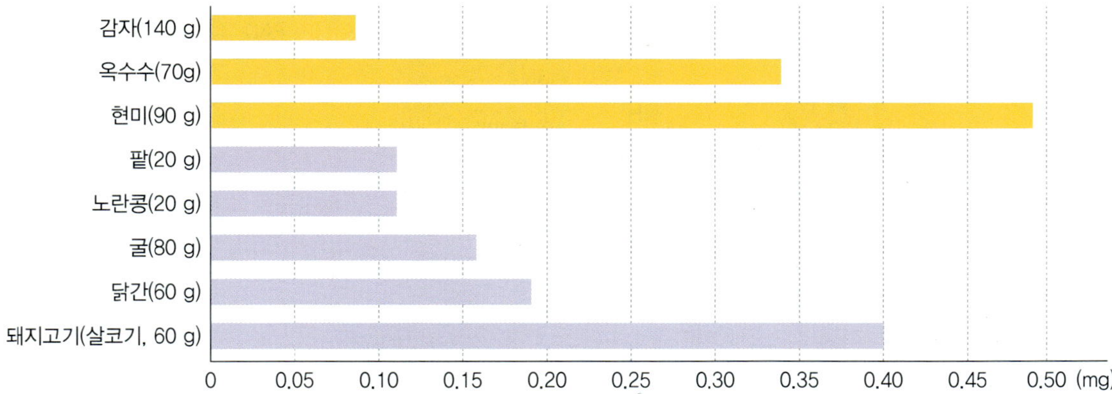

그림 8-18 1인 1회 분량당 티아민의 함량

알아두기

베르니케-코르사코프 증후군(Wernicke-Korsakoff syndrome, 알코올성 건망증후군)

주로 알코올중독자에게서 나타나는 티아민 만성결핍증으로 기억력 감소, 근육운동 실조, 안면근육 마비, 정신 혼란 증세가 나타난다. 이는 알코올이 체내에서 티아민의 흡수를 방해하고, 알코올 대사를 위해 소비되는 티아민 양이 증가하기 때문이다. 이 결핍 증상은 티아민을 충분히 섭취하지 못하는 빈곤층 또는 노인층에도 나타난다.

2) 리보플라빈(비타민 B_2)

(1) 구조와 성질

비타민 B_2는 황녹색을 띠고 있어 노란색을 의미하는 'flavin'이 붙어 리보플라빈이라고 명명되었다. 리보플라빈의 조효소 형태는 플라빈 모노뉴클레오티드FMN와 플라빈 아데닌 디뉴클레오티드FAD가 있다 그림 8-19. 리보플라빈은 열에 안정하지만, 수용액에서는 자외선과 광선에 의해 빠르게 분해되므로 불투명 용기에 보관하도록 권장한다.

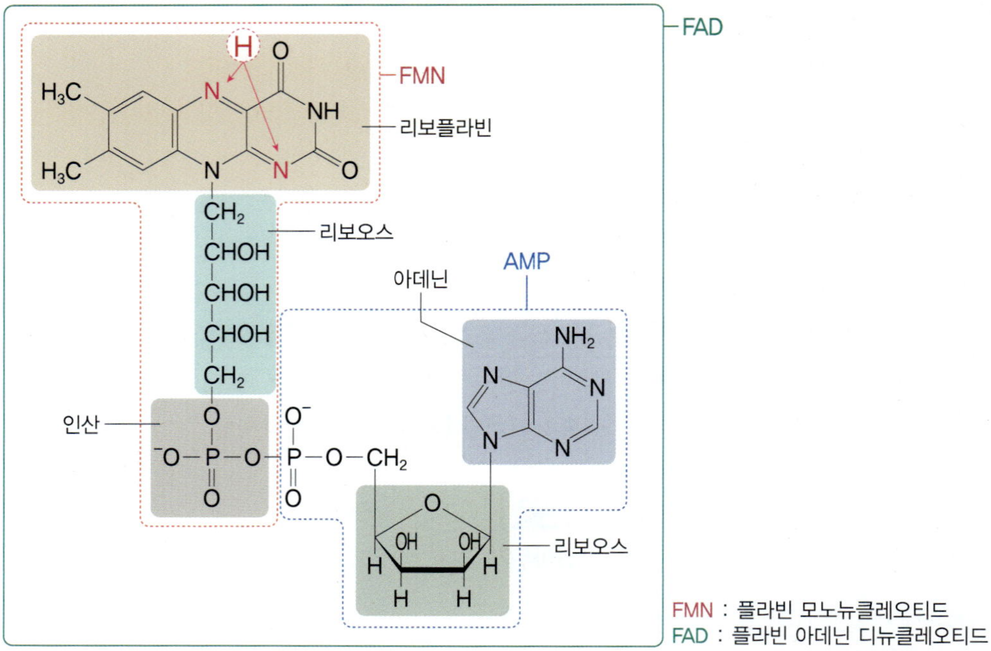

그림 8-19 리보플라빈과 FMN, FAD의 구조

(2) 흡수와 대사

식품 중 조효소 형태로 섭취한 리보플라빈은 위에서 위산에 의해 결합이 끊어져 유리형의 리보플라빈으로 분해된 후, 소장에서 주로 능동수송과 촉진확산에 의해 흡수된다. 흡수된 리보플라빈은 소장세포에서 인산염과 결합하여 FMN을 형성하고 간으로 운반되며, 간에서 ATP와 결합하여 FAD로 전환된다. 리보플라빈은 간과 근육에 소량 저장되는데, 많은 양의 리보플라빈을 섭취해도 간은 일정 수준만 저장한다. 과다 섭취된 리보플라빈은 소변으로 배설된다.

(3) 기능

① 에너지 대사 관여

리보플라빈의 조효소 형태인 FMN과 FAD는 수소이온을 쉽게 받아들이고 내어주는 성질 때문에 세포 내 여러 산화·환원반응에 관여한다. FMN과 FAD는 에너지

대사에 관여하는데, 이 과정에서 리보플라빈은 에너지 대사에서 방출된 에너지(수소와 전자 형태)를 전자전달계로 운반하여 에너지(ATP)를 생성하게 한다.

② 니아신 합성과 기타 기능

리보플라빈은 트립토판을 니아신으로 전환시키는 과정에 관여한다. 그 외에도 리보플라빈은 글루타티온 과산화효소glutathione peroxidase, GPx의 조효소로 체내 항산화 작용에 관여하며, 비타민 B_6와 엽산을 조효소 형태로 전환시키는 데 관여한다.

(4) 결핍증과 과잉증

① 결핍증

리보플라빈의 결핍은 다른 수용성 비타민의 결핍과 동시에 나타나는 경우가 많다. 리보플라빈 결핍 증상은 구순구각염, 설염, 구내염, 지루성 피부염, 광선공포증(포토포비아) 등이 있다 그림 8-20. 설염은 니아신, 비타민 B_6, 엽산, 비타민 B_{12}의 결핍으로 나타날 수 있다.

구순구각염
구순구각염은 입술 가장자리와 입안이 헐고 염증이 생기거나 입가가 찢어지는 증상이다.

광선공포증(photophobia)
광선공포증은 눈이 아프고 시력이 흐려지며 광선을 받으면 눈이 부시는 증상이다.

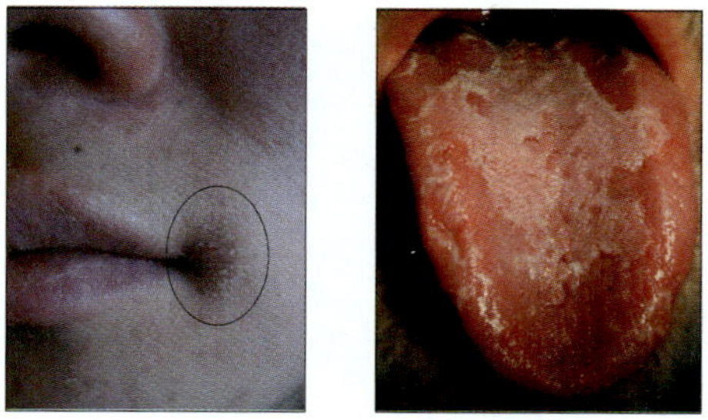

구순구각염(cheilitis) 설염(glossitis)

그림 8-20 리보플라빈의 결핍증

② 과잉증

리보플라빈 과다 섭취에 따른 독성은 아직 보고된 바 없다.

(5) 섭취기준

리보플라빈의 권장섭취량은 19~64세 성인 남녀 각각 1.5 mg/일과 1.2 mg/일이다. 리보플라빈은 과다 섭취 시 쉽게 배설되므로 상한섭취량이 설정되어 있지 않다.

(6) 급원식품

리보플라빈의 주요 급원식품은 간, 돼지고기, 우유·유제품, 달걀, 생선 등이다. 리보플라빈은 시금치 등 녹색채소과 콩류에도 많이 함유되어 있다 그림 8-21.

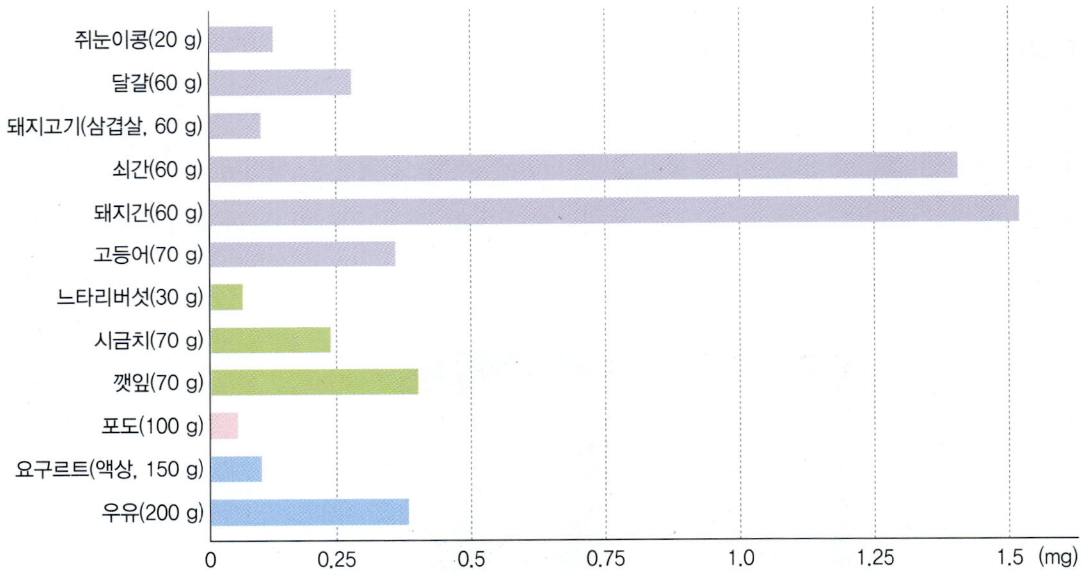

그림 8-21 1인 1회 분량당 리보플라빈 함량

3) 니아신

(1) 구조와 성질

니아신은 니코틴산nicotinic acid과 니코틴아미드nicotinamide의 두 물질을 지칭한다. 우리 몸은 니코틴산을 쉽게 니코틴아미드로 전환시킬 수 있으며, 혈액에 있는 니아신의 주요 형태는 니코틴아미드이다. 체내에서 니아신은 니코틴아미드 아데닌 디뉴

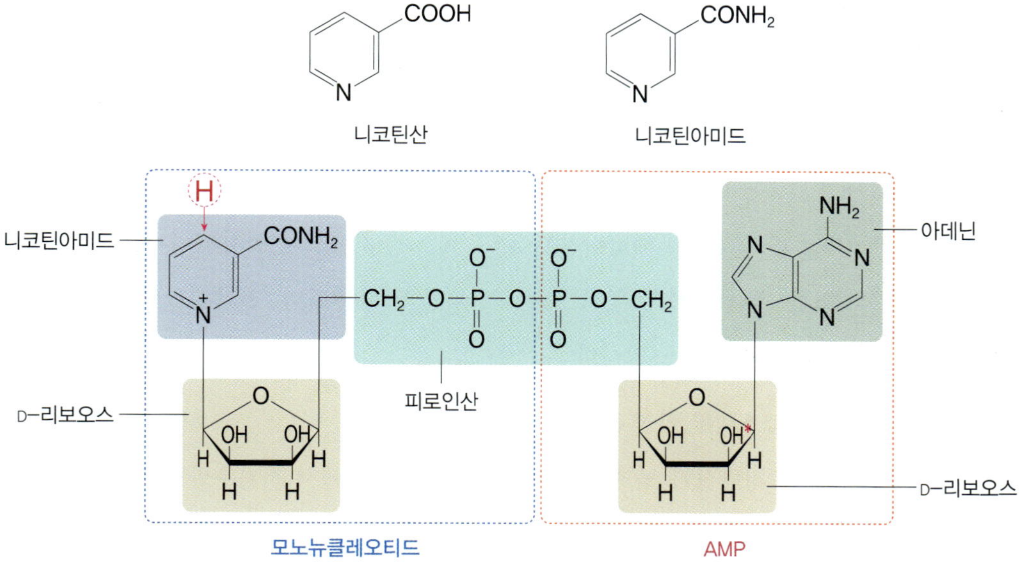

NAD(NADP는 *에 인산이 하나 더 결합된 형태이다)
NAD : 니코틴아미드 아데닌 디뉴클레오티드
NADP : 니코틴아미드 아데닌 디뉴클레오티드 인산

그림 8-22 니아신과 NAD의 구조

클레오티드NAD와 니코틴아미드 아데닌 디뉴클레오티드 인산NADP의 조효소 형태로 작용한다 그림 8-22. 니아신은 열에 매우 안정적이며, 조리 중 거의 손실되지 않는다.

(2) 흡수와 대사

니아신은 대부분 소장에서 능동수송과 단순확산에 의해 흡수된다. 섭취한 니아신은 거의 대부분 흡수된다. 흡수된 니아신은 간에서 모든 조직으로 운반되어 조효소 형태로 전환된다. 니아신은 제한된 양만 간에 저장되고, 여분의 니아신은 대사산물로 전환되어 소변으로 배설된다. 니아신은 트립토판에서 합성된다. 트립토판 60 mg이 니아신 1 mg을 생성하며, 이 과정에서 리보플라빈과 비타민 B_6가 조효소로 작용한다.

(3) 기능

① 에너지 대사 관여

니아신의 조효소 형태인 NAD와 NADP는 산화·환원반응에 작용한다. 이들은 세포 내 300개의 대사반응에 관여하는데, 특히 ATP를 생성하는 대사경로에 관여한다. NAD는 탄수화물의 해당작용과 TCA 회로에서 수소나 전자의 수용체로 작용한다. NADH는 피루브산이 젖산으로 전환되는데 사용되며, 전자전달계에서 전자수용체에 수소나 전자를 전달한다.

② 지방과 콜레스테롤 합성 관여

NADPH는 지방산과 콜레스테롤을 합성하는 반응에서 전자운반체로 작용한다.

③ 탄수화물 대사 관여

NADP는 탄수화물 대사 중의 하나인 오탄당의 인산경로에 작용하여 리보오스를 합성한다.

(4) 결핍증과 과잉증

① 결핍증

니아신의 전체적인 결핍 증상을 펠라그라pellagra라고 한다. 니아신이 결핍된 지 50~60일 이내에 펠라그라가 나타난다 그림 8-23. 펠라그라의 초기 증상은 식욕부진, 체중 손실, 피로, 소화불량이며, 이어 3D 증상, 즉 피부염dermatitis, 설사diarrhea, 정신이상dementia이 나타나고, 이를 그대로 방치하면 마지막 D인 죽음death에 이르게 된다. 알코올 중독, 식사제한, 임신기와 수유기에 니아신이 결핍되기 쉽다.

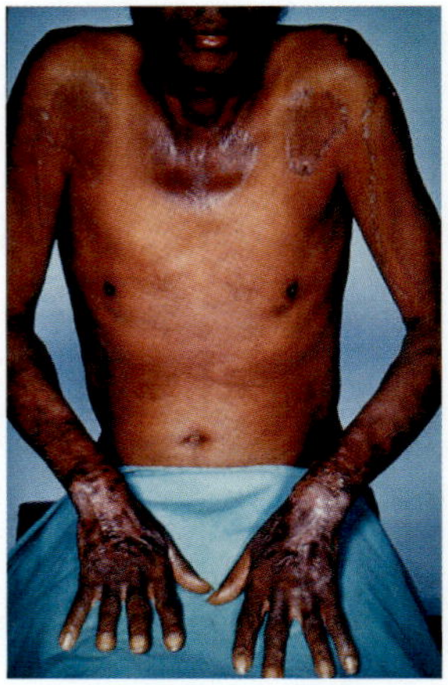

그림 8-23 펠라그라의 피부염

② 과잉증

니아신을 과다 섭취하면 초기에는 피부 홍조, 가려움증, 메스꺼움 등이 나타나고, 장기적으로 간 기능

이상과 혈당 증가가 나타날 수 있어 주의해야 한다.

(5) 섭취기준

니아신은 체내에서 트립토판으로 부터 합성될 수 있으므로 필요량을 니아신 당량niacin equivalent, NE으로 표시한다. 니아신 당량은 니아신 1 mg과 트립토판 60 mg을 의미한다. 니아신의 권장섭취량은 19~64세 성인 남녀 각각 16 mg NE/일과 14 mg NE/일이며, 에너지 섭취가 감소된 경우에도 13 mg NE/일 이하가 되지 않도록 권장한다. 니아신의 상한섭취량은 19세 이상 성인 남녀 모두 니코틴산은 35 mg NE/일, 니코틴아미드는 1,000 mg NE/일이다.

(6) 급원식품

니아신은 간, 쇠고기, 돼지고기, 생선, 땅콩에 많으며, 곡류와 콩류에도 많다. 우유와 달걀에는 니아신은 적지만 트립토판이 풍부해 니아신의 좋은 급원이 된다 그림 8-24.

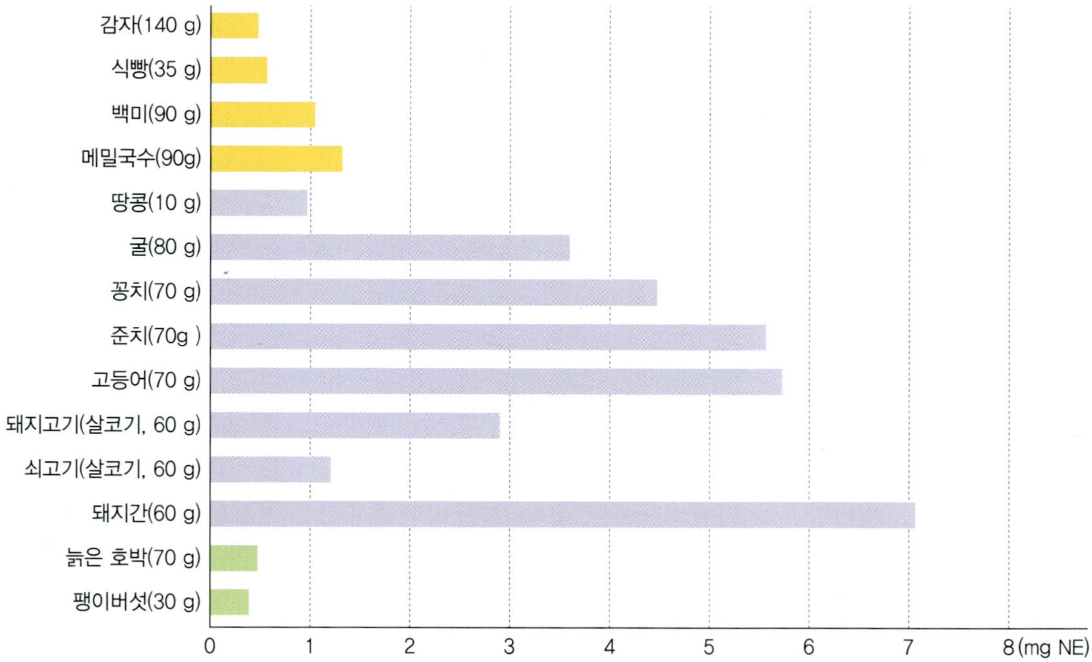

그림 8-24 1인 1회 분량당 니아신 함량

4) 비타민 B_6

(1) 구조와 성질

비타민 B_6의 기능을 가진 물질은 피리독살, 피리독신, 피리독사민의 3가지 종류이다 그림 8-25. 이들은 모두 간에서 인산화과정을 거쳐 피리독살 인산PLP, 피리독신 인산PNP, 피리독사민 인산PMP의 조효소를 만든다. 이 중 단백질 대사에 주로 관여하는 조효소는 PLP이다. 비타민 B_6는 산에는 안정하나, 알칼리와 자외선에는 약하다.

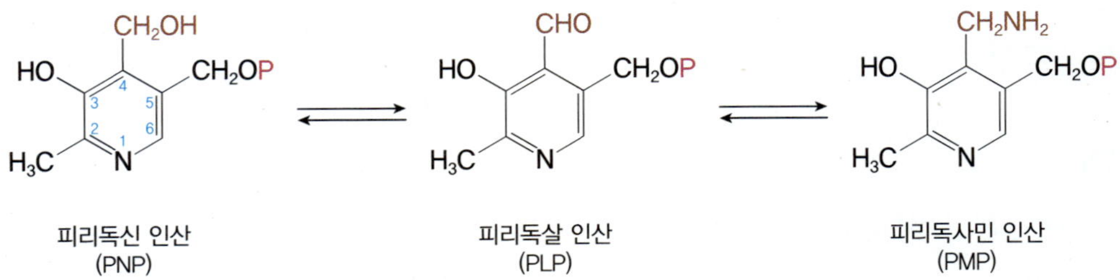

그림 8-25 비타민 B_6의 조효소 형태

(2) 흡수와 대사

비타민 B_6는 소장에서 빠르게 흡수되어 모든 조직으로 이동된다. 식품내 인산과 결합된 형태인 비타민 B_6는 유리형으로 분해된 후 흡수된다. 간에서 피리독신은 피리독신 인산으로 전환된 후 주로 근육에 저장된다. 과다 흡수된 비타민 B_6는 피리독신산4-pyridoxic acid으로 산화되어 소변으로 배설된다.

(3) 기능

① 단백질 대사 관여

비타민 B_6는 아미노산에서 아미노기를 제거해서 다른 케토산에 첨가함으로써 새로운 아미노산을 만드는 아미노산 전이과정의 조효소로 작용한다 그림 6-7 참고. 이 과정을 통해 체내에서 비필수아미노산이 합성된다. 비타민 B_6는 또한 일부 아미노산에서 아미노기를 제거하는 탈아미노반응에도 작용한다 그림 8-26.

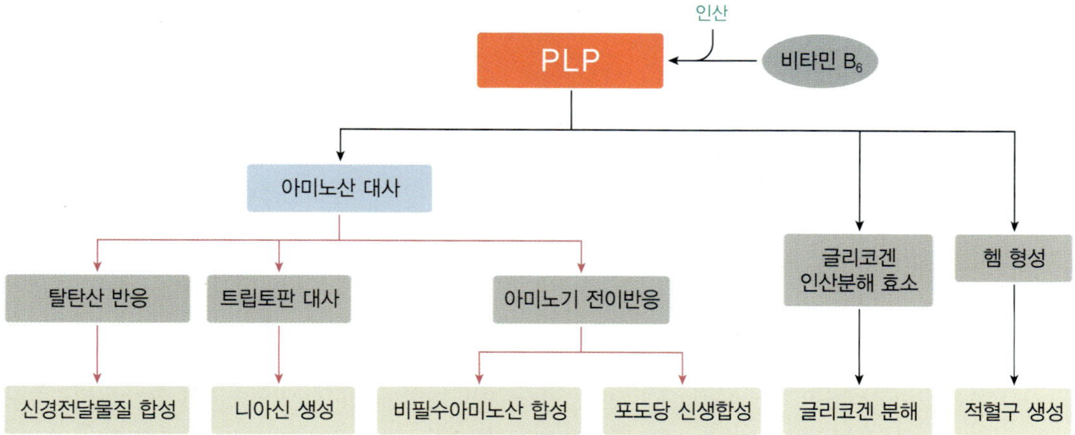

그림 8-26 PLP가 조효소로 작용하는 체내 대사

② 탄수화물 대사 관여

비타민 B_6는 글리코겐 분해과정의 조효소로 작용하여 글리코겐 분해를 돕는다. 그리고 비타민 B_6는 아미노산을 전이시키고 남은 아미노산의 탄소 골격으로부터 포도당을 합성하는 포도당 신생합성에도 관여한다 그림 8-26.

③ 신경전달물질 합성

비타민 B_6는 글루탐산, 티로신, 트립토판으로부터 카르복실기를 떼어내는 탈탄산 반응에도 관여한다. 체내는 탈탄산 반응에 의해 γ-아미노뷰티르산gamma amino butyric acid, GABA, 에피네프린, 노르에피네프린, 세로토닌, 도파민 등의 신경전달물질을 합성한다 그림 8-26.

④ 혈구세포 합성과 기타 기능

비타민 B_6는 헴 형성 첫 단계인 헤모글로빈 고리구조(포르피린porphyrin 고리)를 합성하는데 필요하며, 헤모글로빈에 산소가 결합되는 것을 돕는다. 따라서 비타민 B_6가 부족하면 적혈구 크기가 작아지고 산소 운반에 필요한 헤모글로빈도 부족해서 철 결핍성 빈혈과 유사한 빈혈이 발생한다. 또한 비타민 B_6는 백혈구와 림프구 생성에도 관여함으로써 면역기능을 돕는다. 그 외에도 비타민 B_6는 리놀렌산으로부터 아라키돈산을 만드는 데 관여하고, 트립토판이 니아신으로 전환되는 과정에도 조효소로 작용한다 그림 8-26.

(4) 결핍증과 과잉증

① 결핍증

성인의 비타민 B_6 결핍은 매우 드물며, 단독보다는 다른 비타민 B군들의 결핍과 복합적으로 나타난다. 비타민 B_6가 결핍되면 구토, 빈혈, 메스꺼움, 구각염, 피부염, 우울, 신경과민 등이 나타나며, 심한 경우 성장 부진과 신경장애를 일으킨다. 노인, 만성 알코올중독자, 갑상샘기능항진 환자, 고단백식사를 하는 사람에게서 비타민 B_6 결핍증이 나타날 수 있다.

② 과잉증

비타민 B_6는 과잉증은 흔하지 않으나, 장기간 과량을 섭취할 경우 신경장애, 감각이상, 보행장애 등의 과잉 증상을 나타낼 수 있다.

(5) 섭취기준

비타민 B_6의 권장섭취량은 19세 이상 성인 남자 1.5 mg/일, 여자 1.4 mg/일이며, 상한섭취량은 성인 남녀 100 mg/일이다.

(6) 급원식품

비타민 B_6는 육류, 특히 간 등의 내장, 생선, 가금류의 동물성식품에 풍부하다. 시금치, 바나나, 감자, 전곡 등도 비타민 B_6의 좋은 급원이지만 동물성식품보다는 흡수율이 낮다 그림 8-27.

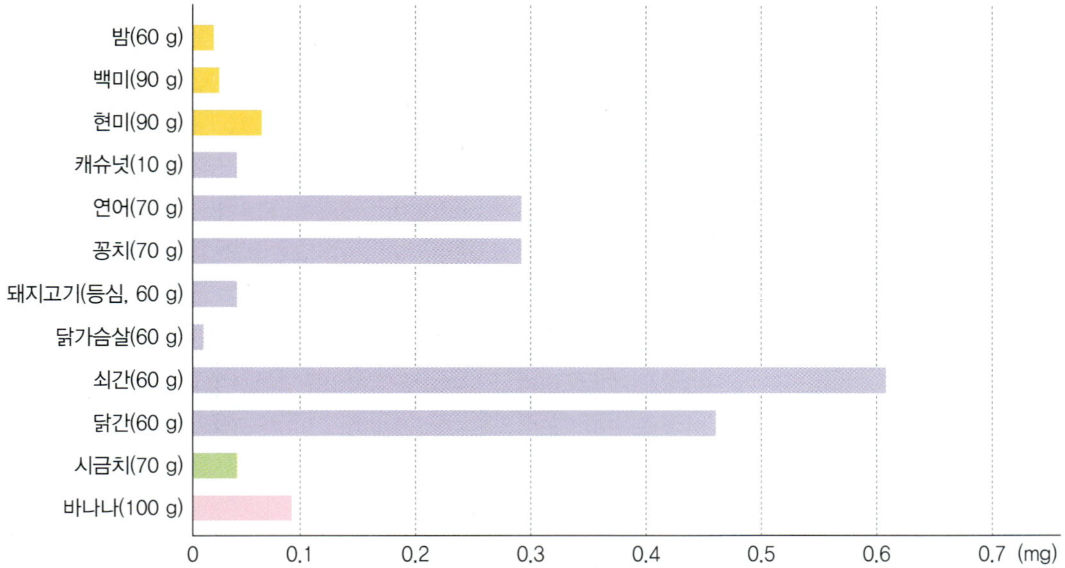

그림 8-27 1인 1회 분량당 비타민 B_6 함량

5) 엽산

(1) 구조와 성질

엽산은 녹색채소에 많이 들어 있어 잎사귀라는 뜻의 라틴어 'folium'에서 유래되었다. 엽산은 folate의 활성을 가진 화합물의 총칭으로 프테리딘pteridine과 ρ-아미노벤조산para aminobenzoic acid, 글루탐산이 결합된 화합물이다 그림 8-28. 자연계에는 보통 여러 개의 글루탐산이 결합된 폴리글루탐산의 형태로 존재한다. 엽산은 열, 산화, 자외선 등에 쉽게 파괴되므로 장기간 보관하거나 고온 처리 시 파괴되기 쉽다.

(2) 흡수와 대사

식품에 존재하는 폴리글루탐산엽산은 단일글루탐산엽산으로 가수분해된 후 소장에서 능동적으로 흡수된다. 흡수된 엽산은 간으로 운반되며, 간에서 다시 폴리글루탐산 형태로 전환되어 간에 저장되거나, 혈액이나 담즙으로 방출된다. 세포 내에

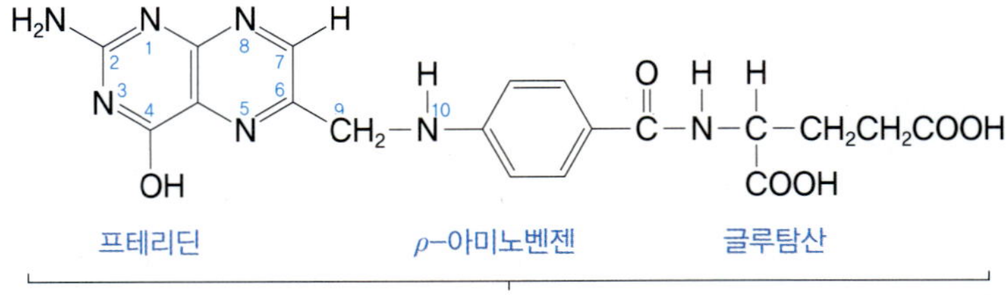

엽산

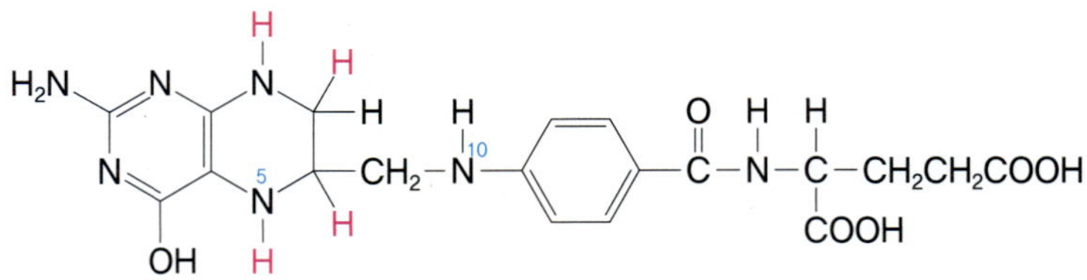

테트라히드로엽산(THF)

그림 8-28 엽산과 엽산 조효소의 구조

서 엽산은 조효소 형태인 테트라히드로엽산THF으로 전환된다. 엽산은 약 50%가 간에 저장되며, 담즙과 소변을 통해 배설된다.

(3) 기능

엽산의 조효소 형태인 THF는 5가지 형태가 있다. 이들 THF는 메틸기$-CH_3$, 메틸렌기$-CH_2$와 같은 단일 탄소분자를 받아들이거나 공급하는 대사과정에 조효소로 작용한다.

① DNA 합성 관여

THF는 DNA와 RNA의 염기인 피리미딘pyrimidine 계열의 시토신cytosine과 티민thymine, 그리고 퓨린purin 계열의 아데닌adenine과 구아닌guanine을 합성하는 데 필요하다. 티민은 피리미딘인 우라실에 메틸렌기가 첨가되면서 형성되는데 이때 THF가 메틸렌기를 공급한다. DNA 합성에서 엽산의 역할은 적혈구를 만드는 골수와 같이 세포 분화가 빠르게 일어나는 조직에서 특히 중요하며, 태아기와 같이 성장이 빠른

시기에 더욱 중요하다. 따라서 임신기에 엽산이 부족하면 신경관 손상의 위험이 증가된다.

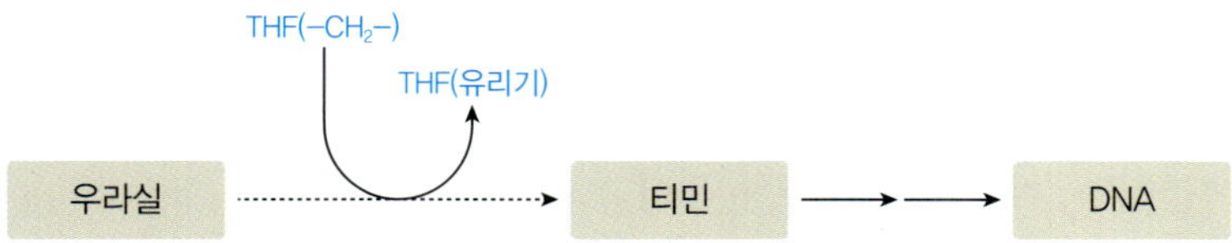

② **메티오닌 합성 관여**

THF는 메티오닌 대사과정에서 생성되는 호모시스테인homocysteine을 다시 메티오닌으로 전환시키는 데 필요한 메틸기 운반을 돕는다. 이 과정에는 비타민 B_{12}도 함께 관여한다 그림 8-29.

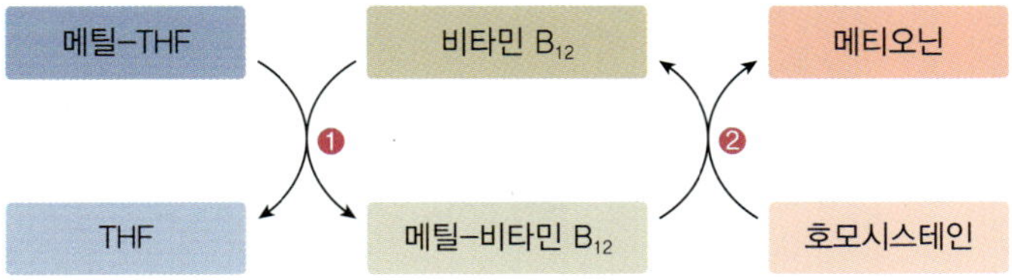

❶ 메틸–THF는 메틸기(–CH_3)를 비타민 B_{12}에 운반한다
❷ 메틸–비타민 B_{12}는 메틸기(–CH_3)를 호모시스테인에 운반한다

그림 8-29 엽산의 단일탄소분자 전달과정

(4) 결핍증과 과잉증

① **결핍증**

엽산이 결핍되면 빈혈, 설염, 설사, 성장장애, 신경장애 등이 나타난다. 엽산 결핍의 대표 증상은 거대적아구성 빈혈megaloblastic anemia이다. 엽산이 결핍되면 적혈구 전구세포들이 DNA를 합성할 수 없어 성숙한 적혈구로 제대로 세포분열이 일어나지 못해 크기만 크고 미성숙한 세포인 거대적아구로 성장한다. 이로 인해 성숙한 적혈구의 수는 감소하고 산소 운반능력이 감소하는 거대적아구성 빈혈이 야기된다. 거

대적아구성 빈혈은 설염과 설사를 동반하는 경우가 많으며, 그 증상이 비타민 B_{12} 결핍증과 유사하므로 진단과 처방에 주의해야 한다. 임신 중 모체가 엽산이 결핍되었거나 유전적 소인으로 인해 태아기에 이분척추, 척추피열, 무뇌증 등이 초래된다 그림 8-30.

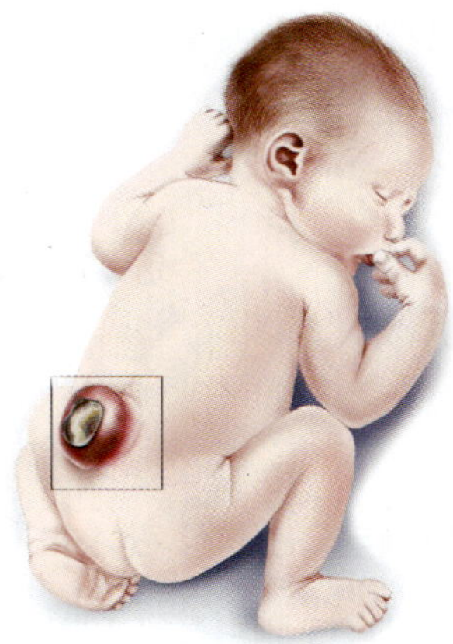

그림 8-30 엽산 결핍증: 척추 피열 (태아의 신경관 손상)

② 과잉증

엽산은 과다 섭취로 인한 독성이 거의 나타나지 않는다. 그러나 비타민 B_{12}가 결핍된 상태에서 엽산을 과다 섭취하면 신경계 손상을 촉진 또는 악화시킬 수 있다.

알아두기

엽산과 암

엽산 섭취가 낮으면 자궁, 자궁경부, 위, 식도, 대장, 폐와 같은 상피조직에 영향을 주어 암 발생 가능성이 증가한다. 엽산 결핍이 암을 유발하는 것은 아니나 엽산 섭취가 낮으면 암이 생기는 잠재적 소인이 증가하는 것으로 생각된다. 알코올 섭취는 엽산 섭취 부족으로 인한 암 발생 위험을 증가시킨다.

(5) 섭취기준

엽산의 권장섭취량은 19세 이상 성인 남녀 모두 400 μg DFE/일이며, 상한섭취량은 1,000 μg DFE/일이다.

식이엽산당량(Dietary Folate Equivalent, DFE)
식이엽산당량은 식품 중 체내 이용 가능한 엽산의 양을 표현하는 단위로서 합성형 엽산의 흡수율이 천연 엽산의 흡수률보다 1.7배 높은 것을 반영한 것이다.
μg DFE = 천연식품에 함유된 엽산(μg) + {1.7× 보충제 엽산(μg)}

(6) 급원식품

엽산은 간, 달걀, 콩류, 녹색채소에 풍부하며 시금치, 브로콜리 등에 특히 많다 그림 8-31.

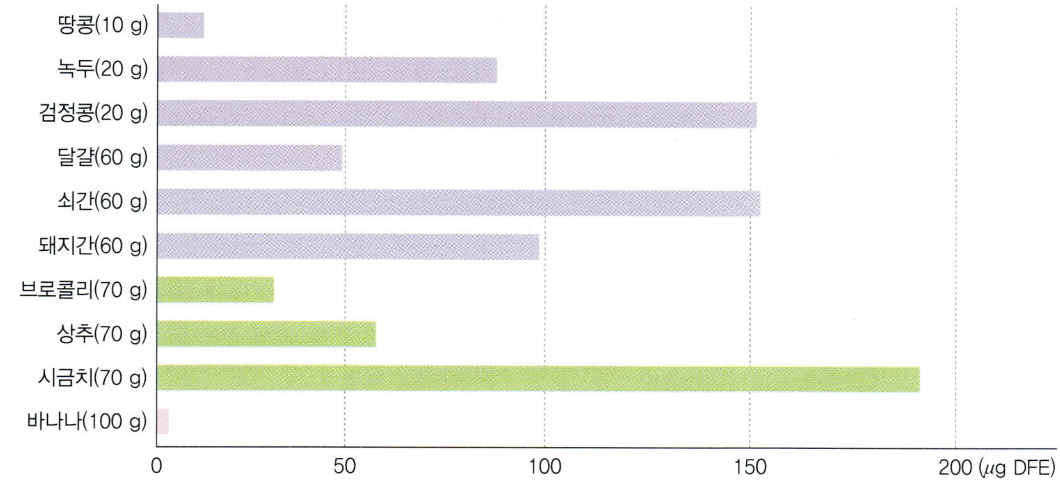

그림 8-31 1인 1회 분량당 엽산 함량

6) 비타민 B_{12}

(1) 구조와 성질

비타민 B_{12}는 중심에 코발트를 함유하는 코린 고리corin ring가 있어 코발아민cobalamin이라고 불리운다 그림 8-32.

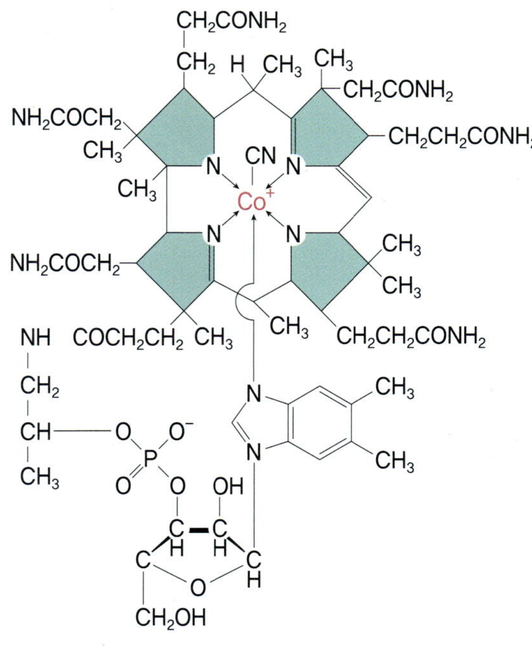

그림 8-32 비타민 B_{12}의 구조

(2) 흡수와 대사

식품 중의 비타민 B_{12}는 단백질과 결합된 상태로 존재하는데, 위에서 위산과 펩신에 의해 단백질과 분리된다. 분리된 비타민 B_{12}는 침샘에서 분비되어 위로 내려온 R-단백질R-protein과 다시 결합하여 소장으로 이동한다. 비타민 B_{12}와 R-단백질은 소장에서 트립신에 의해 분리된 후 위에서 분비된 단백질인 내적인자intrinsic factor, IF와 다시 결합하여 소장 끝부분인 회장으로 운반된다. 비타민 B_{12}와 내적인자 복합체는 장점막에 존재하는 특정 수용체에 결합된 후 내적인자는 유리되고, 비타민 B_{12}는 흡수된다. 건강한 성인의 경우 섭취한 비타민 B_{12}의 약 50%가 흡수되지만, 비타민 B_{12}의 흡수과정에 문제가 있는 경우 2% 정도만 흡수된다. 흡수된 비타민 B_{12}는 세포 내에서 운반단백질인 트랜스코발아민과 결합하여 혈액을 통해 간 등의 조직으로 운반된다 그림 8-33. 비타민 B_{12}는 간에 대부분 저장되며, 소변을 통해 주로 배설되고, 일부는 담즙을 통해 대변으로 배설되는데 이들 대부분은 장에서 박테리아에 의해 합성된 것들이다.

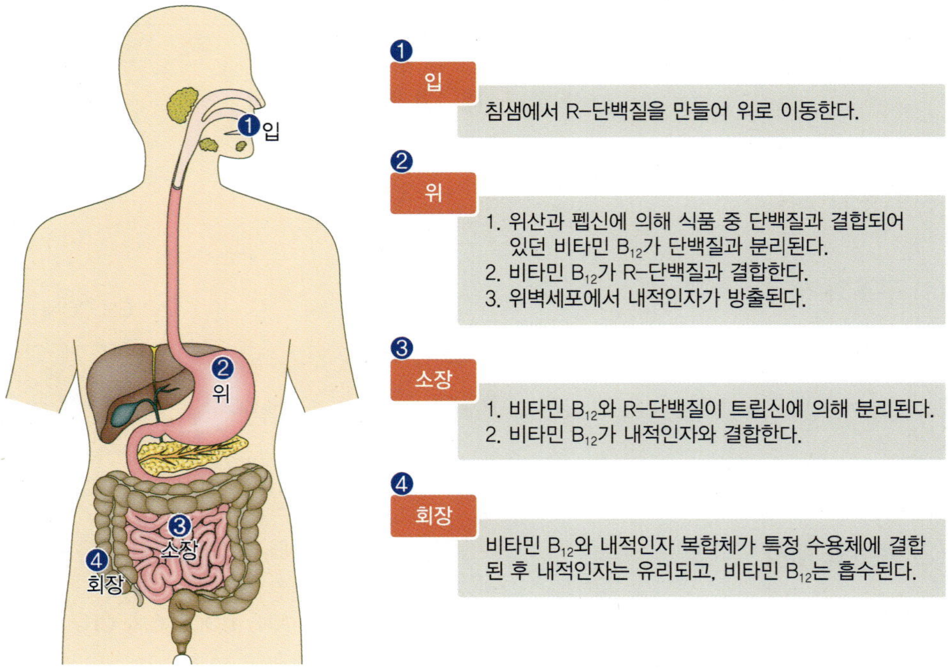

그림 8-33 비타민 B_{12}의 흡수과정

(3) 기능

비타민 B_{12}는 수소 운반체인 아데노실코발아민과 메틸기 운반체인 메틸코발아민의 조효소 형태로 체내 여러 반응에 작용한다.

① 메티오닌 합성 관여

엽산의 조효소 형태인 THF는 메틸기를 호모시스테인에게 전해주어 메티오닌을 생성하게 되는데 이 과정에 비타민 B_{12}가 필요하다. 비타민 B_{12}는 THF에서 메틸기를 받아 메틸코발아민을 합성한 후 이 메틸기를 호모시스테인에게 전달하여 메티오닌을 합성한다 그림 8-29 참고. 따라서 엽산과 비타민 B_{12}는 혈액 내 호모시스테인 수준을 감소시켜 심장질환의 위험을 낮춰준다.

② 세포분열 관여

비타민 B_{12}는 엽산과 함께 DNA의 염기인 퓨린과 피리미딘 합성에 관여한다. 만약 비타민 B_{12}나 엽산이 부족하면 DNA가 제대로 합성되지 않아 정상적인 세포분열이 이루어지지 않는다. 따라서 비타민 B_{12}나 엽산이 부족하면 골수에서 세포분열이 제대로 이루어지지 않아 비정상적으로 거대한 적아구가 생성되며, 결국 거대적아구성 빈혈이 초래된다.

③ 신경세포 유지 및 기타 기능

비타민 B_{12}는 신경세포의 수초myelin를 정상적으로 유지하는 데 관여한다. 비타민 B_{12}가 부족하면 신경세포의 수초가 손실되어 신경과 근육이 마비되고 심하면 사망한다. 또한 비타민 B_{12}는 지방 산화로 생성된 메틸말로닐 CoA를 숙시닐 CoA로 전환시키는 데 관여함으로써 지방산이 산화되어 에너지를 생성하는 데 관여한다.

(4) 결핍증과 과잉증

① 결핍증

비타민 B_{12}의 결핍증은 일반적으로 동물성식품을 섭취하는 사람에게서는 잘 나타나지 않으나, 채식주의자의 경우 섭취 부족으로 인해 나타날 수 있다. 그러나 비타민 B_{12}의 결핍증은 대개 섭취 부족보다는 흡수 불량으로 나타난다. 즉, 위산 분비가 부족한 사람이나 내적인자 생성이 부족한 사람에서 비타민 B_{12}의 흡수 불량으로 인한 결핍증인 악성빈혈이 나타날 수 있다. 악성빈혈은 거대적아구가 나타나며 적

알아두기

악성빈혈

비타민 B_{12} 결핍으로 인한 악성빈혈은 거대적아구성 빈혈에 신경장애가 나타나는 빈혈이다. 이때 엽산만 보충할 경우 빈혈은 치유되지만 신경장애는 치유되지 않아 영구적인 신경 손상을 가져올 수 있다.

혈구 수 감소로 빈혈이 된다. 이외에도 설염, 식욕 감퇴, 소화불량, 허약증, 사지 통증과 마비, 보행 어려움, 두뇌활동 감퇴, 기억상실 증세 등이 나타난다.

② 과잉증

비타민 B_{12}의 과다 섭취로 인한 독성은 거의 보고된 바가 없다.

(5) 섭취기준

비타민 B_{12}의 권장섭취량은 19세 이상 성인 남녀 모두 2.4 μg/일이며, 상한섭취량은 설정되어 있지 않다.

(6) 급원식품

비타민 B_{12}는 동물성식품에만 존재하며, 간과 심장 등 내장육에 특히 많고, 생선, 난류, 해산물, 우유·유제품에도 풍부하다 그림 8-34.

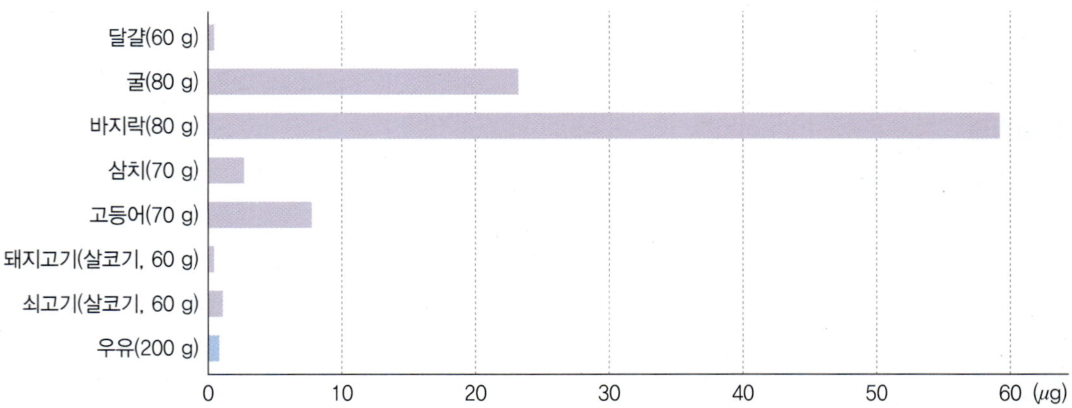

그림 8-34 1인 1회 분량 비타민 B_{12} 함량

7) 판토텐산

(1) 구조와 성질

판토텐산은 에너지 대사에 필수적인 코엔자임 Acoenzyme A, CoA의 구성성분이다 그림 8-35. 이 조효소는 판토텐산과 ADP, 시스테아민이 결합하여 생성된다. 판토텐산은 수용성으로 습열과 중성용액에는 안정하나 건열과 산, 알칼리에 불안정하다. 판토텐산은 조리과정에서 손실과 파괴가 적다.

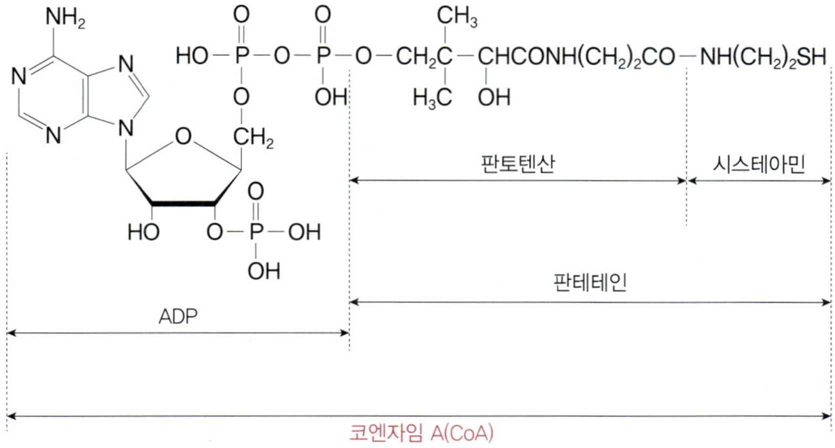

그림 8-35 판토텐산과 코엔자임 A(CoA)의 구조

(2) 흡수와 대사

판토텐산은 소장에서 쉽게 흡수되어 체조직에서 CoA를 합성하는 데 사용되며, 아실기 운반단백질acyl carrier protein, ACP을 구성한다. 판토텐산은 적혈구에서는 CoA 형태로 존재하고, 혈장에서는 유리된 형태로 존재한다. 판토텐산은 모든 조직에 저장되나, 특히 간과 신장, 뇌에 많고, 과다 섭취하면 소변으로 배설된다.

(3) 기능

① 에너지 대사 관여

판토텐산은 CoA의 구성성분으로 여러 대사과정에 관여한다 그림 8-36. CoA는 탄수화물, 단백질, 지질 대사에서 아세틸 CoA를 형성하고, 이렇게 만들어진 아세틸 CoA는 TCA 회로로 들어가 에너지를 생성한다.

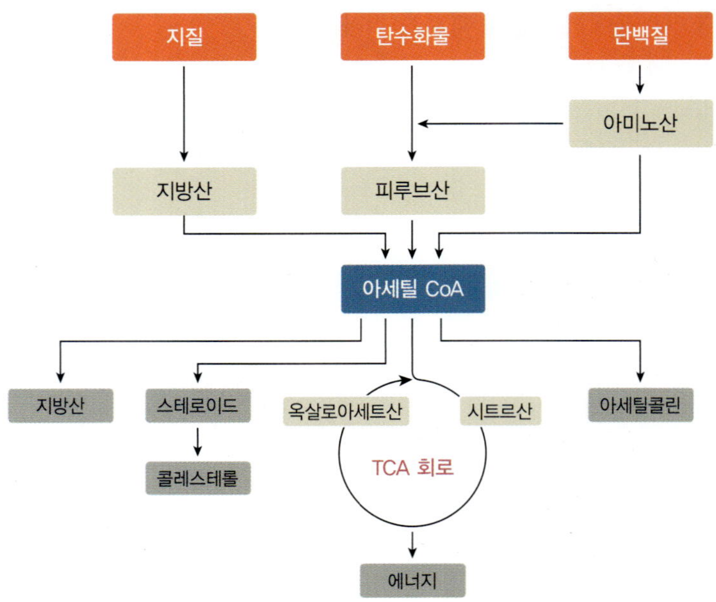

그림 8-36 아세틸 CoA의 체내 기능

② 지방산과 콜레스테롤 합성 관여

판토텐산은 단백질과 결합하여 아실기 운반단백질을 구성하는데, 이 단백질은 지방산과 결합하여 지방산 사슬의 길이를 연장시키고, 콜레스테롤 합성에 관여한다.

③ 아세틸콜린과 헴 합성

아세틸 CoA는 신경전달물질인 아세틸콜린 합성과 헴 합성에 관여한다.

(4) 결핍증과 과잉증

① 결핍증

판토텐산은 식품에 널리 분포되어 있으며, 장내세균에 의해 합성되므로 정상적인 식사를 하는 경우 결핍증이 유발되지 않는다. 그러나 심한 영양결핍이나 알코올 중독인 경우 판토텐산 결핍이 나타날 수 있는데, 증상으로는 무관심, 피로, 두통, 근육 장애, 소화기관 장애가 나타난다.

② 과잉증

판토텐산의 독성은 아직 알려지지 않았다.

(5) 섭취기준

판토텐산의 충분섭취량은 19세 이상 성인 남녀 모두 5 mg/일이며, 상한섭취량은 설정되어 있지 않다.

(6) 급원식품

판토텐산은 그리스어의 '어디에나'라는 뜻을 가진 'pantos'에서 유래되었을 만큼 동물성식품과 식물성식품에 널리 분포되어 있다. 판토텐산은 육류, 달걀, 전곡, 콩류에 특히 많으며, 우유, 채소, 과일에는 적게 들어 있다. 그러나 채소 중 브로콜리와 아보카도에는 많은 편이다.

8) 비오틴

(1) 구조와 성질

식품에서 비오틴은 비오틴과 비오시틴의 두 가지 형태로 존재한다 그림 8-37. 비오틴은 유리 형태이며, 비오시틴은 비오틴과 단백질이 결합된 조효소 형태이다. 비오틴은 열에 비교적 안정하나 자외선에 약하다.

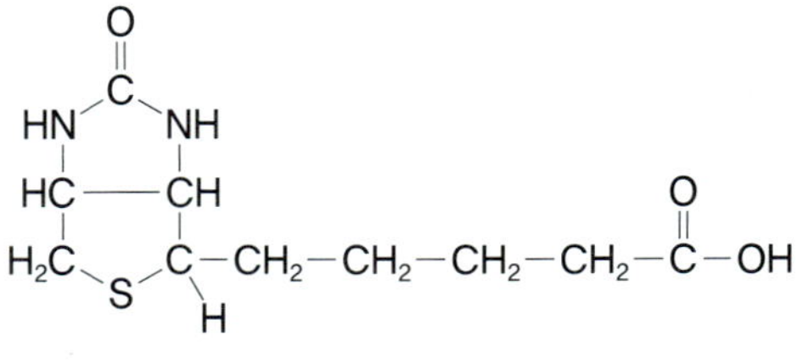

그림 8-37 비오틴의 구조

(2) 흡수와 대사

식품 내 비오시틴은 소장에서 비오틴으로 가수분해된 후 흡수된다. 흡수된 비오틴은 혈액에서 대부분 비오시틴의 형태로 존재한다. 생달걀에 있는 아비딘avidin은 소장에서 비오틴과 결합하여 흡수를 방해한다. 그러나 비오틴은 식품 내 고루 분포되어 있으므로 생달걀 1개의 아비딘 함량으로는 비오틴 결핍증을 유발하지 않는다. 비오틴은 근육, 간, 뇌에 소량 저장되며, 소변과 대변을 통해 배설된다. 비오틴의 상당량이 장내세균에 의해 합성되므로 대변으로의 배설량은 섭취량보다 2배 이상 높다.

(3) 기능

비오틴은 카르복실화효소carboxylase의 조효소로 작용하여 탄수화물, 단백질, 지질 대사에 관여한다.

① 포도당 신생합성 관여

비오틴은 피루브산을 카르복실화하여 옥살로아세트산으로 전환시키는 반응의 조효소로 작용함으로써 포도당 신생합성에 관여한다.

② 지방산 합성 관여

비오틴은 지방산 생합성의 첫 단계인 아세틸 CoA에서 말로닐 CoA로 전환되는 카르복실반응에 조효소로 작용함으로써 지방산 생합성에 관여한다.

③ 기타 기능

비오틴은 그 외에도 아미노산의 탈아미노반응, 췌장 아밀라아제 합성과 항체 형성에도 관여한다.

(4) 결핍증과 과잉증

① 결핍증

비오틴 결핍증은 흔하지 않으나 단백질 영양 부족, 비오틴 흡수 불량, 생달걀을 자주 섭취하는 사람의 경우 나타날 수 있다. 비오틴의 결핍 증세로는 피부 발진, 탈모, 메스꺼움, 식욕부진, 근육 통증, 우울, 무기력, 성장 부진 등이 나타난다. 드물기는 하지만 선천적으로 비오틴 분해효소biotinidase가 결핍된 유아는 비오틴 결핍이 일어난다.

② 과잉증

비오틴의 과다 섭취에 의한 독성은 알려진 바가 없다.

(5) 섭취기준

비오틴의 충분섭취량은 19세 이상 성인 남녀 모두 30 μg/일이며, 상한섭취량은 설정되어 있지 않다.

(6) 급원식품

비오틴은 여러 식품에 널리 분포되어 있으며, 특히 간, 닭고기, 달걀노른자, 우유·유제품에 풍부하다.

9) 비타민 C

(1) 구조와 성질

비타민 C는 포도당과 유사한 구조를 가진 6개 탄소의 수용성 화합물로 아스코르브산ascorbic acid(환원형)과 디히드로아스코르브산dehydroascorbic acid(산화형)이 있다 그림 8-38. 이 두 가지 형태 모두 체내에서 항산화작용을 하는 환원제이므로 산화에 민감하다. 산화형인 디히드로아스코르브산은 환원형의 약 80%의 활성을 나타내며, 더 산화되면 활성이 사라진다. 대부분의 동물은 체내에서 포도당으로부터 비타민 C를 합성할 수 있으나, 사람을 비롯한 원숭이, 기니아피그, 조류, 박쥐, 어류 등은 비타민 C 전환 최종단계에 관여하는 효소가 없어 비타민 C를 합성하지 못한다. 비타민 C는 산에 안정하나 알칼리, 빛, 열에 의해 산화되며, 철이나 구리 같은 금속이온과 만나면 더 쉽게 산화된다.

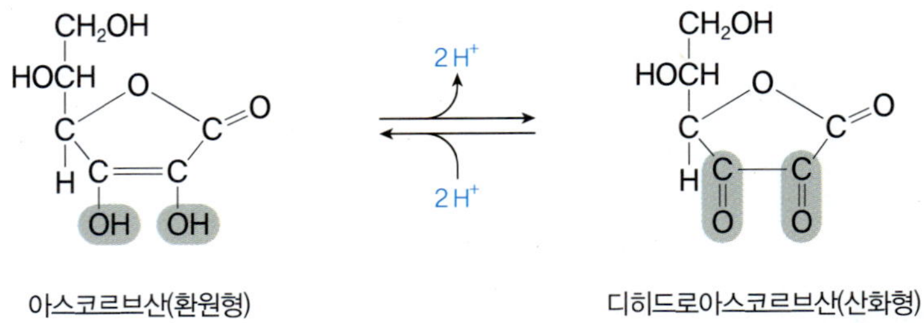

그림 8-38 비타민 C의 구조

(2) 흡수와 대사

비타민 C는 소장 상부에서 흡수되어 간으로 가서 각 조직으로 빠르게 이동한다. 비타민 C 흡수율은 같이 섭취하는 식품이나 급원에 따라 차이가 거의 없으나, 섭취량에 따라 달라진다. 비타민 C 섭취량이 하루 30~180 mg 정도면 70~90%가 흡수되나, 섭취량이 하루 1,000 mg이 넘으면 50%가 흡수된다.

비타민 C는 체내 평형 유지를 위해 과포화될 경우 배설된다. 비타민 C는 저장되지 않고 소변으로 배설되는데, 보통 수준에서는 대부분 수산으로 전환되어 배설되나, 혈청에 과포화될 정도로 과다 섭취된 경우는 아스코르브산 형태 그대로 배설된다.

(3) 기능

① 콜라겐 합성 관여

비타민 C는 결합조직의 구성성분인 콜라겐 합성에 필요하다. 비타민 C는 콜라겐 합성 시 프롤린과 라이신의 수산화과정에 관여하는 효소의 조효소로 작용한다 **그림 8-39**.

② 항산화작용

비타민 C는 항산화제로서 비타민 E, 베타-카로틴, 다가불포화지방산의 산화를 막으며, 특히 비타민 E의 재생에 관여하여 항산화 시너지 효과를 낸다. 따라서 정상적인 세포막의 유지를 위해 비타민 C의 항산화작용은 매우 중요하다.

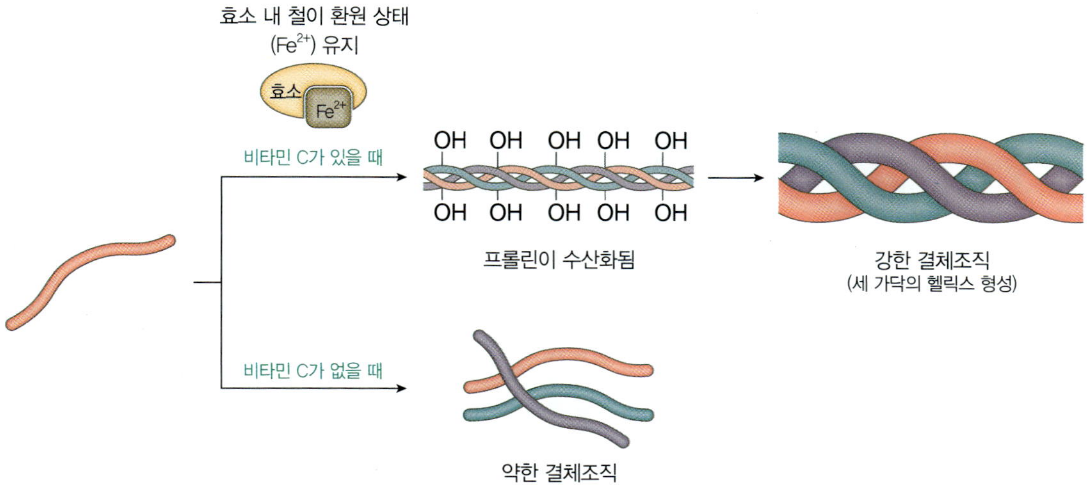

그림 8-39 콜라겐 합성과정

③ 카르니틴 합성 관여

카르니틴은 지방산을 세포질에서 미토콘드리아로 운반하는 데 필요한 수송화합물로서 지방산을 산화하여 에너지를 생산하는 데 필수적이다. 카르니틴은 라이신과 메티오닌으로부터 합성되는데 이때 철 이온과 비타민 C가 필요하다. 따라서 비타민 C가 부족하면 카르니틴 생합성이 저하되어 혈액에 중성지방이 증가한다.

④ 신경전달물질 합성 관여

비타민 C는 수산화반응으로 신경전달물질 합성에 관여한다. 중추신경계에서 도파민이 수산화반응에 의해 노르에피네프린을 생성하거나 트립토판으로부터 세로토닌을 생성할 때 비타민 C가 필요하다.

⑤ 기타 기능

비타민 C는 백혈구의 산화적 손상뿐 아니라 식작용phagocytosis 등의 면역작용에서 발생되는 자유기에 의한 산화적 손상을 막아 면역기능을 향상시킨다. 비타민 C는 소장벽에서 Fe^{3+}(제2철)을 Fe^{2+}(제1철)로 환원시켜 소장의 약알칼리 환경에서 쉽게 용해되어 잘 흡수될 수 있도록 돕는다. 또한 비타민 C는 칼슘이 불용성염을 형성하는 것을 막아 칼슘 흡수를 돕는다.

(4) 결핍증과 과잉증

① 결핍증

비타민 C가 결핍되면 콜라겐 합성이 저하되어 결합조직 형성에 장애가 생긴다. 따라서 상처 회복이 지연되고, 외부 자극에 의해 쉽게 내출혈이 일어나 멍이 생기며, 심하면 잇몸에서 출혈이 일어나고, 치아와 잇몸의 변형이 나타나며, 동맥에 동맥경화성 플라크가 침착되는 등의 괴혈병scurvy 증세가 나타난다. 비타민 C 결핍이 장기간 계속되면 본격적인 괴혈병 증세로 심한 피하 출혈, 심장근육 등의 근육 퇴화, 뼈의 재형성 억제, 치아 탈락, 거친 피부, 빈혈, 우울증 등이 나타난다. 괴혈병은 비타민 C가 결핍된 식사를 20~40일 지속하였을 때 나타난다. 약한 결핍 증상은 신선한 과일과 채소를 충분히 먹으면 호전되지만, 골격 변형이나 빈혈 등의 증세는 오랜 기간 비타민 C를 복용하여야 한다.

② 과잉증

비타민 C는 식품을 통해 섭취할 경우 유해한 영향이 나타나지 않으나, 보충제로 과다 복용하면 설사, 복부 경련, 신석증, 치아 에나멜 부식을 유발할 수 있다. 비타민 C 과다 섭취는 혈액 응고방지제의 약효를 감소시키며, 통풍환자의 경우 신장 결석을 유발한다.

(5) 섭취기준

비타민 C의 권장섭취량은 19세 이상 성인 남녀 모두 100 mg/일이며, 상한섭취량은 2,000 mg/일이다.

(6) 급원식품

비타민 C는 신선한 채소와 과일에 많이 함유되어 있으며, 특히 녹색채소, 감자, 딸기, 감귤류에 많다 그림 8-40.

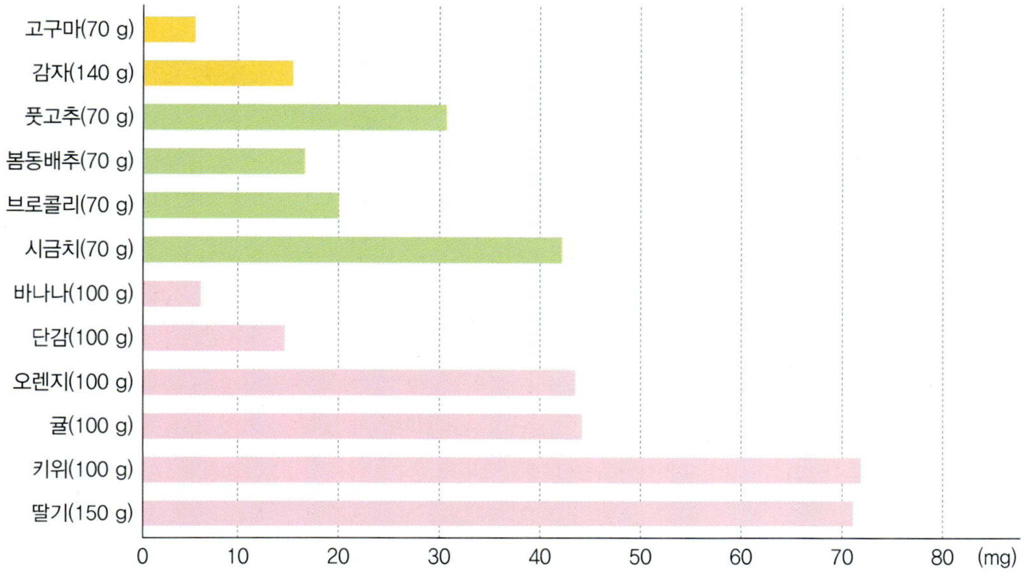

그림 8-40 1인 1회 분량당 비타민 C 함량

표 8-4 수용성 비타민 요약

비타민	조효소	주요 기능	권장섭취량 (19~64세)	상한섭취량 (19~64세)	결핍증	과잉증	급원식품
티아민	TPP TTP	• 에너지대사 조효소 • 신경전달물질 합성과 조절 • 오탄당 인산회로	남 : 1.2 mg 여 : 1.1 mg		각기병	보고된 바 없음	돼지고기, 닭간, 굴, 콩류, 현미, 밤
리보플라빈	FMN FAD	• 에너지대사 조효소 • 산화·환원반응 • 니아신 합성	남 : 1.5 mg 여 : 1.2 mg		구순구각염, 설염, 구내염, 지루성 피부염, 광선공포증	보고된 바 없음	간, 돼지고기, 우유·유제품, 달걀, 생선, 녹색채소, 콩류
니아신	NAD NADP	• 에너지대사 조효소 • 산화·환원반응 • 지방과 콜레스테롤 합성 • 오탄당 인산회로	남 : 16 mg NE 여 : 14 mg NE	니코틴산 35 mg NE 니코틴아미드 1,000 mg NE	펠라그라(피부염. 설사, 정신이상, 사망)	간 기능 이상, 혈당 증가	간, 육류, 생선, 땅콩, 곡류, 콩류
비타민 B_6	PLP PNP PMP	• 아미노산대사 조효소 • 신경전달물질 합성 • 글리코겐 분해 • 포도당 신생합성 • 헤모글로빈 합성	남 : 1.5 mg 여 : 1.4 mg	100 mg	구토, 빈혈, 구각염, 피부염, 우울, 신경장애	신경장애, 감각이상, 보행장애	육류, 특히 간 등의 내장, 생선, 가금류, 시금치, 바나나, 전곡
엽산	THF	• 피리미딘과 퓨린 합성 • 메티오닌 합성	남녀 400 μg DFE	1,000 μg DFE	거대적아구성 빈혈, 설염, 설사, 성장장애, 신경장애, 태아 신경관 손상	거의 나타나지 않음	간, 달걀, 콩류, 녹색채소
비타민 B_{12}	아데노실코발아민 메틸코발아민	• 메티오닌 합성 • 피리미딘과 퓨린 합성 • 신경세포의 정상 유지	남녀 : 2.4 μg		악성 빈혈, 거대적아구성 빈혈, 신경 장애	보고된 바 없음	간과 심장 등 내장육, 생선, 난류, 해산물, 우유·유제품
판토텐산	CoA	• 에너지대사 조효소 • 지방산과 콜레스테롤 합성 • 아세틸콜린 합성	충분섭취량 남녀 : 5 mg		피로, 두통, 근육 장애, 소화기계장애	보고된 바 없음	육류, 달걀, 전곡, 콩류, 브로콜리, 아보카도
비오틴	비오시틴	• 탄수화물, 지질 대사의 카르복실화 효소의 조효소	충분섭취량 남녀 : 30 μg		피부 발진, 탈모, 메스꺼움, 식욕부진, 근육통증, 우울	보고된 바 없음	간, 닭고기, 달걀 노른자, 우유·유제품
비타민 C		• 콜라겐 합성 • 항산화작용 • 카르니틴, 신경전달물질 합성 • 철과 칼슘 흡수 촉진	남녀 : 100 mg	2,000 mg	괴혈병: 심한 출혈, 근육 퇴화, 뼈 재생 억제, 빈혈	설사, 복부 경련, 신석증, 치아 부식	녹색채소, 브로콜리, 감자, 딸기, 감귤류, 오렌지

심화학습자료

비타민 · 무기질 보충제 섭취

비타민 · 무기질 보충제는 일반 식품보다 많은 양으로 비타민이나 무기질을 공급하기 위해 만들어진 조제품이다. 우리나라 20세 이상 성인의 경우 식사 보충제 중에서 가장 섭취율이 높은 것은 비타민 · 무기질 보충제이다. 이러한 보충제는 현대인의 식생활에서 또 다른 비타민이나 무기질의 공급원이다.

보충제는 특정 영양소를 공급하고 일부 사람들에게 영양적으로 필요한 양을 충족시켜주기도 하지만, 다양한 식품을 섭취할 수 있는 식사의 장점을 제공하지는 못한다. 즉, 비타민 · 무기질 보충제는 비타민이나 무기질을 영양적으로 충족시킬 수는 있으나, 비타민이나 무기질을 함유한 식품이 제공하는 비타민이나 무기질 외의 영양소를 제공하지는 못한다. 또한 영양적으로 균형 잡힌 식사를 하면서 고단위 비타민 · 무기질 보충제를 무분별하게 섭취하는 것은 중독증의 유발과 영양소 간의 상호작용을 통해 특정 영양소의 체내 유용도를 떨어뜨린다. 보충제를 바르게 이용하지 않을 때는 치료용 약물의 대사를 방해하여 질병의 치료를 낮추거나 잘못된 건강관리 습관을 형성시키는 등 건강에 불리한 결과를 가져오기도 한다. 따라서 건강을 유지하기 위해서는 다양한 식품에 의한 식사가 중요하며 비타민이나 무기질 필요량을 채우기 위해 보충제에만 너무 의존하는 것은 좋지 않다.

특히 다음과 같은 사람은 특정 비타민 · 무기질 보충제 복용을 삼가야 한다.

- 남성과 폐경기 여성은 철 보충제 복용은 삼가야 한다. 과량의 철 섭취가 철 부족보다 더 유해하기 때문이다.
- 흡연자는 베타-카로틴 보충제 복용을 삼가야 한다. 과량의 베타-카로틴이 폐암 및 사망률 증가와 관련이 있기 때문이다.
- 폐경기 여성은 비타민 A 보충제 복용을 삼가야 한다. 과량의 레티놀은 엉덩이 골절 위험 증가 및 골밀도 저하와 관련이 있기 때문이다.
- 외과수술 환자는 수술 전 몇 주 동안은 비타민 E 보충제 복용을 삼가야 한다. 비타민 E가 혈액 희석제로 작용하기 때문이다.

그러므로 무조건 비타민 · 무기질 보충제에 의존하지 말고, 생리적 요구에 따라 비타민 · 무기질 보충제를 신중하게 선택해야 한다.

단원정리

비타민의 분류

비타민은 지용성과 수용성으로 분류되며, 지용성 비타민은 비타민 A, D, E, K가 있고, 수용성 비타민은 비타민 B군과 비타민 C가 있다.

비타민 A

비타민 A는 간상세포에서 로돕신을 생성하여 어두운 곳에서 볼 수 있게 하며, 상피세포의 성장과 분화가 정상적으로 이루어지도록 한다. 카로티노이드들은 지용성 항산화제로서 세포막을 보호하는 역할을 한다.

비타민 D

비타민 D는 골격 형성을 돕고, 부갑상샘호르몬과 함께 혈중 칼슘의 항상성을 유지시키며, 면역 조절세포와 상피세포 등의 세포 증식, 분화, 성숙에도 관여한다.

비타민 E

비타민 E는 지용성 항산화제로서 지방이 많은 부위에서 자유기에 의한 지방의 과산화반응을 억제한다.

비타민 K

비타민 K는 프로트롬빈과 혈액 응고인자의 생성과 활성화에 필요하다.

티아민(비타민 B_1)

티아민의 조효소 형태인 TPP는 탄수화물, 지질, 단백질이 에너지를 생산하는 과정과 아세틸콜린 합성과정에 작용한다.

리보플라빈(비타민 B_2)

리보플라빈의 조효소 형태인 FMN과 FAD는 세포 내 여러 산화·환원반응에 관여하여 에너지 생성을 돕는다.

니아신

니아신의 조효소 형태인 NAD와 NADP는 산화·환원반응에 작용한다. 이들은 세포 내 300여 개의 대사반응에 관여하며, 특히 ATP를 생성하는 대사경로에 관여한다.

비타민 B_6

비타민 B_6는 아미노산 전이과정과 탈아미노반응 등 단백질 대사에 중요하며, 탈탄산반응에도 관여하여 신경전달물질을 합성한다. 비타민 B_6는 헤모글로빈 고리구조를 합성하는 데에도 필요하다.

엽산

엽산의 조효소인 THF는 DNA와 RNA의 염기인 피리미딘과 퓨린 합성에 필요하다. THF는 호모시스테인을 다시 메티오닌으로 전환시키는 데 필요한 메틸기 운반을 돕는다. 이 과정에는 비타민 B_{12}도 함께 관여한다.

비타민 B_{12}

비타민 B_{12}는 THF가 메티오닌을 합성하는 과정에 필요하다. 비타민 B_{12}는 엽산과 함께 DNA의 염기인 퓨린과 피리미딘 합성에 관여한다. 비타민 B_{12}는 신경세포의 수초를 정상적으로 유지하는 데 관여한다.

판토텐산

판토텐산은 CoA의 구성성분으로 탄수화물, 단백질, 지질 대사에서 아세틸 CoA를 형성하고, 아세틸콜린과 헴 합성에도 관여한다.

비오틴

비오틴은 카르복실화효소의 조효소로 작용하여 포도당 신생합성과 지방산 생합성 등 탄수화물, 단백질, 지질 대사에 관여한다.

비타민 C

비타민 C는 콜라겐 합성에 필요하며, 항산화제로서 작용한다. 비타민 C는 카르니틴과 신경전달물질 합성에도 관여한다. 비타민 C는 면역작용에서 발생하는 자유기에 의한 산화적 손상을 막아 면역기능을 향상시킨다.

CHECK UP 도착점!

1. 탄수화물, 단백질, 지질의 에너지 대사에 관여하는 비타민이 아닌 것은?
① 니아신 ② 티아민 ③ 토코페롤 ④ 리보플라빈

2. 프로트롬빈과 혈액 응고인자의 생산과 활성화에 필요한 비타민은?
① 비타민 B_1 ② 비타민 C ③ 비타민 D ④ 비타민 K

3. 아미노산 전이반응과 탈아미노반응 등 단백질 대사의 조효소로 작용하는 비타민은?
① 비타민 B_1 ② 비타민 B_2 ③ 비타민 B_6 ④ 비타민 B_{12}

4. 결핍되면 거대적아구성 빈혈을 유발시키는 비타민은?
① 엽산 ② 비오틴 ③ 비타민 B_6 ④ 비타민 C

5. 항산화제 비타민이 아닌 것은?
① 비타민 A ② 비타민 C ③ 비타민 D ④ 비타민 E

6. 비타민 A의 기능으로 옳은 것은?
① 칼슘 흡수를 촉진한다.
② 어두운 곳에서 볼 수 있게 한다.
③ 체내 산화 · 환원반응에 관여한다.
④ 결합조직 단백질인 콜라겐 합성에 관여한다.

7. 비타민의 조효소 형태를 바르게 연결한 것은?
① 티아민 – THF
② 판토텐산 – PLP
③ 니아신 – FMN
④ 리보플라빈 – FAD

정답

1. ③ 2. ④ 3. ③ 4. ① 5. ③ 6. ② 7. ④

CHAPTER

9

무기질

1. 무기질의 개요 / 2. 다량 무기질 / 3. 미량 무기질

무기질은 유기물질을 만들고 있는 탄소, 수소, 산소, 질소를 제외한 나머지 원소를 일괄하는 용어이다. 인체의 무기질 필요량은 소량이지만 무기질은 생명과 건강을 유지하는 데 매우 중요한 역할을 담당한다. 조효소, 신체 구성성분, 신경전달과정, 성장과 발달, 전해질 균형 등에 각종 무기질이 필요하다.

이 장에서는 무기질의 종류, 기능, 대사, 그리고 급원식품에 대해 살펴본다.

학/습/목/표

1. 무기질의 종류를 열거할 수 있다.
2. 무기질의 흡수와 대사에 대해 설명할 수 있다.
3. 무기질의 기능에 대해 설명할 수 있다.
4. 무기질의 섭취기준과 급원식품을 설명할 수 있다.

CHECK UP 출발점!

※다음 문제에 O, X로 답하시오.

1. 철 결핍은 선진국에서는 보기 힘들다.
2. 골격은 생후 약 30년에 걸쳐 계속 성장하고 석회화(무기질화)된다.
3. 무기질의 흡수는 함께 섭취한 다른 무기질에 의해 영향을 받는다.
4. 윌슨병은 망간 결핍과 관련된 질병이다.
5. 나트륨 섭취가 증가하면 혈압이 높아진다.
6. 단백질이 풍부한 식품에는 황 함량이 높다.
7. 체내 마그네슘의 50% 이상이 골격에 존재한다.
8. 우리나라는 인 결핍이 흔하다.
9. 요오드는 충치 예방 효과가 있다.
10. 크레틴병은 셀레늄 결핍과 관련 있다.

정답 및 해설

1. ×(철 결핍은 개발도상국뿐만 아니라 선진국에서도 가장 흔한 영양 결핍의 하나이다.) 2. ○ 3. ○ 4. ×(윌슨병은 구리와 관련된 유전 질환이다.) 5. ○ 6. ○ 7. ○ 8. ×(인은 함유식품이 많고 다양하여 우리나라뿐만 아니라 전세계적으로 결핍될 확률이 매우 낮다.) 9. ×(불소는 충치 예방 효과가 있다.) 10. ×(크레틴병은 임신 중 모체의 요오드 결핍으로 인한 태아의 신체 성장 지연과 정신발달 미숙을 일컫는 병이다.)

1. 무기질의 개요

1) 정의

무기질mineral은 인체 구성 원소 중 유기물을 구성하는 C, H, O, N을 제외한 원소를 총칭하는 것으로서 대개 한 개의 화학원소로 이루어진 금속물질이다. 무기질은 체중의 약 4~5%를 차지한다. 무기질은 탄소를 함유하지 않아 에너지를 생성할 수는 없으나 체내 여러 생리기능의 조절 및 유지에 필요하다.

2) 분류

무기질은 하루 필요량이 100 mg 이상인 경우는 다량 무기질로, 그 미만인 경우는 미량 무기질로 분류한다. 또는 체중의 0.05% 이상 함유된 무기질은 다량 무기질로, 0.05% 미만 함유된 무기질은 미량 무기질로 분류하기도 한다. 다량 무기질에는 칼슘Ca, 인P, 칼륨K, 나트륨Na, 염소Cl, 마그네슘Mg, 황S이 있고, 미량 무기질에는 철Fe, 아연Zn, 구리Cu, 불소F, 망간Mn, 요오드I, 셀레늄Se, 몰리브덴Mo, 크롬Cr 등이 있다 그림 9-1.

3) 흡수

식품에 함유된 무기질의 체내 흡수와 이용률은 식사 내 다른 인자에 의해 영향 받는다. 식물성식품보다는 동물성식품에 함유된 무기질이 흡수가 잘 되는 편이다. 이는 동물성식품에 무기질 흡수를 방해하는 식이섬유가 적게 들어 있기 때문이다. 식물의 무기질 함량은 토양의 무기질 농도에 의한 영향을 많이 받는 반면, 동물은 무기질 함량이 다른 토양에서 자란 다양한 종류의 식물을 섭취하기 때문에 동물성식품의 무기질 함량은 토양의 영향을 덜 받는다.

그림 9-1 무기질의 체내 함량

(1) 식이섬유와 무기질의 상호작용

식이섬유는 무기질과 결합하여 무기질의 흡수를 감소시키므로 섭취기준 이상의 식이섬유 섭취는 체내 무기질 영양상태에 나쁜 영향을 미칠 수 있다. 곡류의 피틴산phytate과 채소의 수산(옥살산oxalate)도 무기질과 결합하여 흡수를 방해한다.

곡물을 이스트로 발효시키면 이스트에서 형성된 효소가 피틴산과 무기질 사이의 결합을 끊어 무기질 흡수율이 증가된다. 지중해 지역에서 발견되는 아연 결핍증은 토양에 아연 함량이 낮은 탓도 있지만 발효시키지 않은 빵을 섭취하여 식이 아연의 흡수가 낮아진 것에도 일부 기인한다.

(2) 무기질과 무기질의 상호작용

마그네슘, 칼슘, 철, 구리 등 여러 무기질은 크기와 전하가 비슷하다. 비슷한 크기와 전하를 가지는 무기질들은 흡수 시 서로 경쟁하여 흡수를 방해한다. 어느 한 무기질을 다량 섭취하면 다른 무기질의 흡수와 대사는 감소된다. 따라서 식사 결핍 또는 의학적 문제가 있지 않는 한 개별 무기질 보충제의 복용은 피하는 것이 좋다. 그러나 식품으로 섭취할 때는 이러한 무기질 상호작용에 대한 위험이 적다.

(3) 비타민과 무기질의 상호작용

흡수와 대사 과정 중 비타민과 무기질의 상호작용이 유익한 경우도 있다. 비타민 C는 철과 칼슘 흡수를 증진시키고, 비타민 D는 칼슘 흡수를 증진시킨다. 많은 비타민이 그들의 구조와 기능에서 특정 무기질을 필요로 한다. 예를 들어, 티아민 조효소는 마그네슘 또는 망간이 있어야 기능을 잘할 수 있다.

4) 운반, 저장, 배설

흡수된 무기질은 유리 형태 또는 단백질과 결합된 형태로 혈액에서 이동된다. 칼슘은 혈중에서 유리 형태 또는 알부민과 결합한 형태로 존재한다. 대부분의 미량 무기질은 유리 형태로 있을 때 반응성이 높아 독성이 나타날 수 있으므로 혈액과 세포 내에서 특정 단백질과 결합하여 존재하는 경우가 많다. 대부분의 무기질은 소변을 통해 배설된다. 구리는 간에서 담즙으로 배출되어 변으로 배설된다.

5) 과잉증

철과 구리 등 무기질, 특히 미량 무기질을 다량 섭취하면 독성을 나타낼 수 있다. 미량 무기질은 대개 결핍증 또는 과잉증을 나타내는 수준 사이의 범위가 매우 좁다. 기준치를 초과하는 무기질 보충제를 섭취할 때는 주의가 필요하다.

6) 기능

(1) 신체 구성성분

무기질은 신체의 구성성분으로서 중요하다. 칼슘과 인은 골격에 침착된다. 철은 헤모글로빈, 코발트는 비타민 B_{12}, 요오드는 갑상샘호르몬, 염소는 위산의 구성성분이다. 그 밖에 여러 호르몬과 조효소의 합성에 칼슘, 마그네슘, 구리, 아연 등이 필요하다.

(2) 조절작용

① 대사반응 조절

무기질은 여러 대사 반응의 보조인자cofactor로 작용한다 그림 9-2. 마그네슘은 에너지 영양소의 분해 및 합성에 필요하며, 칼륨, 칼슘, 망간, 코발트, 아연 등 여러 무기질들이 체내 대사에서 보조인자 역할을 한다. 나트륨과 칼슘은 신경자극 전달에 관여하며, 칼슘은 근육의 수축 및 이완을 조절한다.

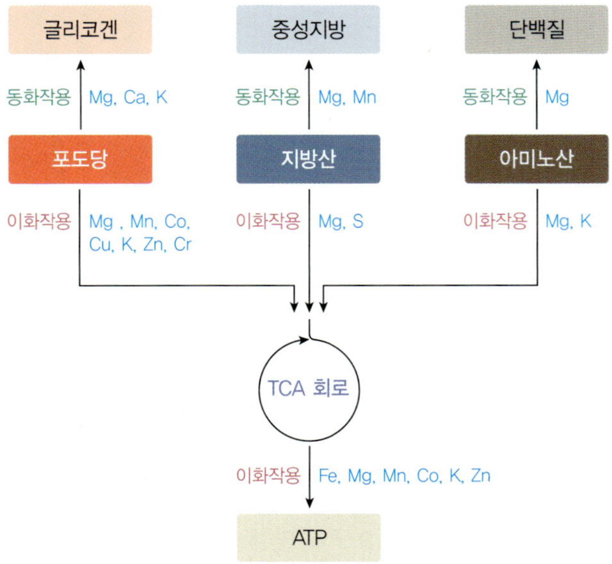

그림 9-2 체내 대사 반응에 보조인자로 필요한 무기질

② **체액 조절**

체액은 세포내액과 세포외액으로 구분된다. 세포내액과 세포외액은 반투과성 세포막에 의해 나뉘어 물은 자유롭게 교환되지만 용질은 선택적으로 투과된다. 세포막을 사이에 두고 용질의 농도차가 생기면 삼투압이 형성된다. 나트륨, 칼륨, 염소 등의 주요 전해질은 삼투압을 조절함으로써 체액 조절에 관여한다. 이들 무기질의 균형이 깨지면 부종 또는 탈수 현상이 일어날 수 있다.

전해질(electrolyte)
전해질은 용매에 녹였을 때 이온으로 해리하여 전기전도성을 나타내는 물질이다.

③ **산·알칼리 평형**

무기질은 체내 pH 조절에 관여한다. 체내에서 양이온을 형성하는 무기질인 칼슘, 마그네슘, 나트륨, 칼륨 등은 체액을 알칼리성으로, 음이온을 형성하는 무기질인 염소, 황, 인 등은 체액을 산성으로 기울게 한다. 우리 몸에서 산화·연소되고 남은 무기질이 곡류, 육류, 어패류 등은 황, 인, 염소가 많아 산성식품에 속하며, 채소류와 과일류는 칼륨, 마그네슘, 칼슘이 많아 알칼리성 식품에 속한다. 그러나 인체 체액의 pH는 7.4 ± 0.05로 항상성을 유지하기 위해 정교한 시스템을 갖고 있으므로 산성 또는 알칼리성 식품을 섭취한다 해도 체액의 산도에는 거의 영향을 미치지 않는다.

2. 다량 무기질

1) 칼슘

칼슘은 체내 전체 무기질의 약 40%를 차지한다. 체내 칼슘의 99%는 골격과 치아에 들어 있고 나머지가 혈액, 세포외액, 근육을 비롯한 여러 조직에 존재한다. 성장과 골격 발달을 위해서는 적절한 칼슘 섭취가 필요하다. 혈중 칼슘 농도는 일정 농도로 항상성을 유지하며, 체세포의 요구에 맞게 칼슘을 공급해 주는 역할을 한다.

(1) 흡수와 대사

칼슘은 주로 십이지장에서 능동수송을 통해 흡수되고, 공장과 회장에서는 단순 확산에 의해 흡수된다. 칼슘의 흡수율은 체내 칼슘의 영양상태, 연령, 성별 등 여러 요인에 의해 영향을 받는다. 칼슘의 흡수율은 성인에서 약 25%인데, 칼슘 요구량이 높은 성장기, 임신기, 수유기에는 60%까지 증가하고, 폐경 후 여성이나 노인은 더 낮아진다.

① 칼슘 흡수의 증가 요인

칼슘은 산성일 때 용해도가 증가하므로, 장내 환경이 산성인 소장 상부에서 더 잘 흡수된다. 비타민 D는 칼슘결합단백질calcium binding protein, CaBP의 합성을 촉진하여 칼슘의 흡수를 증진시킨다. 비타민 C는 칼슘 용해를 촉진하여 칼슘의 흡수를 증진시킨다. 식사 내 칼슘과 인의 비율이 1 : 1일 때 흡수가 최대인 반면, 인의 비율이 높아질수록 불용성인 인산칼슘을 형성하여 흡수율이 낮아진다. 따라서 식사 내 칼슘과 인의 비율은 1 : 2를 넘지 않는 것이 좋다. 혈중 부갑상샘호르몬 농도가 높을 때, 같이 먹은 식사에 포도당과 유당이 존재할 때 칼슘 흡수가 증가된다.

② 칼슘 흡수의 방해 요인

수산은 소화관에서 칼슘과 결합하여 불용성 수산칼슘염을 형성하므로 칼슘 흡수를 방해한다. 피틴산도 불용성염인 피틴산칼슘염을 형성하여 칼슘 흡수를 낮춘다. 다량의 지질이나 식이섬유는 칼슘과 함께 불용성 화합물을 형성하여 변으로 배설되므로 칼슘의 흡수를 방해한다. 식사 중 인 함량이 높을 때, 차의 폴리페놀(탄닌), 카페인, 비타민 D 결핍, 설사, 고령, 운동 부족일 때도 칼슘 흡수가 감소된다.

(2) 칼슘의 항상성

인체의 혈중 칼슘 농도는 9~11 mg/dL로 항상성을 유지해야 한다. 인체는 혈중 칼슘 농도를 조절하기 위한 정교한 호르몬 시스템을 가지고 있다 그림 9-3. 혈중 칼슘 농도가 정상 이하로 감소하면 부갑상샘호르몬이 분비되어 골격에서 칼슘을 용출시키고, 비타민 D를 활성화시켜 소장에서 칼슘 흡수를 증가시키며, 신장에서 칼슘 배설을 감소시켜 혈중 칼슘 농도를 정상 수준으로 증가시킨다. 반면 혈중 칼슘 농도가 정상 이상으로 증가하면 갑상샘에서 칼시토닌 호르몬을 분비하여 혈중 칼슘이 골격에 흡수되도록 자극함으로써 혈중 칼슘 농도를 정상 수준으로 감소시킨다. 골격은 칼슘 은행처럼 칼슘을 보유하거나 내어 주는 역할을 담당한다. 골격의 칼슘 용출로 인한 손실은 천천히 진행되므로 칼슘 부족이 수 년간 지속된 후에야 임상 증상이 나타난다.

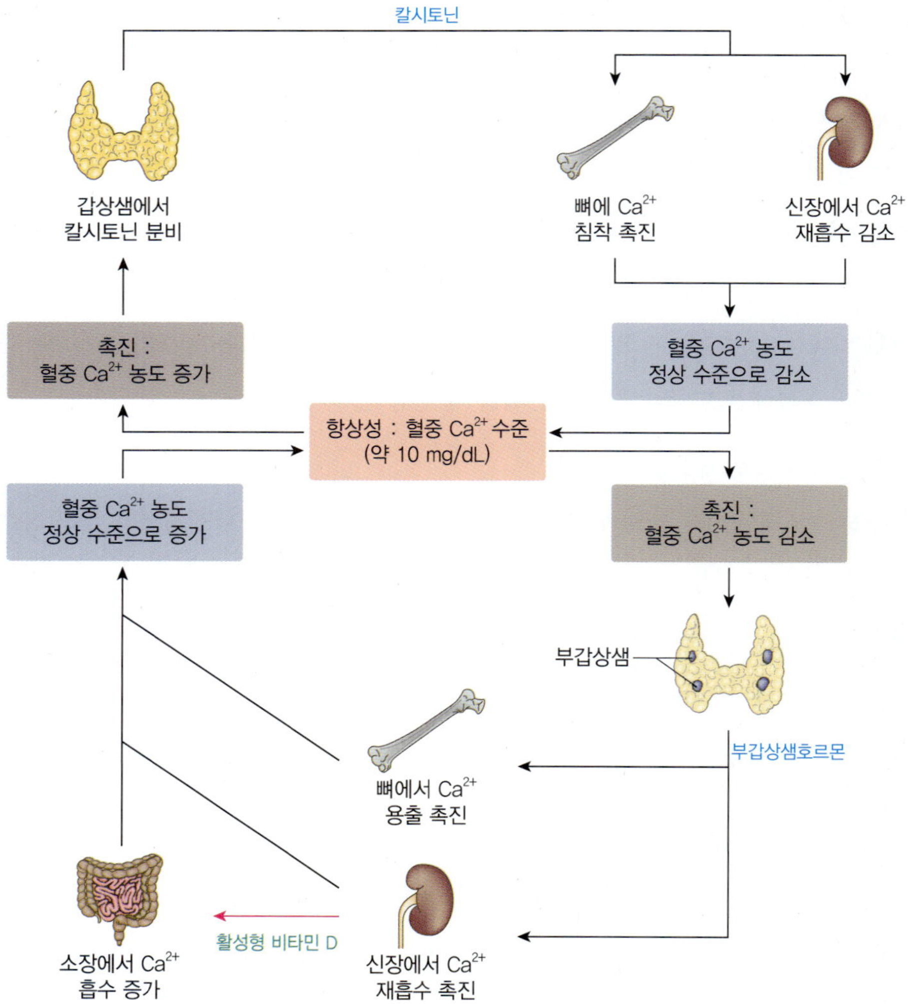

그림 9-3 혈액 칼슘 농도의 항상성 조절

(3) 기능

① 골격과 치아의 구성성분

체내 칼슘의 주요 기능은 골격의 생성과 유지이다. 골격은 단백질이 그물 모양의 망상구조를 이루고 그 안에 칼슘과 인으로 구성된 수산화인회석hydroxyapatite, $Ca_{10}(PO_4)_6(OH)_2$이 침착된 구조로 되어 있다.

② 혈액 응고

칼슘은 혈액 응고에 관여한다. 상처가 생기면 혈액 응고를 위해 불활성형인 프로트롬빈이 트롬빈으로 활성화되어야 하는데, 이 과정에 칼슘이온이 필요하다 그림 8-13 참조.

③ 신경자극 전달

칼슘은 신경전달물질의 방출을 촉진함으로써 신경자극을 전달하는 데 기여한다.

④ 근육의 수축과 이완

신경자극에 의해 근육이 흥분되면 세포 안에 있던 칼슘이 방출되어 근육단백질인 액틴과 미오신이 결합됨으로써 근육 수축이 일어난다. 방출된 칼슘이 세포 내 저장소로 되돌아가면 액틴과 미오신이 분리되면서 근육이 이완된다.

⑤ 기타

칼슘은 여러 효소 활성과 호르몬 반응에 영향을 미침으로써 세포 대사를 조절한다. 그 외에도 칼슘 섭취는 암, 신결석, 고혈압, 고콜레스테롤혈증, 비만 등과 관련이 있다. 적절한 칼슘 섭취는 대장암 위험을 감소시킨다. 특히 고지방 식사를 하는 사람에서 이런 효과가 크다. 적절한 칼슘 섭취는 신결석 생성 및 납 흡수를 감소시키고 고혈압을 예방한다. 여성의 경우 적절한 칼슘 섭취 시 월경전증후군과 임신성 고혈압 발생 위험이 감소된다.

(4) 결핍증과 과잉증

① 결핍증

> **테타니**
> 테타니는 혈중 칼슘 농도 저하로 말초신경과 신경-근 접합부의 흥분성이 높아져 가벼운 자극으로도 손·발·안면의 근육이 강직되며 비자발적인 수축·경련을 일으키는 상태를 말한다.

칼슘 결핍이 계속되면 성장기 어린이의 경우 구루병이, 성인에서는 골다공증과 골연화증이 나타날 수 있다. 특히 어려서부터 만성적인 칼슘이 결핍되면 최대골질량을 낮추어 골다공증 위험이 커진다. 또한 칼슘은 신경전달물질의 분비를 돕고 신경세포 안팎의 이온 유입이 일어나게 만드는데, 칼슘이 부족할 경우 신경기능이 떨어져서 테타니tetany가 발생할 수 있다.

② 과잉증

칼슘을 과다 섭취하면 변비, 철 흡수 방해, 신장결석, 신장기능 손상, 우유-알칼리증후군, 칼슘-무기질 상호작용에 의한 다른 무기질 대사 이상 등을 초래할 수 있다. 정상인은 칼슘 보충제 복용 등 칼슘 섭취가 증가할 때는 칼슘 흡수율이 감소하므로 별 문제가 없지만, 칼슘 흡수 과다나 신장장애로 인해 고칼슘뇨증을 보이는 환자 및 고부갑상샘호르몬혈증을 나타내는 환자에서는 신장결석이나 담석증의 위험이 크다.

알아두기

우유-알칼리증후군

과거 위궤양 치료를 위해 다량의 우유와 흡수성 제산제를 처방하는 '시피식사(Sippy diet)'라는 식사요법에 의해 오랜 기간 동안 우유와 흡수성 알칼리 젤을 섭취함으로써 초래되는 증상으로 대사성 알칼리증을 동반하거나 동반하지 않는 신부전증 증상을 말한다. 현재는 시피식사가 거의 처방되지 않으므로 이에 의한 우유-알칼리증후군은 거의 나타나지 않는다. 현재 나타나는 우유-알칼리증후군은 골다공증 치료를 받는 노년층에서 많이 나타나는데, 골다공증 예방과 치료를 위한 칼슘제제의 사용 증가 때문으로 보고 있다.

(5) 섭취기준

한국인의 칼슘 섭취량은 1969년 이후 2019년까지 400~600 mg/일로서 매우 부족하게 섭취하고 있다. 65세 이상 노인, 특히 여성 노인의 칼슘 섭취량이 부족하다.

우리나라는 1세 이상 모든 연령층에서 칼슘의 평균필요량, 권장섭취량, 상한섭취량을 설정하였고, 영아의 경우 충분섭취량을 설정하였다. 19~49세 성인 남녀의 칼슘 권장섭취량은 각각 800 mg/일과 700 mg/일이다(2020 한국인 영양소 섭취기준, 2020). 이는 미국의 1,000~1,200 mg/일에 비해 낮은 수준이다.

칼슘을 과다 섭취하면 부작용이 나타나므로 상한섭취량을 19~49세는 2,500 mg/일, 50세 이상은 2,000 mg/일로 설정하였다. 우유를 먹지 않거나 식사를 통해 충분한 칼슘을 섭취하지 못하는 경우엔 칼슘 보충제를 이용할 수 있다. 그러나 고용량의 칼슘 보충제 섭취 시 아연, 철 등 다른 2가 양이온의 흡수가 감소될 수 있으므로 주의해야 한다.

(6) 급원식품

칼슘의 주요 급원식품은 우유와 치즈 등의 유제품이다. 커티지 치즈는 생산과정에서 대부분의 칼슘이 손실되므로 예외이다. 우유가 들어간 빵, 과자 등도 2차적인 칼슘 급원식품이다. 엽채류, 브로콜리, 뼈째 먹는 생선, 생선 통조림에도 칼슘이 함유되어 있다. 그러나 엽채류에는 칼슘의 흡수를 방해하는 수산 함량이 높다. 저지방 우유는 생체이용률이 높고 지방 함량은 낮으므로 가장 영양밀도가 높은 칼슘 급원식품이다. 칼슘을 강화한 오렌지주스, 두유, 시리얼, 간수로 탄산칼슘을 사용하여 만든 두부, 뼈째 먹는 생선 등도 칼슘 함량이 높다 그림 9-4.

2) 인

인은 인체에서 칼슘 다음으로 많은 무기질이다. 성인 남자의 체내에는 약 700 g의 인이 함유되어 있고, 이 중 85%는 골격과 치아에 존재한다. 나머지는 세포내·외액에 존재한다.

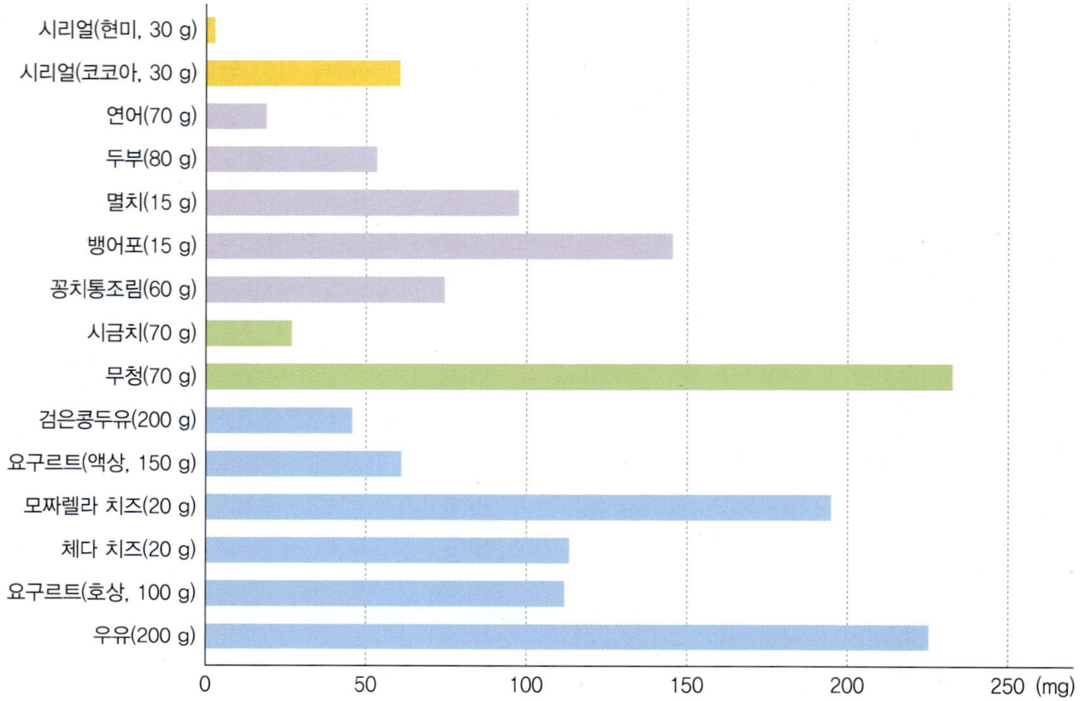

그림 9-4 1인 1회 분량당 칼슘 함량

(1) 흡수와 대사

인은 거의 모든 식품에 함유되어 있어 부족할 염려가 없고, 흡수율도 약 70% 정도로 높다. 칼슘과 달리 소화기계에서의 인의 흡수는 체내 필요량에 따라 조절되지 않는다. 즉, 인의 섭취량이 증가하면 흡수도 같이 증가한다. 인의 흡수는 능동수송과 수동수송 둘 다에 의해서 일어난다. 비타민 D는 칼슘뿐만 아니라 인의 흡수도 돕는다. 혈중 인 농도는 신장 배설을 통해 주로 조절된다.

(2) 기능

① 골격과 치아의 구성

체내 인의 85%는 칼슘과 결합하여 수산화인회석의 형태로 골격에 침착된다.

② 에너지 대사

인은 ATP, 포스포크레아틴(크레아틴인산) 등의 형태로 고에너지 인산 결합을 하며, 에너지가 필요할 때 ATP에서 인산이 떨어져 나와 에너지를 방출한다. 또한 에너지 전달에 관련된 조효소와 결합함으로써 에너지의 저장과 이용에 관여한다.

③ 효소와 비타민의 활성화

효소들은 인산화 PO_4^{3-} 에 의해 활성 또는 비활성의 형태로 전환된다. 티아민, 니아신 등의 비타민이 TPP그림 8-16 참고, NADP, NADPH그림 8-22 참고 등의 조효소 형태로 활성화되는 데도 인이 필요하다.

④ 산·알칼리 평형

인은 혈액과 세포 내에서 인산과 인산염의 형태로 산과 알칼리 평형을 조절하는 완충작용을 한다. 즉, 체액이 산성화되면 수소이온과 결합하고 알칼리화되면 수소이온을 방출함으로써 체액의 산·알칼리 평형을 유지한다.

⑤ 핵산 구성성분

인은 DNA와 RNA 등 핵산의 구성성분이다.

⑥ 세포막과 지단백질 구성성분

인은 인지질의 구성성분으로서 세포막과 지단백질의 형성에 필요하다.

(3) 결핍증과 과잉증

① 결핍증

인은 거의 모든 식품에 들어 있으므로 결핍 위험이 없다. 그러나 간혹 미숙아, 채식주의자, 알코올중독자, 식사를 잘 못하는 고령자, 장기간 설사 등의 경우 약간의 인 부족이 나타날 수 있다. 인이 결핍되면 식욕부진, 쇠약, 무기력증, 골격의 통증, 호흡부전, 대사성 산증 등이 나타난다.

② 과잉증

만성적으로 인을 과다 섭취하고 칼슘을 적게 섭취하면 칼슘과 인 비율이 불균형해져 저칼슘혈증과 고부갑상샘호르몬혈증에 의한 골손실이 일어날 수 있다. 우유 대신 탄산음료만 먹는 청소년이나 칼슘 섭취가 부족한 성인에게서 이러한 위험이 높다.

(4) 섭취기준

19~74세 성인 남녀의 인 권장섭취량은 700 mg/일이며 상한섭취량은 3,500 mg/일이다.

(5) 급원식품

인의 급원식품은 육류, 생선류, 우유, 견과류, 채소, 곡류, 두부 등이다. 특히 단백

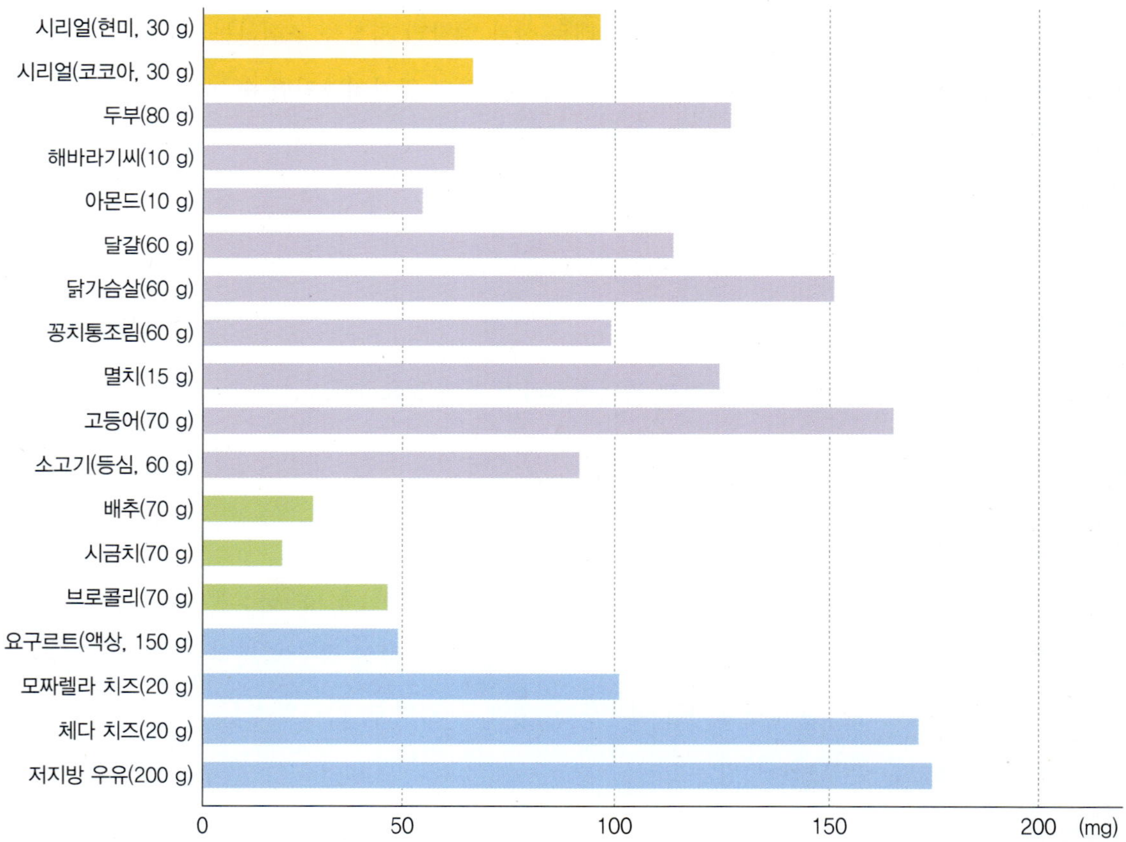

그림 9-5 1인 1회 분량당 인 함량

질 함량이 높은 식품에 인이 많이 함유되어 있다. 가공식품 제조과정 중에 인이 많이 첨가되므로, 가공식품을 많이 섭취하면 인 섭취량도 증가한다. 탄산음료에도 인 함량이 높다 그림 9-5.

3) 칼륨

칼륨은 세포내액의 중요한 양이온으로 신체 총량의 약 95%가 세포 내에 존재한다. 세포내액의 칼륨 농도는 145 mmol/L 내외이며, 세포외액은 3.5~5 mmol/L 정도로 일정하게 유지된다.

(1) 흡수 및 대사

섭취한 칼륨의 약 90%가 흡수된다. 칼륨은 주로 세포내액에, 나트륨은 세포외액에 존재하는 양이온으로서 나트륨-칼륨 펌프에 의해 농도차를 역행하여 계속 칼륨은 세포내액으로, 나트륨은 세포외액으로 이동시켜 세포내·외액 간의 양이온의 평형을 유지한다. 체내 칼륨량은 신장 배설로 조절한다.

(2) 기능

① 세포 성장

칼륨은 모든 세포의 필수성분으로, 세포 성장에 필수적이다.

② 세포막 전위 유지

칼륨은 나트륨과 함께 막 전위를 형성하여 신경전도, 근육 수축, 심장기능 유지의 기능을 한다. 세포외액의 칼륨 농도가 약간만 변해도 세포외액과 세포내액의 칼륨 농도비가 달라져 신경 전달 및 근육 수축에 영향을 주게 된다. 칼륨 농도가 너무 높거나 낮으면 심장마비를 일으킬 수 있다.

③ 수분 균형과 산·알칼리 평형

칼륨은 나트륨과 함께 체내 수분 균형에 중요한 역할을 한다. 또한 칼륨은 산·알칼리 평형에 기여한다.

⑤ 혈압 조절

혈압 조절에는 나트륨 함량보다도 나트륨과 칼륨의 비가 더 중요하다. 칼륨과 나트륨을 1 : 1로 섭취하는 것이 나트륨의 과다 섭취로 인한 위해를 방지할 수 있다. 칼륨 섭취는 혈압을 낮추는 효과가 있다.

⑥ 단백질과 글리코겐 합성

칼륨은 글리코겐의 합성과 저장에 필요하다. 글리코겐 1 g이 저장될 때 0.33 mEq(약 12.9 mg)의 칼륨이 요구된다. 또한 단백질이 세포에 저장될 때도 칼륨이 필요하다.

(3) 결핍증과 과잉증

① 결핍증

칼륨 섭취 부족으로 결핍증이 나타날 가능성은 거의 없다. 다만 지속적인 구토와 설사, 장기간의 칼륨 제한식사, 알코올중독, 이뇨제 복용, 심각한 영양실조 등에 의해 저칼륨혈증이 생길 수 있다. 혈중 칼륨 농도가 낮아지면 식욕 감소, 근육 경련, 혼동, 변비 등의 증상이 나타나고, 심하면 부정맥과 근육 약화로 사망할 수 있다.

② 과잉증

신장기능이 정상인 경우 일상 식사로는 고칼륨혈증이 나타나지 않는다. 그러나 신장질환이 있으면 혈중 칼륨 농도가 상승하여 고칼륨혈증이 나타나고 부정맥을 일으킬 수 있어 위험하다.

(4) 섭취기준

칼륨은 용량-반응평가 자료가 불충분하여 충분섭취량이 설정되었다. 19세 이상 성인 남녀의 칼륨 충분섭취량은 3,500 mg/일이다. 칼륨의 상한섭취량은 설정되지 않았다.

(5) 급원식품

칼륨은 채소, 과일, 전곡류에 많이 들어 있고, 그 외에 대부분의 식품에도 골고루 분포되어 있다 그림 9-6.

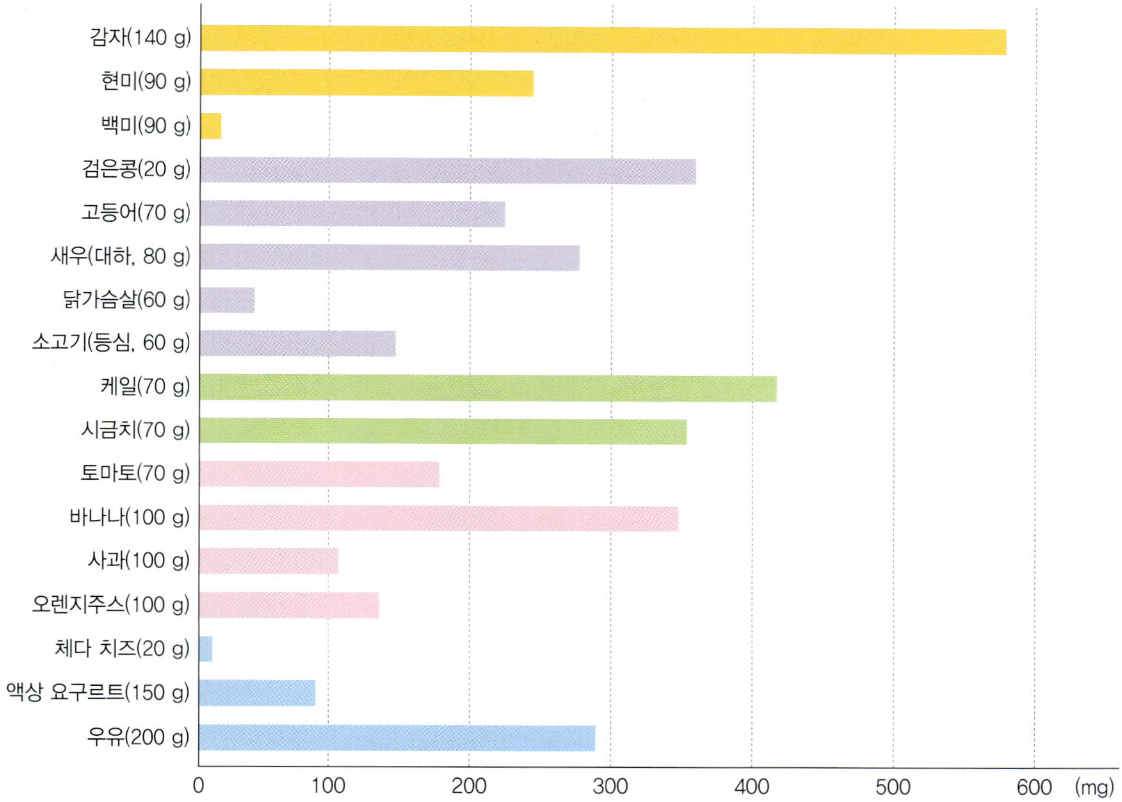

그림 9-6 1인 1회 분량당 칼륨 함량

알아두기

안지오텐신-알도스테론 시스템

① 혈압이 감소하면 신장에서 이를 감지하여 레닌을 분비한다.
② 레닌에 의해 안지오텐시노겐이 안지오텐신 I으로 활성화된다.
③ 안지오텐신 I은 안지오텐신 II로 전환된다.
④ 안지오텐신 II는 강력한 혈관 수축 물질로서 그 자체로 혈압을 높인다.
⑤ 안지오텐신 II는 부신피질에서 알도스테론의 분비를 촉진시켜 원위세뇨관에서 나트륨의 재흡수를 촉진하여 혈압을 높인다.

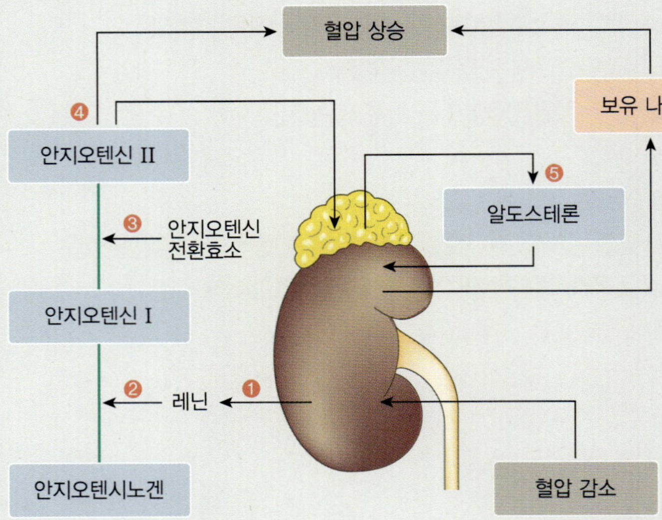

4) 나트륨

(1) 흡수와 대사

섭취한 나트륨은 거의 대부분 흡수된다. 주요 흡수 부위는 소장이고, 위에서 소량이 흡수된다. 흡수된 나트륨의 주된 배설 경로는 신장인데, 신장에서는 안지오텐신-알도스테론 시스템을 통해 신세뇨관에서의 나트륨 재흡수를 조절하여 혈액량과 혈압을 조절한다 그림 9-1 참고.

(2) 기능

① 세포막 전위 유지

나트륨은 세포외액의 주요 양이온으로, 세포내액의 주요 양이온인 칼륨과 함께 세포막 전위를 형성하여 신경 전달, 근육 수축, 심장기능을 조절한다.

② 삼투압 유지 및 수분 균형

세포내·외액의 칼륨과 나트륨은 삼투압을 유지하여 세포 내·외의 수분 평형에 기여한다. 나트륨과 칼륨은 세포외액에서는 28 : 1로, 세포내액에서는 1 : 10의 비율로 유지될 때 세포 내·외의 삼투압이 정상적으로 유지된다.

③ 산·알칼리 평형

나트륨은 양이온으로서 산·알칼리 평형에 관여하여 세포외액의 정상 pH 유지를 돕는다.

④ 영양소의 흡수와 수송

나트륨은 능동수송을 통한 포도당과 아미노산 흡수에 필요하다. 이들 영양소는 나트륨과 함께 세포막의 운반체에 결합한 후 나트륨 이온의 농도차에 의해 운반된다.

(3) 결핍증과 과잉증

① 결핍증

나트륨 섭취가 부족할 가능성은 거의 없다. 그러나 저나트륨 식사와 더불어 심한 발한, 지속적인 구토, 또는 설사가 함께 일어나면 체내 나트륨이 부족해질 수 있다. 결핍 증상은 근육 경련, 구토, 어지럼 등이며 지속되면 쇼크와 혼수상태에 빠질 수 있다. 그러나 나트륨 농도가 감소하면 신장에서 빨리 체내 나트륨을 보유하기 위한 기전을 가동시키기 때문에 이런 상황에 처할 가능성은 적다.

② 과잉증

나트륨을 장기간 과다 섭취하면 고혈압, 천식, 심혈관계질환, 위암, 위궤양 발병률이 증가한다. 또한 나트륨은 신장으로의 칼슘 배설을 촉진하므로, 나트륨을 과다 섭취하면 골다공증 위험도 증가한다.

(4) 섭취기준

건강 유지에 필요한 성인의 1일 나트륨 최소 필요량은 500 mg에 불과하나, 우리나라 사람의 1일 소금 섭취량은 15~25 g으로 매우 높다. 한국인 영양소 섭취기준(2020)에서는 모든 연령층에서 나트륨의 충분섭취량을 정하였다. 19~64세 성인의 나트륨 충분섭취량은 1,500 mg/일이다. 2020년 한국인 영양소 섭취기준에서는 이전의 나트륨의 목표섭취량(1,500 mg/일) 개념을 삭제하고 대신 만성질환 위험 감소를 위한 섭취기준을 신설하였다. 전 연령의 만성질환 위험 감소를 위한 나트륨 섭취량은 2,300 mg/일이다.

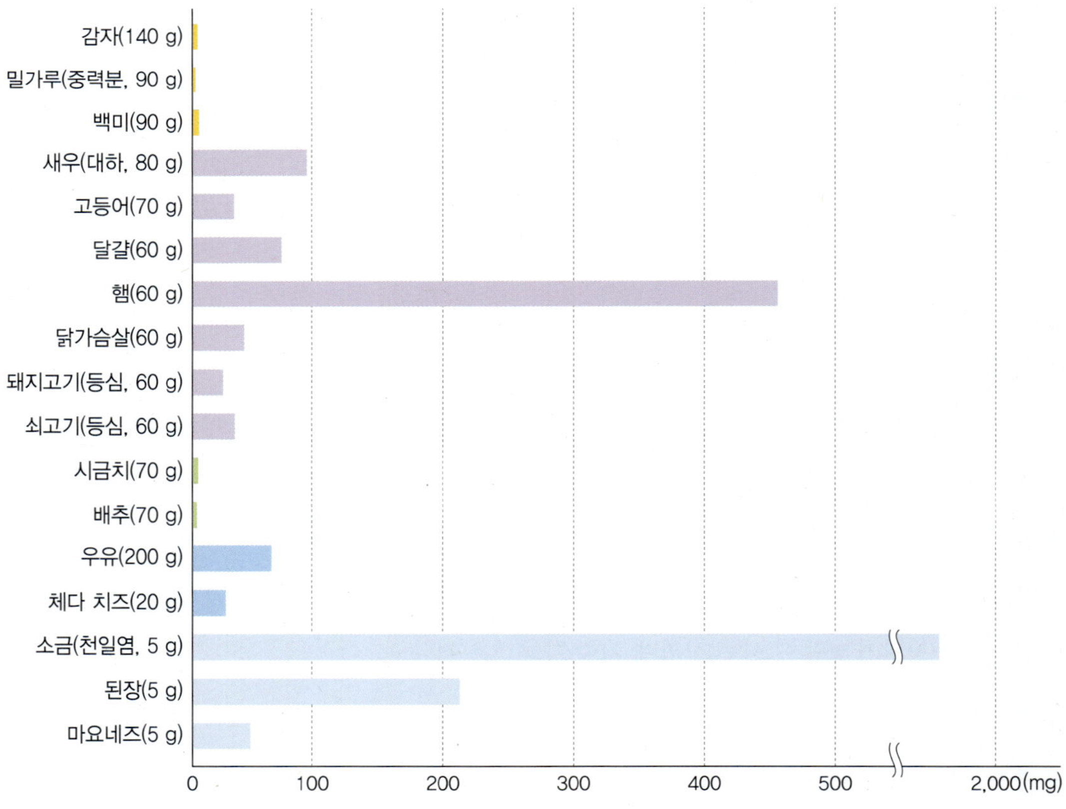

그림 9-7 1인 1회 분량당 나트륨 함량

(5) 급원식품

나트륨의 주요 급원식품은 소금NaCl이다. 소금은 40%의 나트륨과 60%의 염소로 구성되어 있다. 10 g의 소금을 섭취했다면 4 g의 나트륨을 섭취한 셈이다. 가공식품과 외식 섭취가 많을수록 나트륨 섭취량이 높아진다. 육류는 채소류, 과일류, 콩류에 비해 나트륨 함량이 높다. 각종 장류와 소스류 그리고 화학조미료, 베이킹파우더, 아질산나트륨(발색제)과 같은 식품첨가물에도 나트륨 함량이 높다 그림 9-7.

5) 염소

(1) 흡수 및 대사

염소는 소장에서 흡수되며, 주로 소변으로 배설되고 소량이 땀으로 배설된다. 또한 염소는 알도스테론의 작용에 의해 나트륨과 함께 신장에서 재흡수된다.

(2) 기능

염소는 세포외액의 주요 음이온으로서 삼투압 유지와 수분 평형에 관여하며, 산·알칼리 균형을 조절한다. 염소는 위산의 구성성분으로서 소화에 필요한 산성 환경을 제공하며, 백혈구의 면역반응에도 관여한다. 염소는 나트륨과 마찬가지로 혈압 상승에 일부 기여한다.

(3) 결핍증

한국인의 식사는 소금 섭취량이 높고 체내에도 염소가 상당량 보유되어 있으므로 염소 결핍은 흔치 않다. 그러나 장기간의 잦은 구토 등으로 위액이 손실되면 염소 결핍이 나타날 수 있으며, 증상은 성장 지연, 식욕 저하, 무기력, 쇠약 등이다.

(4) 섭취기준

염소는 거의 대부분 나트륨에 부속되어 있으므로 나트륨과 같은 몰당량이 적절한 것으로 추정되어 이에 근거하여 19~64세 성인남녀의 염소 충분섭취량은 2,300 mg/일로 설정하였다. 염소의 상한섭취량은 설정하지 않았다.

(5) 급원식품

염소는 주로 소금을 통해 섭취된다.

6) 마그네슘

(1) 흡수 및 대사

식사로 섭취한 마그네슘의 흡수율은 보통 40~60%인데, 섭취량이 낮은 경우에는 흡수율이 80%까지 증가한다. 마그네슘 흡수는 체내 이용률과 다른 영양소와의 상호작용에 따라 달라진다. 식이섬유와 피틴산은 마그네슘의 흡수를 방해한다. 다량의 칼슘 보충제를 섭취하는 경우에도 마그네슘 흡수가 저해된다. 식사 단백질 수준이 30 g/일 이하로 낮을 경우 마그네슘 흡수가 낮아지며, 반면 90 g/일 이상의 단백질 과다 섭취 시에는 신장을 통한 마그네슘 배설이 증가한다. 혈중 마그네슘 농도는 신장의 재흡수 조절을 통해 일정하게 유지된다. 배설은 주로 담즙을 통해 일어나며 소량이 소변과 땀으로 배설된다.

(2) 기능

① 골격과 치아의 구성성분

체내 마그네슘의 60%는 골격에 존재한다. 마그네슘은 칼슘 및 인과 복합체를 형성하여 골격과 치아를 구성한다.

② 에너지 대사 촉매

마그네슘은 약 300여 종의 효소의 보조인자로서, 에너지 생성, 지방산 합성, 아미노산의 활성화, 단백질 및 핵산의 합성, 포도당과 해당과정 중간산물의 인산화 반응을 돕는다.

③ 근육 수축, 신경 및 근육의 세포막 전위 유지

마그네슘은 세포막을 통한 칼륨, 칼슘, 염소 등의 이동을 조절하여 신경 흥분, 근육 수축, 심장의 정상적인 박동에 영향을 준다. 마그네슘은 근육을 이완시키고 신경을 안정시키는 효과가 있다. 적절한 마그네슘 섭취는 동맥 이완과 부정맥을 방지하여 혈압을 낮추는 효과가 있어 심혈관계질환의 위험을 감소시킨다.

④ 체내 여러 물질의 구성성분

마그네슘은 핵산과 글루타티온 합성에도 필요하다.

(3) 결핍증과 과잉증

① 결핍증

흰쌀과 가공식품을 즐겨먹는 경우 마그네슘 섭취가 부족해질 수 있다. 이뇨제를 복용하거나 구토와 설사가 장기간 계속된 경우, 장질환자, 신장질환자, 또는 식사 섭취가 부족한 알코올중독자의 경우 마그네슘 결핍이 일어날 수 있다. 마그네슘 결핍 증상은 심부전, 허약, 근육통, 혼미, 경련 등이다.

② 과잉증

신장기능이 정상인 사람은 혈중 마그네슘 농도가 높아지면 소변으로 신속하게 배설하므로 과잉증 위험이 없다. 그러나 치료 목적으로 고마그네슘혈증을 유지하는 환자의 경우 혈압 강하, 구토, 구역, 정신상태의 변화, 심전도의 변화, 호흡 감소, 혼수 등이 발생할 수 있다.

(4) 섭취기준

19~29세 성인 남녀의 마그네슘 권장섭취량은 각각 370 mg/일과 280 mg/일이다. 마그네슘의 상한섭취량은 식품 외 급원의 마그네슘 섭취로만 350 mg/일로 설정하였다.

(5) 급원식품

마그네슘은 녹색채소, 견과류, 두류, 곡류 등 식물성식품에 풍부하며 도정하지 않은 전곡류나 가공하지 않은 식품에 많다. 우유, 육류, 초콜릿, 커피 등에도 소량의 마그네슘이 함유되어 있다 그림 9-8.

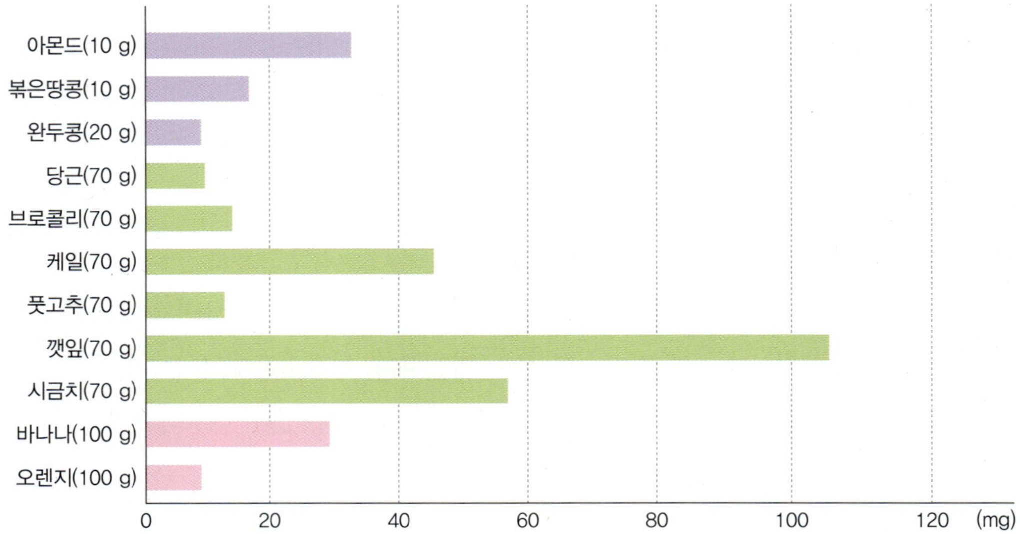

그림 9-8 1인 1회 분량당 마그네슘 함량

7) 황

(1) 흡수 및 대사

대부분의 무기질은 체내에서 이온 형태로 작용하지만 황은 비타민이나 아미노산의 구성성분으로 존재한다. 식품 중의 황은 대부분 황 함유 아미노산 등 유기물 상태로 소장에 흡수된다. 황 함유 아미노산이 대사되면 황산 음이온이 생성되는데, 이 물질은 신장에서 칼슘의 재흡수를 감소시킨다. 이것이 고단백 식사를 하면 소변으로 칼슘 배설이 증가되는 이유이다.

(2) 기능

황은 황 함유 아미노산(메티오닌, 시스테인)의 구성성분으로 결체조직, 손톱, 모발에 다량 함유되어 있다. 황은 비타민(티아민과 비오틴)의 주요 구성성분이다. 황은 체내 산·알칼리 균형을 돕고 간의 약물 해독과정에서 중요한 역할을 한다. 황은 글루타티온의 구성성분으로서 체내 산화·환원반응에 관여한다. 또한 황은 인슐린, 헤파린, 코엔자임 A 등의 구성성분이다 그림 8-35 참고.

(3) 결핍증 및 과잉증

황의 결핍증과 과잉증은 보고된 바 없다.

(4) 섭취기준

황은 섭취기준이 설정되어 있지 않다.

(5) 급원식품

육류, 가금류, 생선류, 콩류 등 단백질 식품이 황의 주요 급원식품이다.

표 9-1 다량 무기질 요약

무기질	주요 기능	권장섭취량/충분섭취량	상한섭취량	결핍증	과잉증	급원식품
칼슘	골격과 치아 형성, 혈액 응고, 신경자극 전달, 근육 수축, 기타 세포 대사 조절	(19~49세) 남 : 800 mg 여 : 700 mg	2,500 mg	골다공증 위험 증가	신결석	유제품, 생선 통조림, 엽채류, 두부, 강화 오렌지주스
인	세포간질액 주요 이온, 골격과 치아 강도, 다양한 대사물질 구성, 산·알칼리 균형	(19세 이상) 남녀 : 700 mg	3,500 mg	골격 건강 약화	신장질환자에서 골격건강 약화, 칼슘 섭취 낮은 경우 골격 무기질화 감소	유제품, 가공식품, 어류, 청량음료, 제과제빵류, 육류
칼륨	세포내액 주요 양이온, 신경자극 전달, 수분 균형	충분섭취량 (19세 이상) 남녀 : 3,500 mg	-	부정맥, 식욕 감소, 근육 경련	신장질환 있는 경우 심장박동 느려짐	시금치, 호박, 바나나, 오렌지주스, 우유, 육류, 콩류, 전곡류
나트륨	세포외액 주요 양이온, 신경자극 전달, 수분 균형	충분섭취량 (19~64세) 남녀 : 1,500 mg	만성질환위험감소섭취량 2,300 mg	근육 경련	고혈압, 소변으로 칼슘 배설 증가	소금, 가공식품, 각종 장류, 소스류, 국, 찌개
염소	세포외액 주요 음이온, 위산 구성성분, 신경자극 전달, 수분 균형	(19~64세) 남녀 : 2,300 mg	-	유아에서 경기	나트륨과 더불어 고혈압에 관여	소금, 채소류, 가공식품
마그네슘	골격 형성, 효소기능 보조, 신경과 심장 기능 보조	(19세 이상) 남 : 370 mg 여 : 280 mg	식품 외 급원으로 350 mg	허약, 근육통, 심장기능 약화	신장질환자에서 설사와 허약	배아, 녹황색 채소, 견과류, 초콜릿, 콩류
황	비타민과 아미노산 구성성분, 약물 해독, 산·알칼리 균형	-	-	관찰된 바 없음	관찰된 바 없음	단백질 식품

3. 미량 무기질

철과 요오드를 제외한 미량 무기질에 대한 연구는 최근에 주로 이루어졌다. 미량 무기질은 하루 100 mg 미만을 섭취하는 영양소이지만 건강에 기여하는 바는 매우 크다.

1) 철

철 결핍은 전 세계에 걸쳐 나타나는 가장 일반적인 영양결핍 중의 하나이다. 철은 모든 세포에 존재하며, 인체에 약 5 g 정도 존재한다.

(1) 흡수와 대사

① 흡수

철은 Fe^{2+}ferrous 형태로 운반체를 이용하여 소장 점막세포로 흡수된다. 소장세포로 들어온 철은 페리틴에 결합하여 저장되거나 Fe^{3+}ferric로 산화되어 혈액으로 운반된다. 장세포의 헤파에스틴hepaestin 또는 혈액의 세룰로플라스민ceruloplasmin은 Fe^{2+} 형태의 철이 Fe^{3+}로 산화되도록 돕는다. Fe^{3+}은 혈액에서 트랜스페린과 결합하여 있다가 철을 필요로 하는 세포에 흡수되어 그 세포 안에서 사용되거나 페리틴 또는 헤모시더린 형태로 저장된다.

사용된 철은 소량만 담즙의 형태로 배변 시 체외로 배출될 뿐 90% 이상이 다시 재사용된다. 이와 같이 인체는 흡수된 철을 배설하는데 한계가 있으므로, 철의 소장에서의 흡수, 세포 내로의 흡수, 그리고 저장은 정확하게 조절된다. 철의 흡수와 대사 과정은 그림 9-9에 나타내었다.

알아두기

체내 철 필요량에 따른 소장세포 내 철 흡수 조절

소장점막세포로 흡수된 철은 체내 철 필요량이 낮으면 페리틴과 결합하여 소장세포 안에 저장되고, 철 필요량이 높으면 페로포틴(ferroportin)과 결합하여 혈액으로 유입된다. 페리틴은 세포 내 주요 철 저장단백질로서 대부분의 세포에서 합성이 가능하다. 소장세포에서 만들어지는 페리틴 양은 체내 철 저장량에 비례한다. 소장세포에서 페리틴에 결합된 철은 흡수되지 못하고 소장세포가 탈락될 때 같이 체외로 배출된다. 철 저장량이 낮으면 페리틴이 적게 만들어져 철 흡수가 증가하고, 반대로 철 저장량이 높으면 페리틴이 많이 생성되어 철 흡수를 방해한다. 이 과정은 철의 과다 축적을 방지해 주는 의미가 있으며, 이를 점막방어(mucosal blocking)라 한다. 그러나 섭취한 철의 양이 매우 많은 경우에는 점막방어의 한계를 넘어서서 혈액 안으로 철이 유입되므로 철 독성이 나타날 수 있다.

페리틴
페리틴은 철의 저장단백질로, 장의 점막세포를 비롯하여 주로 비장, 간장, 골수에 존재하고 고환, 신장, 태반에도 약간 존재한다.

헤파에스틴
헤파에스틴은 소장세포막에 존재하는 구리-의존형 과산화효소로서, 식사로 섭취한 철이 소장세포막에서 혈액으로 흡수될 때 Fe^{2+}에서 Fe^{3+}로 산화시키는 데 필요한 장점막 효소이다.

세룰로플라즈민
세룰로플라즈민은 간에서 합성되는 과산화 효소의 일종으로 체내 구리의 95% 이상을 운반하는 주요 구리 운반단백질이다. 또한 철 대사에도 관여하여 철을 2가(Fe^{2+})에서 3가(Fe^{3+}) 형태로 산화시켜 혈액에서 트랜스페린과 잘 결합할 수 있게 해준다.

트랜스페린
트랜스페린은 혈중 철 운반단백질로서, 한 분자의 트랜스페린은 2분자의 철 이온과 결합할 수 있다.

헤모시더린
헤모시더린은 세포 내 철 저장단백질의 일종으로 페리틴에 비해 매우 소량의 철을 저장할 수 있다.

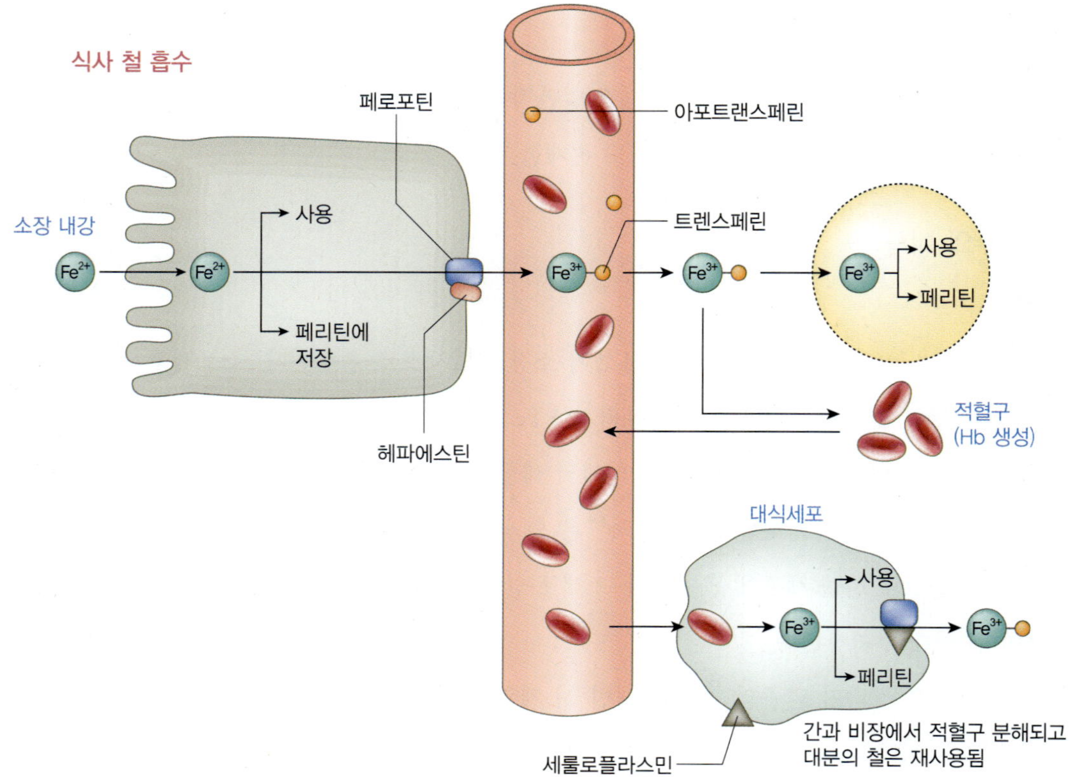

그림 9-9 철의 흡수와 대사

② 철의 흡수에 영향을 미치는 인자

한번 흡수된 철은 쉽게 제거하지 못하므로 흡수율을 조절하는 것이 매우 중요하다. 철 흡수는 식품 내 형태, 체내 요구량, 같이 섭취한 영양소 등에 의해 영향을 받는다. 철 흡수율은 약 14~18%이며 철 요구량이 높으면 흡수율이 이보다 더 증가한다. 헴철heme iron은 비헴철nonheme iron에 비해 흡수율이 2~3배 높다. 비헴철의 흡수에 가장 큰 영향을 미치는 것은 체내 필요량이다. 임신기, 성장기, 고산지대 등에서는 철 필요량이 증가하여 흡수가 증진된다. 철 결핍이거나 철 저장량이 불충분한 경우에도 흡수가 증진된다. 육류에는 단백질 인자protein factor가 있어 비헴철의 흡수를 돕는다. 따라서 채소와 곡류를 육류와 함께 먹으면 비헴철의 흡수가 증진된다.

철 이온 형태에 따라 흡수율이 다르다. Fe^{2+}가 Fe^{3+}보다 흡수가 더 잘된다. Fe^{3+}는 Fe^{2+}로 전환되어야 소장으로 흡수될 수 있다. 비타민 C를 비롯한 유기산들과 위산은 Fe^{3+}에 전자를 제공하여 Fe^{2+}가 되게 함으로써 비헴철의 흡수를 돕는다. 헴철은 이미 Fe^{2+} 형태로 존재하므로 이런 환원과정을 거칠 필요가 없다. 한편 철 저장량이 적절하고 혈중 트랜스페린 포화도가 높으면 철은 소장세포와 결합된 채로 머물게 되고 흡수율은 낮아진다. 곡류의 피틴산과 기타 성분들, 채소류의 수산, 차에 함유된 폴리페놀(탄닌)은 철과 결합하여 불용성 화합물을 형성하므로 철의 흡수를 감소시킨다. 칼슘, 아연, 망간 등의 2가 양이온은 흡수과정에서 철과 경쟁하므로 이들 무기질을 과다섭취하면 철 흡수율이 낮아진다 표 9-2.

표 9-2 철 흡수에 영향 미치는 요인

흡수를 증가시키는 요인	흡수를 감소시키는 요인
필요량 증가(성장기, 임신, 실혈, 고산지대, 심한 운동)	필요량 감소
체내 철 저장량 낮을 때	체내 철 저장량 높을 때
헴철 식품	피틴산
육류 단백질 인자	수산
비타민 C	폴리페놀(차, 커피, 적포도주)
위산	2가 양이온(아연, 망간, 칼슘 등)의 과다 섭취
	위산 분비 감소

③ 저장

체내 철의 대부분은 적혈구의 헤모글로빈 분자 내에 존재한다. 일부 철은 골수에 저장되며, 소량은 간 등 다른 세포에 저장된다. 철이 필요하면, 이들 저장고에서 운반해 사용한다. 만일 철 섭취가 만성적으로 불량하면 철 저장고는 고갈되고 그 후 철 결핍 증상이 나타나게 된다.

(2) 기능

① 산소 운반과 저장

적혈구 헤모글로빈과 근육세포 미오글로빈에는 철이 함유되어 있다. 적혈구의 헤모글로빈은 폐에서 세포로 산소를 운반하고 세포에서 폐로 이산화탄소를 운반하는 역할을 한다. 근육세포의 미오글로빈은 산소를 일시적으로 저장하는 역할을 한다.

② 효소의 구성성분과 조효소

철은 영양소 산화과정, 특히 미토콘드리아의 전자전달계에 관여하는 효소(시토크롬)의 구성성분으로서 에너지 생성에 관여한다. 카탈라아제catalase와 과산화효소peroxidase도 철 함유 효소들이다. 철은 또한 비헴철의 형태로 세포의 여러 대사에 관여하는 효소의 조효소로 작용한다. 철은 카르니틴, 콜라겐 합성에 관여하며, 도파민, 세로토닌, 노르에피네프린과 같은 신경전달물질의 합성에 관여하는 효소의 조효소로 작용한다.

③ 기타 기능

철은 뇌와 면역기능에 필요하며, 간에서 약물 해독에 필요하고, 골격 건강에도 필요하다.

(3) 결핍증과 과잉증

① 결핍증

헤마토크릿(hematocrit)
헤마토크릿은 전체 혈액에 대한 적혈구의 비율이다.

빈혈(anemia)
빈혈은 혈중 산소 운반능력이 감소한 상태를 말한다. 여러 원인에 의해 발생할 수 있으나 특히 철 결핍과 혈액 손실이 주 원인이다.

철의 영양상태가 불량하면 철 저장량이 고갈되고, 헤마토크릿과 헤모글로빈, 혈중 철결합단백질(트랜스페린)의 농도가 감소하고, 심한 경우 철 결핍성 빈혈이 생긴다. 영유아기, 사춘기 등과 같이 철 요구량이 증가하는 성장기와 월경혈 손실이 있는 가임기 여성, 궤양·대장암·치질 등 출혈이 있는 경우 철 결핍 위험이 크다. 구리가 부족한 경우 세룰로플라즈민 부족으로 철 이용이 저해되어 철 결핍 증상이 나타날 수 있다. 채식주의자는 헴철 섭취 부족으로 인해 철 결핍 위험이 높다.

철 저장고가 고갈되면 빈혈이 생기기 전에 먼저 학습능력, 주의집중력, 일 수행능력, 면역능력이 감소한다. 철 결핍성 빈혈의 증상은 창백, 피곤, 체온 조절 불량, 식욕부진, 무관심 등이다.

② 과잉증

철 과잉증은 철 보충제를 과다 섭취하거나 자주 수혈을 받는 경우나 혈색소증과 같이 유전질환이 있을 때 생길 수 있다. 혈중 철 농도가 너무 높으면 박테리아 성장이 활성화되어 감염 위험이 증가한다.

혈색소증 (hemochromatosis)
혈색소증은 철 흡수가 증가하고, 간, 심장, 췌장, 관절, 뇌하수체 내 헤모시더린의 축적이 증가되는 유전질환이다. 치료받지 않으면 이들 조직이 손상된다.

(4) 섭취기준

19~29세 성인 남녀의 철 권장섭취량은 각각 10 mg/일과 14 mg/일이다. 철의 상한섭취량은 45 mg/일이다.

(5) 급원식품

동물성식품이 헴철을 함유하고, 생체이용률이 높으므로 철 급원식품으로 좋다. 달걀노른자에도 철 함량이 높다. 시리얼과 강화식품 등도 좋은 철 급원식품이다 그림 9-10. 무청, 시금치, 콩류 등의 식물성식품에도 철이 함유되어 있다. 달걀과 식물성식품에 있는 철은 비헴철로서 동물성식품의 헴철에 비해서는 이용률이 낮다. 우유에는 철이 거의 없다.

2) 아연

1960년대에 이란과 이집트에서 발견된 성적 발달 미숙과 성장 지연 증세가 아연 결핍에 의한 것으로 알려진 이후 아연의 중요성에 관심을 갖게 되었다. 아연은 인체의 모든 세포에 존재하며, 세포의 증식과 에너지 영양소 대사 등 체내 200여 개 대사반응의 효소작용에 관여한다.

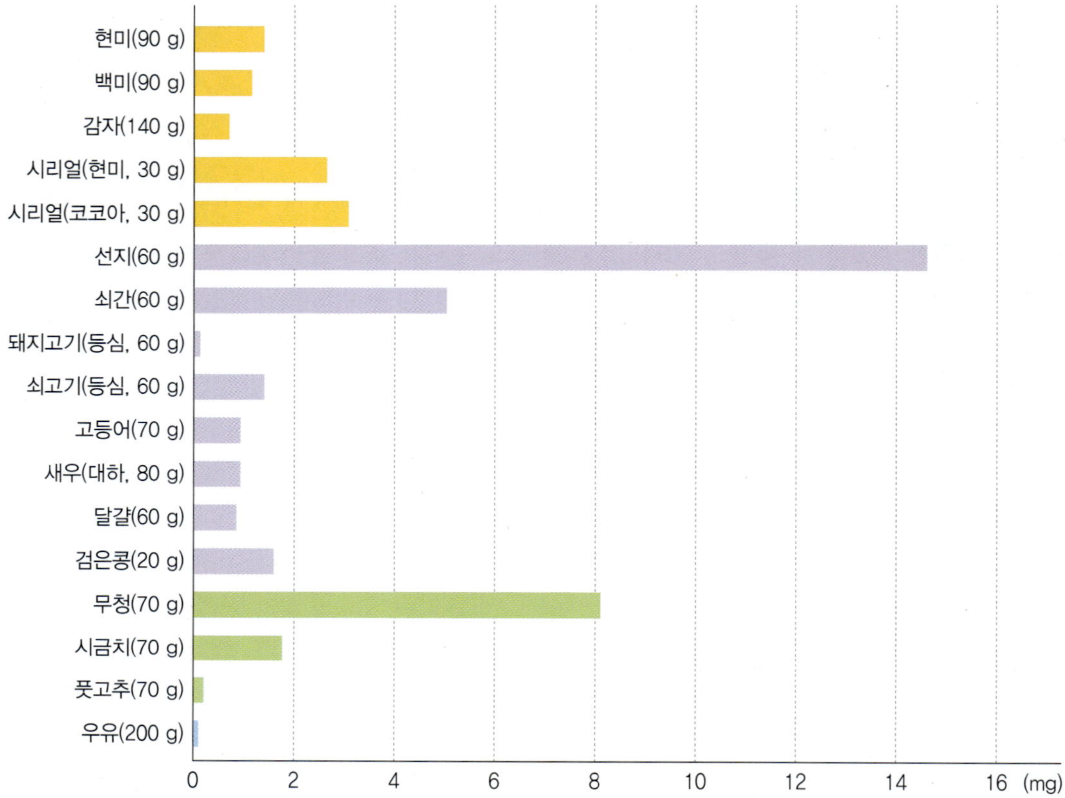

그림 9-10 1인 1회 분량당 철 함량

(1) 흡수와 대사

아연의 흡수율은 약 20%이며 함께 섭취하는 식사의 내용과 체내 요구량에 따라 흡수율이 달라진다. 단순염의 형태로 아연을 섭취할 경우는 흡수율이 40~90%로 높지만, 식품 속 아연의 흡수율은 14~40%로 낮다. 동물성식품의 아연은 흡수율이 높다. 반면, 피틴산과 식이섬유가 많은 식사를 하는 경우, 식사 중 아연 함량이 높은 경우, 동물성 단백질 섭취가 부족하고 무교병을 많이 섭취하는 경우 아연의 흡수율이 감소한다. 또한 아연은 칼슘, 구리, 철 등 다른 무기질과 경쟁적으로 흡수되므로 다른 무기질 섭취량이 많으면 흡수가 저해된다.

흡수된 아연은 혈중에서 주로 알부민과 결합하여 존재하며, 특정 저장고는 없으

알아두기

무교병(unleavened bread) 섭취와 아연 결핍

무교병은 누룩을 넣지 않고 구운 빵이나 과자로서, 유대교 예배의식에서 의무적으로 사용하도록 되어 있고 일상음식으로도 이용한다. 누룩이 없는 것은 분별됨 또는 거룩함을 상징하여 하느님의 제단을 거룩하게 하거나 특별히 신성시해야 할 필요가 있을 때에는 누룩을 사용하지 않았다. 무교병에는 피틴산 등 아연의 흡수를 낮추는 인자들의 함량이 높아 아연 흡수를 방해한다.

나 간, 골격, 췌장, 신장, 혈중에 아연 농도가 높은 편이다. 과다 섭취된 아연은 대변으로 쉽게 배설되며, 소변과 땀으로도 소량 배설된다.

(2) 기능

① 효소의 구성성분

아연은 체내 200여 개 효소의 보조인자로 작용한다. 아연은 DNA 합성과 기능, 성장과 발달, 성적 성숙과 골격의 발달, 에너지 영양소 대사, 상처 회복, 면역기능, 생체막의 구조와 기능, 인슐린의 저장과 분비 및 기능, 항산화작용에 관여하는 많은 효소의 구성성분으로서 체내 주요 대사과정과 반응을 조절한다.

② 성장 발달, 생식, 면역기능

아연은 핵산 합성, 단백질 대사, 골격의 발달, 세포막 구조와 기능에 관여함으로써 성장 발달을 조절한다. 아연은 상처 회복을 돕고 면역기능을 증진시키는 역할을 한다. 또한 정자 생성과 생식기관의 발달에 관여한다.

그외 아연은 미각과 갑상샘 기능을 조절하고, 눈의 황반변성 퇴화를 지연시키며 암 발생 위험을 감소시킨다.

(3) 결핍증과 과잉증

① 결핍증

건강한 성인의 경우 아연 결핍 위험은 거의 없다. 일부 중동지역에서 토양에 아연이 부족하고 식이섬유와 피틴산 섭취가 많아 청소년들에서 아연 결핍으로 인한 심한 성장 부진과 성적 성숙 지연이 보고되었다. 그외 가난한 어린이, 채식주의자, 노인, 알코올중독자에서 경미한 아연 결핍이 나타날 수 있다. 아연의 결핍 증상은 설사, 미각 퇴화, 식욕 감소, 상처 회복 지연, 성장 지연, 성적 성숙 지연, 학습능력 감소 등이다.

② 과잉증

아연을 과다 섭취하면 구리 대사에 영향을 미칠 수 있으며 전립샘암 위험이 증가한다. 황반변성 지연 등의 목적으로 다량의 아연 보충제를 섭취하는 경우 아연 영양상태를 꾸준히 모니터링할 필요가 있으며, 구리 보충제를 함께 섭취하는 것이 좋다. 하루 100 mg 이상의 아연 섭취 시 설사, 경련, 구토, 면역기능 감소 등의 증상이 나타난다.

(4) 섭취기준

19~64세 성인 남녀의 아연 권장섭취량은 각각 10 mg/일과 8 mg/일이다. 아연의 상한섭취량은 35 mg/일이다.

(5) 급원식품

일반적으로 단백질이 풍부한 식품에는 아연도 많이 함유되어 있다. 주요 아연 급원식품은 굴, 육류, 우유·유제품, 영양강화시리얼 등이다. 곡류, 땅콩, 콩류도 좋은 아연 급원식품이다 그림 9-11.

3) 구리

(1) 흡수 및 대사

구리는 대부분 소장 상부에서 흡수되며, 흡수율은 12~75%이다. 구리 흡수율은 섭취량, 같이 섭취한 식품이나 영양소, 그리고 체내 구리 필요량에 따라 다르다. 구

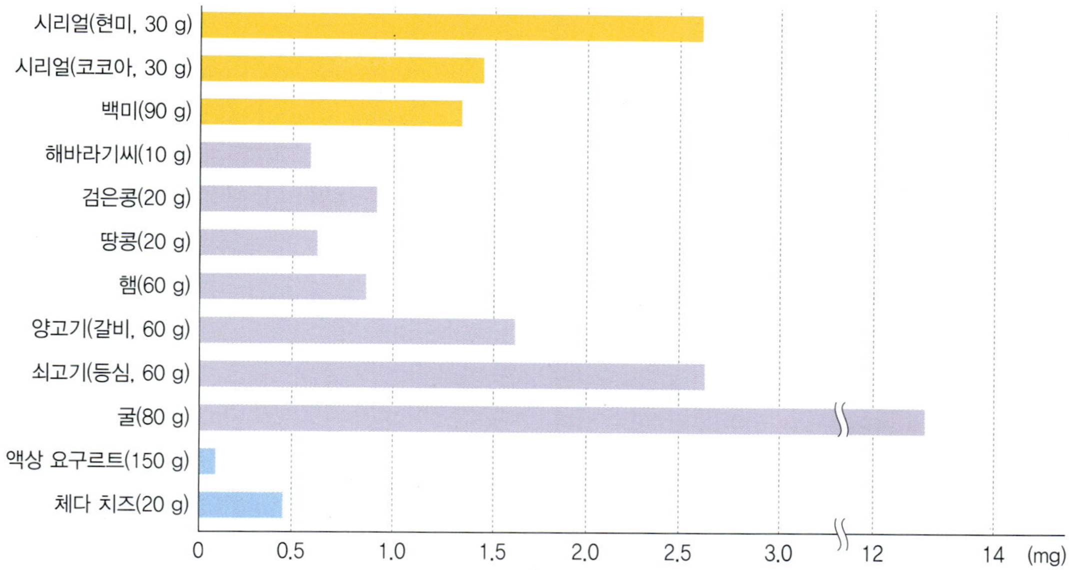

그림 9-11 1인 1회 분량당 아연 함량

리 섭취량이 많으면 흡수율은 낮아진다. 구리 흡수는 철, 아연, 비타민 C에 의해 감소된다. 그러나 피틴산과 식이섬유는 구리 흡수에 영향을 미치지 않는다. 구리는 주로 담즙을 통해 대변으로 배설된다.

(2) 기능

구리는 체내 약 100~150 mg 존재하며, 주로 여러 효소의 구성요소로 작용한다. 구리 함유효소는 주로 산화·환원반응에 관여하는데, 에너지 생성, 헤모글로빈 생성과 철 운반, 혈액 응고, 혈중 지단백질 대사에서 중요한 역할을 수행한다. 구리는 과산화물 제거효소superoxide dismutase, SOD에 결합하여 세포의 산화적 손상을 방지한다. 구리는 세룰로플라스민의 구성성분으로서 저장철이나 소장세포의 Fe^{2+}을 산화시켜 트랜스페린에 결합할 수 있게 해줌으로써 철이 조혈작용에 사용될 수 있게 해준다. 또한 미토콘드리아 내 전자전달계에서 시토크롬 C 산화효소cytochrome C oxidase의 조효소로 ATP 생성에 관여한다.

(3) 결핍증과 과잉증

① 결핍증

구리 결핍증은 매우 드물지만, 미숙아나 구리 함량이 낮은 조제분유를 섭취한 영유아에서 구리 결핍이 나타날 수 있다. 또한 과량의 아연 보충제를 섭취한 경우에도 구리의 흡수를 방해하여 구리 결핍이 일어날 수 있다. 구리 결핍 증상은 빈혈, 백혈구 감소증, 골격 손실, 성장 지연, 머리카락과 피부 탈색, 엘라스틴 형성 손상, 심혈관계질환, 뇌 손상 등이다.

② 과잉증

사람에서 구리 독성이 나타나는 일은 매우 드물다. 10 mg 이상 과량의 구리 섭취 시 구토 등의 위장장애가 나타난다. 만성적으로 다량의 구리를 섭취하면 적혈구 파괴로 인한 빈혈, 신세뇨관의 손상, 간 손상 등이 나타난다. 윌슨씨병은 구리가 정상적으로 담즙을 통해 배설되지 못하고 간, 뇌, 신장, 각막에 축적되어 이들 장기가 녹갈색으로 착색되고 간증상 혹은 신경증상이 나타나는 유전질환이다.

(4) 섭취기준

19~64세 성인 남녀의 구리 권장섭취량은 남자 850 μg/일, 여자 650 μg/일이고, 상한섭취량은 10,000 μg/일이다.

(5) 급원식품

구리의 급원식품은 간, 해산물, 두류, 종자류, 전곡류 등이다 그림 9-12.

4) 불소

식수에 불소 함량이 높은 지역에서 충치 발생률이 낮다는 사실이 알려진 후 불소의 기능이 발견되기 시작했다. 인체에 존재하는 불소의 양은 미량이지만 골격과 치아의 건강에 중요한 역할을 한다. 불소는 이온 형태(F^-)로 체내에 유입되며, 칼슘과

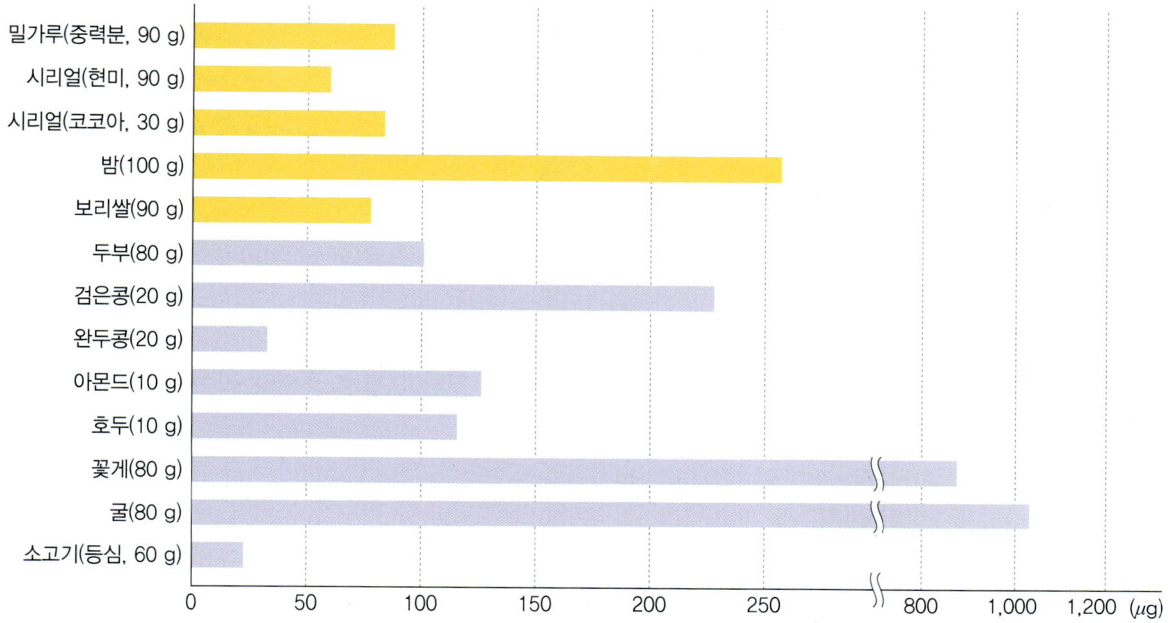

그림 9-12 1인 1회 분량당 구리 함량

친화력이 높아 인체에서 주로 골격과 치아에 존재하고 나머지는 혈장이나 세포에 분포한다.

(1) 흡수 및 대사

섭취한 불소는 소장에서 대부분 흡수된다. 배설은 주로 소변을 통해 이루어진다.

(2) 기능

골격과 치아가 발달하는 영유아기에 섭취된 불소는 치아의 에나멜층에 결합하여 수산화인회석보다 산에 대한 용해도가 낮은 불화수산화인회석fluorapatite을 형성하기 때문에 충치 예방효과가 있다. 또한 불소는 충치 원인균의 대사와 성장을 방해하며, 침에 존재하는 불소는 직접적으로 치아의 무기질 손실demineralization을 저해하고 치아의 재무기질화remineralization를 증진하는 기능이 있다. 또한 불소는 노년기의 골 합성을 자극하고 골 손실을 지연시켜 골다공증 예방효과도 있다.

(3) 결핍증과 과잉증

① 결핍증

불소가 결핍되면 충치 발생률이 증가하고 노년기에 골다공증 위험이 높아진다.

② 과잉증

과량의 불소를 섭취하면 치아에 반점이 생기는데, 이를 반상치mottling라 한다. 대부분 불소 첨가 치약이나 치과용 불소 도포제에 의해 불소 과잉증이 발생한다. 반상치 발생은 치아발달기에 일어나므로 어른은 과잉의 불소를 섭취해도 반상치 위험이 없다.

(4) 섭취기준

19~29세 성인 남녀의 불소 충분섭취량은 남자 3.4 mg/일, 여자 2.8 mg/일이다. 불소의 상한섭취량은 10 mg/일이다.

(5) 급원식품

차, 해산물, 해조류, 일부 자연수에는 불소 함량이 높다. 우리가 섭취하는 불소의 대부분은 불소 첨가 음용수, 치약, 불소 도포제 등을 통해 섭취된다.

5) 망간

(1) 흡수 및 대사

망간의 소장에서의 흡수율은 약 1~5%로 낮은 편이다. 칼슘, 인, 피틴산은 망간 흡수율을 감소시킨다. 흡수된 망간은 담즙, 췌장액, 소변을 통해서 배설된다. 망간의 체내 항상성은 흡수보다는 주로 담즙 배설에 의해 조절된다.

(2) 기능

성인 남자의 경우 체내 약 10~20 mg의 망간을 가지고 있는데, 약 25~40%는 골격에 들어 있다. 망간은 다양한 물질과 매우 단단한 복합체를 형성하므로 혈장이나 조직에 유리형태로 존재하는 경우는 극히 드물다.

망간은 탄수화물, 지질, 단백질 대사에 사용되는 효소를 구성하거나 활성화시키는 데 작용하고, 그 외 면역기능, 혈당 조절, 에너지 대사, 생식기능, 골격 성장, 항산화작용 등에 관여한다. 특히 망간은 뇌에서 슈퍼옥시드 디스뮤타아제SOD 등의 항산화효소와 신경전달물질 합성과 대사에 관련된 효소의 촉매로서 중요한 역할을 한다.

(3) 결핍증

망간이 결핍될 우려는 없다. 인체의 망간 요구량이 낮고, 식품에는 충분한 양의 망간이 들어 있기 때문이다.

(4) 섭취기준

19세 이상 성인의 망간의 충분섭취량은 남자 4.0 mg/일, 여자 3.5 mg/일이다. 망간의 상한섭취량은 11.0 mg/일이다.

(5) 급원식품

망간의 급원식품으로는 견과류, 쌀, 귀리, 기타 전곡류, 콩류, 엽채류 등이 있다.

6) 요오드

식품 중 요오드는 이온 형태인 iodideI^- 형태로 존재한다. 1차 세계대전 때 요오드 결핍과 갑상샘종goiter 사이의 관계가 밝혀졌다. 토양에 요오드가 부족한 지역은 갑상샘종 발생률이 높다. 1920년대에 소량의 요오드 보충으로 갑상샘종을 예방할 수 있음이 밝혀진 이후 소금에 요오드를 강화하기 시작했으며, 현재 여러 나라에서 요오드 강화 소금을 사용하고 있다.

(1) 흡수와 대사

요오드는 이온 형태로 섭취된 후 소장에서 쉽게 흡수된다. 흡수된 요오드는 갑상샘호르몬 합성에 이용되고 나머지는 소변으로 배설된다.

(2) 기능

체내 요오드의 대부분은 갑상샘에 존재한다. 갑상샘은 요오드로 갑상샘호르몬-트리요오드티로닌T_3과 티록신T_4을 합성한다 그림 9-13. 이 호르몬은 티로신과 요오드로 구성된 아미노산계 호르몬으로서, 신진대사를 촉진하고 열 생산을 자극하며, 단백질 합성을 촉진하여 성장 및 신체 발달을 돕는다.

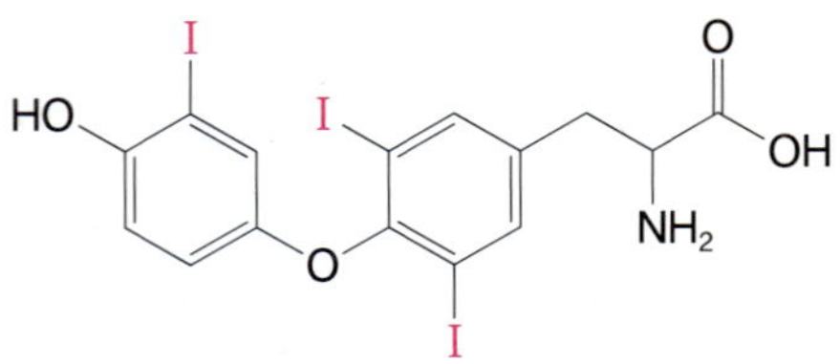

3,5,3′–triiodothyronine(T_3)

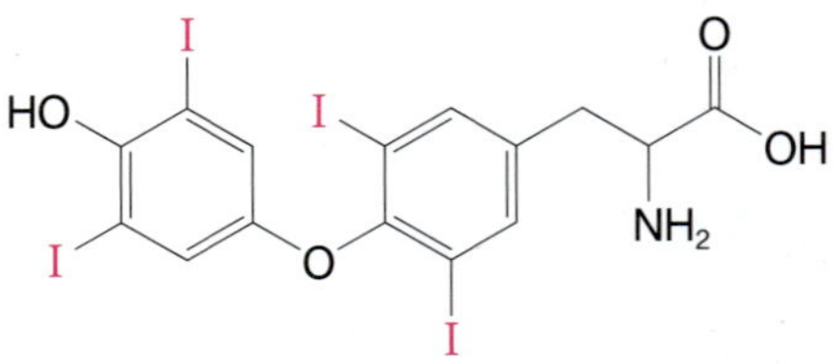

3,5,3′,5′–tetraiodothyronine(thyoxine, T_4)

그림 9-13 갑상샘호르몬의 구조

(3) 결핍증 및 과잉증

① 결핍증

요오드 섭취가 부족하여 혈중 요오드 농도가 낮아지면, 갑상샘은 혈액에서 필요한 요오드를 더 많이 얻기 위해 비대해지는데 이를 단순 갑상샘종goiter라 한다 그림 9-14. 단순 갑상샘종은 토양에 요오드 함량이 낮은 지역과 바다에서 멀리 떨어진 지역에서 풍토병처럼 많이 발생한다. 단순 갑상샘종은 통증이 없으나 치료하지 않으면 기관trachea을 눌러 호흡이 곤란해질 수 있다.

갑상샘 기능 저하는 여성에서 주로 나타나는데, 기초대사율이 감소하고, 무력감, 월경 불순, 불면, 추위에 민감한 증상을 겪게 되며, 식사량이 감소함에도 불구하고

갑상샘종
갑상샘종은 갑상샘이 비대해진 상태로, 발생 원인 중 요오드 섭취 부족이 큰 비중을 차지한다.

체중이 증가된다. 임신 초기에 요오드 섭취가 부족한 경우 태아의 성장과 뇌발달이 지연되어 출생 후 성장장애, 왜소증, 정신지체 등의 증세를 보이는데, 이를 크레틴병cretinism이라 한다 그림 9-14.

크레틴병
크레틴병은 임신 중 모체의 요오드 결핍으로 인한 태아의 신체 성장 지연과 정신 발달의 미숙이 나타난다.

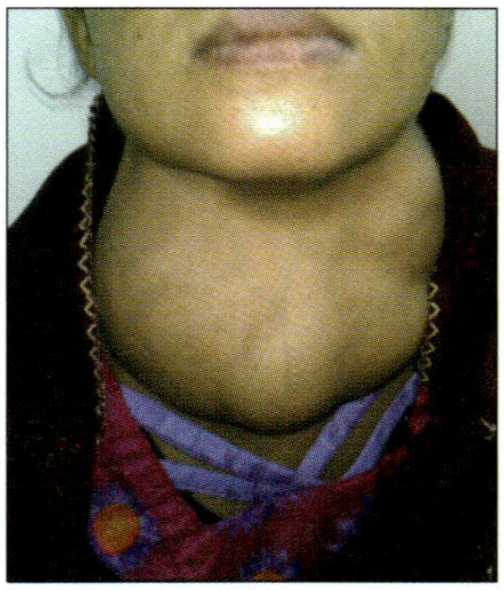

갑상샘종을 가진 여성

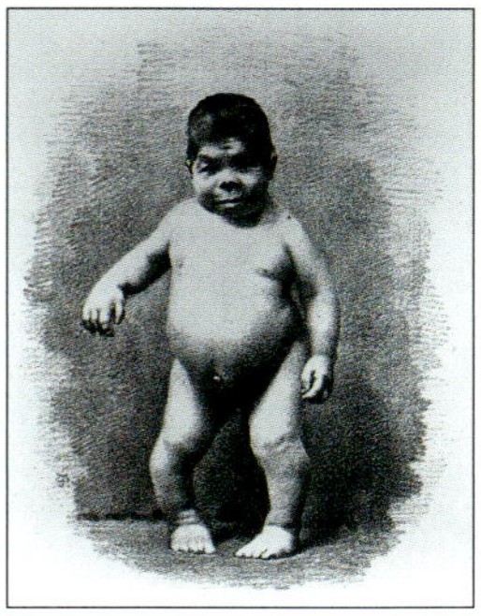

크레틴병을 가진 어린이

그림 9-14 요오드 결핍증

② 과잉증

만성적으로 다량의 요오드를 섭취하면 적응현상이 일어나 갑상샘으로 들어오는 요오드의 양이 감소되고, 갑상샘 내로 들어온 요오드의 상당수도 갑상샘 글로불린에 결합되지 않은 채 그대로 갑상샘 밖으로 빠져 나가게 된다. 이러한 갑상샘의 자동조절능력에 의해 다량의 요오드를 섭취해도 정상적인 갑상샘 기능이 유지된다. 그러나 자동조절기능에 장애가 생긴 경우에는 요오드를 과다 섭취할 경우 갑상샘항진증이나 바세도우씨병과 같은 갑상샘중독증이 생길 수 있다. 갑상샘항진증은 갑상샘호르몬의 기능이 과다해져 기초대사율이 높아지고 자율신경계 장애를 유발하며 안구 돌출이 일어날 수 있다.

(4) 섭취기준

19세 이상 성인 남녀의 요오드의 권장섭취량은 150 μg/일이다. 우리나라의 요오드 상한섭취량은 2,400 μg/일인데, 이것은 미국의 1,100 μg/일, 영국의 930 μg/일,

유럽의 600 μg/일에 비해 매우 높은 수치이다. 우리나라와 같이 요오드 섭취량이 만성적으로 높은 나라 사람은 요오드 자동조절기능의 활성화 등 적응능력이 커서 요오드 섭취량이 낮은 나라에 비해 과량의 요오드 섭취에 대해 내성이 큰 것으로 보인다. 이것은 우리나라와 같이 해산물 섭취가 많아 요오드 섭취량이 높은 일본의 경우도 마찬가지여서 일본의 요오드 상한섭취량은 2,200 μg/일로 설정되어 있다.

(5) 급원식품

해수어, 해산물, 요오드 강화 소금, 유제품, 곡류 등에 요오드 함량이 높다. 바다 소금은 가공 중에 요오드가 많이 손실되므로 좋은 급원식품이 아니다 그림 9-15.

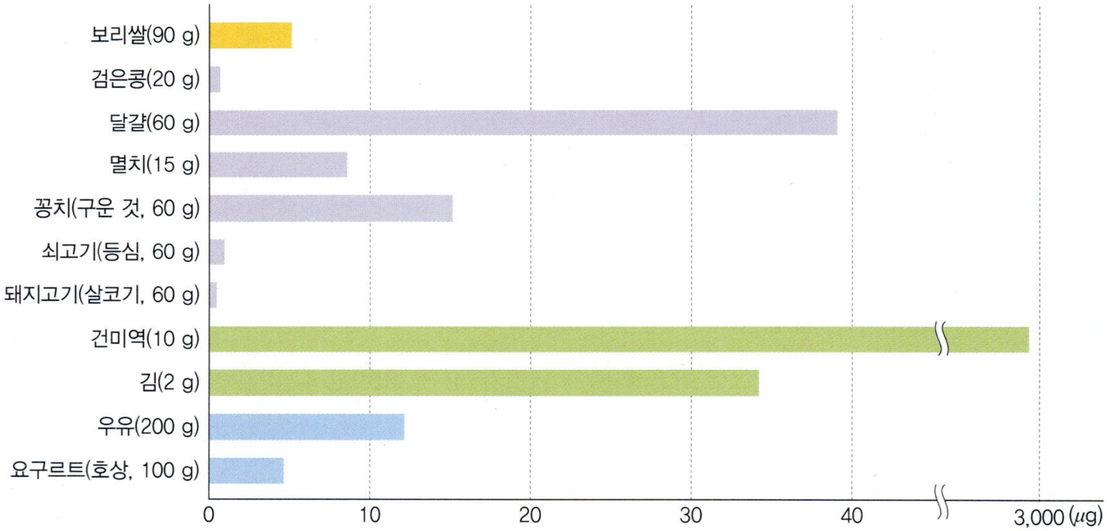

그림 9-15 1인 1회 분량당 요오드 함량

7) 셀레늄

중국 케샨지역에서 풍토병처럼 나타나던 심장근육병증이 셀레늄 부족 때문이라는 것이 밝혀지면서 셀레늄의 중요성이 인식되기 시작했다. 인체 내에는 약 10 mg 정도의 셀레늄이 존재한다.

(1) 흡수와 대사

셀레늄은 여러 종류의 흡수 형태를 가지고 있다. 식품 중의 셀레늄은 메티오닌 및 시스테인 유도체와 결합하여 존재하는데, 이러한 유기물 형태는 소장에서 쉽게, 거의 완전히 흡수된다. 그러나 무기물 형태로 공급되면 공급 형태에 따라 흡수율이 50~100%로 차이가 많다. 셀레늄은 소장 흡수율보다는 소변 배설량으로 체내 균형을 조절한다. 흡수된 셀레늄은 혈중에서 운반단백질과 결합하여 운반되며, 주로 간, 췌장, 근육, 신장, 갑상샘에 고농도로 존재한다.

(2) 기능

셀레늄은 글루타티온 과산화효소Selenium-glutathione peroxidase, Se-GPx의 구성성분으로서 과산화물과 자유기로부터 세포막을 보호하는 항산화 역할을 한다. 또한 셀레늄은 갑상샘호르몬을 활성화시키는 데 관여하고, 생식능에 관여한다.

(3) 결핍증 및 과잉증

① 결핍증

셀레늄의 결핍 증상은 근육통, 근육 소모, 심장 손상 등이다. 중국 일부 지역에서는 셀레늄 결핍으로 인해 근육과 심장의 특징적인 질환인 케샨병이 발생한다.

케샨병(Keshan disease)
케샨병은 중국 헤이룽장성 케샨 마을에서 발생한 심장 근육병증으로, 1979년 중국 과학자들에 의해 그 지역 토양에 셀레늄 함량이 적기 때문에 발생한 것으로 밝혀졌다.

② 과잉증

셀레늄의 과잉증은 탈모, 머리카락과 손톱의 변화, 피부병, 신경장애, 치아 손상 등이다.

(4) 섭취기준

19세 이상 성인 남녀의 셀레늄 권장섭취량은 60 μg/일이다. 이 양은 셀레늄-의존 효소의 활성을 최대화할 수 있는 양이다. 19세 이상 성인의 셀레늄 상한섭취량은 400 μg/일이다.

(5) 급원식품

셀레늄은 생선류, 육류(특히 내장육), 난류 등의 동물성식품에 많이 들어 있다 그림 9-16. 식물성식품의 셀레늄 함량은 토양의 셀레늄 함량에 따라 다르다.

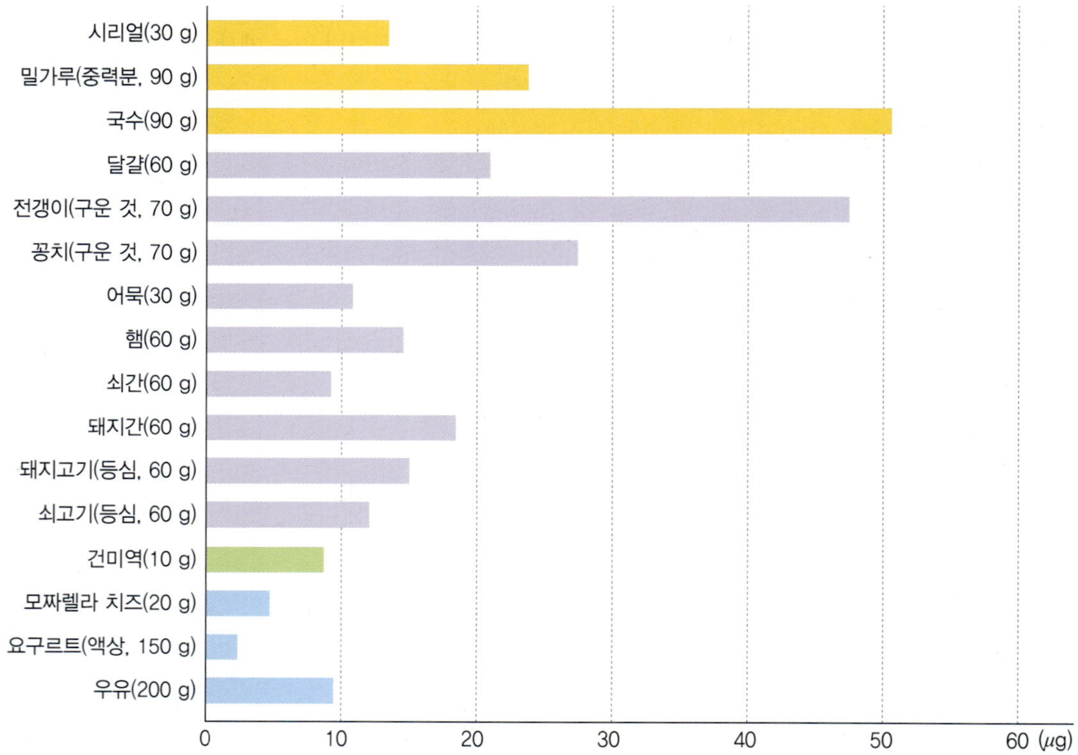

그림 9-16 1인 1회 분량당 셀레늄 함량

8) 몰리브덴

(1) 기능

몰리브덴은 일부 산화·환원효소의 촉매로 작용한다. 정상 식사를 하는 경우 몰리브덴 결핍은 보고된 바 없다.

(2) 섭취기준

19~49세 성인 남녀의 몰리브덴 권장섭취량은 각각 30 μg/일과 25 μg/일이다. 성인 남녀의 몰리브덴 상한섭취량은 각각 600 μg/일과 500 μg/일이다.

(3) 급원식품

몰리브덴의 급원식품은 우유, 유제품, 콩류, 전곡류, 견과류 등이다.

9) 크롬

(1) 기능

크롬의 주 기능은 인슐린을 도와 포도당 운반을 돕는 것이다. 크롬 결핍 시 포도당 내성이 감소하고 혈중 콜레스테롤과 중성지방 농도가 증가한다. 크롬 결핍은 장기간 정맥영양을 한 환자 또는 영양불량 어린이에서 보고되었다.

(2) 급원식품

달걀노른자, 전곡류, 내장육, 기타 육류, 버섯, 견과류, 맥주, 이스트 등이 주요 급원식품이다.

(3) 섭취기준

19~64세 성인 남녀의 크롬 충분섭취량은 각각 30 μg/일, 20 μg/일이다. 크롬의 상한섭취량은 설정하지 않았다.

표 9-3 미량 무기질 요약

무기질	주요 기능	권장섭취량/충분섭취량	상한섭취량	결핍증	과잉증	급원식품
철	헤모글로빈 및 미오글로빈의 구성성분, 면역기능, 인지발달	(19~29세) 남: 10 mg 여: 14 mg	45 mg	피로, 빈혈, 헤모글로빈 농도 감소	간과 심장 손상, 위장장애	육류, 해산물, 무청, 콩류, 현미
아연	200여 효소의 작용에 필요, 성장, 면역, 알코올 대사, 성적 발달, 생식, 항산화작용	(19~49세) 남: 10 mg 여: 8 mg	35 mg	피부 발진, 설사, 식욕 및 미각 감소, 탈모, 성장발달 지연, 상처 회복 지연	구리 흡수 감소, 설사, 경련, 면역기능 저하	굴, 육류, 우유·유제품, 전곡류
구리	철 대사에 관여, 항산화작용, 단백질 대사와 호르몬합성 관련 효소의 촉매작용	(19~64세) 남: 850 μg 여: 650 μg	10 mg	빈혈, 백혈구수 감소, 성장 지연	구토, 구역질, 신경계 이상	간, 코코아, 콩류, 견과류, 전곡류, 말린과일
불소	충치 예방	충분섭취량 (19~29세) 남: 3.4 mg 여: 2.8 mg	10 mg	충치 발생 증가	위장장애, 반상치, 골통	불소화된 음용수, 치약, 차, 해조류, 치과치료 시 불소도포
망간	탄수화물 대사 관련 효소의 촉매작용, 항산화작용	충분섭취량 (19세 이상) 남: 4.0 mg 여: 3.5 mg	11.0 mg	인체에서는 결핍증이 보고된 바 없음	신경계 이상	견과류, 귀리, 콩류, 차
요오드	갑상샘호르몬의 구성성분	(19세 이상) 성인 남녀 150 μg	2,400 μg	갑상샘종, 정신지체, 크레틴병	갑상샘기능 항진	요오드 첨가 소금, 해조류, 유제품
셀레늄	항산화작용	(19세 이상) 성인 남녀 60 μg	400 μg	근육통, 허약, 심장병 발생	구토, 구역질, 탈모, 허약, 간질환	육류, 달걀, 생선, 해산물, 전곡류
몰리브덴	항산화효소의 보조	(19~29세) 남: 30 μg 여: 25 μg	남: 600 μg 여: 500 μg	인체에서는 결핍증이 보고된 바 없음	실험동물의 성장지연	콩류, 곡류, 견과류
크롬	인슐린작용 향상	충분섭취량 (19~64세) 남: 30 μg 여: 20 μg	–	식후 고혈당	식사로 인한 과잉증은 없고 산업적 오염에 의해 발생할 수 있음	난황, 전곡류, 돼지고기, 견과류, 버섯, 맥주

심화학습자료

고혈압

1. 고혈압의 정의 및 유병률

'고혈압'은 수축기혈압 140 mmHg 이상 또는 확장기혈압 90 mmHg 이상으로 정의한다. '정상혈압'은 임상적으로 뇌심혈관질환 위험도가 가장 낮은 최적혈압으로서 수축기혈압과 확장기혈압 모두 120 mmHg과 80 mmHg 미만일 때이다. 고혈압은 그 자체가 사망 원인은 아니지만, 고혈압이 치료되지 않을 때 심장병, 뇌졸중, 협심증, 신부전 등의 합병증을 유발하여 이로 인한 사망률을 높인다. 특히 우리나라에서 뇌심혈관계질환의 가장 큰 원인은 고혈압이므로 이에 대한 관리가 필요하다.

국민건강영양조사에 의하면 우리나라의 30세 이상 성인에서 고혈압 유병률은 1998년 29.9%, 2001년 28.6%, 2008년 26.3%, 2019년 32.9%이었다. 여기에 고혈압전단계까지 합치면 정상혈압을 가진 사람은 전체 인구의 절반 이하이다.

2. 고혈압의 위험 요인

고혈압은 가족력이 있거나 연령이 증가할수록, 비만, 운동 부족, 스트레스를 많이 받는 경우에 위험이 증가한다. 과음과 흡연도 혈압 상승의 원인이며, 백인보다 흑인에서 고혈압 발생률이 높아 인종에 따라 차이를 보인다. 지방의 과다 섭취는 비만, 고지혈증, 동맥경화를 유도하여 혈압을 상승시킬 수 있다. 지방의 양보다는 질이 중요하다. 포화지방산과 콜레스테롤은 혈압을 상승시키는 반면, 단일불포화지방산이나 다가불포화지방산, 특히 오메가-3 지방산은 혈압을 낮추는 효과가 있다.

3. 무기질과 고혈압과의 관계

나트륨은 혈압을 상승시키는 반면, 칼슘, 칼륨, 마그네슘은 혈압을 낮추는 효과가 있다. 한국인의 소금 섭취량은 매우 높고, 이것이 한국인에서 고혈압 유병률이 높은 주원인으로 보고 있다. 고혈압의 예방을 위해서는 나트륨(소금)의 과다 섭취를 피하고 칼륨, 칼슘, 마그네슘을 충분히 섭취하는 것이 좋다.

미국의 NIH(National Institute of Health)에서는 고혈압 예방과 치료를 위한 식사패턴으로 DASH(Dietary Approaches to Stop Hypertension) 다이어트를 고안해 냈다. 이것은 과일, 채소, 저지방 유제품은 충분히 섭취하고, 육류, 생선, 가금류, 견과류와 콩류는 적절히 섭취하는 반면, 단당류와 적색육 그리고 지방의 섭취는 제한하는 식사이다.

단원정리

무기질의 분류

하루 필요량이 100 mg 이상인 무기질은 다량 무기질로, 그보다 적은 경우는 미량 무기질로 분류한다. 다량 무기질에는 칼슘, 인, 칼륨, 황, 나트륨, 염소, 마그네슘이 있다.

칼슘

칼슘은 골격과 치아의 구성성분이며, 혈액 응고, 근육 수축, 신경 전달, 세포대사에서 중요한 역할을 한다. 칼슘 흡수는 산성 조건과 비타민 D에 의해 증가된다.

인

인은 효소 기능에 중요하고 주요 대사물, 세포막, 골격의 성분으로 작용한다. 인은 흡수가 잘되고 급원식품이 많아 결핍될 우려가 없다.

칼륨

칼륨은 세포내액의 주요 양이온으로서, 수분 균형과 신경자극 전달의 기능을 한다. 칼륨은 우유, 과일, 채소에 많이 함유되어 있다.

나트륨

나트륨은 세포외액에 존재하는 주요 양이온으로서, 수분 균형과 신경자극 전달에 필요하다. 과량의 나트륨 섭취는 고혈압 위험을 높인다.

염소

염소는 세포외액의 주요 음이온이다. 위산의 구성성분으로 소화에 중요한 역할을 하며, 면역과 신경 기능에 관여한다. 소금을 통해 주로 섭취된다.

마그네슘

마그네슘은 신경과 심장 기능에 중요하며 많은 효소의 촉진제로 작용한다. 마그네슘은 식물성식품에 주로 존재한다.

황

황은 일부 비타민과 아미노산의 구성성분이다.

철

철은 헤모글로빈과 미오글로빈의 구성성분으로서 산소 운반 및 저장, 면역기능에 관여한다. 헴철이 비헴철보다 흡수가 잘 된다. 비타민 C, 육류 단백질 인자는 비헴철 흡수를 증진시킨다. 철 결핍 시 빈혈이 나타난다.

아연

아연은 성장, 발달, 세포막 구조와 기능, 면역기능, 항산화작용, 상처 회복, 미각 등에 작용한다. 아연 결핍 시 성장 부진, 식욕 감소, 미각과 후각 감퇴, 탈모, 피부 발진이 나타난다.

구리

구리는 에너지 생성, 헤모글로빈 생성과 철 운반, 항산화기능에 관여한다. 구리가 결핍되면 빈혈이 발생할 수 있다.

불소

불소는 충치 예방효과가 있다. 불소는 식사 또는 치약, 구강청결제를 통해서 섭취된다.

망간

망간은 항산화기능을 돕는다.

요오드

요오드는 갑상샘호르몬의 구성성분이다. 요오드 결핍 시 갑상샘이 비대해지거나 갑상샘종이 발생한다.

셀레늄

셀레늄은 비타민 E와 함께 항산화작용을 한다. 셀레늄 결핍 시 근육통, 근육 소모, 심장 손상이 나타난다.

몰리브덴

몰리브덴은 일부 산화·환원효소의 촉매로 작용한다. 정상식사를 하는 경우 몰리브덴 결핍은 보고된 바 없다.

크롬

크롬은 인슐린 작용을 돕는다.

CHECK UP 도착점!

1. 다음 중 나트륨의 주요 기능은?
① 면역기능 ② 체액 균형 ③ 골격 무기질화 ④ 헤모글로빈 구성

2. 체내에서 마그네슘의 절반 이상이 존재하는 곳은?
① 간 ② 골격 ③ 골수 ④ 근육

3. 다음 중 충치 예방효과가 있는 무기질은?
① 크롬 ② 망간 ③ 불소 ④ 요오드

4. 철 흡수를 감소시키는 요인은?
① 피틴산 ② 섭취량 감소 ③ 요구량 증가 ④ 육류 단백질 인자

5. 아연 결핍의 증상은?
① 갑상샘종 ② 성장 지연 ③ 심장근육통 ④ 거대적아구성 빈혈

6. 체내 칼슘의 99%가 존재하는 곳은?
① 간 ② 뇌 ③ 혈액 ④ 골격과 치아

7. 요오드의 기능으로 옳은 것은?
① 혈압 감소 ② 항산화기능 ③ 인슐린 활성 증진 ④ 갑상샘호르몬 합성

정답

1. ② 2. ② 3. ③ 4. ① 5. ② 6. ④ 7. ④

CHAPTER

10

수분

1. 신체 수분의 함량 및 분포 / 2. 수분의 체내 기능 / 3. 수분 평형 /
4. 수분의 섭취기준 / 5. 수분의 급원식품

수분은 신체를 구성하는 성분 중 가장 많은 부분을 차지한다. 수분은 체내에서 영양소와 노폐물을 운반하고, 여러 대사작용에 관여하며 체온을 조절하고, 외부의 충격으로부터 신체를 보호하는 등 생명을 유지하는 데 절대적으로 필요하다. 사람 체중의 50~70%가 수분으로 구성되어 있고, 체내 수분은 세포내액과 세포외액으로 나뉘며, 총 수분량의 2/3 정도는 세포내액으로 존재한다. 신체의 수분 분포는 서로 다른 환경에서 달라질 수 있으나, 총량은 비교적 일정하게 유지된다. 유아, 아동, 노인은 성인에 비해 단위체중당 더 많은 수분이 필요하므로 수분을 충분히 섭취해야 한다.

이 장에서는 신체 수분의 함량과 분포, 수분 평형에 대해 알아보고, 수분이 신체에서 어떤 기능을 수행하는지 알아본다.

학 / 습 / 목 / 표

1. 신체 수분의 함량과 분포를 말할 수 있다.
2. 수분의 체내 기능을 열거할 수 있다.
3. 신체 수분 평형을 설명할 수 있다.

CHECK UP 출발점!

※다음 문제에 O, X로 답하시오.

1. 체내 수분은 세포막을 기준으로 세포내액과 세포외액으로 나뉜다.

2. 나이가 들수록 체내 수분 함량은 증가한다.

3. 수분은 체온을 일정하게 유지시키는 기능을 한다.

4. 수분은 체액의 pH나 삼투압의 항상성 유지에 중요한 매개체로 작용한다.

5. 사람이 하루에 섭취하는 총 수분량은 평균 1～1.5 L 정도이다.

6. 혈액은 세포외액이다.

7. 단백질을 과다 섭취하면 부종이 생길 수 있다.

8. 체내 수분은 소변 이외에 피부, 폐, 대변을 통해 배설된다.

9. 한국인 영양소 섭취기준에는 수분의 충분섭취량이 설정되어 있다.

10. 체내 총 수분량의 10%가 손실되면 사망할 수 있다.

정답 및 해설

1. ○ 2. ×(나이가 들수록 체내 수분 함량은 감소한다.) 3. ○ 4. ○ 5. ×(사람이 하루에 음식과 액체(물과 음료)로 섭취하는 총 수분량은 평균 2~3 L 정도이다.) 6. ○ 7. ×(단백질이 결핍되면 부종이 나타난다.) 8. ○ 9. ○ 10. ×(체내 총 수분량의 20%가 손실되면 사망할 수 있다.)

1. 신체 수분 함량 및 분포

신체 내 수분은 체중의 50~70%를 차지한다. 체내 수분 함량은 성별, 연령, 신체 부위에 따라 다르다. 일반적으로 신생아는 체중의 약 75%가 수분으로 구성되어 있으나, 나이가 들수록 점점 감소하여 성인이 되면 남자는 체중의 55~60%, 여자는 체중의 50~55%를 차지한다. 성인의 체수분량은 체지방량과 반비례한다. 따라서 남성이 여성보다, 마른 사람이 비만한 사람보다 체내 수분함유율이 높다.

체내 수분은 세포막을 기준으로 세포내액intracellular fluid과 세포외액extracellular fluid으로 나뉘며, 세포외액은 다시 혈관벽을 기준으로 혈액과 세포간질액으로 구분된다. 총 수분량의 2/3 정도는 세포내액, 1/3는 세포외액으로 존재하며, 세포외액 중 20%는 혈액, 80%는 세포간질액으로 존재한다. 그 외 세포외액에는 림프액과 세포횡단액이 있으며, 세포횡단액에는 뇌척수액, 복강액, 관절액, 안구액, 양수, 소화액 등이 있고, 그 양은 아주 적다 그림 10-1.

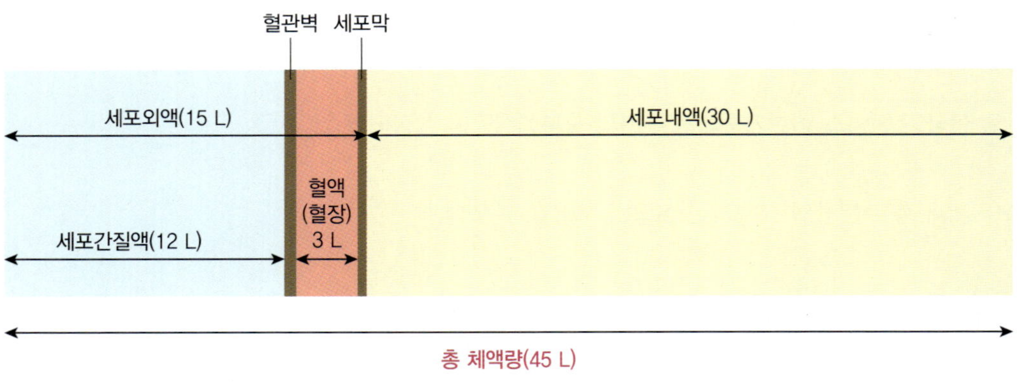

그림 10-1 체내 수분 분포

2. 수분의 체내 기능

1) 영양소와 노폐물 운반

수분은 체내에서 영양소를 운반하거나 노폐물을 배출시키는 작용을 한다. 음식물을 통해 섭취된 영양소는 흡수된 후 혈액을 거쳐 각 조직으로 운반되어 사용되거나 저장되며, 대사과정을 거쳐 생성된 노폐물 역시 혈액을 통해 신장, 폐, 피부로 운반되어 체외로 배출된다.

2) 대사과정 관여

체내 여러 대사과정에서 반응이 일어나려면 영양소는 수분에 용해된 상태로 존재해야 한다. 수분은 영양소를 비롯한 여러 대사물질을 용해시키는 용매로 작용하여 대사반응이 일어날 수 있도록 돕는다. 또한 수분은 음식물에 의해 섭취된 영양소들의 소화작용을 위한 가수분해 등 체내 여러 대사과정에 관여한다.

3) 체온 조절

수분은 체온을 일정하게 유지시키는 기능을 수행한다. 신체는 영양소의 에너지 대사 과정에서 열을 계속 발생시키는데, 필요 이상으로 생성된 열은 체외로 발산되어야 체온을 정상으로 유지할 수 있다. 근육이 수축되면 안정 시보다 10~20배의 열이 생산되며, 이러한 대사열은 발한과정을 통해 땀으로 체외로 발산된다. 물은 다른 용매보다 비열과 증발열이 크기 때문에 체온 조절에 효과적이다. 우리가 의식하지 않는 동안에도 피부나 폐를 통해 600~1,100 mL/일의 수분이 증발되어 열을 발산함으로써 체온을 조절한다.

4) 외부 충격으로부터 보호 및 윤활제 역할

세포외액 중 안구액, 뇌척수액, 관절액, 양수 등은 외부의 충격으로부터 신체를 보호하는 중요한 역할을 한다. 또한 수분은 소화기계나 호흡기계 점막을 부드럽게 하고, 눈의 안구액은 안구운동을 원활하게 하며, 관절액은 뼈의 마찰을 방지하는 등의 윤활제 역할을 한다.

5) 전해질 평형 유지

체액의 pH나 삼투압은 항상성을 유지하고 있으며, 이러한 항상성 유지에 수분이 중요한 매개체로 작용한다. 세포내액과 세포외액의 이온 조성은 다르지만, 양이온과 음이온의 총 농도는 정확하게 평형을 이룬다. 수분은 세포 내·외액의 전해질 농도에 따라 주로 삼투작용에 의해 세포 안과 밖을 이동함으로써 전해질 평형을 유지한다.

전해질
전해질은 물에 용해되었을 때 양이온과 음이온으로 해리되는 물질이다.

3. 수분 평형

수분 평형이란 수분 섭취량과 배설량이 균형을 이루어 체내 수분 함량이 일정하게 유지되는 것을 말한다 그림 10-2. 체내 수분 평형이 이루어지지 않으면 탈수나 부종 등이 초래되며, 심한 경우 사망하게 된다.

1) 수분 섭취량

사람이 하루에 음식과 액체(물과 음료)로 섭취하는 수분량은 계절에 따라 차이가 있으나, 평균 2~3 L 정도이다. 사람들은 대부분 음식을 통해 500~900 mL/일, 물과 음료의 형태로 1,000~1,600 mL/일의 수분을 섭취한다. 또한 체내에서 에너지

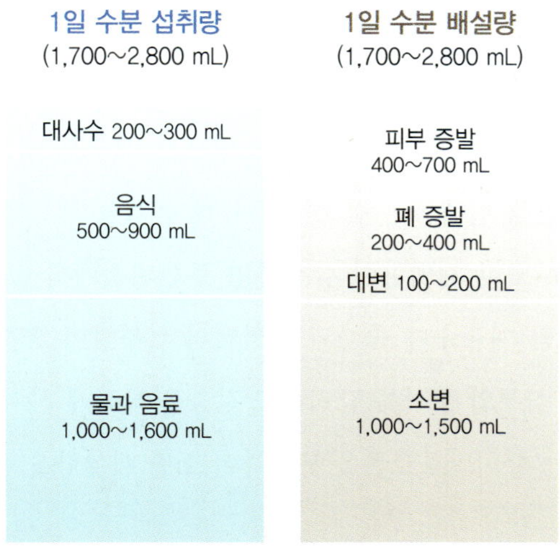

그림 10-2 신체의 수분 평형

영양소의 대사과정에서도 200~300 mL/일의 수분이 생성되며, 이를 대사수라고 한다. 이를 모두 합하면 평균 2,250 mL/일이 된다.

> **대사수**
> 대사수는 에너지 영양소의 체내 산화과정에서 생성되는 물로서, 탄수화물, 단백질 및 지방의 대사수는 1 g당 각각 0.6 g, 0.36 g, 1.08 g이다.

2) 수분 배설량

체내 수분 평형을 위해서는 섭취된 거의 동량의 수분이 배설되어야 한다. 체내 수분은 소변을 통해 약 50~60%(1,000~1,500 mL/일)가 배설되고, 나머지는 피부를 통한 증발(피부 증발)로 400~700 mL/일, 폐호흡을 통한 증발(폐 증발)로 약 200~400 mL/일, 그리고 대변을 통해 약 100~200 mL/일이 배설된다.

3) 수분 평형의 조절

인체는 여러 가지 원인으로 인하여 체내 수분 함량이나 세포내·외액의 수분량이 변화될 수 있으며, 이렇게 수분 평형이 깨질 경우 수분 섭취량과 배설량을 조절하여 체내 수분량을 일정하게 유지한다. 수분 섭취량이 필요 이상으로 많으면 세포외

항이뇨호르몬
항이뇨호르몬은 신장에서 수분의 재흡수를 촉진시켜 수분 배설량을 줄이는 호르몬으로서 뇌하수체 후엽에서 분비된다.

액량이 증가하게 된다. 세포외액이 증가하면 세포외액의 삼투압이 감소하여 수분은 세포 내로 이동하며, 뇌하수체 후엽에서는 이에 반응하여 항이뇨호르몬antidiuretic hormone, ADH, vasopressin 분비를 억제함으로써 소변으로의 수분 배설량이 증가하게 된다. 반대로 탈수로 인해 혈액량이 감소하거나 짠 음식을 먹으면 체내 수분의 삼투압 농도가 증가하며, 또한 체액량이 감소하면 부신피질에서 알도스테론이 분비되어 신장에서의 나트륨 재흡수가 증가되고 혈액의 삼투압이 증가한다. 뇌의 시상하부는 이러한 혈액의 삼투압 증가를 감지하고 갈증을 느끼게 하여 물을 마시게 하고, 뇌하수체 후엽에서는 항이뇨호르몬을 분비하여 소변 배설량을 줄인다 그림 10-3.

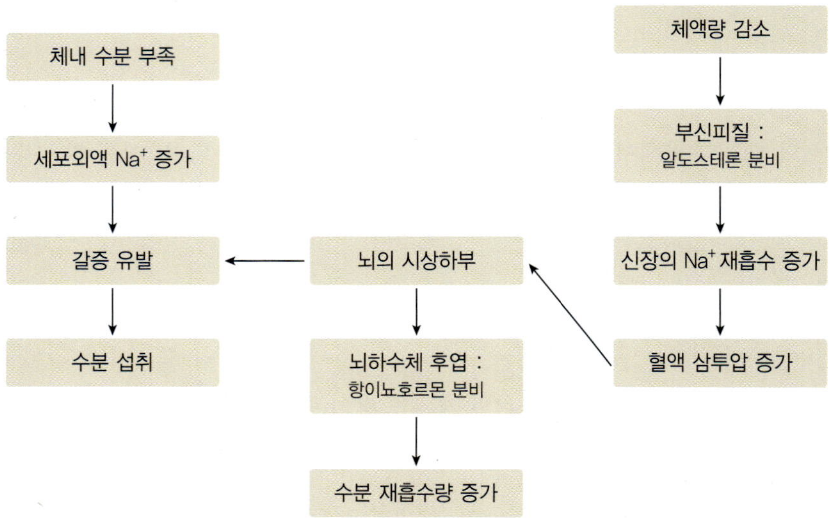

그림 10-3 체내 수분 평형 조절

4) 탈수와 부종

(1) 탈수

탈수는 체내 수분이 지나치게 손실되는 현상으로 지속적인 설사나 구토, 운동으로 인한 과다한 땀 분비, 출혈, 외상 등에서 나타난다. 체내 총 수분량의 2%가 손실되면 갈증을 느끼며, 4%가 손실되면 근육의 강도와 지구력이 떨어져 근육 피로감을 쉽게 느끼게 되고, 10~20%가 손실되면 근육경련이나 정신착란 증세를 보이며, 20% 이상이 손실되면 사망할 수 있다. 심각한 탈수 증세를 겪게 되면 수분 평형이 회복되어도 탈수 중 축적된 노폐물로 인해 신장이 손상될 수 있다.

(2) 부종

부종은 수분이 세포 사이의 공간에 누적되어 세포간질액이 증가된 상태이며, 주로 단백질 결핍이나 나트륨 과다 섭취 시에 나타난다. 부종은 간이나 신장질환에 의해서도 발생한다. 부종으로 세포간질액이 증가되면 영양소와 산소의 확산을 방해하여 조직의 정상적인 기능 유지가 어려워진다.

4. 수분의 섭취기준

수분 필요량은 계절, 나이, 체온, 체표면적, 건강상태, 신체활동량, 섭취 식품의 종류에 따라 달라진다. 땀을 많이 흘리는 여름에, 나이가 어릴수록, 체온이 증가할수록, 체표면적이 클수록, 신체활동량이 많을수록 수분 필요량은 증가한다. 고열, 설사, 혼수 등의 비정상적인 건강상태, 고단백질 식사와 고나트륨 식사, 커피나 홍차 등의 차류 섭취는 수분 필요량을 증가시킨다. 사람은 수분 필요량보다 약 1 L 정도의 수분을 더 마시게 되는데, 이 정도의 양은 대개 소변으로 다시 배설된다.

수분 섭취기준은 음식과 액체로 섭취하는 총 수분 섭취량과 이 중 액체로 섭취하는 액체 섭취량으로 나누어 각각의 충분섭취량을 제시하고 있다. 총수분의 충분섭취량은 19~29세 성인 남자 2,600 mL/일, 여자 2,100 mL/일이고, 액체의 충분섭취량은 남자 1,200 mL/일, 여자 1,000 mL/일이다. 수분의 상한섭취량은 설정되어 있지 않다(2020 한국인 영양소 섭취기준, 2020).

5. 수분의 급원식품

액체 수분 급원으로는 생수, 보리차 등의 일상적으로 섭취하는 물과 우유, 두유, 주스, 커피와 차류, 이온음료 등의 음료가 있다. 건강을 위해서는 액체로 탄산음료나 커피 등과 같이 당류와 카페인이 함유되어 있는 음료보다는 순수한 물을 섭취하고, 하루 액체 섭취량 중 우유로 성인은 200 mL(1컵), 유아·청소년은 400 mL(2컵)를 섭취하는 것이 좋다. 식품 중의 수분 함량은 식품에 따라 다양하나 일부 식품은 상당량의 수분을 함유하고 있다. 특히 채소는 90% 이상, 과일은 80% 이상의 수분을 함유하고 있다. 육류는 약 50~60%의 수분을 함유하고 있으나, 곡류와 콩류에는 수분량이 상대적으로 적다.

심화학습자료

수분과 체중

수분은 글리코겐과 함께 저장됨으로써 에너지 저장에 관여한다. 수분을 충분히 섭취하지 않으면 포도당이 글리코겐으로 저장되지 못하고 혈액에 그대로 남아 간으로 운반된 후 지방으로 전환되어 저장된다. 그러므로 수분을 충분히 섭취하지 않으면 체지방이 증가하여 체중이 증가한다. 수분은 에너지를 내지 못하므로 체중을 증가시키지 않는다. 비만인 사람이 수분을 많이 섭취하는 이유는 지방은 열전도률이 낮아 체온이 올라가게 되며, 이렇게 상승된 체온을 조절하기 위해 물을 많이 마시기 때문이다. 지방이 연소되기 위해서는 많은 양의 산소가 필요한데 충분한 수분 공급은 혈액 순환을 도와 각 조직에 영양소와 산소를 공급해 준다.

수분을 섭취해서 체중이 늘어났다면 그건 단지 수분이 차지하는 무게가 늘어났을 뿐이며 지방이 늘어난 것은 아니다. 사우나 등으로 땀을 흘려 체중을 줄였다면 그것은 수분이 빠져나간 것일 뿐이다. 이때 물을 마셔 수분을 보충해 주면 원래의 체중으로 되돌아간다. 수분은 에너지가 없으므로 수분 섭취로 체중이 증가되지 않는다. 따라서 체중 감량을 위해 물도 마시지 않고 운동을 해야 한다거나 물만 마셔도 살찌는 체질이 있다는 것은 잘못된 생각이다. 수분은 신진대사 활동을 도우며, 땀으로 배출된 수분을 보충해 탈수현상을 막는다. 운동 전후로 물을 마시면 수분 보충은 물론 노폐물 제거에도 효과적이다.

수분은 틈틈이 자주 섭취하는 것이 좋다. 단 시간에 너무 많은 양의 물을 마시는 것은 전해질 불균형을 유발할 수 있으며, 잠들기 전에 많은 수분 섭취는 수면에 방해될 수 있다.

단원정리

신체 수분의 함량과 분포

신체 내 수분은 체중의 50~70%를 차지한다. 신생아는 체중의 약 75%가 수분으로 구성되어 있으나, 나이가 들수록 점점 감소하여 성인이 되면 남자는 체중의 55~60%, 여자는 체중의 50~55%를 차지한다. 체내 수분은 세포내액과 세포외액으로 나뉘며, 세포외액은 다시 혈액과 세포간질액으로 구분된다. 총 수분량의 2/3 정도는 세포내액, 1/3은 세포외액으로 존재하며, 세포외액 중 20%는 혈액, 80%는 세포간질액으로 존재한다.

수분의 체내 기능

수분은 체내에서 영양소를 운반하거나 노폐물을 배출시켜 주는 작용을 한다. 수분은 영양소를 비롯한 여러 대사물질을 용해시키는 용매로 작용하여 대사반응이 일어나도록 돕는다. 수분은 체온을 일정하게 유지시키며, 외부의 충격으로부터 신체를 보호하는 역할도 한다. 수분은 체액의 pH나 삼투압의 항상성 유지에 중요한 매개체로 작용한다.

수분 평형

사람이 하루에 섭취하는 총 수분량은 평균 2~3 L 정도이며, 음식과 액체(물과 음료)를 통해 섭취한다. 체내 수분은 소변을 통해 약 50~60%가 배설되고, 나머지는 피부, 폐, 대변을 통해 배설된다. 신체는 항이뇨호르몬의 분비를 조절하여 체내 수분 평형을 유지한다.

탈수와 부종

체내 총 수분량의 2%가 손실되면 갈증을 느끼며, 4%가 손실되면 근육 피로감을 쉽게 느끼게 되고, 20% 이상이 손실되면 사망할 수 있다. 단백질 결핍이나 나트륨 과다 섭취 시 부종이 발생하며, 부종이 되면 영양소와 산소의 확산을 방해하여 조직의 정상적인 기능 유지가 어려워진다.

수분 섭취기준

총 수분의 충분섭취량은 19~29세 성인 남자 2,600 mL/일, 성인 여자 2,100 mL/일이고, 이 중 액체의 충분섭취량은 남자 1,200 mL/일, 여자 1,000 mL/일이다.

CHECK UP 도착점!

1. 안구액, 뇌척수액, 관절액, 양수 등 세포외액이 수행하는 가장 중요한 역할은?
① 전해질 평형 유지 ② 영양소와 노폐물 운반
③ 대사과정에서의 촉매작용 ④ 외부의 충격으로부터 신체 보호

2. 세포내액은 체내 총 수분량의 어느 정도를 차지하는가?
① 1/3 정도 ② 1/2 정도 ③ 2/3 정도 ④ 3/4 정도

3. 체내 총수분량의 몇 %가 손실되면 갈증을 느끼는가?
① 0.5% ② 2% ③ 4% ④ 8%

4. 수분의 기능으로 옳지 않은 것은?
① 무기질과 비타민 흡수를 촉진한다.
② 여러 대사물질을 용해시키는 용매로 작용한다.
③ 체액의 pH나 삼투압의 항상성 유지에 중요한 매개체이다.
④ 영양소를 공급하거나 노폐물을 배출하는 운반체로 작용한다.

5. 우리나라 19~29세 성인 남자의 총 수분의 하루 충분섭취량은 얼마인가?
① 2,100 mL ② 2,600 mL ③ 3,000 mL ④ 3,500 mL

6. 체내 수분 평형 유지에 관여하는 호르몬은?
① 글루카곤 ② 에스트로겐 ③ 항이뇨호르몬 ④ 부갑상샘호르몬

7. 부종의 원인이 아닌 것은?
① 신장질환 ② 단백질 결핍 ③ 칼슘 과다 섭취 ④ 나트륨 과다 섭취

정답

1. ④ 2. ③ 3. ② 4. ① 5. ② 6. ③ 7. ③

CHAPTER

11

기호식품과 영양

1. 카페인과 영양 / 2. 음주와 영양 / 3. 흡연과 영양

기호식품이란 영양소를 섭취할 목적이 아닌, 맛과 향을 즐기기 위하여 먹는 식품을 말한다. 기호식품은 함유되어 있는 영양소의 종류나 함량에 관계없이 다만 향기와 맛을 즐기고, 심리적 · 생리적 욕구를 충족시키기 위해 섭취한다. 기호식품의 종류는 매우 다양한데 대표적인 것으로는 술, 커피와 차 등의 음료와 담배 등을 들 수 있다. 커피와 차 등에 함유되어 있는 카페인이나 술의 알코올은 적당량 섭취하면 피로를 풀어주고 스트레스를 감소시키는 순기능도 있으나, 과다 섭취하면 인체에 유해한 영향을 미친다. 또한 흡연은 암을 비롯한 만성질환을 유발하는 가장 강력한 위험 요인으로 지적되고 있다.

이 장에서는 기호식품으로 섭취하는 카페인, 음주 및 흡연이 신체에 미치는 영향과 건강과의 관계를 살펴보고, 이들 기호식품의 바람직한 섭취방안을 알아본다.

학/습/목/표

1. 카페인 섭취와 건강과의 관계를 설명할 수 있다.
2. 음주와 건강과의 관계를 설명할 수 있다.
3. 흡연과 건강과의 관계를 설명할 수 있다.

CHECK UP 출발점!

※다음 문제에 O, X로 답하시오.

1. 어린이와 청소년은 성인보다 카페인에 대한 민감도가 낮다.

2. 흡연은 암 발생을 증가시키는 주요 위험 요인이다.

3. 알코올은 소화과정이 필요하지 않아 쉽게 흡수된다.

4. 흡연은 위장질환 발병과는 관계가 없다.

5. 카페인을 섭취하면 소변량이 증가한다.

6. 타르는 흡연중독의 원인물질이다.

7. 과도한 음주는 지방간을 야기한다.

8. 감기약이나 진통제 등의 의약품에도 카페인이 함유되어 있다.

9. 알코올은 간에서만 대사된다.

10. 카페인을 장기적으로 과다 섭취하면 골다공증에 걸릴 수 있다.

정답 및 해설

1. ×(어린이와 청소년은 성인보다 카페인에 대한 민감도가 높다.) 2. ○ 3. ○ 4. ×(흡연은 위염과 위궤양 발병률을 2배 이상 높인다.) 5. ○ 6. ×(흡연의 중독 원인물질은 니코틴이다.) 7. ○ 8. ○ 9. ×(알코올은 위와 간에서 대사된다.) 10. ○

1. 카페인과 영양

카페인caffein은 커피나 차 등의 일부 식물의 잎이나 열매, 씨앗 등에 함유된 식물성 알칼로이드alkaloid에 속하는 비영양성분이다. 카페인은 커피에 들어 있는 혼합물이라는 의미로 붙여진 명칭이다. 카페인은 순수한 형태에서는 무색, 무취이며, 물이나 알코올에 약간 녹고, 약간 쓴맛이 있는 분말이다.

1) 흡수와 배설

카페인은 섭취한 후 체내에 빠른 속도로 거의 완전히 흡수된다. 보통 5분 이내에 몸 전체에 확산된 후 산화되어 신체에 축적되지 않고 1시간 안에 최대 혈장 농도에 이른다. 혈장 카페인의 반감기는 약 3.5시간이며, 대부분 간에서 분해되어 신장을 거쳐 약 12~24시간 이내에 소변으로 배출된다.

2) 생리활성기능

카페인은 우리 몸에 영양소로 작용하지는 않으나, 뇌나 근육의 자극제로 흥분작용을 일으키는 흥분제, 강심제, 이뇨제 등 다양한 심리적·약물적 효과를 가진다.

(1) 중추신경계에 대한 작용

카페인은 일반적으로 가장 많이 사용되고 있는 정신활성물질이다. 두 잔 정도의 커피를 마시면 피로가 줄어들며 각성 정도가 향상되고, 기억력, 추리력 등 수행능력이 향상되며 공격 성향을 줄인다. 카페인은 중추신경자극제로서 신체의 거의 모든 기관에서 효과를 나타낸다. 카페인이 체내로 흡수되면 신체는 흥분제로 간주하여 에피네프린, 노르에피네프린, 코르티솔과 같은 스트레스 호르몬의 혈중 농도를 증가시켜 혈압을 높인다.

알아두기

커피와 차의 카페인 작용의 차이

커피와 차의 카페인은 화학구조와 성질이 동일한 물질이다. 그러나 커피와 차의 흥분작용은 약간 다르게 나타난다. 차를 마셨을 때 카페인으로 인한 흥분작용은 커피를 마셨을 때나 순수한 카페인만을 복용한 경우보다 완만하게 일어나며 지속시간도 짧다. 이는 차에 함유된 여러 물질의 복합작용에 의한 것이다. 이 중 가장 큰 영향을 미치는 성분은 테아닌(theanine)으로 카페인의 약리작용인 흥분작용을 억제시킨다. 또한 카테친(catechin)은 카페인과 쉽게 결합하여 침전물을 형성함으로써 카페인의 흡수를 저해한다. 이러한 작용으로 커피를 마셨을 때와 차를 마셨을 때의 카페인의 작용이 다르게 나타나는 것이다.

자료 : 윤지인, 2010

(2) 강심, 혈관확장, 이뇨작용

카페인은 심장기능에 자극을 주기 때문에 개인에 따라 커피 섭취 후 심장 자극을 느끼는 사람들이 있다. 카페인은 또한 말초혈관을 확장하여 혈류량을 증가시키며 이로 인해 신장을 통과하는 혈류량이 증가하여 소변량이 증가하게 된다. 따라서 카페인을 섭취하면 소변량이 80% 정도 증가한다.

(3) 소화기관에 대한 작용

카페인은 위액과 소화액의 분비를 촉진시켜 소화를 돕는 작용을 한다. 그러나 카페인 섭취는 위염이 있는 경우 악화될 수 있으며, 과민성 대장증후군을 악화시켜 변비와 설사를 일으킬 수 있다.

3) 카페인 섭취와 영양 대사

카페인은 지방 분해효소를 활성화시켜 중성지방의 가수분해를 촉진시킴으로써 혈중 유리지방산 농도를 높인다. 따라서 운동하는 동안 근육에서 글리코겐 사용량을 줄여 글리코겐 고갈에 따른 피로 및 탈진의 위험을 예방할 수 있다.

카페인은 칼슘과 철 등의 무기질 흡수를 방해하며, 나트륨, 칼륨, 칼슘 등의 무기질의 배설을 증가시켜 무기질 결핍을 초래할 수 있다. 따라서 카페인을 장기적으로 섭취하면 골다공증 위험이 증가한다. 그러나 적당량의 카페인 섭취는 칼슘의 흡수와 배설에 큰 영향을 미치지 않는다. 또한 단백질 섭취가 적은 경우 카페인 섭취로 인해 소변을 통한 무기질의 배설이 증가된다.

4) 카페인 섭취와 건강

(1) 카페인과 건강문제

카페인을 과다 섭취하면 신경과민, 정서적 불안감, 불면증, 성장장애 등을 유발할 수 있고, 무기질의 흡수 저하 및 배설 증가로 무기질 결핍을 초래할 수 있다. 또한 카페인을 과다 섭취하면 위산 분비를 촉진해 역류성 식도염을 유발할 뿐 아니라 소화기관을 자극해 위염이나 십이지장궤양을 악화시킬 수도 있다. 뿐만 아니라 카페인 과다 섭취는 손떨림, 심장 박동수 증가 등 심혈관계 기능에 이상을 초래하기도 하며, 발작, 조증, 뇌졸중, 돌연사처럼 심각한 결과를 나타낼 수 있다.

어린이와 청소년은 성인에 비해 카페인 민감도가 크므로 과도한 카페인 섭취 시 불면증, 빈혈, 성장저해 등의 증상이 나타날 수 있고 학업에도 부정적인 영향을 미칠 수 있다. 특히 어린 나이에 카페인을 지나치게 섭취하면 성장장애를 일으킬 수 있는데, 이는 카페인이 뼈 성장에 필수적인 칼슘과 철 등의 체내 흡수를 방해하고 각성작용을 일으켜 성장호르몬 분비를 줄이기 때문이다. 임신 중 커피나 카페인 함유 음료를 많이 마시면 저체중아 출산 위험이 높아진다는 연구결과도 있다.

(2) 카페인 중독

카페인을 과다 복용하면 내성이 생기고 중독으로 이어질 수 있다. 신체가 지치고 힘든 상태에서 카페인을 섭취하면 뇌는 일시적으로 각성되어 활기차고 들뜬 기분을 느끼지만, 신체는 반대로 각성된 뇌의 명령을 수행하느라 더 많은 에너지를 소모하게 된다. 이러한 각성상태는 일시적이므로 지속적인 효과를 위해 계속 카페인에 의지하게 된다. 결국 신체는 점점 더 피곤하게 되고 카페인 중독이 되는 것이다. 카페인 중독의 주요 증상은 신경과민, 불면증, 두통, 감각과민 등이 있으며, 카페인을 중단했을 때는 금단증상이 나타나게 된다.

5) 섭취기준

식품의약품안전처(2007년)에서는 우리나라 국민의 카페인 섭취 수준과 인체에 미치는 영향을 감안하여 안전한 카페인 섭취량을 성인 400 mg/일 이하, 임산부 300 mg/일 이하, 어린이는 체중 1 kg당 2.5 mg/일 이하로 권고하였다. 카페인 300 mg이라면 인스턴트 커피 4잔, 차 5~6잔의 카페인 양에 해당한다.

6) 함유식품

카페인은 대개 커피, 차, 마테차, 콜라, 코코아, 초콜릿, 드링크제, 고카페인 음료에 함유되어 있다. 그러나 최근에는 카페인을 함유한 식품의 종류가 더 많아지고 있으며 감기약이나 진통제 등의 의약품으로도 소비되고 있다 그림 11-1.

고카페인 음료
고카페인 음료는 카페인이 1 mL당 0.15 mg 이상인 액상음료를 말한다. 고카페인 음료 제품에는 '총 카페인 함량', '고카페인 함유' 문구와 '어린이, 임산부, 카페인 민감자에 대한 섭취 주의' 문구를 의무적으로 표시하도록 하고 있다.

알아두기

감기약이나 진통제는 카페인 함유식품과 함께 먹지 않는다

종합감기약이나 진통제에는 카페인이 함유되어 있으므로 이러한 약을 카페인 음료와 함께 먹으면 중추신경을 흥분시키는 작용이 극대화되어 자칫 부작용을 일으킬 수 있다. 또한 카페인 함유식품을 일부 소염진통제(아스피린, 이부프로펜 등)와 같이 섭취하면 카페인이 위점막을 자극하여 속쓰림 등 소염진통제의 부작용을 증가시킬 수 있다.

자료 : 헬스조선, 2014. 2. 6.; 2014. 5. 9.

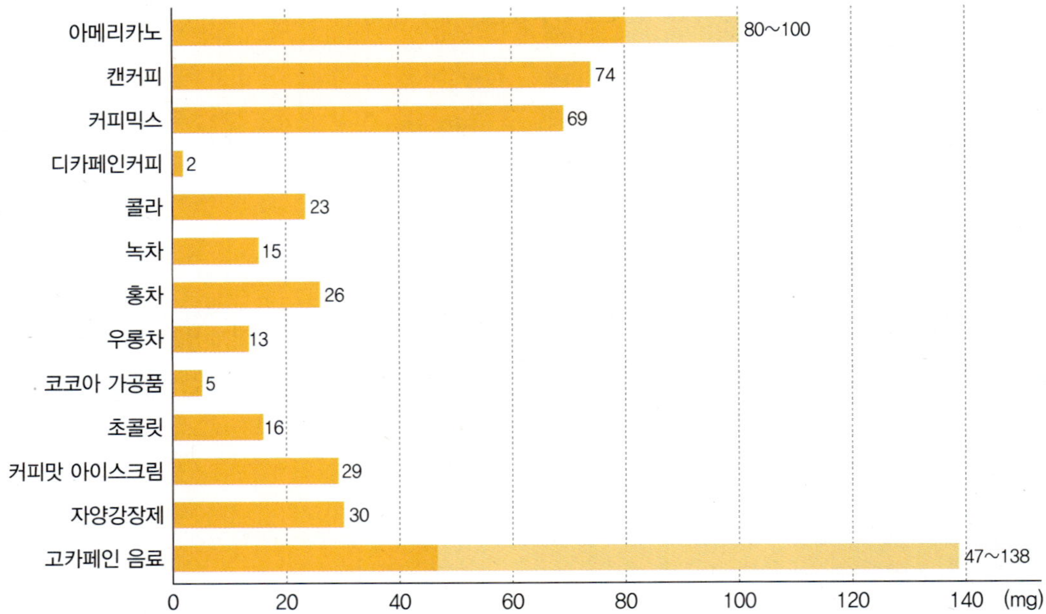

그림 11-1 카페인 함유식품

자료: 식품의약품안전처

2. 음주와 영양

술은 알코올 성분이 들어 있어 마시면 취하게 되는 음료를 말하며, 알코올 함량의 최저한도는 나라마다 다르지만 우리나라는 주세법상 알코올이 1도 이상인 음료를 말한다. 적당량의 음주는 긴장을 풀리게 하고, 잠을 잘 오게 하며, 스트레스를 줄여주기도 한다. 그러나 지나친 음주는 소화기관, 뇌, 간 등의 여러 장기에 유해한 영향을 미쳐 만병의 근원이 될 수도 있다.

1) 술과 알코올

술은 제조방법에 따라 양조주, 증류주, 혼합주로 분류된다. 양조주의 알코올 농도는 1~18%로 비교적 낮고, 증류주의 알코올 농도는 20~50%로 비교적 높다. 술 종

표 11-1 술 종류에 따른 알코올 함량

분류	술	알코올 도수(%)	용량	알코올 함량(g)*
양조주	맥주	4.3~5	한 캔(355 mL)	12~14
	포도주	10~14	한 병(750 mL)	59~82
	막걸리(탁주)	6~8	한 병(750 mL)	35~47
	청주	13~16	한 병(700 mL)	71~88
증류주	소주	16~21	한 병(360 mL)	45~59
	위스키	40~43	한 병(750 mL)	236~253
	브랜디	40	한 병(700 mL)	220
혼합주	매실주	10~15	한 병(375 mL)	29~44
	인삼주	28(19~40)	한 병(375 mL)	82

*알코올 함량(g) : 부피(mL) × 도수(부피 %) × 알코올의 비중(0.785)

류에 따른 알코올 함량은 표 11-1과 같다.

2) 흡수와 대사

(1) 흡수

술에서 취하게 만드는 성분은 에틸알코올(에탄올)이다. 알코올은 1 g당 7 kcal의 에너지를 내지만 영양소는 아니다. 알코올은 식품과 달리 소화과정이 필요하지 않고, 단순확산에 의해 소화기관에서 쉽게 흡수된다. 위에서 20% 정도 흡수되고, 나머지는 소장에서 대부분 흡수된다. 알코올은 섭취 후 몇 분 내에 뇌에 도달하게 되며, 일반적으로 공복 시에 술을 마실 경우 30분 이내에 혈중 최고 농도에 도달한다. 알코올과 함께 섭취하는 음식물은 알코올이 위에서 배출되는 속도를 늦추고 위액 분비를 촉진하여 알코올을 희석시킴으로써 알코올의 흡수를 지연시킨다.

흡수된 알코올은 위와 간에서 대사된다. 위에 흡수된 알코올의 일부는 뇌로 바로 가며, 일부는 알코올 탈수소효소alcohol dehydrogenase, ADH에 의해 분해된다. 이때 분해되지 않은 알코올과 소장에서 흡수된 알코올은 간으로 이동하여 대사된다. 섭취된 알코올 중 혈류에 남은 알코올의 대부분은 간에서 알코올 탈수소효소에 의해 이산화탄소와 물로 분해되어 배설되며, 소량의 알코올만 소변, 호흡, 땀으로 배설된다.

(2) 대사

알코올 대사과정은 먼저 알코올이 알코올 탈수소효소에 의해 아세트알데히드로 전환되며, 이것이 다시 아세트알데히드 탈수소효소acetaldehyde dehydrogenase, ALDH에 의해 아세트산으로 산화된다 그림 11-2. 체중 kg당 약 100 mg의 알코올이 분해된다. 아세트알데히드는 숙취의 원인물질로 아세트산으로 대사되지 못하면 혈액에 남아 피부 홍조, 구토, 어지럼, 두통, 불쾌감 등의 증상을 유발한다. 알코올 대사능력은 여성이 남성에 비해 현저히 낮다.

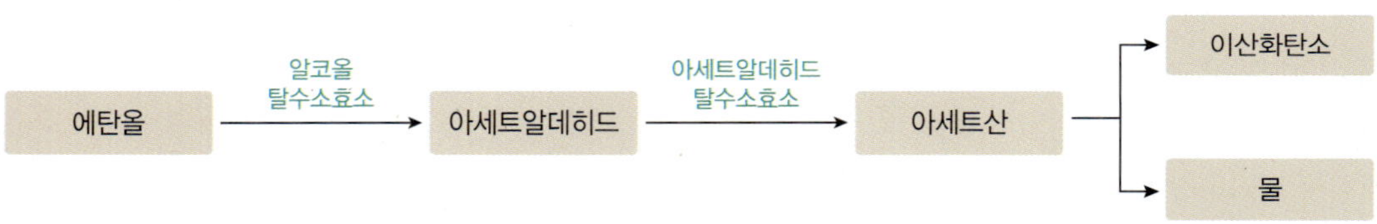

그림 11-2 알코올 대사과정

3) 음주와 영양문제

술을 많이 마시면 열량을 많이 섭취하게 되어 식욕이 저하되므로 다른 식품으로의 영양소 섭취가 감소되어 결국 영양불량이 초래된다. 알코올은 췌장에서의 소화효소 분비를 감소시켜 영양소 소화를 저하시킨다. 또한 지속적으로 알코올을 섭취하면 담즙과 지질 분해효소의 분비 이상으로 지방 소화가 저하되고 설사가 유발된다. 과도한 음주는 장점막을 손상시켜 영양소, 특히 미량 영양소의 흡수를 저해한다. 알코올 섭취는 비타민 B_1의 흡수와 활성을 저하시키며, 내적인자의 분비를 방해하여 비타민 B_{12}의 흡수를 저하시킨다. 또한 장기간의 음주는 지방 소화를 저하시켜 결국 지용성 비타민들의 흡수도 저하된다.

알코올은 영양소가 소화·흡수되더라도 체내에서의 수송, 저장, 배설 등을 변화시켜 제대로 사용되지 못하게 할 수 있다. 알코올은 간에 저장되어 있던 엽산을 혈액으로 방출시켜 요로 배설시킴으로써 엽산 부족을 초래하며, 간의 비타민 A 저장량을 감소시킨다. 또한 알코올은 소변 배설량을 증가시켜 아연, 마그네슘, 칼륨 등 중요한 무기질의 손실을 유발한다.

4) 음주와 건강문제

음주는 60가지 이상의 질병과 직·간접적으로 관련되어 있다. 한국인은 서양인에 비해 알코올 분해효소가 적어 적은 양의 술에도 쉽게 취할 뿐만 아니라 술로 인한 질환이 생길 위험성도 더 높다 그림 11-3.

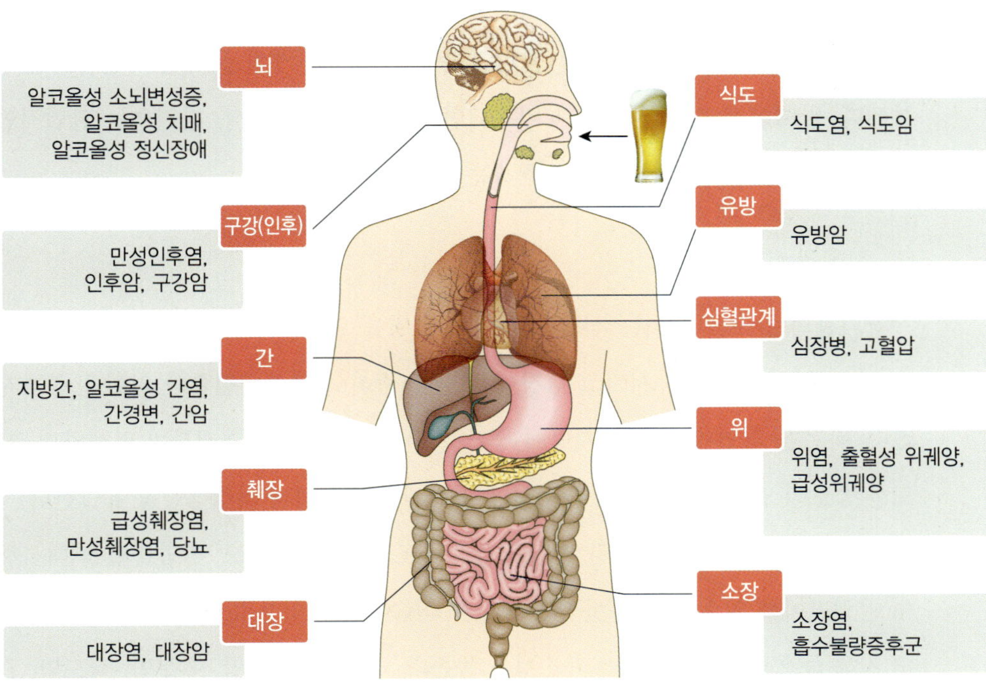

그림 11-3 알코올이 신체에 미치는 영향

자료: 보건복지부, 국가암정보센터, 2013

(1) 알코올성 위장 및 췌장 질환

알코올은 식도와 위를 자극하여 식도염을 유발하고, 위산을 역류시키며 위산 분비를 촉진하고 이로 인해 속쓰림이 나타난다. 독한 술일수록 위산이 더 많이 분비되어 위점막을 손상시키고, 이는 결국 위염과 위궤양의 원인이 된다.

과도한 음주는 췌장세포를 파괴하며, 췌장 분비액의 점도를 증가시킴으로써 분비관이 막히게 되고 결국 췌장염이 유발된다. 술을 자주 마시면 간보다 췌장이 먼저 탈이 난다. 급성췌장염의 30~60%는 술이 원인이 되어 발생하며, 만성췌장염은 금주를 하여도 췌장이 정상으로 회복되지 않는다.

(2) 알코올성 간질환

과도한 음주는 지방간을 야기한다. 알코올 대사과정에서 간에 중성지방이 축적되어 지방간이 발생하게 된다. 지방간이 오래 지속되면 알코올성 간염으로 진행된다. 알코올성 간염이 되면 메스꺼움, 식욕 저하, 구토 증상이 발생하거나 황달 혹은 열이 나기도 한다. 알코올성 간염일 때 금주하고 건강한 생활을 하면 자연적으로 회복된다. 알코올성 간염이 장기간 지속되면 간경화가 초래된다. 간경화는 간헐적인 폭음보다 지속적으로 알코올을 섭취하는 경우 발생한다.

(3) 심혈관계질환과 암

장기간의 알코올 섭취는 심장근육 자체에 병을 일으켜 급성 심장질환을 유발할 수 있으며, 혈압을 상승시키고 심장에 부담을 주어 심혈관계질환의 위험을 증가시킨다. 폭음을 하면 혈중 중성지방이 증가하여 고혈압과 뇌동맥질환이 발생하며, 과도한 농도의 알코올은 뇌동맥을 심하게 확장시켜 뇌출혈과 뇌경색증을 유발한다.

알코올은 그 자체뿐 아니라 발암물질의 세포막 통과를 돕고, 발암물질을 대사하여 돌연변이를 일으키며, 동반되는 불량한 식습관과 영양불량, 항산화 영양소의 흡수 저해 등으로 인해 암 유발과 진행을 돕는다. 구강암, 인두암, 후두암, 식도암, 간암, 췌장암, 대장암, 직장암, 유방암이 음주와 관련된 암들이다. 술을 마시지 않는 사람보다 하루에 50 g 정도의 알코올을 섭취하는 사람이 이러한 암 발생 위험이 2~3배까지 높다. 음주와 흡연을 동시에 할 경우 위험은 배가 된다.

(4) 뇌기능 억제와 알코올성 치매

알코올은 중추신경계 억제물질로 뇌기능을 억제한다. 알코올을 섭취하면 기억, 판단, 주의집중 등의 사고기능, 운동기능, 언어기능, 감정 조절기능에 문제가 생긴다. 알코올은 통제 조절기능을 억제하여 흥분, 공격성, 충동성 등의 행동장애를 야기한다. 만성알코올중독자의 뇌는 정상인의 뇌보다 많이 위축되어 있고 무게도 가볍다. 술로 인해 파괴된 뇌세포는 재생되지 않으므로 뇌손상이 심각하다.

과음 후 '필름 끊김'의 현상을 블랙아웃black-out이라고 하는데, 이는 알코올성 치매의 초기 증상으로 알려져 있다. 과음 자체가 뇌신경세포에 독성 영향을 주며, 이 독성이 커지면 신경세포가 손상되어 블랙아웃이 나타나고, 장기간 반복되면 알코올성 치매로 이어진다. 폭음하는 사람은 알코올성 치매 발병률이 높다.

(5) 골다공증

알코올 섭취로 간이 손상되면 비타민 D의 활성화에 장애가 생겨 골다공증이 촉진된다. 또한 알코올은 뼈를 만드는 조골세포의 기능을 저하시키고, 반면에 뼈를 파괴하는 파골세포의 기능을 강화하여 골다공증을 악화시킨다.

(6) 비만

술은 식욕을 자극하며 특히 기름진 음식과 짠 음식에 대한 식욕을 자극하므로 술을 마시면 음식 섭취량이 증가하게 되어 이로 인해 체중이 증가된다. 또한 알코올 대사가 진행될수록 지방이 합성되며 체지방의 분해를 방해하므로 이 또한 음주로 인한 체중 증가의 원인이 될 수 있다.

5) 음주와 약물 복용

알코올은 간에서 분해되기 때문에 간손상을 일으키며, 심장이나 뇌에 좋지 않은 영향을 미친다. 특히 술과 약은 체내에서 동일한 대사과정을 거치기 때문에 함께 먹었을 경우 술이 함유한 알코올과 약의 화학적 성분이 상호작용하여 부작용을 발생하거나 약효를 떨어뜨리고, 알코올의 독성작용과 약물 고유의 부작용이 더해져 심각한 문제를 유발시킨다 그림 11-4.

그림 11-4 음주와 약물 복용

자료: 보건복지부, 대한보건협회, 절주동아리-캠퍼스 음주 더 이상 낭만이 아닙니다(리플렛)

6) 적정 음주량

적정 음주란 건강하고 알코올에 이상반응이 없는 사람에 한하여 몸에 해롭지 않은 알코올 섭취를 말한다. 한국인의 하루 적정 음주량은 남성은 소주 2잔, 여성은 소주 1잔이며, 건강에 악영향을 주지 않는 알코올 섭취량은 1주일에 112 g(소주 8잔 정도) 이하이다 그림 11-5.

일정 기간의 총 음주량이나 평균 음주량도 중요하지만 음주 횟수도 중요하다. 같은 양의 음주라도 매일 음식과 함께 1~2잔 정도를 마시는 경우보다 주 1회이지만, 한 자리에서 7잔 이상 마시는 폭음이 음주로 인한 질병 중 위염, 위궤양, 뇌동맥질

표준잔(standard drink)
편의상 각 술에 적절한 한 잔의 술을 '1 표준잔'이라고 한다. 술마다 알코올의 양이 다르고, 술잔의 크기도 다르기 때문에 한 잔에 함유된 알코올 양은 다르다. 표준잔은 알코올 12 g이 포함되어 있는 술 한 잔을 의미한다. 이러한 기준은 대개 소주잔 한 잔, 막걸리 한 사발, 맥주잔 한 잔, 위스키잔 한 잔, 와인잔 한 잔의 양으로 보면 된다.

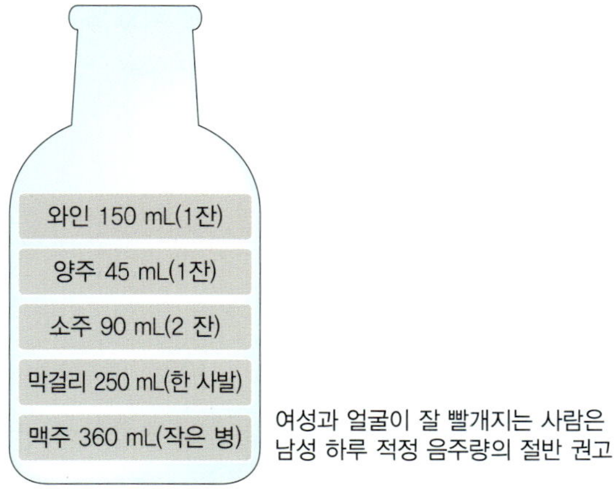

그림 11-5 한국인 성인 남성 하루 적정 음주량
자료: 대한가정의학회 알코올연구회

알아두기

고카페인 음료와 알코올의 위험한 만남

술을 마실 때 고카페인 음료를 함께 마시면 카페인이 알코올과 상승작용을 일으켜 탈수효과를 일으키고, 알코올의 체내 흡수율이 빨라진다. 다량의 카페인 성분이 각성효과를 일으켜 뇌가 술에 취한 상태를 인지하지 못해 과음과 폭음을 하게 되며, 음주 운전을 시도하게 된다.

자료: 보건복지부, 대한보건협회, 절주동아리-캠퍼스 음주 더 이상 낭만이 아니다(리플렛)

환, 알코올성 치매 등의 특정 질병 위험을 증가시킨다.

3. 흡연과 영양

우리나라 성인의 흡연률은 꾸준히 감소하고 있지만 2019년 현재 성인 5명 중 한 명 이상에 해당하는 21.5%가 흡연을 하고 있으며(2019 국민건강통계), 청소년 흡연율은 최근 10년간 지속적으로 감소하여 2020년에는 4.4%이었다(제16차 청소년건강행태조사 통계, 2021). 흡연은 암을 비롯한 만성질환을 유발하는 가장 강력한 위험 요인으로 지적되고 있어 사회적 문제로 관심을 가지게 되었으며, 특히 청소년과 가임기 여성의 흡연은 성장 및 생리적 특성으로 인체에 미치는 영향이 더 크다는 점에 관심이 모아지고 있다.

1) 담배의 유해성분

담배와 담배 연기에는 나프틸아민2-naphthylamine, 비소, 베릴륨beryllium, 카드뮴 등과 같은 제1군 발암물질을 포함하여 69종의 발암물질이 포함되어 있으며, 또한 중독을 일으키는 니코틴을 비롯하여 아세트산, 카테콜, 아크롤레인 등과 같은 7,000여 종의 독성 및 유해물질도 포함되어 있다.

타르는 담배를 피울 때 생기는 점액물질로 필터를 검게 만든다. 타르는 20여 종의 제1군 발암물질과 30여 종의 중금속을 포함한 200종 이상의 화학물질 복합체이다. 담배 맛이 독하거나 순한 것은 타르 양에 좌우된다. 하루 한 갑의 담배를 1년 이상 피울 경우 한 컵 이상의 타르가 폐에 축적된다. 타르는 잇몸이나 기관지 등에 직접 작용하여 표피세포를 파괴하거나 만성염증을 일으킬 수 있고, 혈액을 통해 신체에 영향을 주기도 한다.

니코틴은 흡연중독의 원인물질로서 중독 정도는 헤로인이나 코카인과 비슷하다. 담배 한 개피에는 0.2~0.6 mg 정도의 니코틴이 들어 있다. 적은 양의 니코틴은 신경계에 작용하여 교감 및 부교감 신경을 흥분시켜 일시적으로 쾌감을 얻게 하지만, 많은 양의 니코틴은 신경을 마비시켜 환각상태에 이르게 한다. 60 mg의 니코틴이면 1분 이내에 사망할 수 있다.

담배 연기의 2~6%는 일산화탄소이다. 일산화탄소는 산소보다 헤모글로빈과 결합능력이 뛰어나므로 담배를 계속 피우면 결국 혈액의 산소 운반능력이 떨어져 산소 부족으로 인한 만성저산소증을 일으킴으로써 모든 신체 세포의 신진대사에 장애가 생기고 노화현상을 일으킨다.

2) 흡연과 영양문제

흡연은 식욕을 저하시켜 식사량을 감소시키거나 불규칙적인 식사나 결식 등 식습관을 변화시킨다. 또한 흡연은 미각 예민도를 저하시켜 식품 선택에 영향을 미친다. 흡연자는 술이나 카페인 음료를 선호하고, 기름진 음식이나 고탄수화물 등 고열량식품의 섭취는 높은 반면, 채소류 및 과일류의 섭취는 낮다. 또한 흡연자는 정규적인 신체활동도 적게 하는 것으로 보고되고 있다. 따라서 흡연자의 생활습관과 식습관은 흡연에 부가적으로 악영향을 준다.

담배 연기에는 지질과산화를 개시하고 촉진시키는 자유기가 다량 함유되어 있어 흡연자는 체내 항산화 영양소의 요구량이 증가된다. 흡연은 항산화비타민 중 특히 비타민 C 대사에 해로운 영향을 미친다. 흡연자는 혈청 비타민 C와 베타-카로틴 농도가 낮으며, 따라서 혈청 비타민 C의 정상적인 농도 유지를 위해 비타민 C 섭취량을 증가시켜야 한다. 이를 위해 금연이 최선의 방법이지만 그것이 어려우면 항산화비타민이 풍부한 채소와 과일을 충분히 먹는 것이 좋다.

3) 흡연과 건강문제

(1) 암

흡연은 암 발생을 증가시키는 주요 위험 요인으로 폐암을 비롯한 위암, 식도암, 구강암, 후두암, 췌장암, 신장암, 방광암, 백혈병, 자궁경부암 등의 암 발생 원인과 관련이 있는 것으로 알려져 있다. 흡연으로 인한 신체 모든 부위의 암 발생 위험률은 담배 연기에 대한 노출 정도에 비례한다.

간접흡연을 비롯한 모든 흡연은 폐암의 가장 중요한 발병 원인이다. 흡연 연령이 빠를수록, 흡연기간이 길수록, 흡연량이 많을수록 폐암 발생 위험이 증가한다. 또한 음주와 흡연을 함께 하면 폐암 발병률이 증가된다. 흡연자가 금연하면 폐암 발병 위험은 감소한다. 후두는 담배 연기의 발암물질에 직접적으로 노출되는 기관으로 흡연은 가장 확실한 후두암의 발암 위험인자이다. 전체 후두암 환자 가운데 흡연자가 90~95%이며, 흡연자가 후두암에 걸릴 확률은 비흡연자의 10배이다.

(2) 폐질환

흡연은 기도, 기관, 모세기관지에까지 손상을 일으키며, 흡연으로 인해 폐포가 파괴되어 가스교환 면적이 작아지고 기도의 유연성이 떨어진다. 또한 흡연으로 폐의 염증 및 폐포 파괴, 평활근 과증식, 기관지 주변의 섬유화 과정이 진행되면 폐기종이나 만성폐쇄성 폐질환을 발생시키거나 암 발생을 증가시킨다.

(3) 심혈관계질환

흡연은 심혈관계질환 발병의 가장 중요한 위험인자 중 하나이다. 흡연은 심장 박동수를 증가시키고 혈압을 상승시키며, 동맥폐쇄의 위험을 높이고 죽상동맥경화를 악화시킨다. 하루에 한 갑 이상 담배를 피우는 사람은 비흡연자에 비해 관상동맥질환의 위험률이 3~5배 높고, 심혈관계질환 사망률이 1.6배 높다.

(4) 위장질환

흡연은 위산 분비를 촉진하는 반면 위산으로부터 위를 보호하는 프로스타글란딘의 분비를 억제한다. 그 결과 산을 중화시키는 능력이 약화되어 위산이 위벽을 갉아

알아두기

간접흡연

간접흡연이란 비흡연자가 타인이 피우는 담배 연기에 간접적으로 노출되는 것을 말한다. 간접흡연 연기에는 흡연자가 직접 흡입한 담배 연기가 일단 흡연자의 폐 속에서 여과된 뒤에 밖으로 내뿜어지는 주류연과 흡연자가 들고 있는 담배가 타들어 가며 내놓는 부류연(생연기)이 있다. 흡연 시 주변 공기의 80% 정도가 부류연이다. 부류연은 담배 속의 모든 독성물질, 발암물질 그리고 니코틴을 거르지 않고 내보내기 때문에 대단히 독한 연기이다. 간접흡연을 하게 되는 경우 250여 종 이상의 발암성 혹은 독성 화학물질에 노출된다. 간접흡연의 피해가 직접흡연의 25%나 된다. 간접흡연에 노출되면 노출되지 않은 경우보다 폐암 발생 위험이 20~30%, 심혈관계질환 발생 위험이 25~30% 증가한다.

먹게 되고, 위궤양을 일으키는 세균에 대한 저항성도 낮아진다. 따라서 흡연은 위염과 위궤양 발생률을 2배 이상 높인다. 또한 흡연자는 위암의 발생 원인균인 헬리코박터 파일로리균에 감염될 확률이 비흡연자보다 높다.

심화학습자료

술은 남성보다 여성에게 더 위험하다

여성은 남성보다 술에 취약하다. 그럼에도 불구하고 우리나라 음주 여성의 비율은 매년 늘고 있다. 2019 국민건강통계에 따르면 1년간 한 달에 1회 이상 술을 마신 여성의 비율이 2007년 41.5%에서 2019년에는 48.4%로 7% 증가하였다.

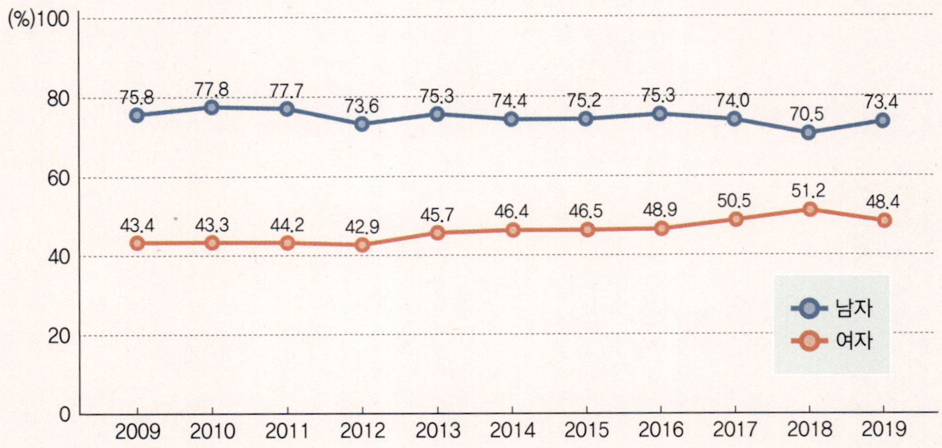

※ 월간 음주율 : 최근 1년 동안 한 달에 1회 이상 음주한 분율, 만 19세 이상
※ 2005년 추계인구로 연령표준화

그림 11-6 한국인 성인의 월간음주율

자료: 보건복지부, 질병관리청, 2020

술이 남성보다 여성에게 더 위험한 이유는 다음과 같다.

1. 알코올은 인체의 지방에 쉽게 흡수되는데 여성은 남성보다 체내 지방 비율이 높아 더 많은 양의 알코올을 흡수한다.
2. 여성은 남성보다 간에서 알코올을 분해하는 효소가 적다. 월경 전후에 술을 마실 경우 여성호르몬 중 에스트로겐이 높아져 간의 알코올 분해효소의 활성을 방해하므로 여성은 남성보다 취해 있는 시간과 숙취가 더 길어진다.
3. 여성은 남성보다 지방조직이 많아 알코올이 간에 머무르는 시간이 길어져 알코올성 간염 발병률이 높아진다.
4. 술은 생리불순과 조기폐경의 원인이 되며, 유방암 발병 위험을 높인다.
5. 임신 중 음주는 태아에게 직접적으로 영향을 주어 태아알코올증후군(소뇌증, 안면기형, 성장장애, 정신지체)을 유발한다. 태아알코올증후군은 출산 후 바로 장애가 나타나지 않았다 해도 성장하면서 서서히 학습장애, 과잉행동 등의 신체적 · 정신적 2차 장애를 일으킨다.
6. 폐경 이후 음주량이 늘면 알코올 의존, 골다공증으로 쉽게 진행된다.

자료: 보건복지부, 대한보건협회. 여성이라 더 위험한 음주(리플렛)

단원정리

카페인과 영양

카페인은 영양소는 아니나 흥분제, 강심제, 이뇨제 등 다양한 심리적·약물적인 효과를 가진다. 카페인은 중추신경계와 말초신경계를 자극하여 적당량을 섭취하면 피로 감소, 집중력 향상, 소화력 증진 등 긍정적인 측면이 있는 반면, 과다 섭취 시에는 신경과민, 정서적 불안감, 불면증, 성장장애 등을 유발할 수 있고, 무기질 결핍, 역류성 식도염 유발, 위염이나 십이지장궤양을 악화시킨다. 카페인은 또한 과다 섭취하면 심혈관계기능 이상 및 발작, 조증, 뇌졸중, 돌연사처럼 심각한 결과를 초래할 수 있다.

음주과 영양

알코올은 1 g당 7 kcal의 에너지를 낸다. 알코올은 소화과정이 필요하지 않고 단순확산에 의해 쉽게 흡수된다. 흡수된 알코올은 위와 간에서 알코올 탈수소효소에 의해 분해된다. 아세트알데히드는 숙취의 원인물질로, 아세트산으로 완전히 대사되지 못하면 혈액에 남아 피부 홍조, 구토, 어지러움, 두통, 불쾌감 등의 증상을 유발한다. 음주는 식도염을 비롯한 위장 및 췌장 질환을 유발한다. 과도한 음주는 지방간을 야기하며 알코올성 간염, 간경화로 진행되고 심혈관계질환의 위험을 증가시킨다. 음주는 식도암, 간암, 췌장암 등 암 유발과 진행을 촉진하며, 뇌기능을 억제하여 알코올성 치매를 유발할 수 있다.

흡연과 영양

담배와 담배 연기에는 69종의 발암물질을 포함하여 7,000여 종의 독성 및 유해물질이 포함되어 있다. 그중 타르, 니코틴, 일산화탄소가 대표적인 유해성분이다. 흡연은 식욕을 저하시켜 식사를 충분히 하지 않거나 식습관을 변화시키며, 미각 예민도를 저하시켜 식품 선택에 영향을 미친다. 담배 연기에는 자유기가 다량 함유되어 있어 흡연자는 체내 항산화 영양소의 요구량이 증가된다. 흡연은 폐암을 비롯한 위암, 식도암, 구강암, 후두암, 췌장암, 신장암, 방광암, 백혈병, 자궁경부암 등의 암 발생 원인과 관련이 있으며, 심혈관계질환 발병의 가장 중요한 위험인자 중 하나이다. 흡연은 위염과 위궤양 발생률을 높인다.

CHECK UP 도착점!

1. 음주로 인해 발생하는 영양문제가 아닌 것은?
① 담즙 분비 저하 ② 무기질 배설 증가 ③ 영양소 흡수 저하 ④ 소화효소 과다 분비

2. 담배를 피울 때 생기는 점액물질은?
① 타르 ② 니코틴 ③ 카테콜 ④ 일산화탄소

3. 카페인 과다 섭취로 인한 건강문제가 아닌 것은?
① 폐질환 ② 성장장애 ③ 신경과민 ④ 심혈관계질환

4. 흡연자에게 특히 섭취를 증가시켜야 하는 비타민은?
① 비타민 A ② 비타민 B_1 ③ 비타민 C ④ 비타민 K

5. 카페인의 생리활성기능이 아닌 것은?
① 수면 유도 ② 소화력 증진 ③ 말초혈관 확장 ④ 중추신경 자극

6. 신체에 미치는 영향을 감안하여 식약처에서 제시한 성인의 안전한 카페인 1일 섭취기준은?
① 100 mg 이하 ② 200 mg 이하 ③ 400 mg 이하 ④ 600 mg 이하

7. 알코올이 알코올 탈수소효소에 의해 전환되는 물질은?
① 옥살산 ② 아세트산 ③ 옥살로아세트산 ④ 아세트알데히드

정답

1. ④ 2. ① 3. ① 4. ③ 5. ① 6. ③ 7. ④

Fundamental Nutrition

CHAPTER

12

운동과 영양

1. 운동의 효과 / 2. 운동 가이드라인 / 3. 운동 시 근육의 에너지원 / 4. 운동 시 식사지침

운동은 심신의 단련을 위한 계획적이고 체계적이며 반복적인 몸의 움직임이다. 운동수행능력을 향상시키고 운동으로 인한 상해를 예방하며 운동 후 손상에서 빨리 회복하기 위해서는 영양이 중요하다.

이 장에서는 운동의 효과, 운동 가이드라인, 운동 시 근육의 에너지원, 그리고 식사지침에 대해 살펴본다.

학/습/목/표

1. 운동의 효과를 설명할 수 있다.
2. 운동 시 근육의 에너지원을 설명할 수 있다.
3. 운동 시 식사지침에 대해 설명할 수 있다.

CHECK UP 출발점!

※다음 문제에 O, X로 답하시오.

1. 신체적 건강은 주로 근력을 의미한다.

2. 과체중인 사람도 신체적으로 건강할 수 있다.

3. 심장질환 예방을 위해서는 식사보다는 운동이 효과적이다.

4. 규칙적인 운동은 정신적 · 육체적 건강에 도움이 된다.

5. 운동을 위해 가장 중요한 에너지원은 단백질이다.

6. 글리코겐 저장량과 지구력은 식사와 훈련에 의해 증가될 수 있다.

7. 단백질과 아미노산을 보충해 주면 같은 강도로 운동을 해도 근력이 더 증가된다.

8. 경기 후 회복을 위한 식사로는 지방 함량이 높은 식사가 좋은데,
   이는 지방이 근육 손상 회복에 좋기 때문이다.

9. 운동 수행능력 향상제를 섭취하면 운동능력이 크게 향상된다.

10. 낮은 강도로 운동을 할 때 주로 사용되는 에너지원은 지방이다.

정답 및 해설

1. ×(근력은 신체적 건강의 한 부분이다. 여기에는 지구력과 유연성 등도 포함된다.) 2. ○ 3. ×(규칙적인 운동은 심장질환 감소에 도움이 된다. 그러나 체중 조절, 금연, 건강한 식사 섭취 등도 운동만큼이나 중요하다.) 4. ○ 5. ×(운동 에너지원으로 가장 중요한 것은 탄수화물이다.) 6. ○ 7. ×(단순히 단백질을 먹는 것만으로는 근량을 증가시킬 수 없다. 근력운동 또는 다른 신체 동을 통해 근육을 증가시킬 수 있다.) 8. ×(경기 후 회복을 위한 식사로는 탄수화물 함량이 높은 식사가 좋은데, 이는 탄수화물이 글리코겐 저장량 회복에 좋기 때문이다.) 9. ×(실제로 경기력 향상에 도움이 되는 운동 수행능력 향상제는 별로 없다. 대부분이 경기력 향상에 도움이 되지 않는다.) 10. ○

1. 운동의 효과

운동은 육체적 건강을 증진시킬 뿐만 아니라 신체 자극을 통해 심리적·정신적으로도 긍정적인 변화를 유도한다. 따라서 안정 시나 힘든 일을 할 때 또는 스트레스를 받을 때 신체기능이 급격하게 변하는 것을 방지하여 안정적으로 환경에 적응하게 한다.

1) 근육량과 근력 증가

규칙적인 운동을 하면 근육량과 근력이 증가하고, 근육세포 내 산소 및 산화효소 함량이 많아진다. 또한 근육 글리코겐 저장량과 수분 함유량이 증가하고, 근육과 인대 등 결합조직이 견고해져서 운동 시 피로를 적게 하고 부상을 방지하며, 기초대사를 증가시키는 효과가 있다.

2) 심장기능 향상

운동을 하면 산소요구량이 많아져 심박출량이 증가하며, 심장으로 들어가는 정맥혈의 양이 늘어나고, 이것은 심장근육의 모세혈관 발달로 이어진다. 즉, 심장기능이 향상되어 지구력이 향상되고 피로를 덜 느끼게 된다.

3) 체중 조절

운동을 하면 지방조직으로의 혈류량이 증가하여 지방이 분해되어 에너지원으로 사용되므로 체중 감량에 효과적이다.

4) 심혈관계질환 예방

규칙적으로 운동을 하면 근육에서의 지질 이용과 산화능력이 증가하므로 혈중 지질 수준이 낮아진다. 특히 혈중 LDL-콜레스테롤 농도는 감소하고 HDL-콜레스테롤 농도는 증가하여 동맥경화를 예방한다. 운동은 혈당 조절과 당뇨 개선효과도 있다. 즉, 운동은 고지혈증, 고혈압, 당뇨, 비만 등 대사증후군 예방과 치료에 도움을 주어 심혈관계질환을 예방하는 효과가 있다.

5) 면역기능 증가 및 스트레스 감소

운동은 면역기능을 강화하고 스트레스를 감소시키며, 숙면을 취할 수 있게 하고 우울증 개선에도 도움이 된다.

2. 운동 가이드라인

규칙적인 운동이 건강에 유익함에도 불구하고, 실제로 규칙적인 운동을 하는 사람은 많지 않다. 운동을 처음 시작할 때는 규칙적인 운동습관에 익숙해지게 하면서 점진적으로 운동목표를 높여야 한다. 또한 일상생활 속에서 신체활동을 증가시키기 위한 노력을 같이 해야 한다.

운동 프로그램은 개인의 필요에 따라 다양하고 균형있고 적절하고 지속적으로 설정되어야 한다. 처음엔 5~10분 정도 저강도 운동(걷기, 천천히 조깅 등)으로 준비운동을 한 후 근력운동을 하고, 그 다음 30분 이상 저·중강도로 유산소운동을 한다. 유산소운동 후에는 5~10분 동안 스트레칭으로 마무리운동을 한다. 표 12-1에는 유산소운동, 근력운동, 스트레칭 등 운동의 종류와 시간, 빈도, 강도, 진행을 포함한 운동 프로그램의 예를 수록하였다.

알아두기

최대심박수를 통한 운동강도 구하기

$$최대심박수(HR_{max}) = 220 - 나이(세)$$

- 예: 20세 남성이 최대심박수의 60~80% 수준으로 운동을 한다면, 심박수가 120~160회/분을 유지하는 강도로 운동하면 된다.

  60% HR_{max} → 0.6 × (220−20) = 120회/분

  80% HR_{max} → 0.8 × (220−20) = 160회/분

- 심박수는 운동을 멈추고 10초간 맥박을 측정하여 여기에 6을 곱하면 쉽게 측정할 수 있다.

표 12-1 운동 프로그램의 예

운동의 종류	유산소운동	근력운동	스트레칭
종류	걷기, 조깅, 달리기, 자전거타기, 수영, 테니스, 축구	역도, 필라테스, 팔굽혀펴기, 턱걸이	요가
시간	20~60분	8~10종의 운동을 8~12회 반복	각 근육당 10~30초간 4번 반복
빈도	주 5회	주 2~3회	주 2~3회
강도	최대심박수의 55~90%	상체와 하체의 주요 근육 상태에 충분할 정도	준비운동과 정리운동 동안 5~10분씩
진행	초기: 3~6주 향상기: 5~6달 유지기: 최고 수준을 계속 유지		처음에 소근육(예: 팔)부터 시작하여 점차 대근육(예: 다리, 복부)으로 진행

3. 운동 시 근육의 에너지원

근육이 운동을 하기 위해서는 ATP 형태로 에너지가 공급되어야 한다(7장 '알아두기' 참조). 근육은 포스포크레아틴, 포도당, 지방, 단백질로부터 ATP를 생성하여 에너지원으로 사용한다.

1) ATP

ATP는 체내 기능을 위한 즉각적인 에너지원이다. 휴식상태의 근육세포는 아주 소량의 ATP만을 함유하고 있다. 이것은 근육이 최대로 일할 때 단지 2~4초 정도만 사용할 수 있는 양이다.

2) 포스포크레아틴

포스포크레아틴phosphocreatine, PCr은 고에너지화합물로서 근육세포에서 빨리 분해되어 ATP 생성에 필요한 에너지를 방출할 수 있다. 포스포크레아틴은 탄수화물과 지방이 에너지원으로 대사되기 전까지 운동을 하고 있는 근육세포에 에너지를 제공해 주는 역할을 한다. 포스포크레아틴은 약 1분 정도 사용할 수 있는 ATP를 공급해 줄 수 있다.

포스포크레아틴의 장점은 즉시 활성화되어 빠른 시간 내에 ATP를 재생시킬 수 있다는 것이다. 그러나 포스포크레아틴은 근육에서 충분히 합성되고 저장되지 않는 단점이 있다. 근육 내 포스포크레아틴을 증가시킬 목적으로 크레아틴 보충제를 복용하기도 하나 효과는 미미하다.

포스포크레아틴의 ATP 재생작용
근육세포에 저장된 ATP가 사용되어 ADP로 분해되면 포스포크레아틴이 활성화되어 인산과 크레아틴으로 분해되면서 방출된 에너지로 ADP에 인산기를 붙여 ATP를 재생한다.

포스포크레아틴 + ADP
→ 크레아틴 + ATP

3) 포도당

포도당은 간과 근육에 글리코겐으로 저장된다. 간의 글리코겐은 혈당 조절을 위해 사용되고, 근육의 글리코겐은 운동 시 근육세포의 에너지원으로 이용된다. 그러나 근육에 저장된 글리코겐은 약 350 g 정도로 1,400 kcal를 낼 수 있는 양에 불과하다.

운동하는 근육이 산소를 이용할 수 있는지의 여부에 따라 포도당에서 ATP를 만들 때 혐기 또는 호기 과정 중 어느 경로로 진행될지가 결정된다 그림 12-1.

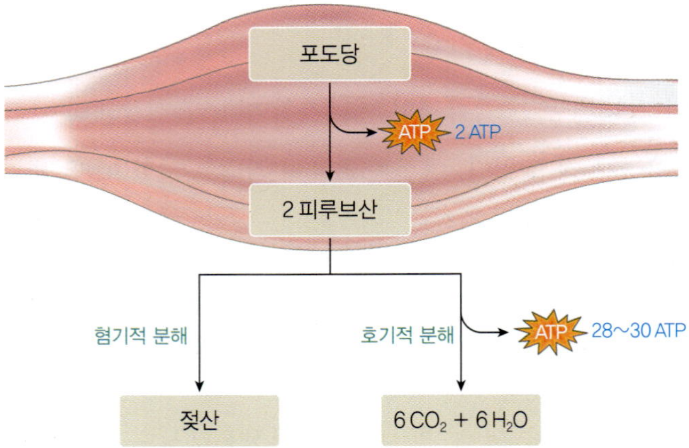

그림 12-1 포도당의 혐기적·호기적 분해

(1) 혐기적 해당과정

근육에 산소 공급이 제한되면, 포도당은 혐기적 대사과정을 거친다. 포도당에서 생성되는 ATP의 5% 정도가 혐기적 과정을 통해 만들어진다. 혐기적 포도당 분해의 장점은 ATP를 빨리 공급해 줄 수 있다는 것이다. 혐기적 포도당 분해는 30초~2분 정도에 필요한 에너지의 대부분을 공급해 줄 수 있다.

혐기적 과정의 단점은 첫째, 빠른 속도의 ATP 생성이 장시간 유지되지 않으며, 둘째, 젖산이 빠르게 축적되어 근육의 산도가 급속히 증가하고 피로를 유발한다는 것이다. 젖산은 혈액으로 방출될 때까지 근육세포에 축적된다. 젖산은 간으로 가서 포도당으로 재합성되고 이것은 다시 혈액을 통해 세포로 유입되어 에너지원으로 이용된다.

(2) 호기적 해당과정

운동강도가 저 또는 중 정도일 때와 같이 근육에 산소가 충분한 호기 조건에서는 피루브산은 이산화탄소와 물로 완전히 대사된다. 이러한 포도당의 호기적 분해는 포도당의 완전 대사로부터 만들어지는 ATP의 약 95%에 달한다.

포도당의 호기적 분해는 혐기적 분해보다 많은 ATP를 제공하나, 에너지 방출이 더 천천히 일어난다. 포도당의 호기적 분해는 2분 후부터 3시간 또는 그 이상 주요 에너지 공급원이 될 수 있다 그림 4-6 참조.

4) 지방

지방은 지속된 저강도 운동을 할 때 주요 에너지원으로 이용된다. 운동 시 지방조직의 중성지방은 지방산과 글리세롤로 분해되고, 지방산은 혈액을 통해 체지방조직에서 근육으로 이동하여 각 세포 안에서 호기적으로 이산화탄소와 물로 분해된다. 이때 근육에 저장된 약간의 지방도 이용된다 그림 5-11 참조.

지방은 단시간 고강도 운동을 하는 경우에는 근육에서 유용한 에너지원으로 사용되지 않는다. 그러나 운동시간이 20분 이상 지속되고, 운동강도가 저·중강도일 때는 점점 지방의 이용률이 증가한다.

5) 단백질과 아미노산

단백질은 운동 에너지원으로는 중요하지 않다. 단백질도 근육 에너지원으로 이용될 수는 있으나, 이것은 탄수화물과 지방에 비하면 극히 일부에 불과하다 그림 6-8 참조. 지구력 운동 동안, 근육에 저장된 글리코겐이 고갈되고 나면 단백질이 에너지원으로 이용될 수 있다. 근육에서는 주로 류신, 이소류신, 발린 같은 가지 달린 아미노산이 운동에너지원으로 이용된다. 보통 일상 식사만으로도 가지 달린 아미노산을 충분히 섭취하므로 이들을 보충제 형태로 섭취할 필요는 없다.

운동선수들이 단백질과 아미노산 보충제를 많이 복용하는데, 이것은 운동에너지원으로도 근육 생성 증진 목적으로도 별로 도움이 되지 않는다. 운동 시 근육이 사용하는 에너지원을 표 12-2와 그림 12-2에 요약하였다.

표 12-2 운동 시 근육이 사용하는 에너지원

종류	작용
ATP	• 운동 시 즉시 사용 가능한 에너지로 2~4초간 에너지를 공급함
포스포크레아틴	• 근육 수축 시 사용된 ATP 재생 • 1분 정도 ATP 공급 가능
포도당	• 근육에 가장 중요한 에너지원으로 혐기적·호기적 해당과정을 통해 에너지 공급 - 혐기적 해당과정 : 근육에 산소 공급이 제한되거나 격렬한 운동을 할 때 가동. 지방대사가 진행되기 전 근육에 ATP를 공급하는 가장 빠른 경로. 포도당에서 얻는 에너지의 5% 정도 공급 - 호기적 해당과정 : 운동강도가 저 또는 중 정도이고 근육에 충분한 산소가 공급될 때 가동. 포도당에서 얻는 에너지의 95% 정도 공급
글리코겐	• 간과 근육 내 포도당의 저장 형태 • 2시간 이내로 지속되는 운동기간에 근육세포에 ATP를 공급해 주는 주된 포도당 급원
지방	• 저·중강도로 지속적인 운동을 할 때 주된 에너지원
단백질과 아미노산	• 운동 에너지원으로 중요하지 않음 • 단, 글리코겐이 고갈된 상태에서는 아미노산(가지 달린 아미노산)을 에너지원으로 사용하는 비중이 커짐

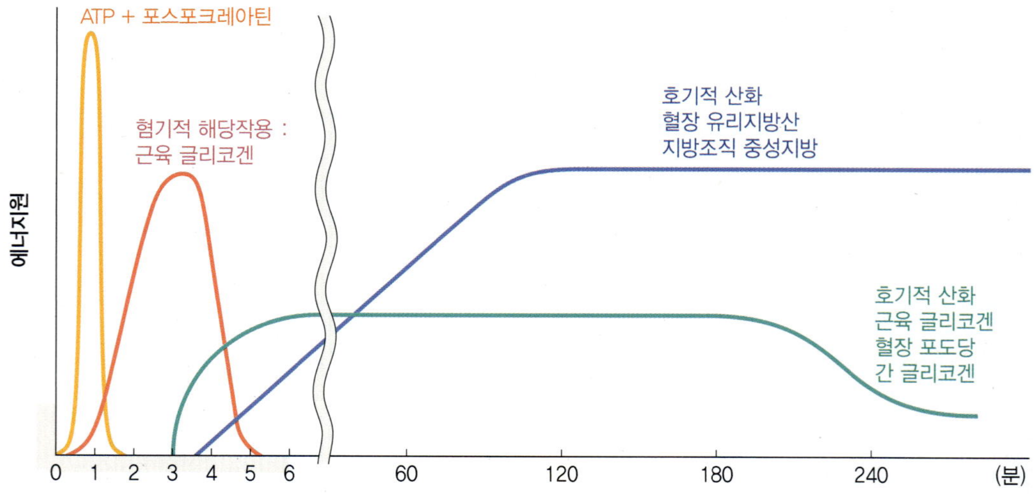

그림 12-2 운동 시 에너지원

자료: Koeppen BM & Stanton BA, 2008

4. 운동 시 식사지침

1) 에너지

운동 시 에너지 필요량은 신체 크기, 체조성, 운동 종류와 강도 등에 따라 다양하다. 훈련이나 경기를 위해 필요한 에너지를 일상생활을 위해 필요한 에너지에 더해 주면 된다.

2) 탄수화물

대부분의 운동에서 탄수화물 에너지비는 60% 이상이 적절하다. 특히 격렬한 운동을 하는 경우 탄수화물을 충분히 섭취하여 간과 근육의 글리코겐 저장량을 유지하는 것이 좋다. 운동선수의 경우 탄수화물 섭취량은 체중 kg당 5 g 이상 되어야 한다. 유산소 훈련과 지구력 운동을 하루 1시간 이상 하는 경우에는 체중 kg당 7 g, 하루 수 시간 운동하는 경우에는 10 g까지 증가시킬 수 있다. 철인 3종 경기와 마라톤 선수의 경우 하루 탄수화물을 500~600 g 정도 먹어야 만성피로를 방지하고 근육과 간에 글리코겐이 축적될 수 있다.

고탄수화물 식사를 위해서는 밥, 떡, 국수, 빵, 과자, 과일, 과일 주스 등을 충분히 섭취하면 된다. 감자튀김이나 파이 등은 탄수화물이 많지만 지방 함량도 높아 바람직하지 않다. 스포츠음료도 글리코겐 비축을 위해 좋다.

3) 지방

지방은 총 에너지의 20% 정도 섭취를 권장한다. 포화지방산과 트랜스지방산의 섭취는 가급적 제한한다.

4) 단백질

다양한 활동을 하는 경우의 단백질 필요량을 표 12-3에 요약해 놓았다. 이것은 일반식사를 통해서도 쉽게 섭취할 수 있는 양이므로 단백질 보충제를 섭취할 필요는 없다. 운동선수의 경우 단백질 필요량은 체중 1 kg당 0.8~2.0 g 정도이다. 이 이상의 단백질 섭취는 필요하지 않다.

표 12-3 운동 시 단백질 필요량

운동 종류	남자(g/kg)	여자(g/kg)	체중 70 kg인 성인 남자(g/kg)
좌식 생활(sedentary adults)	0.8	0.8	56
여가활동성 지구력 운동[1]	0.8~1.0	0.8~0.9	56~70
중강도 지구력 운동[2]	1.2	1.0~1.1	84
엘리트 지구력 운동	1.6	1.3~1.4	112
축구, 고강도 운동	1.4~1.7	1.1~1.5	98~119
저항성 운동(초기)	1.5~1.7	1.2~1.5	105~119
저항상 운동(유지기)	1.0~-1.2	0.8~1.1	70~84

1) 주 4~5회, 30분간 운동
2) 주 4~5회, 45~60분간 운동
자료: Adapted from Burke L & Deakin V, 2010

알아두기

글리코겐 비축을 위한 식사요법

글리코겐 비축 식사요법(gycogen loading diet)은 90분 이상 지속적으로 강도 높은 유산소운동을 하는 경우에 근육 글리코겐 저장량을 최대화하여 시합 동안 에너지 공급을 원활하게 해주기 위한 목적으로 고안되었다. 고전적인 방법은 경기 1주일 전부터 저탄수화물식을 하면서 운동을 하여 글리코겐을 고갈시킨 후 경기 직전 3일간 고탄수화물식을 하여 평소보다 더 많은 글리코겐이 축적되도록 하는 것이다. 이 식사요법의 단점은 글리코겐 1 g당 3 g의 수분이 함께 축적된다는 점이다. 이러한 수분 축적이 수화 상태 유지에 도움을 주기도 하지만, 운동 종목에 따라서는 체중이 증가하고 근육이 뻣뻣해지는 등 운동 수행능력에 안 좋은 영향을 미칠 수도 있다. 또한 저혈당증, 케톤증 같은 부작용을 유발할 수도 있다.

최근에는 보다 더 안전한 방법으로 3일간 50%의 탄수화물식을 섭취한 후 3일간 70% 고탄수화물식을 섭취하는 방법 또는 탄수화물 비축을 1주일 전부터 실시하지 않고 운동 하루 전에 실시하는 방법 등이 개발되었다.

5) 비타민과 무기질

운동 시 비타민과 무기질 필요량은 일반인에 비해서 같거나 약간 더 높다. 저열량 식사(하루 1,200 kcal 미만)를 하는 경우는 비타민을 비롯한 미량 영양소 필요량을 충족시키기가 어려우므로 강화된 식품 또는 복합 비타민·무기질 보충제 섭취를 권장한다.

운동 시 비타민 C와 비타민 E 같은 항산화 영양소의 필요량이 조금 더 높다. 보충제 섭취보다는 식사를 통해서 과일, 채소, 전곡류, 식물성기름 등 항산화 영양소가 풍부한 식품을 섭취할 것을 권한다.

철은 적혈구 생성, 산소 운반, 에너지 생성에 관여하므로 철 결핍 시 운동 수행능력이 감소한다. 일단 철 저장량이 고갈되면 회복되는 데 수개월이 걸리므로 평소 철 섭취량이 적절하도록 주의한다.

알아두기

스포츠 빈혈

운동으로 인해 혈장량이 증가하여 혈액이 희석되어 발생하는 빈혈을 스포츠 빈혈(sports anemia)이라 한다. 이는 특히 운동 프로그램 시작 초기, 적혈구 합성이 증가하기 전에 일어나기 쉽다. 이 경우 철 저장량이 적절해도 혈중 철 농도는 낮게 나타난다. 스포츠 빈혈은 운동 수행능력에 해로운 영향을 미치지는 않으나, 일반 빈혈과 스포츠 빈혈을 구분하기가 쉽지 않다. 만일 철 상태가 낮고 저장량이 회복되지 않으면 철 결핍성 빈혈이며 이 경우 지구력 운동능력이 감소할 수 있다.

6) 수분

운동 시에는 내부 체온을 조절하기 위해 더 많은 수분 섭취가 필요하다. 근육 수축 시 열 발생량은 휴식 시 근육에 비해 15~20배 정도 높다. 이 열을 빨리 식히지 않으면, 열탈진heat exhaustion, 열경련heat cramps, 열사병heatstroke이 생길 수 있다. 탈수는 지구력, 근력을 비롯한 전반적인 운동 수행능력을 감소시킨다.

수분과 전해질 필요량은 근육량, 환경조건, 훈련된 정도, 훈련기간, 유전인자 등에 따라 매우 다양하므로 일반적인 섭취기준을 제시할 수가 없다. 단지 운동 중에 손실한 수분을 다시 보충하는 것을 목표로 하는 것이 좋다.

수분 손실량을 측정하는 가장 좋은 방법은 운동 전과 후의 체중을 관찰하는 것이다. 또는 소변 색으로도 수화 상태를 측정할 수 있다. 소변 색이 진할수록 탈수되었음을 의미한다. 갈증은 탈수가 한참 진행된 후에 나타나는 증상이므로 갈증이 나기 전에 음료를 마시는 것이 좋다.

알아두기

운동 중에 발생할 수 있는 열손상

열탈진

열로 인해 체수분이 손실되어 혈량이 감소할 때 발생한다. 주증상은 다량의 땀흘림, 두통, 어지럼, 구토, 구역질, 근육 약화, 시력장애 등이다. 열탈진 증상이 나타나면 즉시 시원한 곳으로 옮기고 수분을 보충해 주어야 한다.

열경련

열탈진 시 빈번하게 나타나는 합병증이나, 다른 탈수 증상 없이도 나타날 수 있다. 더운 환경에서 땀 흘리면서 장시간 운동하면서 나트륨 보충없이 다량의 물만 마신 경우 열경련이 나타난다. 열경련은 골격근육에서 일어나며 한 번에 1~3분간 지속되고 엄청난 통증을 동반한다. 열경련을 방지하기 위해서는 우선 적당량의 운동을 하며, 장시간 운동 전에 소금 보충을 해주며, 더운 환경에서는 과도한 활동을 피하고 탈수를 방지하는 것이다.

열사병

내부 체온이 40℃가 넘으면 열사병이 발생할 수 있다. 주증상은 메스꺼움, 혼동, 예민, 경련, 혼수 등이다. 열사병은 운동하고 있는 근육으로 혈행이 증가하여 신체의 냉각 용량을 초과한 경우에 발생한다. 땀 배출이 중단되어 체온은 위험할 정도로 높아진다. 즉시 치료하지 않으면 순환기계 이상과 신경계 손상으로 사망에까지 이를 수 있다. 열사병으로 인한 사망률은 10%에 달하며, 열사병은 운동선수 3대 사망원인의 하나이다.

심화학습자료

스포츠 음료와 카페인 함유 에너지 음료

스포츠 음료

스포츠 음료는 수분, 전해질, 에너지를 공급할 목적으로 섭취하는 음료를 말한다. 최근 운동선수뿐만 아니라 일반인도 스포츠 음료 이용률이 높으나, 운동경기력 향상을 위해 스포츠 음료가 필요한지는 논란이 많다. 운동시간이 60분 이내이고 체중 감소가 2~3 kg 이내라면 당과 전해질 손실이 그리 많지 않기 때문에 스포츠 음료가 필요 없다. 대개 운동 중에 흘리는 땀으로 손실된 수분과 전해질은 일반식사를 통해서도 충분히 보충할 수 있다.

60분 이상 운동을 하면 전해질, 특히 나트륨과 탄수화물 보충의 중요성이 커진다. 특히 더운 날씨에 운동을 하는 경우에는 스포츠 음료가 도움이 된다. 스포츠 음료의 수분은 혈량을 증가시켜 운동으로 인해 올라간 체온을 효율적으로 식히고 세포로 열원을 운반해 주며 노폐물을 제거하는 데 도움을 준다. 스포츠 음료에는 6~8%의 탄수화물이 함유되어 있는데, 이것은 근육에 포도당을 공급하여 특히 지구력 운동의 경기력 향상에 도움이 되며 또한 단맛이 있어 더 많이 마시게 하는 효과도 있다. 스포츠 음료의 전해질은 혈량을 유지하고, 소장에서 수분과 탄수화물의 흡수를 향상시키며 갈증을 자극하는 효과가 있다.

한국 시판 스포츠 음료의 종류와 성분 (2021. 9. 기준)

종류	100 mL당 영양 성분			
	에너지 (kcal)	탄수화물 (g)	나트륨 (mg)	칼륨 (mEq)
게토레이(레몬)	28	7	50	0.62
게토레이(블루볼트)	60	15.2	14.4	1.0
포카리스웨트	25	6	50	0.5
파워에이드(마운틴블라스트)	10	2.5	53	0.34
파워오투	16	3.8	1.2	-
마운틴듀	50	12.5	10	-

자료: 각 제품 제조회사의 홈페이지

카페인 함유 에너지 음료

최근 카페인 함유 에너지 음료의 인기가 높다. 운동선수뿐만 아니라 수험생 심지어 어린 학생들까지 이 음료의 음용률이 증가하고 있다. 지구력 운동 또는 고강도의 집중을 요구하는 종목의 운동선수인 경우 카페인이 운동 수행능력을 향상시킬 수 있다는 연구 결과들이 있다. 그러나 과도한 카페인 섭취는 떨림, 신경과민, 분노, 메스꺼움, 불면증을 유발시킬 수 있으며, 특히 카페인에 익숙하지 않은 사람의 경우 카페인의 이뇨작용으로 인해 체내 수화 상태가 악화될 수 있으므로 주의해야 한다. 식품의약품안전처의 카페인 1일 섭취권고량은 성인 기준 최대 400 mg, 임산부 300 mg, 어린이와 청소년은 체중 1 kg당 2.5 mg 이하이다.

한국 시판 고카페인 함유 에너지 음료의 성분(2021. 11. 기준)

음료	용량(mL)	카페인(mg)	에너지(kcal)	당(g)	나트륨(mg)
스누피 더진한커피우유	500	237	334	43	43
핫식스	250	60	120	30	70
레드불	250	62.5	112	27	200
몬스터에너지	355	100	168	41	173
레쓰비	175	100	55	12	85
박카스	120	40	50	9	30

자료: 각 제품 제조회사의 홈페이지

단원정리

운동 효과

규칙적인 운동은 신체적 기능 향상, 체중 조절, 심혈관계질환 예방, 면역기능 향상, 스트레스 감소, 우울증 개선 등 신체적·정신적 건강에 도움이 된다.

운동 가이드라인

처음 5~10분 정도 저강도 운동으로 준비운동을 한 후 10~20분 정도 근력운동, 30분 이상 유산소운동, 5~10분 스트레칭의 순서로 운동을 하는 것이 좋다.

운동 시 근육의 에너지원

- ATP : 즉시 사용 가능한 에너지로서 2~4초간 에너지 공급 가능
- 포스포크레아틴 : 근육에서 사용된 ATP를 재생시켜 1분 정도 ATP 공급
- 포도당 : 가장 중요한 에너지원. 근육에 산소 공급이 제한되면 혐기적 해당과정으로, 산소가 충분히 공급되면 호기적 대사를 통해 ATP 공급
- 글리코겐 : 운동 시 2시간 미만 동안 근육세포에 ATP 공급
- 지방 : 운동강도가 저·중강도로 지속될 때 주된 에너지원
- 단백질 : 운동 시 좋은 에너지원이 아님

운동 시 식사지침

- 에너지 : 일상생활을 위해 필요한 에너지에 운동에 필요한 에너지를 더한 만큼 섭취
- 탄수화물 : 운동강도가 셀수록 탄수화물 섭취 중요. 총 에너지의 60% 이상 섭취 권장
- 지방 : 총 에너지의 20% 정도 섭취 권장
- 단백질 : 체중 1 kg당 0.8~2.0 g 섭취 권장. 고단백식사 섭취는 근육 생성에 별로 도움이 되지 않음
- 비타민과 무기질 : 일반식사만으로도 비타민과 무기질 필요량이 충족됨. 저에너지식을 하는 경우는 추가 보충 필요
- 수분 : 운동 중 손실된 수분의 보충과 신체 내부 체온 조절을 위해 적절한 수분 섭취가 매우 중요함. 스포츠 음료는 60분 이상 지구력 운동을 하고 땀 배설이 많은 경우에 도움이 됨

CHECK UP 도착점!

1. 다음 중 규칙적인 운동의 장점은?
① 혈당 조절 ② 수면습관 개선 ③ 체조성 성분 개선 ④ 이상 모두

2. 다음 중 옳은 것은?
① 수분은 갈증이 날 때 섭취하면 된다.
② 근육 생성을 위해서는 고단백식사가 필요하다.
③ 운동선수는 비타민 C와 비타민 E 보충제를 섭취해야 한다.
④ 고강도 운동을 하는 경우 탄수화물을 충분히 섭취해야 한다.

3. 다음 중 유산소운동이 아닌 것은?
① 역도 ② 수영 ③ 걷기 ④ 축구

4. 100 m 달리기를 하는 동안 사용되는 에너지원은?
① 지방 ② 포도당 ③ 포스포크레아틴 ④ 단백질과 아미노산

5. 2시간 마라톤을 하는 동안 주된 에너지원은?
① 지방 ② 단백질 ③ 글리코겐 ④ 이상 모두

6. 40세 여자가 최대심박수의 70% 정도로 운동을 하려면 심박수는?
① 110회 ② 115회 ③ 126회 ④ 135회

7. 글리코겐 비축을 위해 고탄수화물 식사를 할 때 유용한 식품은?
① 파이 ② 인절미 ③ 돈가스 ④ 감자튀김

정답

1. ④ 2. ④ 3. ① 4. ③ 5. ③ 6. ③ 7. ②

참고문헌

구재옥, 이연숙, 손숙미, 서정숙, 권종숙, 김원경. **식사요법, 4판**. 교문사, 2021.

구재옥, 임현숙, 윤진숙, 이애랑, 서정숙, 이종현, 손정민. **고급영양학**. 파워북, 2013.

권오란, 김미경, 신동순, 김양하, 박윤정. **생활 속의 영양학, 제4판**. 라이프사이언스, 2021.

김덕희, 김서현, 김정연, 박수진, 백진경, 오희경, 조재선, 한성희. **베이직 영양학, 개정 2판**. 지구문화사, 2016.

김명희, 노희경, 오현경, 최차란, 허영란. **(영양학의 올바른 이해) 영양학**. 지식인, 2014.

김선효. 우리나라 일부 초등학생과 중학생의 영양강화식품 섭취 실태 및 영양강화식품을 통한 비타민과 무기질 섭취량 조사. **한국식생활문화학회지** 26(3): 295-306, 2011.

김선효, 이경애, 이현숙, 김미현, 김지명, 이옥희. **이해하기 쉬운 식생활과 건강**. 파워북, 2021.

김선효, 이선희, 황유진, 김화영. 다양한 급원을 통한 우리나라 사람들의 비타민 및 무기질 노출량 평가. **한국영양학회지** 39(6): 539-548, 2006.

김선효, 이현숙, 이경영, 이옥희. **다이어트와 건강체중**. 파워북, 2018.

김숙희, 김선희, 이상선, 정진은, 강명희, 김혜영A, 김우경, 이다희. **건강한 삶을 위한 영양학**. 신광출판사, 2011.

김정희, 임경숙, 이홍미, 조성숙, 김창선. **운동과 영양**. 파워북, 2011.

김화영, 강명희, 양은주, 이현숙. **영양판정**. 교문사, 2020.

김화영, 조미숙, 장영애, 원혜숙, 이현숙, 양은주. **임상영양학**. 신광출판사, 2012.

대한당뇨병학회. **2019 당뇨병 진료지침, 제6판**. 2019.

문수재, 김혜경, 홍순명, 이경혜, 이명희, 이영미, 이경자, 안경미, 이민준, 김정연, 김정현. **알기 쉬운 영양학**. 수학사, 2011.

박태선, 김은경. **현대인의 생활영양, 3판**. 교문사, 2021.

변기원, 이보경, 권종숙, 김경민, 김숙희. **영양소대사의 이해를 돕는 고급영양학, 3판**. 교문사, 2021.

보건복지부, 농림축산식품부, 식품의약품안전처 보도자료. "건강한 식생활을 실천해요! 정부, 「한국인을 위한 식생활지침」 발표". 2021. 4. 15.

보건복지부, 대한보건협회. 절주동아리-캠퍼스 음주 더 이상 낭만이 아닙니다(리플렛).

보건복지부, 대한보건협회. 여성이라 더 위험한 음주(리플렛).

보건복지부, 질병관리청. **2019 국민건강통계**. 2020.

보건복지부, 한국영양학회. **2015 한국인 영양소 섭취기준**. 2015.

보건복지부, 한국영양학회. **2020 한국인 영양소 섭취기준**. 2020.

보건복지부, 한국영양학회. **2020 한국인 영양소 섭취기준 활용연구**. 2021.

서광희, 김애정, 김영현, 오세인, 이현옥, 장재권, 하귀현. **알기 쉬운 영양학**. 도서출판 효일, 2021.

서정숙, 이보경, 이혜상, 이수경. **영양교육과 상담, 6판**. 교문사, 2019.

서정숙, 이종현, 윤진숙, 조성희, 최영선. **영양판정 및 실습**. 파워북, 2011.

손숙미, 이종호, 임경숙, 조윤옥. 다이어트와 건강, 2판. 교문사. 2017.

송경희, 손정민, 김희선, 한성림, 이애랑, 김순미, 김현주, 홍경희, 라미용. **식사요법, 제3판**. 파워북, 2016.

식품의약품안전처. **식품등의 표시기준**. 고시 제2021-7호 2021.

윤지인. 기호음료 속의 카페인에 관한 연구. 원광대학교 석사학위논문. 2010.

이건순. **웰빙 식생활과 건강, 개정 4판**. 라이프사이언스, 2018.

이경영, 김소영. **다이어트 영양학**. 대한미디어, 2011.

이미숙, 김정희, 이보숙, 이윤나, 손숙미, 이정원. **영양판정, 4판**. 교문사, 2016.

이상선, 정진은, 강명희, 신동순, 정혜경, 장문정, 김양하, 김혜경, 김우경(역). **영양과학**. 지구문화사, 2008.

이연숙, 구재옥, 임현숙, 강영희, 권종숙. **이해하기 쉬운 인체생리학**. 파워북, 2012.

장유경, 박혜련, 변기원, 이보경, 권종숙. **기초영양학, 4판**. 교문사, 2016.

중앙일보. 무리한 다이어트·폭식 20~30대 여성들 '마른 비만' 늘어난다. 2012.12.17. 재편집.

질병관리본부, 대한소아과학회. 2017 **소아청소년 성장도표 해설집**. 2017.

통계청. **2019년 사망원인통계연보**. 2020.

한국영양학회. **파이토뉴트리언트 영양학**. 라이프사이언스, 2011.

한국지질·동맥경화학회. **이상지질혈증치료지침, 제4판**. 2018.

한지혜, 이현숙, 김선효. 우리나라 중·고등학생의 일반의약품용 비타민·무기질보충제 섭취 실태 조사. **한국식생활문화학회지** 29(4): 364-371, 2014.

한지혜, 이현숙, 김선효. 한국 청소년의 다양한 급원을 통한 비타민과 무기질 최대 섭취량 평가. **J Nutr Health** 46(5): 447-460, 2013.

Boyle MA, Roth SL. *Personal Nutrition, 8th ed*. Belmont: Wadsworth, 2013.

Burke L, Deakin V. *Clinical Sports Nutrition*, 4th ed. McGraw Hill, 2010

Byrd-Bredbenner C, Moe G, Beshgetoor D, Berning J. *Wardlaw's Perspectives in Nutrition, 9th ed*. New York: McGraw-Hill. 2013.

Dunn Carolyn. *Nutrition Decisions*. Burlington: Jones & Bartlett Learning, 2013.

Gibson RS. *Principles of Nutritional Assessment, 2nd ed*. Oxford: Oxford University Press, 2005.

Kant AK, Schatzkin A, Ziegler RG, Nestle M. Dietary diversity in the US population. NHANES II 1976-1980. *JADA 91*: 1526-1531, 1991.

Kim SH, Keen CL. Vitamin and mineral supplement use among children attending elementary schools in Korea: a survey of eating habits and dietary consequences. *Nutr Res* 22(4): 433-448, 2002.

Koeppen BM, Stanton BA. *Berne and Levy Physiology, 6th ed*. Elsevier Inc., 2008.

McGuire M, Beerman KA. *Nutritional Sciences from Fundamentals to Foods, 3rd ed*. Belmont: Wadsworth, 2013.

Sizer FS, Whitney E. *Nutrition Concepts & Controversies, 13th ed*. Belmont: Wadsworth, 2014.

Wardlaw GM, Smith AM. *Contemporary Nutrition, 9th ed*. McGraw-Hill, 2013.

Whitney E, Rolfes SR. *Understanding Nutrition, 13th ed*. Belmont: Wadsworth, 2013.

국가건강정보포탈 홈페이지. https://health.kdca.go.kr/healthinfo/index.jsp

국가암정보센터 홈페이지. https://www.cancer.go.kr/

국민건강보험 홈페이지. https://www.nhis.or.kr/nhis/index.do

대한비만학회 홈페이지. https://www.kosso.or.kr/

대한의학회 홈페이지. http://www.kams.or.kr/health/sub3.html

롯데리아 홈페이지. http://www.lotteria.com/

식품안전나라 홈페이지. https://www.foodsafetykorea.go.kr/main.do

식품의약품안전처. 어린이 기호식품(고열량·저영양, 품질인증) 알림e 서비스. https://www.foodsafetykorea.go.kr/hilow/index.do

찾아보기

저자 소개

김선효
공주대학교 기술가정교육과 교수

이경애
부산교육대학교 실과교육과 교수

이현숙
동서대학교 식품영양학전공 교수

개정판
기초영양학

2014년 9월 1일 초 판 발행
2022년 2월 25일 개정판 발행

지은이 | 김선효 · 이경애 · 이현숙
발행인 | 유제구
발행처 | 파워북
주 소 | 경기도 고양시 일산동구 호수로 358-25
동문타워 2차 529호
전 화 | (02) 730-1412
팩 스 | (031) 908-1410
등 록 | 1997. 1. 31. 제2014-000067호

정 가 24,000원
ISBN 978-89-8160-471-4 (93590)